化学の必修整理ノート

卜部吉庸 著

文英堂

・本書のねらい・

1 見やすくわかりやすい整理の方法を提示

試験前に自分のとったノートをひろげ，何が書いてあるのかサッパリわからない——という経験を持つ人も多いだろう。授業中には理解できているつもりでも，それを要領よくまとめるのは，結構むずかしい。そこで本書では，「化学」の全内容について最も適切な整理の方法を示し，それによって内容を系統的に理解できるようにした。

2 書き込み・反復で重要事項を完全にマスター

本書では，学習上の重要事項を空欄で示してある。したがって，空欄に入れる語句や数字を考え，それを書き込むという作業を反復することで，これらの重要点を完全にマスターすることができる。そして，テストによく出題される範囲には出るマークをつけ，最低限覚えておかなければならない重要事項を [重要] として明示した。

3 図解・表解で，よりわかりやすく

知識の整理と理解を効果的にするために，図解・表解などをできるだけ多く掲載した。これらの図解・表解を自分のものにするだけでも，かなりの実力が身につく。

4 重要実験もバッチリOK！

重要実験 テストに出そうな重要な実験のコーナーを設け，操作の手順や注意点，実験の結果とそれに対する考察などを，わかりやすくまとめた。

5 精選された例題・問題で実力アップ

本文の空欄をうめて整理を完成することは，同時に問題練習にもなるが，知識の整理をさらに確実にし，応用力をつけるためには，問題演習は欠かすことができない。

例題研究	必要に応じて本文に設け，模範的な問題の解き方を示した。
ミニテスト	学習内容の理解度をすぐに確認できるように，各項目ごとに設けた。
練習問題	章ごとに設けた。定期テストに出そうな問題ばかりを精選し，実戦への応用力が身につくようにした。
定期テスト対策問題	編ごとに設けた。実際のテスト形式にしてあるので，しっかりとした実力が身についたかどうか，ここで確認できる。

本書は以上のねらいのもとに編集してある。諸君が実際に自分の手で書き込み，テストに通用する本当の実力を身につけてほしい。

文英堂編集部

目 次

第1編　物質の状態と変化

1章 物質の状態変化
1. 物質の三態 …………………… 6
2. 状態変化と分子間力 ………… 8
3. 粒子の熱運動と蒸気圧 ……… 9
   練習問題 ……………………… 12

2章 気体の性質
1. ボイル・シャルルの法則 …… 14
2. 気体の状態方程式 …………… 16
3. 混合気体，理想気体と実在気体 … 18
   練習問題 ……………………… 21

3章 溶液の性質
1. 溶解と溶解度 ………………… 23
2. 溶液の濃度 …………………… 26
3. 希薄溶液の性質 ……………… 28
4. コロイド溶液 ………………… 31
   練習問題 ……………………… 34

4章 固体の構造
1. 結晶と非結晶 ………………… 36
2. 結晶の構造 …………………… 37
   練習問題 ……………………… 41

定期テスト対策問題 ………… 42

第2編　化学反応とエネルギー

1章 化学反応と熱
1. 反応熱と熱化学方程式 ……… 45
2. ヘスの法則 …………………… 48
3. 結合エネルギー ……………… 50
   練習問題 ……………………… 52

2章 電池と電気分解
1. 電　池 ………………………… 54
2. 電気分解 ……………………… 58
   練習問題 ……………………… 62

定期テスト対策問題 ………… 64

第3編　化学反応の速さと化学平衡

1章 反応の速さと反応のしくみ
1. 反応の速さと反応条件 ……… 67
2. 反応の速さと活性化エネルギー … 70
   練習問題 ……………………… 72

2章 化学平衡
1. 化学平衡と平衡定数 ………… 73
2. 化学平衡の移動 ……………… 77
   練習問題 ……………………… 80

3章 電解質水溶液の平衡
- 1 電離平衡と電離定数 …………… 82
- 2 水のイオン積とpH …………… 84
- 3 塩類の溶解平衡 ………………… 86
- 練習問題 …………………………… 89

定期テスト対策問題 ……………… 91

第4編 無機物質

1章 非金属元素の性質
- 1 周期表と元素の性質 …………… 94
- 2 水素と希ガス …………………… 96
- 3 ハロゲンとその化合物 ………… 97
- 4 酸素・硫黄とその化合物 ……… 100
- 5 窒素・リンとその化合物 ……… 102
- 6 炭素・ケイ素とその化合物 …… 105
- 7 気体の製法と性質 ……………… 108
- 練習問題 ………………………… 110

2章 金属元素の性質
- 1 アルカリ金属とその化合物 … 112
- 2 2族元素とその化合物 ………… 114
- 3 両性元素とその化合物 ………… 116
- 練習問題 ………………………… 120

3章 遷移元素の性質
- 1 遷移元素の特徴 ………………… 122
- 2 銅・銀とその化合物 …………… 123
- 3 鉄・クロムとその化合物 ……… 126
- 4 金属イオンの検出と分離 ……… 128
- 5 無機物質と人間生活 …………… 130
- 練習問題 ………………………… 133

定期テスト対策問題 ……………… 134

第5編 有機化合物

1章 有機化合物の特徴
- 1 有機化合物の特徴と分類 …… 137
- 2 有機化合物の分析 …………… 140
- 3 アルカン・シクロアルカン … 142
- 4 アルケン・アルキン ………… 144
- 練習問題 ………………………… 146

2章 酸素を含む有機化合物
- 1 アルコールとエーテル ……… 147
- 2 アルデヒドとケトン ………… 150
- 3 カルボン酸とエステル ……… 152
- 4 油脂とセッケン ……………… 156
- 練習問題 ………………………… 158

3章 芳香族化合物
- 1 芳香族炭化水素 ……………… 160
- 2 フェノール類・芳香族カルボン酸 … 162
- 3 芳香族アミン ………………… 166

| 4 | 芳香族化合物の分離 ………… 168
| 5 | 有機化合物と人間生活 ……… 169

練習問題 ………………………… 172

定期テスト対策問題 ………… 174

第6編　高分子化合物

1章 天然高分子化合物

| 1 | 高分子化合物の特徴 ………… 177
| 2 | 糖類（炭水化物） ……………… 179
| 3 | アミノ酸とタンパク質 ……… 184
| 4 | 酵素のはたらき ……………… 188
| 5 | 核　酸 ………………………… 190

練習問題 ………………………… 192

2章 合成高分子化合物

| 1 | 合成繊維 ……………………… 194
| 2 | 合成樹脂（プラスチック） …… 197
| 3 | ゴ　ム ………………………… 200
| 4 | 高分子化合物と人間生活 …… 202

練習問題 ………………………… 203

定期テスト対策問題 ………… 205

◉ 別冊　解答集

1章 物質の状態変化

1 物質の三態

解答 別冊 p.2

❶ 物質の三態

1 物質の三態——物質は温度や圧力により，固体，液体，気体の3つの状態をとる。この3つの状態を**物質の**（①　　　）という。

2 物質の三態と粒子の集合状態

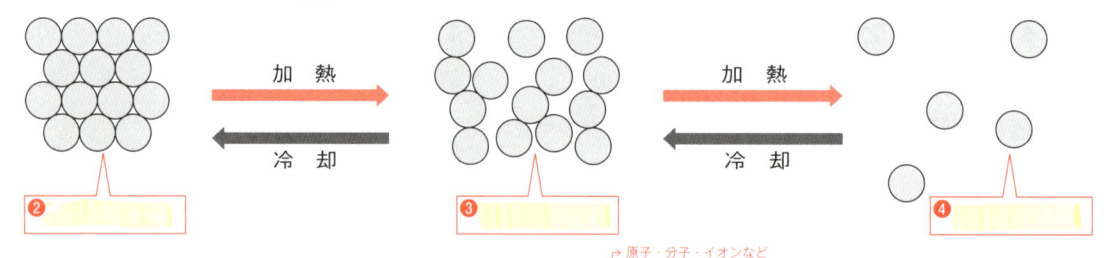

→原子・分子・イオンなど

②　　　　③　　　　④

♣1：固体では，粒子は定位置を中心に振動や回転をしている。

♣2：液体では粒子の配列に乱れがあり，ところどころに空所がある。これを利用して粒子が相互に移動できるので，**流動性**を示す。

① **固体**…物質を構成する粒子が**規則正しく配列**しており，粒子の位置は一定なので，固体は一定の（⑤　　　）と大きさをもつ。
② **液体**…粒子は離れることなく，**互いに移動**することができる。したがって，液体は固体のような一定の（⑥　　　）をもたない。
③ **気体**…粒子はばらばらに離れ，**空間を自由に運動**している。よって，気体の体積は，同じ物質の固体や液体と比べて，はるかに（⑦　　い）。
④ 同じ温度であっても，物質がもつエネルギーの大きさは，固体＜液体＜気体となる。

❷ 物質の状態変化

出る

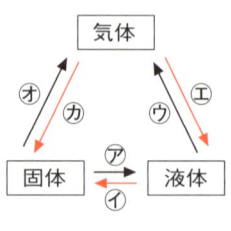

1 物質の状態変化——物質を加熱すると，物質を構成する粒子の（⑧　　　）が激しくなり，物質の状態が変わる。このように，物質の三態の間での変化を，**状態変化**という。

① 左図の矢印㋐で示した状態変化を（⑨　　　），矢印㋑で示した状態変化を（⑩　　　）という。純物質では，融解が起こる温度と凝固が起こる温度は同じで，（⑪　　　）という。
→凝固点ともいう

② 左図の矢印㋒で示した状態変化を（⑫　　　），矢印㋓で示した状態変化を（⑬　　　）といい，矢印㋔，㋕で示した状態変化をそれぞれ（⑭　　　）という。
→気体から固体および，固体から気体になる変化の両方

（──▶吸熱の変化　──▶発熱の変化）

2 状態変化とエネルギー

① 固体の温度が融点に達して，固体1molが液体になるときに外部から吸収する熱量を(⑮　　　)という。

② 液体の内部からも蒸発が起こる変化を(⑯　　　)といい，このときの温度を(⑰　　　)という。

③ 液体1molが気体になるときに外部から吸収する熱量を(⑱　　　)[*3]という。

④ 同じ物質では，融解熱より蒸発熱のほうが(⑲　　　い)。

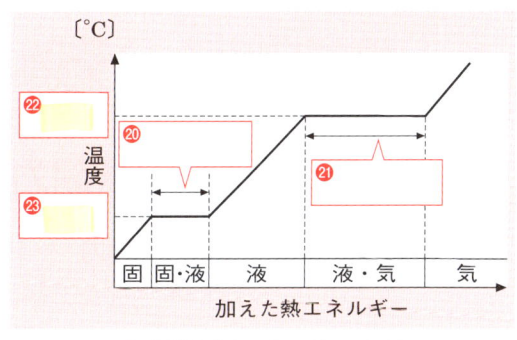

*3：蒸発熱は沸点での値を示すのが一般的である。沸点以下での蒸発熱の値は少し異なる。

↑ 状態変化とエネルギーの関係

3 状態図

温度と(㉔　　　)によって，物質がどのような状態で安定に存在するかを示した図を，(㉕　　　)という。

状態図では，3つの状態が3本の曲線で区切られている。固体と液体の境界線を(㉖　　　曲線)，液体と気体の境界線を(㉗　　　曲線)，固体と気体の境界線を(㉘　　　曲線)といい，それぞれの境界線上では2つの状態が共存している。また，3本の曲線の交点を**三重点**といい，3つの状態が共存している。

たとえば，二酸化炭素CO_2の状態図（右図）から，CO_2を液体にするには最低でも(㉙　　　Pa)の圧力が必要であることや，1.0×10^5 Paでは固体のCO_2（ドライアイス）は(㉚　　　℃)で昇華することがわかる。

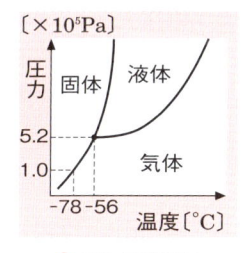

↑ CO_2の状態図

例題研究　状態変化と熱量

0℃の氷45gを加熱して100℃の水蒸気にするのに必要な熱量は何kJか。ただし，水の融解熱を6.0 kJ/mol，水の蒸発熱を41 kJ/mol，水の比熱を4.2 J/(g·K)とし，水の分子量を18とする。

解き方
水の分子量は18なので，水45gの物質量は2.5 molである。
また，温度変化では，**熱量〔J〕＝比熱〔J/(g·K)〕×質量〔g〕×温度変化〔K〕**である。

（必要な熱量）＝（融解に必要な熱量）＋（温度上昇に必要な熱量）＋（蒸発に必要な熱量）

$= 6.0 \times ($ ㉛　　　$) + 4.2 \times 10^{-3} \times 45 \times 100 + ($ ㉜　　　$) \times 2.5$
　　　　　　　　　　　　　　　　↳ 単位JをkJに直すため
$= 136.4$ kJ　…**答**

ミニテスト　　　　　　　　　　　　　　　解答　別冊p.2

□ 次の現象に最も関係が深いものを，あとのア～カから選べ。
(1) 冷えたコップのまわりに水滴ができる。
(2) 冬の寒い朝につららが立つ。
(3) 晴れた日には，洗濯物がよく乾く。
(4) ドライアイスを放置しておくと，なくなった。

ア 蒸発　　イ 凝固　　ウ 凝縮
エ 融解　　オ 沸騰　　カ 昇華

2 状態変化と分子間力

❶ 分子間力と融点・沸点の関係

1 分子間力——分子の間にはたらく弱い引力をまとめて（❶　　　）という。分子間力が強くはたらく物質ほど、融点や沸点が（❷　　　い）。

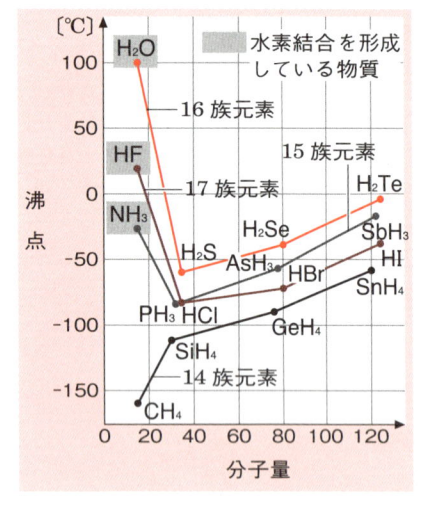

2 ファンデルワールス力と沸点の関係

① H_2 のような無極性分子の間にもはたらく弱い引力（分散力）と、HClのような極性分子の間にはたらく静電気的な引力をまとめて（❸　　　）という。

② 分子構造が似た物質では、（❹　　　）が大きくなるほど、沸点は高くなる。

　例　14族の水素化合物は分子量とともに沸点が高くなる。

③ 分子量が同程度の極性分子と無極性分子では、（❺　　　）の方が沸点が高くなる。

　例　無極性分子の14族の水素化合物よりも、極性分子の15, 16, 17族の水素化合物のほうが沸点が高い。

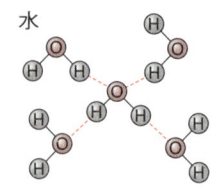

↑水素化合物の分子量と沸点

3 水素結合

① フッ化水素（HF）、水（H_2O）、アンモニア（NH_3）の沸点は、他の同族元素の水素化合物の沸点に比べて著しく（❻　　　い）。

② 電気陰性度の（❼　　　い）原子（F, O, N）に結合したH原子は正に帯電し、上記の原子とは主に静電気的な引力で引き合う。

③ 水素原子を仲立ちとする分子間の結合を（❽　　　）という。

4 結合の強さ——共有結合、金属結合、イオン結合などをまとめて（❾　　　）という。一方、分子間力のうち、水素結合はファンデルワールス力に比べて強いが、化学結合に比べるとはるかに（❿　　　い）。

フッ化水素

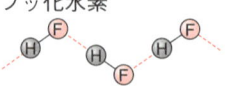

------は水素結合を示す。

↑水素結合

> **重要**　〔結合の強さ〕
> 共有結合＞イオン結合・金属結合≫水素結合＞ファンデルワールス力

ミニテスト

□❶ 次の(1), (2)について、沸点の高い物質を選べ。
　(1) (H_2, CO_2)　(2) (H_2O, H_2S)

□❷ 水素結合を形成する物質をすべて選べ。
　HCl, HF, NH_3, H_2S, CH_4

3 粒子の熱運動と蒸気圧

解答 別冊 p.2

❶ 拡散と粒子の熱運動

1 拡散——臭素 Br_2 の入った集気びんと，空気の入った集気びんを右図のように重ねておくと，赤褐色の（❶　　　　）分子は，2つの集気びん全体に広がる。

このように，物質の構成粒子が自然に散らばっていく現象を（❷　　　　）という。拡散は，気体だけでなく，溶液中の分子やイオンなどでも見られる。

2 粒子の熱運動——拡散は，物質を構成する粒子がその温度に応じた運動エネルギーをもち，常に運動しているために起こる。このような粒子の運動を（❸　　　　）という。

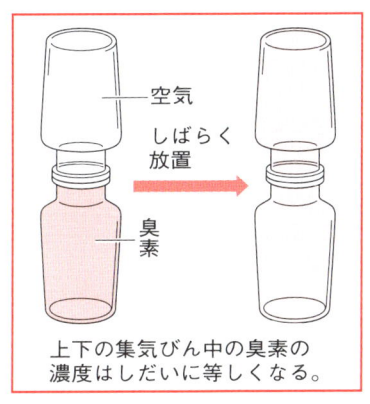

↑ 拡散のようす

上下の集気びん中の臭素の濃度はしだいに等しくなる。

> **重要**
> 拡散……粒子が全体に自然に広がる現象
> 熱運動…粒子が温度に応じて行う不規則な運動

❷ 気体分子の運動と圧力

1 気体分子の運動

① 同じ温度でも，すべての気体分子の速さは同じ（❹　　　　）。
② 気体分子の速さは，一定の山形の分布（右図）をもつ。
③ 温度が高くなると，分子の運動エネルギーの平均値は大きくなり，気体分子の平均の速さは（❺　　く）なる。
④ 同じ温度では，分子量の小さい気体ほど，平均の速さは大きい。♣1

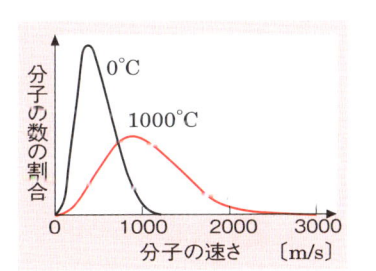

↑ 窒素分子の熱運動と温度

♣1：0℃のときの分子の平均の速さ（m/s）

気体	分子量	速さ
H_2	2.0	1840
O_2	32.0	461
CO_2	44.0	394

同じ温度では，気体の種類によらず，平均の運動エネルギー $E = \dfrac{1}{2}mv^2$ は等しい。

2 気体の圧力——気体分子は，激しく（❻　　　　運動）している。
① 気体分子が物体の表面に衝突するとき，単位面積あたりにおよぼす力のことを，気体の（❼　　　　）という。
② 国際単位系（SI）では圧力は **Pa（パスカル）** という単位で表される。1Pa は，1m² の面積に 1N（ニュートン）の力がはたらいたときの圧力である。すなわち，1Pa = 1（❽　　　　）となる。
↳ 単位

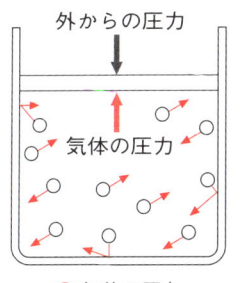

↑ 気体の圧力

3 大気圧

① 地球をおおう大気による圧力を（⑨　　　　）という。

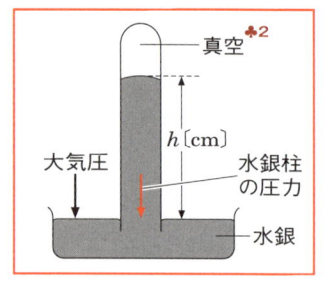

② イタリアのトリチェリーは，左図のような方法で大気圧の大きさを測定した。このとき，水銀面では大気圧と高さ h〔cm〕の（⑩　　　　）による圧力がつり合っている。

③ 海面上での大気圧の平均値（**標準大気圧**）は $1.013×10^5$ Pa で，これを（⑪　　　　）といい，**1 atm** とも表記する。

④ 1 mm の水銀柱が示す圧力を 1 mmHg（ミリメートル水銀柱）とすると，1 atm は（⑫　　　mmHg）と定義される。これを Pa 単位で表すと，次のようになる。

> $1 \text{ atm} = 760 \text{ mmHg} = 1.013×10^5 \text{ Pa} = 1013 \text{ hPa}$（ヘクトパスカル）

↑ トリチェリーの実験

♣2：ガラス管の上部はほぼ真空で，トリチェリーの真空とよばれる。

❸ 蒸気圧

1 ふたのない**開放容器**♣3に液体を入れておくと，液面付近では大きな運動エネルギーをもつ分子が，分子間力を振り切って空間に飛び出す。この現象を（⑬　　　　）という。

2 ふたのある**密閉容器**に少量の液体を入れて（⑭　　　　）を一定に保つと，単位時間あたりに液体の表面から飛び出す分子の数は（⑮　　　　）である。一方，液体の表面に衝突して液体に戻る分子の数は，時間とともに（⑯　　　　）する。

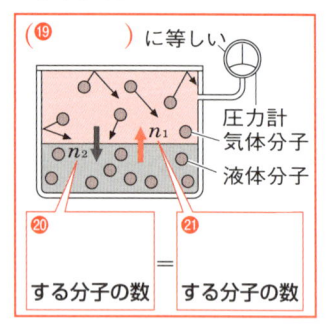

3 やがて，単位時間あたりに**蒸発する分子の数と凝縮する分子の数が等しくなる**。このとき，見かけ上，蒸発も凝縮も起こっていないような状態となる。この状態を（⑰　　　　）という。

4 気液平衡の状態になったときに蒸気（気体）が示す圧力を，その液体の（⑱　　　　）または単に**蒸気圧**という。

♣3：ふたのない容器に液体を入れておくと，蒸発する分子のほうが液体の表面に衝突する分子より多いので，液体はやがてなくなる。

（⑲　　　　）に等しい

⑳　　　する分子の数　＝　㉑　　　する分子の数

↑ 気液平衡の状態

> **重要** 　**飽和蒸気圧（蒸気圧）**…蒸発する分子の数と凝縮する分子の数が等しくなったときに気体が示す圧力。

❹ 蒸気圧と沸点

1 蒸気圧の性質

① 液体の蒸気圧は，温度が上がるにつれて（㉒　　　く）なる。

② ある温度での蒸気圧は，液体の（㉓　　　　）によって異なる。

③ 一定温度では，蒸気圧は気体の体積を変えても変わらない。♣4

♣4：一定温度では，蒸気圧は他の気体が共存していても変わらない。

2 蒸気圧曲線

蒸気圧と温度との関係をグラフに表したものを(㉔　　　)という。

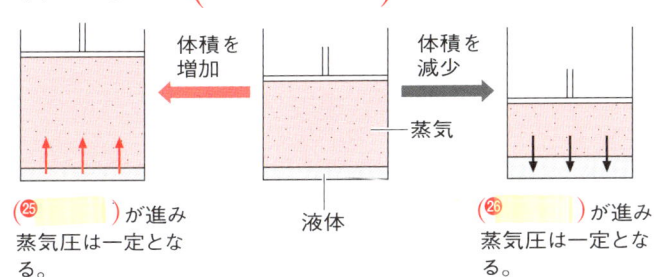

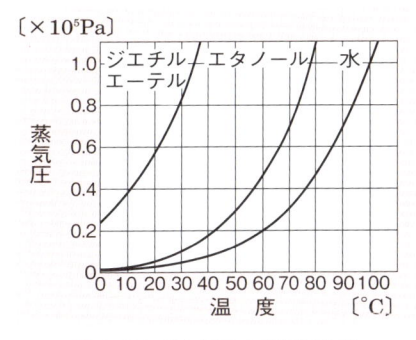

(㉕　　　)が進み蒸気圧は一定となる。

(㉖　　　)が進み蒸気圧は一定となる。

↑ いろいろな液体の蒸気圧曲線

重要 蒸気圧は温度が一定ならば，液体の量や容器の体積，他の気体の有無によっては変化しない。

3 蒸気圧と沸点の関係

一般に，液体の蒸気圧が液面を押している大気の圧力(外圧)に等しくなると，**液体内部からも蒸気(気泡)が発生しはじめる**。♣5 この現象が(㉗　　　)であり，このときの温度をその液体の(㉘　　　)という。たとえば，$6×10^4$ Pa のもとでの水の沸点は，上の蒸気圧曲線より，約(㉙　　　)℃ である。

① 通常の大気圧では，蒸気圧が(㉚　　　 Pa)になったときに沸騰が起こるので，この温度をその液体の**沸点**という。たとえば，エタノールの沸点は約(㉛　　　)℃ である。

② 一般に，外圧が低くなると沸点は(㉜　　　く)なり，外圧が高くなると沸点は(㉝　　　く)なる。♣6

♣5：沸騰の原理

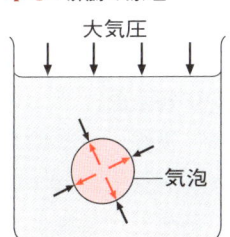

(蒸気圧)＝(大気圧)になると気泡は押しつぶされずに**沸騰**が起こる。

♣6：外圧が高くなると，蒸気圧がそれと等しくなるためには，さらに温度を高くする必要がある。

重要
〔沸騰〕 液体内部からも蒸気が発生する現象。
〔沸点〕 液体の蒸気圧が外圧(大気圧)と等しくなる温度。
　　※通常，液体の沸点は$1.0×10^5$ Pa における値で示す。
〔沸騰の条件〕 液体の蒸気圧＝外圧(大気圧)

ミニテスト　　　　　　　　　　　　　　　　　　　解答 別冊 p.2

□❶ 気体分子の熱運動に関する次の記述のうち，誤っているものをすべて記号で選べ。ただし，分子量は HCl＝36.5，NH₃＝17 とする。
　ア 気体分子は，いろいろな方向に運動している。
　イ 気体分子の熱運動は，温度が高いほど激しい。
　ウ 2種類の気体を容器に入れて放置すると，分子量の大きな分子が下方に多く集まる。
　エ 同じ温度では，塩化水素分子のほうがアンモニア分子よりも速く拡散する。

□❷ 次の圧力を〔　〕内に指定された単位で表せ。ただし，1 atm＝$1.0×10^5$ Pa＝760 mmHg とする。
　(1) $5.0×10^4$ Pa　　〔mmHg〕
　(2) 190 mmHg　　〔Pa〕
　(3) $1.6×10^4$ Pa　　〔atm〕

1章 物質の状態変化　練習問題

解答 別冊p.19

❶ 〈状態変化とエネルギー〉

右図は，1.0×10^5 Pa のもとで氷 1.0 mol を毎分 2.0 kJ の割合で熱したときの，加熱時間と温度の関係を示す。

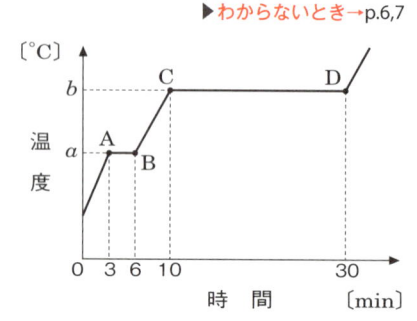

▶わからないとき→p.6,7

(1) a, b の温度はそれぞれ何℃か。
(2) AB間，CD間で起こる現象名をそれぞれ記せ。
(3) AB間，CD間で，水はどのような状態(固体，液体，気体)で存在するか。
(4) 水の蒸発熱は何 kJ/mol か。
(5) 液体の水 1.0 g の温度を 1℃ 上昇させるのに必要な熱量は何 J か。

❶
(1) a 　　℃
　　b 　　℃
(2) AB
　　CD
(3) AB
　　CD
(4) 　　kJ/mol
(5) 　　J

❷ 〈蒸気圧曲線〉

右の蒸気圧曲線を見て，次の各問いに答えよ。

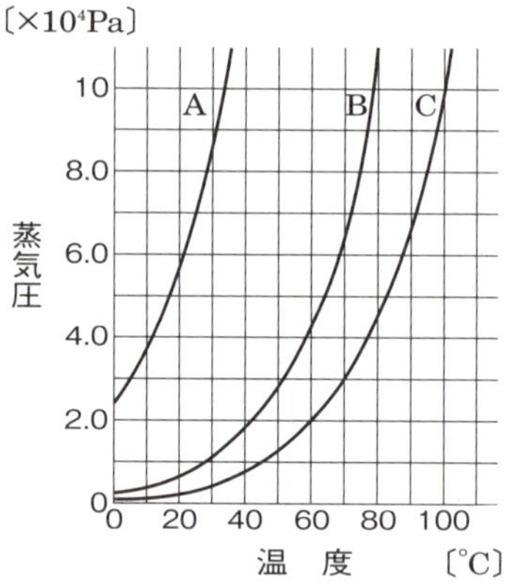

▶わからないとき→p.11

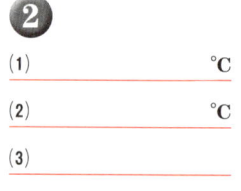

(1) 物質 A の沸点は約何℃か。
(2) 大気圧が 6.0×10^4 Pa の場所で，B は約何℃で沸騰するか。
(3) 分子間にはたらく力が最も大きい物質は，A〜C のどれか。
(4) 蒸発熱が最も小さい物質は，A〜C のどれか。

ヒント　分子間力が大きいほど蒸発しにくく，蒸気圧は小さい。

❷
(1) 　　℃
(2) 　　℃
(3)
(4)

❸ 〈蒸気圧〉

1.0×10^5 Pa, 30℃ で水銀で満たしたガラス管を水銀槽に倒立させると図1のようになった。さらに管の下から水を少量注入すると図2のようになった。図2の水の質量と体積は無視してよい。

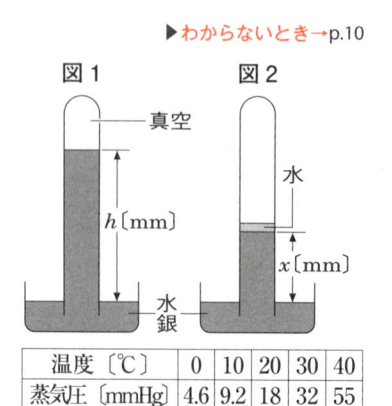

▶わからないとき→p.10

(1) 図1の水銀柱の高さ h は何 mm か。
(2) 図2の水銀柱の高さ x は何 mm か。水の飽和蒸気圧は右の表を用いよ。
(3) 温度を 20℃ にしたとき，図2の x の値は何 mm になるか。

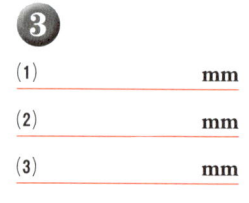

温度 〔℃〕	0	10	20	30	40
蒸気圧 〔mmHg〕	4.6	9.2	18	32	55

ヒント　(2) 液体の水が少量でもある場合，その容器内の水蒸気の圧力は飽和蒸気圧に達している。その圧力分だけ水銀柱は下がる。

❸
(1) 　　mm
(2) 　　mm
(3) 　　mm

❹ 〈物質の三態〉　▶わからないとき→p.6

次の記述のうち，正しいものには〇，誤っているものには×をつけよ。
(1) 固体は，粒子が一定の位置に固定されて静止している。
(2) 液体は，粒子間に引力がほとんどはたらかず，粒子は自由に移動できる。
(3) 物質の密度は，一般に，固体，液体，気体の順に小さくなっていく。
(4) 物質のもつエネルギーは，固体，液体，気体の順に大きくなっていく。
(5) 気体分子の平均の速さは，温度が高いほど小さくなる。
(6) 温度が一定ならば，圧力を変化させても状態変化を起こすことはできない。

ヒント プロパンなどは，加圧して液体状態にして，ボンベに詰めて輸送されている。

❺ 〈気液平衡と沸騰〉　▶わからないとき→p.10,11

次の文中の(　)に適する語句を入れよ。

液体を密閉容器に入れて放置すると，やがて，単位時間あたりに蒸発する分子の数と(①)する分子の数が等しくなる。この状態を(②)という。このとき蒸気の示す圧力を(③)といい，温度が高いほど(④)くなる。

液体を開放容器に入れて加熱すると，液体の表面から分子が外部へ飛び出す。この現象を(⑤)といい，さらに温度を高くすると，液体の内部からも盛んに(⑤)が起こるようになる。この現象を(⑥)といい，このときの温度を(⑦)という。液体が沸騰するのはその(⑧)が大気圧と等しくなるときである。したがって，高山では，液体の沸点が(⑨)くなる。

❻ 〈蒸気圧〉　▶わからないとき→p.10

図1のように，シリンダー内に水を入れて空気を抜いた後，ピストンを引き上げて固定した。図2は，水の蒸気圧曲線である。次の(1)〜(3)の場合のシリンダー内の圧力はいくらか。
(1) 温度が60℃のとき。
(2) 温度を60℃に保ち，ピストンを押し下げ，放置したとき。
(3) (2)の後，ピストンを固定したまま温度を90℃に上げ，放置したとき。

ヒント 液体の蒸気圧は，温度によってのみ変化し，他の条件変化の影響を受けない。

❼ 〈状態図〉　▶わからないとき→p.7

右図は，水の状態と，温度と圧力との関係を示している。次の問いに答えよ。
(1) 領域Ⅰ，Ⅱ，Ⅲは，どの状態を示すか。
(2) 曲線OA，OB，OCを何というか。
(3) 圧力を高くすると，水の融点，沸点はそれぞれどうなるか。グラフを利用して答えよ。

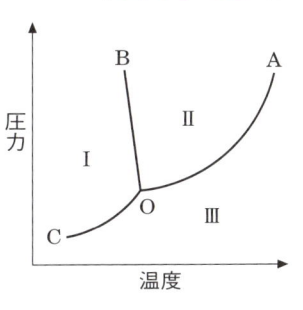

2章 気体の性質

1 ボイル・シャルルの法則

解答 別冊 p.2

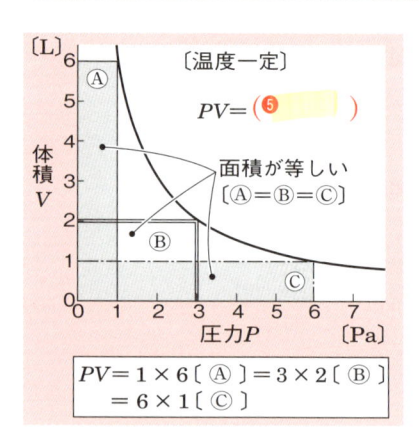

❶ 気体の体積と圧力の関係

1 ボイルの法則──（①　　　）が一定のとき，一定量の気体の体積は圧力に（②　　　）する。
→ グラフは双曲線になる

2 ボイルの法則の関係式──圧力が P_1，体積が V_1 の気体を，（③　　　）を変えずに圧力を P_2 としたときの体積が V_2 のとき，ボイルの法則は次式で表される。

$$P_1V_1 = （④　　　） = k （一定）$$

重要 〔ボイルの法則〕…… $PV = k$ （一定）
一定量の気体の体積は圧力に反比例する。

例 0℃，1.0×10^5 Pa で 2.0 L の気体を 0℃，2.5×10^5 Pa にしたときの体積を V〔L〕とすると，

$$1.0 \times 10^5 \text{Pa} \times 2.0 \text{L} = 2.5 \times 10^5 \text{Pa} \times V \text{〔L〕}$$
$$V = （⑥　　　 \text{L}）$$

〔温度一定〕
$PV = （⑤　　　）$
面積が等しい
〔Ⓐ＝Ⓑ＝Ⓒ〕

$PV = 1 \times 6 〔Ⓐ〕 = 3 \times 2 〔Ⓑ〕$
$= 6 \times 1 〔Ⓒ〕$

↑ 気体の体積と圧力の関係

♣1：気体の圧力と分子数の関係
圧力は単位体積中の分子の数に比例する。温度一定で体積を $\frac{1}{2}$ にすると，単位体積中の分子の数は2倍になり，圧力も2倍になる。したがって，気体の体積と圧力は反比例する。

♣2：p.15の❸を参照。

❷ 気体の体積と温度の関係

1 シャルルの法則──（⑦　　　）が一定のとき，一定量の気体の体積は絶対温度に（⑧　　　）する。

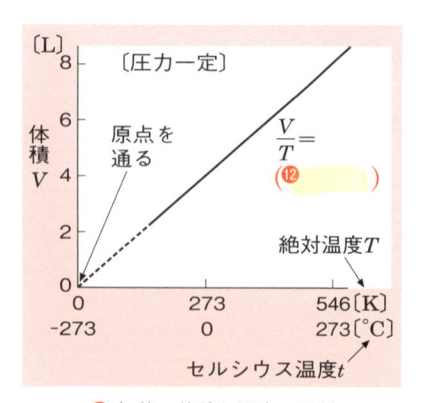

2 シャルルの法則の関係式──絶対温度が T_1，体積が V_1 の気体を，（⑨　　　）を変えずに絶対温度を T_2 としたときの体積が V_2 のとき，シャルルの法則は次式で表される。

$$\frac{V_1}{T_1} = \frac{（⑩　　　）}{（⑪　　　）} = k （一定）$$

重要 〔シャルルの法則〕…… $\frac{V}{T} = k$ （一定）
一定量の気体の体積は絶対温度に比例する。

〔圧力一定〕
原点を通る
$\frac{V}{T} = （⑫　　　）$
絶対温度 T

↑ 気体の体積と温度の関係

3 **絶対温度**——シャルルの法則によれば，気体の体積は−273℃で理論上（⑬　　　　）となる。したがって，−273℃より低い温度は存在しない。そこで，セルシウス温度（単位℃）に（⑭　　　　）を加えた温度を**絶対温度**といい，（⑮　　　　）という単位記号で表す。
　よって，0℃は（⑯　　　K），（⑰　　　℃）は0Kである。なお，0Kのことを（⑱　　　　）という。

$$T(K) = t(℃) + 273$$
絶対温度　セルシウス温度

♣3：イギリスのケルビンは，−273℃を原点とし，セルシウス温度と同じ目盛り幅で刻んだ温度（絶対温度）を提唱した。

例　0℃，$1.0×10^5$Paで5.0Lの気体がある。この気体が27℃，$1.0×10^5$Paで占める体積をV〔L〕とすると

$$\frac{5.0}{273} = \frac{V}{(⑲　　　)} \quad V ≒ (⑳　　　L)$$

♣4：温度の単位
気体の体積，圧力，温度に関する法則では，温度は必ず絶対温度（K）で表すこと。

❸ 気体の体積・圧力・温度の関係　出る

1 **ボイル・シャルルの法則**——一定量の気体の体積は，圧力に（㉑　　　）し，絶対温度に（㉒　　　）する。
　↳ボイルの法則　　　　↳シャルルの法則

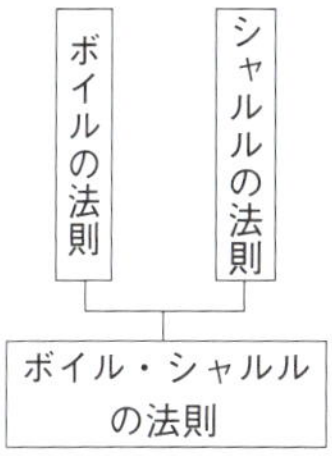

重要　〔ボイル・シャルルの法則〕……$\dfrac{PV}{T} = k$（一定）
一定量の気体の体積は，圧力に反比例し，絶対温度に比例。

```
ボイルの法則 ┐
             ├ ボイル・シャルル
シャルルの法則 ┘      の法則
```

例題研究　ボイル・シャルルの法則と気体の体積

27℃，$1.0×10^5$Paのもとで500mLの気体がある。この気体を87℃，$6.0×10^4$Paのもとに置くと，その体積は何Lになるか。

▶**解き方**　求める体積をV〔L〕として，ボイル・シャルルの法則を使って求めるが，その前に，**まず単位をそろえる**。
　27℃ = 300K，87℃ = 360K，500mL = （㉓　　　L）

$$\frac{1.0×10^5 × (㉔　　　)}{300} = \frac{6.0×10^4 × V}{360}$$

$$V = (㉕　　　L) \quad …答$$

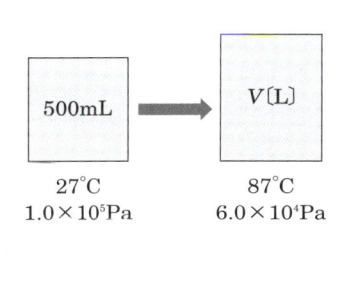

500mL　→　V〔L〕
27℃　　　87℃
$1.0×10^5$Pa　$6.0×10^4$Pa

ミニテスト　　　解答 別冊p.2

□❶　0℃，$1.0×10^5$Paで200mLの気体を，温度は変えずに，体積を250mLにしたい。圧力を何Paにすればよいか。

□❷　27℃，$1.5×10^5$Paの気体を，$2.0×10^5$Paの状態にして温度を上げていくと，もとの体積の2倍になった。温度を何℃まで上げたか。

2 気体の状態方程式

[解答] 別冊 p.3

❶ 標準状態と気体定数

♣1：アボガドロの法則
すべての気体は，同温同圧において，同体積中に同数の分子を含む。

1 標準状態——(①　　　℃)，(②　　　Pa)の状態を**標準状態**という。この状態では，気体1 mol（$6.02×10^{23}$ 個の分子）の占める体積は，気体の種類によらず一定で，(③　　　L)である。
↳ 1 atm

♣2：気体定数
気体定数はふつう記号 R で表す。この値は気体の種類にも量にも関係しない定数である。

2 気体定数——1 mol あたりの気体の体積は，標準状態（0 ℃，$1.013×10^5$ Pa）で 22.4 L だから，それらの数値を(④　　　の法則)の関係式に代入すると，次のようになる。

$$\frac{PV}{T} = \frac{1.013×10^5 \text{Pa} × 22.4 \text{L/mol}}{273 \text{K}} = (⑤ \quad \text{Pa·L/(K·mol)})$$
↳ 気体定数という

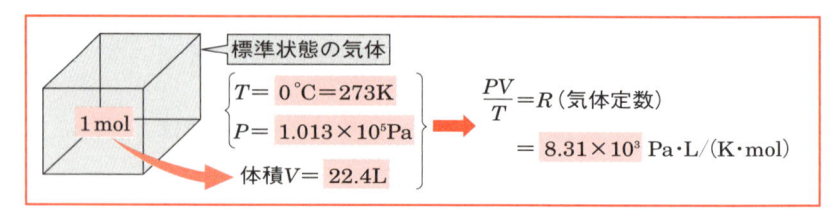

標準状態の気体
1 mol
$T = 0\,°C = 273\,K$
$P = 1.013×10^5\,Pa$
体積 $V = 22.4\,L$

$$\frac{PV}{T} = R \text{（気体定数）}$$
$$= 8.31×10^3 \text{ Pa·L/(K·mol)}$$

$1.013×10^5$ Pa = 1 atm だから，圧力の単位に atm を用いると，気体定数 R は次の値となる。

$$R = \frac{1\,\text{atm} × 22.4\,\text{L/mol}}{273\,\text{K}} = (⑥ \quad \text{atm·L/(K·mol)})$$

❷ 気体の状態方程式

1 気体の状態方程式

① 気体が 1 mol のときの圧力を P〔Pa〕，体積を v〔L〕，温度を T〔K〕，気体定数を R とすれば，$\dfrac{Pv}{T} = R$ より，

$$Pv = RT \quad \cdots ①$$

② P と T が一定ならば，気体が n〔mol〕のときの体積 V〔L〕は，v の(⑦　　　倍)となるから，$V = nv$ となる。したがって，n〔mol〕の気体について，次式が成り立つ。

→ ①の両辺を n 倍し，$V = nv$ を代入

$$Pnv = nRT \quad \Rightarrow \quad PV = nRT$$

これを，気体の(⑧　　　)という。

♣3：理想気体（⇨p.20）
気体の状態方程式が完全に成り立つ気体を**理想気体**という。実際の気体（**実在気体**）では，圧力が低く，温度が高い状態にすると，気体の状態方程式に対するずれが小さくなる。

2 気体の状態方程式と分子量——気体の(⑨　　　)を M とすると，1 mol あたりの気体の質量（モル質量）は M〔g/mol〕である。

この気体 w〔g〕の物質量 n〔mol〕は，$n=\dfrac{w}{M}$ であるから，

$$PV=\dfrac{w}{M}RT$$

変形して，$M=\left(\begin{array}{c}⑩\end{array}\right)$

♣4：気体の状態方程式の単位
圧力や体積・温度の単位を，必ず下記のように換算すること。
$P \Rightarrow$ Pa
$V \Rightarrow$ L
$T \Rightarrow$ K
このとき R の値は 8.3×10^3 Pa・L/(K・mol)となる。

> **重要** 〔気体の状態方程式〕……$PV=nRT$，$PV=\dfrac{w}{M}RT$
> $P\to$Pa，$V\to$L，$n\to$mol，$T\to$Kのとき，$R\to 8.3\times10^3$

例題研究　気体の状態方程式の利用

次の問いに答えよ。なお，⑮と⑱については有効数字2桁で答えよ。
(1) 27℃，3.0×10^5Paで415mLを占める窒素の物質量を求めよ。
(2) ある昇華性の固体1.0gを十分な容量の広口びんAに入れ，十分な容量の広口びんBをつないで右図のような装置を組み立てた。完全に固体が消失した後，メスシリンダーには560mLの気体が捕集された。大気圧は1.0×10^5Pa，室温と水温は27℃，空気の水に対する溶解および水の蒸気圧は無視して，この固体物質の分子量を求めよ。

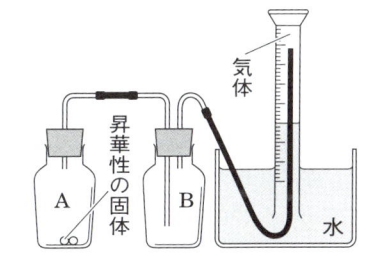

解き方

(1) 気体の状態方程式を，$n=\dfrac{PV}{RT}$ と変形する。

$P=3.0\times10^5$Pa，$V=\left(⑪\quad\text{L}\right)$，$T=\left(⑫\quad\text{K}\right)$ を代入して，

$$n=\dfrac{3.0\times10^5\times\left(⑬\quad\right)}{\left(⑭\quad\right)\times300}=\left(⑮\quad\text{mol}\right)\quad\cdots\text{答}$$

(2) メスシリンダーには，Bから押しだされた空気が捕集される。その体積は，固体物質が昇華してできた気体の体積と等しい。

求める気体の分子量を M として，気体の状態方程式 $PV=\dfrac{w}{M}RT$ に $P=1.0\times10^5$Pa，$V=\left(⑯\quad\text{L}\right)$，$w=\left(⑰\quad\text{g}\right)$，$T=300$K を代入する。

よって，$M=\dfrac{wRT}{PV}\fallingdotseq\left(⑱\quad\right)$ …答

> **注** 空気は水に対する溶解度が小さいので，昇華で生じた気体の体積を直接測定するよりも，空気で置換してから水上捕集することにより，より正確に気体の体積を測定できる。

ミニテスト　　　　　　　　　　　　　　　　解答　別冊 p.3

□ 27℃，9.4×10^4Paで，体積1.2L，質量2.0gの純粋な気体Aがある。次の各問いに答えよ。
(1) 気体Aの分子量を求めよ。
(2) 気体Aの標準状態における密度は何g/Lか。
(3) 純粋な物質の気体Bがある。気体Aの密度と気体Bの密度を標準状態で比べると，A：B＝11：4であった。気体Bの分子量を求めよ。

3 混合気体, 理想気体と実在気体

解答 別冊p.3

❶ 混合気体の全圧と分圧

1 気体の拡散
互いに反応しない2種類の気体を混ぜると, 気体分子が (❶　　　) して, 任意の割合で混じり合う。

2 全圧と分圧
① 混合気体の圧力を (❷　　　) という。
② 各成分気体がそれぞれ単独で**混合気体と同体積を占めたときに示す圧力**を (❸　　　) という。

〔混合気体〕
全圧…全体の圧力
分圧…各成分気体が示す圧力

3 ドルトンの分圧の法則 (1801年)
「混合気体の全圧は各成分気体が同体積のもとで示す圧力 (**分圧**) の (❹　　　) に等しい。」♣1

2種類の気体A, Bの分圧をそれぞれP_A, P_B, 混合気体の全圧をPとすると次の関係が成り立つ。

$$P = (❺\quad\quad)\ ♣2$$

ドルトンの分圧の法則

$P = P_A + P_B$
混合気体の全圧＝各成分気体の分圧の和

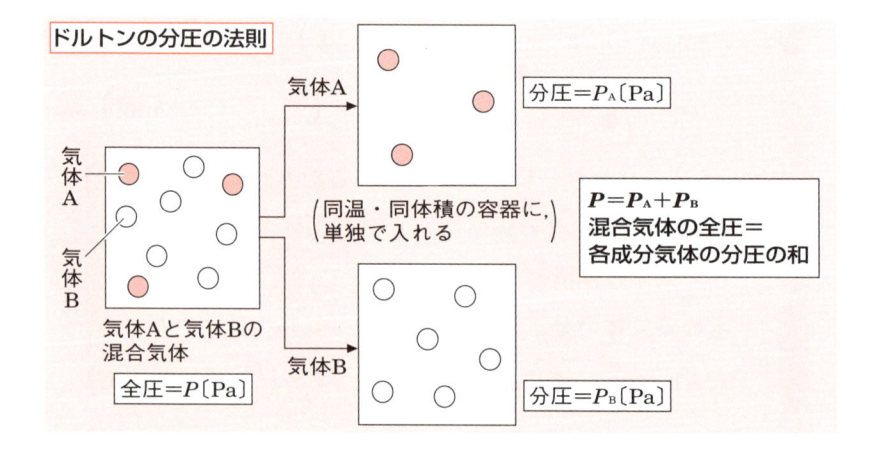

気体A　分圧＝P_A〔Pa〕
気体Aと気体Bの混合気体　全圧＝P〔Pa〕
（同温・同体積の容器に, 単独で入れる）
気体B　分圧＝P_B〔Pa〕

♣1：気体の圧力と分子数
気体の圧力は, 気体分子の容器の壁への衝突によって生じる。したがって, 気体の圧力は気体の種類には関係なく, 温度が同じならば, 容器内の分子の数に比例する。

♣2：ドルトンの分圧の法則の導き方
温度がT〔K〕で, 同じ体積V〔L〕である気体A, Bの物質量をn_A, n_B〔mol〕, その圧力をP_A, P_B〔Pa〕とすると, それぞれの気体の状態方程式は,
A；$P_A V = n_A RT$
B；$P_B V = n_B RT$
　　　　　(①式)
混合気体の状態方程式は,
$PV = (n_A + n_B)RT$
　　　　　(②式)
①式の2つの式を辺々加えると,
$(P_A + P_B)V$
$\quad = (n_A + n_B)RT$
　　　　　(③式)
②式と③式を比べて,
$P = P_A + P_B$

❷ 混合気体の組成と分圧

1 混合気体の組成と分圧
① 同温・同体積のとき, 各成分気体の (❻　　　 の比) は, その物質量の比に等しい。成分気体A, Bの分圧をP_A, P_B, それぞれの物質量をn_A, n_Bとすると,

$$P_A : P_B = (❼\quad : \quad)$$

② 同温・同圧のとき，各成分気体の（❽　　　　の比）はその物質量の比に等しい。成分気体A，Bの体積をV_A, V_B，それぞれの物質量をn_A, n_Bとすると，

$V_A : V_B =$ （❾　　　：　　　）

〔混合気体〕　分圧の比＝物質量の比（同温・同体積のとき）
　　　　　　 体積の比＝物質量の比（同温・同圧のとき）

2 混合気体の全圧・分圧と物質量の関係——成分気体A，Bの物質量をn_A, n_Bとすると，混合気体の全物質量$n =$（❿　　　　）である。また，各成分気体の分圧をP_A, P_B，その全圧をPとすると，

$P_A : P = n_A : n$,　$P_B : P = n_B : n$

$P_A = P \times$（⓫　　　　），$P_B = P \times$（⓬　　　　）

$\dfrac{n_A}{n}$, $\dfrac{n_B}{n}$は，混合気体の全物質量に対する各成分気体の物質量の割合を示す。これを各成分気体の（⓭　　　　　　）♣3という。

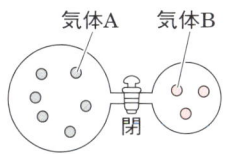

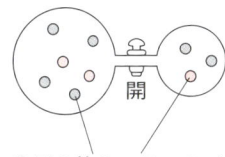

♣3：すなわち，混合気体中の各成分気体の分圧は，全圧を成分気体の物質量の割合で比例配分したものに等しくなる。

例題研究　**分圧・全圧と物質量の関係**

CO_2 2.2 g，CO 2.8 gを含む混合気体の27℃における全圧は2.4×10^5 Paであった。各成分気体の分圧をそれぞれ求めよ。ただし，原子量をC＝12，O＝16とする。

▶解き方　分子量は，$CO_2 = 44$，$CO = 28$より，各気体の物質量は，

CO_2 ; $\dfrac{2.2}{44} =$（⓮　　　　mol），CO ; $\dfrac{2.8}{28} =$（⓯　　　　mol）

成分気体の分圧＝全圧$\times \dfrac{\text{成分気体の物質量}}{\text{全物質量}}$　が成り立つから，
　　　　　　　　　　　　　↳モル分率

$P_{CO_2} = 2.4 \times 10^5 \times \dfrac{(⓰　　　)}{0.050 + 0.10} =$（⓱　　　　Pa）　…答

$P_{CO} = 2.4 \times 10^5 \times \dfrac{(⓲　　　)}{0.050 + 0.10} =$（⓳　　　　Pa）　…答

❸ 水上捕集した気体の圧力

1 水上置換による気体の捕集と分圧——右図のように，気体を（⓴　　　　置換）で捕集すると，メスシリンダー内の気体は，捕集した気体と（㉑　　　　）との混合気体となり，大気圧とつり合う。

（捕集した気体の分圧）＝（大気圧）－（飽和水蒸気圧）

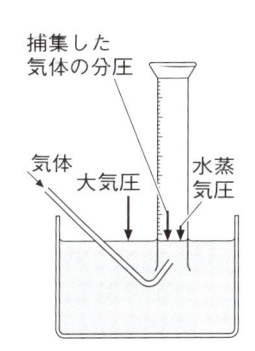

例題研究　気体の水上捕集

水素を水上置換で捕集したところ、その体積は、27℃、$1.01×10^5$ Paのもとで1.30 Lであった。27℃での飽和水蒸気圧を$3.6×10^3$ Paとして、捕集した水素の物質量を有効数字2桁で求めよ。

▶ 解き方　捕集した容器内には、水素と水蒸気が混合しており、その全圧は大気圧に等しい。
よって、（水素の分圧）＝（大気圧）－（27℃の飽和水蒸気圧）より、
　水素の分圧 = $1.01×10^5 - 3.6×10^3$ = (㉒　　　　 Pa)
これを気体の状態方程式 $PV=nRT$ に代入して、水素の物質量 n を求める。
$$n = \frac{PV}{RT} = \frac{9.74×10^4 × 1.30}{8.3×10^3 × 300} ≒ (㉓　　　 \text{mol}) \quad \cdots 答$$

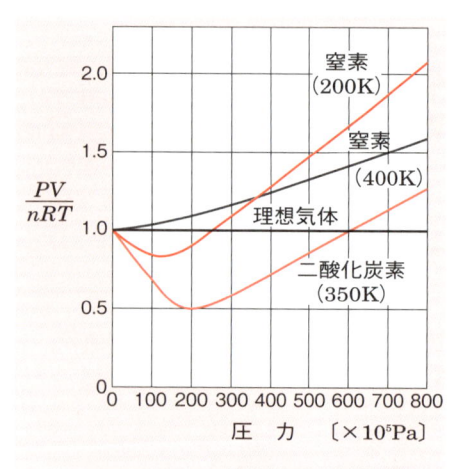

実在気体での $\frac{PV}{nRT}$ の値は、高圧になるほど、理想気体の値(1.0)からのずれが大きくなる。

〔高温・低圧のとき〕
実在気体≒理想気体

4 理想気体と実在気体

1 理想気体と実在気体——気体の状態方程式に完全にしたがうと仮定した気体を(㉔　　　)といい、実際に存在する気体を(㉕　　　)という。

2 理想気体の特徴
① 圧力 P が変化しても $\frac{PV}{nRT}$ の値は(㉖　　　)で、一定である。
② 分子の占める体積が(㉗　　　)である。
③ 分子間力がはたらかない。

3 実在気体が理想気体に近づく条件
　(㉘　　温)にすると分子の熱運動が激しくなり、分子間力の影響が無視できるようになる。また、(㉙　　圧)にすると単位体積中の分子の数が少なくなり、分子自身の体積の影響が無視できるようになる。

重要　〔実在気体の特徴〕
高温・低圧ほど理想気体に近づく。
低温・高圧ほど理想気体から外れる。

ミニテスト　　　　　　　　　　　　　　　　　解答 別冊 p.3

☐❶　$5.0×10^4$ Paの水素1.5Lと$1.0×10^5$ Paの窒素1.5Lを温度一定で3.0Lの容器に入れると、混合気体の圧力はいくらになるか。

☐❷　体積で酸素20％、窒素80％の混合気体の全圧が$4.0×10^5$ Paであるとすると、この混合気体中の各成分気体の分圧はそれぞれいくらか。

2章 気体の性質 練習問題

解答 別冊p.20

❶ 〈ボイル・シャルルの法則〉 ▶わからないとき→p.15

27℃, $1.0×10^5$ Pa のもとで, 6.0 L を占める気体がある。この気体を 227℃, $2.0×10^5$ Pa にすると体積は何 L になるか。

ヒント 求める体積を V 〔L〕として, ボイル・シャルルの法則の関係式に代入する。

❶ _____ L

❷ 〈気体の状態方程式〉 ▶わからないとき→p.16,17

27℃, $8.0×10^4$ Pa で, 125 mL の気体がある。この気体の質量は 0.184 g である。気体定数を $8.3×10^3$ Pa·L/(K·mol) として, 次の各問いに答えよ。
(1) この気体は, 標準状態では何 mL の体積を占めるか。
(2) この気体の標準状態での密度は何 g/L か。
(3) この気体の分子量を求めよ。

ヒント 気体の密度は, 1 L あたりの質量で表される。

❷
(1) _____ mL
(2) _____ g/L
(3) _____

❸ 〈分子量の測定〉 ▶わからないとき→p.17

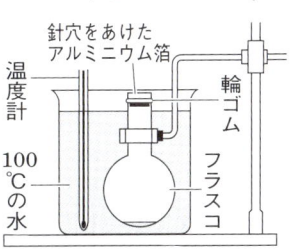

ある揮発性の液体試料を容積 350 mL の丸底フラスコに入れ, 針で穴をあけたアルミニウム箔を口にかぶせて右図のように 100℃の水に浸し, 完全に蒸発させた。その後, すぐに室温まで冷やしたら, 再び底に液体がたまり, その質量は 1.80 g であった。大気圧を $1.00×10^5$ Pa, 気体定数を $8.31×10^3$ Pa·L/(K·mol) として, この液体試料の分子量を求めよ。ただし, 室温でのこの液体試料の蒸気圧は無視できるものとする。

ヒント 100℃の水の中では液体試料はすべて蒸発している。フラスコ内の空気はすべて追い出され, フラスコはこの試料の蒸気で満たされている。この蒸気の圧力が大気圧とつり合っている。

❸ _____

❹ 〈水上捕集した気体の圧力〉 ▶わからないとき→p.19

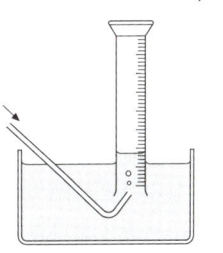

27℃, 大気圧 $1.0×10^5$ Pa で一酸化炭素を右図のような方法で捕集したところ, 380 mL の気体を得た。捕集した一酸化炭素の質量を求めよ。ただし, 27℃における水の飽和蒸気圧は $4.0×10^3$ Pa, 気体定数を $8.3×10^3$ Pa·L/(K·mol) とし, 原子量は C=12, O=16 とする。

ヒント 水上置換で捕集された気体は, 水蒸気と一酸化炭素の混合気体であり, その全圧が大気圧とつり合う。一酸化炭素についての気体の状態方程式を立てる。

❹ _____ g

5 〈混合気体の分圧〉 ▶わからないとき→p.17,18

二酸化炭素2.2g，水素0.30g，窒素5.6gをある容器に入れて27℃にすると$2.4×10^5$Paとなった。この容器の体積，および各気体の分圧はそれぞれいくらになるか。気体定数を$8.3×10^3$Pa·L/(K·mol)とし，原子量はC＝12，H＝1.0，O＝16，N＝14とする。

ヒント 混合気体についても気体の状態方程式が適用できる。
(分圧)＝(全圧)×(モル分率)の関係より，各気体の分圧が求められる。

5
体積　　　　　L
CO_2　　　　Pa
H_2　　　　Pa
N_2　　　　Pa

6 〈気体の混合と圧力〉 ▶わからないとき→p.17,18

右図のようなコックで仕切られた2個の容器がある。この容器の一方にメタンCH_4が，もう一方に酸素O_2が入っている。原子量はC＝12，H＝1.0，O＝16として，次の各問いに答えよ。

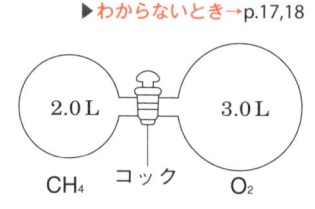

（2.0 L CH_4 — コック — 3.0 L O_2）

(1) 27℃で，メタンの圧力は$1.0×10^5$Pa，酸素の圧力は$1.5×10^5$Paであった。27℃に保ったままコックを開いて気体を混合したとき，各気体の分圧はそれぞれ何Paになるか。
(2) この混合気体の平均分子量はいくらか。
(3) この混合気体を高温にして完全に燃焼させた後，27℃に戻した。反応後の容器内の全圧は何Paか。27℃の水の飽和蒸気圧は$4.0×10^3$Paとする。

ヒント
(2) 分圧から各気体のモル分率を求め，平均分子量を求める。
(3) 各気体の分圧は物質量に比例するので，分圧を物質量と同じように扱って量的計算をすればよい。

6
(1) CH_4　　　Pa
　　O_2　　　Pa
(2)
(3)　　　　Pa

7 〈気体の凝縮と圧力〉 ▶わからないとき→p.10,18

窒素と水蒸気を体積比4：1で混合した気体がある。この混合気体の圧力を$1.0×10^5$Paに保ったまま，温度を100℃から下げていくと，60℃で水蒸気の凝縮が見られた。次の各問いに答えよ。

(1) 60℃における水の飽和蒸気圧は何Paか。
(2) $1.0×10^5$Pa，60℃の混合気体を温度一定に保って，体積を半分にすると，この混合気体の全圧は何Paになるか。

ヒント 体積比が4：1なので，物質量の比も4：1である。実在気体は，飽和蒸気圧に達するとそれ以上の圧力にはなれずに凝縮し，液体になる。

7
(1)　　　　Pa
(2)　　　　Pa

8 〈理想気体と実在気体〉 ▶わからないとき→p.19

理想気体と実在気体についての記述で，正しいものをすべて選べ。
ア　理想気体や実在気体は，圧縮しても凝縮や凝固は起こらない。
イ　実在気体は低温・高圧になるほど状態方程式からのずれが大きくなる。
ウ　理想気体は分子自身の体積や分子にはたらく分子間力が無視されている。
エ　H_2とCO_2では，CO_2のほうが分子量が大きいので，理想気体に近い。
オ　理想気体は絶対零度のとき，体積が0になる。

8

3章 溶液の性質

1 溶解と溶解度

解答 別冊 p.3

❶ 物質の溶解

1 溶液——液体に他の物質が(①　　　)またはイオンなどの細かい粒子に分かれて溶けこみ，均一に混じり合ったもの。液体の中に溶けこんだ**物質**を(②　　　)，それを溶かした液体を(③　　　)といい，溶媒が水である溶液を特に(④　　　)という。

重要
溶液 ┃ 溶質……溶媒に溶けた物質
　　 ┃ 溶媒……溶質を溶かした液体
※溶媒が水の場合を水溶液という。

♣1：溶質は固体，液体，気体のいずれでもよいが，溶媒は液体だけである。液体どうしの溶解では物質量の多いほうを溶媒とする。

2 固体の溶解——溶媒のはたらきで，溶質の粒子がばらばらになって，溶媒中に均一に溶けこむ現象を(⑤　　　)という。

例　塩化ナトリウムは**電解質**で，各イオンは(⑥　　　的)な引力によって水分子に取り囲まれている。これを(⑦　　　)という。

例　スクロース(ショ糖)は**非電解質**で，スクロースの分子が水分子と(⑧　　　結合)によって水和している。

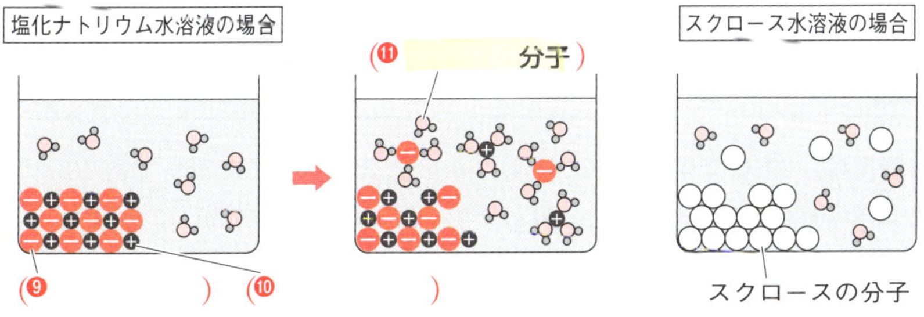

♣2：**電解質**
水に溶けてイオンに分かれる物質を**電解質**，分子のまま電離しない物質を**非電解質**という。

♣3：水和されたイオンを**水和イオン**という。

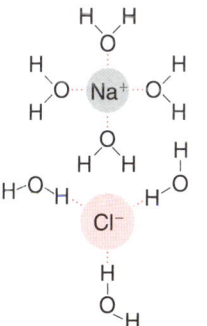

塩化ナトリウム水溶液の場合

(⑪　　　)分子

スクロース水溶液の場合

(⑨　　)　(⑩　　)

スクロースの分子

(…は静電気的な引力による水和を表す)

3 液体どうしの溶解性

① 極性分子どうしは溶け(⑫　　　い)。
　↳水とエタノールなど
② 無極性分子どうしは溶け(⑬　　　い)。
　↳ヘキサンとベンゼンなど
③ 極性分子と無極性分子は溶け(⑭　　　い)。
　↳水(極性分子)とヘキサン(無極性分子)など

♣4：ある物質がある溶媒に溶けるかどうかは，溶質と溶媒の極性の大小によってほぼ決まる。

重要
〔溶解の原則〕
極性の似たものどうし……溶けやすい
極性の異なるものどうし……溶けにくい

♣5：溶解平衡

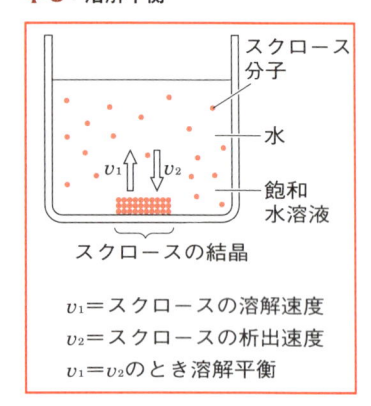

スクロース分子／水／飽和水溶液／スクロースの結晶

v_1＝スクロースの溶解速度
v_2＝スクロースの析出速度
v_1＝v_2のとき溶解平衡

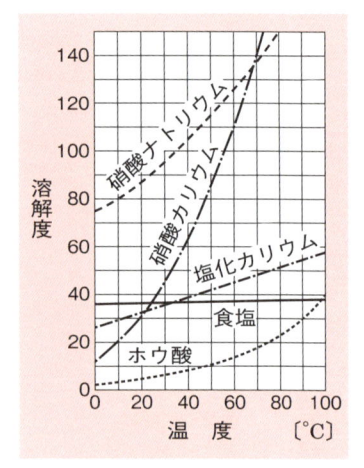

固体の溶解度は高温ほど大きくなるものが多い。
↑ 溶解度曲線

❷ 固体の溶解度

1 溶解度——一定量の溶媒に溶ける溶質の量には限度があることが多い。この限度量をその物質の(⑮　　　)という。溶解度まで溶質を溶かした溶液を(⑯　　　)といい、飽和溶液では、**単位時間に結晶から溶解する粒子の数と結晶へ析出する粒子の数が等しく**、見かけ上、溶解が停止したような状態にある。この状態を(⑰　　　)という。♣5

2 固体の溶解度の表し方——ある温度で、溶媒100gに溶けうる(⑱　　　)の最大質量〔g〕の数値で表す。

例　食塩は20℃の水100gに36gまで溶ける。20℃の水100gに45gの食塩を加えると、36gの食塩が溶けて**飽和溶液**となり、(⑲　　g)の食塩が溶けずに残る。

3 溶解度曲線——溶解度の(⑳　　　**変化**)を表すグラフ。

4 再結晶——溶液から**溶質**を再び(㉑　　　)として析出させる操作。

① **冷却法**　温度による溶解度の差が(㉒　　い)場合、高温の飽和溶液をつくって、それを冷却すると、溶質が(㉓　　　)となって析出する。

② **濃縮法**　温度による溶解度の差が(㉔　　い)場合、飽和溶液を加熱して(㉕　　　)を蒸発させると、溶けきれなくなった溶質が(㉖　　　)となって析出する。

例題研究　溶解度と再結晶

硝酸カリウムの水への溶解度は、20℃で31、40℃で64、60℃で109、80℃で169である。80℃の水100gに硝酸カリウムを100g溶かした溶液を、20℃まで冷却した。次の各問いに答えよ。
(1) 硝酸カリウムが最初に結晶となって析出した温度は、何℃と何℃の間か。
(2) 20℃まで冷却したとき、析出した結晶は何gか。

解き方
(1) この溶液では、溶解度が(㉗　　　)となる温度より下がると結晶が析出する。題意より、その温度は(㉘　　℃)と(㉙　　℃)の間にある。…答
　　　　　↑溶解度109　　↑溶解度64

(2) 20℃の水100gには(㉚　　g)の硝酸カリウムしか溶けない。よって、**最初の水に溶けていた量と20℃の水に溶けている量の差が析出量である。**
　100 − (㉛　　) = (㉜　　g)　…答

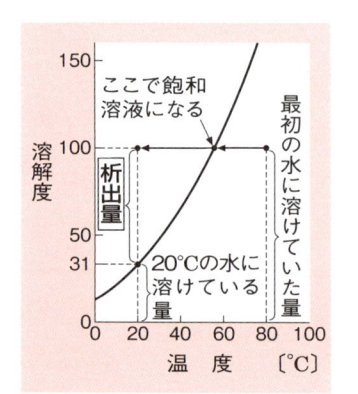

❸ 気体の溶解度

1 気体の溶解度と温度——一般に，気体の溶解度は高温になるほど（㉝　　　く）なる。♣6

気体の溶解度は，その気体の圧力が（㉞　　　Pa）のとき，溶媒1Lに溶けこむ気体の体積を（㉟　　　）での体積に換算した値で示すことが多い。

♣6：気体の溶解度と温度の関係

2 気体の溶解度と圧力——炭酸飲料水の栓を開けると，さかんに気泡が発生する。これは，圧力が下がると気体の溶解度が（㊱　　　く）なるためである。

溶解度が小さな気体の場合，♣7 **一定温度で，一定量の溶媒に溶ける気体の質量（物質量）は，その気体の**（㊲　　　）**に比例する**。この関係を（㊳　　　の法則）という。ただし，気体の溶解度を体積で表す場合，次のように言いかえられる。

「一定温度で，一定量の溶媒に溶ける気体の体積は，その圧力のもとでは圧力に関係なく（㊴　　　）である。」

♣7：溶解度の大きいNH₃，HClなどは，水に溶けると水と反応して電離するので，ヘンリーの法則は成り立たない。

3 混合気体の溶解度と圧力——混合気体では，各成分気体の溶解度（質量・物質量）は，それぞれの気体の（㊵　　　）に比例する。

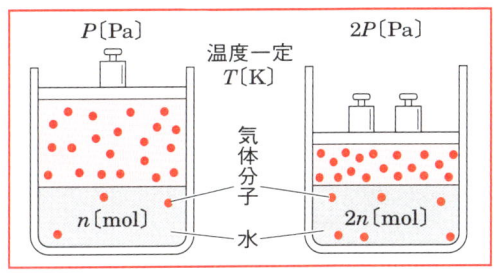

↑ヘンリーの法則（物質量表現）

例題研究 気体の溶解度

0℃，$1.0×10^5$ Paで，水1Lに酸素は49 mL溶ける。0℃の水10Lに$2.0×10^5$ Paの空気が接しているとき，この水に溶けている酸素の質量は何gか。ただし，空気は窒素：酸素＝4：1（体積比）の混合気体とし，分子量はO_2＝32とする。

▶解き方　混合気体の溶解度は，各成分気体の分圧に比例する。**分圧＝全圧×モル分率**より，

酸素の分圧 P_{O_2} ＝ $2.0×10^5$ ×（㊶　　　）＝ $4.0×10^4$ Pa

溶解する酸素の質量は，酸素のモル質量O_2＝32 g/molより，

$$\frac{49×10^{-3}}{22.4} × \frac{4.0×10^4}{1.0×10^5} × 10 ×（㊷　　　）＝ 0.28 \text{ g} \quad \cdots\text{答}$$
↳液量

ミニテスト　　　　　　　　　　　　　　　　　　　　解答　別冊p.3

☐❶ ホウ酸の溶解度は60℃で15である。60℃のホウ酸の飽和水溶液100g中には，何gのホウ酸が含まれているか。

☐❷ 0℃で水1Lに，$1.0×10^5$ Paの窒素は22 mL溶ける。0℃，$5.0×10^5$ Paの窒素で飽和した水10Lに溶けている窒素の質量は何gか。ただし，分子量はN_2＝28とする。

2 溶液の濃度

〔解答〕別冊 p.4

❶ 濃度の表し方

1 質量パーセント濃度──100 gの溶液（溶媒＋溶質）に溶けている（①　　　）のグラム数で表した濃度。単位記号は％を用いる。

$$質量パーセント濃度〔\%〕 = \frac{(②\quad)の質量}{(③\quad)の質量} \times 100$$

♣1：質量パーセント濃度を求めるときの注意点
①溶質は何で，溶媒は何であるかを判断し，その量的関係を明確にする。
②質量パーセント濃度の数値は，溶液100 gあたりに含まれる溶質の質量である。

例　水100 gに食塩20 gを溶かした溶液の質量パーセント濃度は，

$$\frac{20}{(④\quad)} \times 100 ≒ (⑤\quad)\%$$

2 モル濃度──溶液（⑥　　　）に溶けている溶質の物質量で表した濃度で，単位記号は（⑦　　　）を用いる。

$$モル濃度〔mol/L〕 = \frac{(⑧\quad)の物質量〔mol〕}{(⑨\quad)の体積〔L〕}$$

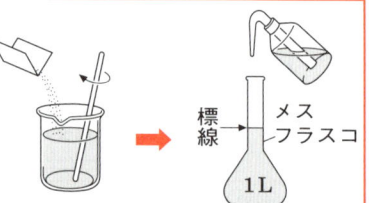

3 NaCl（式量58.5）の1.0 mol/L水溶液のつくり方
① （⑩　　mol）のNaClを精密はかりで正確にはかる。→58.5 g
② このNaClをビーカーで適当量の水に完全に溶かす。
③ その溶液と洗液をあわせて1 Lの（⑪　　　）に入れ，→ビーカーを純水で洗った液
　標線まで純水を加え，栓をしてよく振り混ぜる。

♣2：水1 Lの中にNaCl 1 molを加えて溶かしてはいけない。全体で1 Lにしているというところがポイント。

4 質量モル濃度──1 kgの（⑫　　　）に溶けている溶質の物質量で表した濃度で，単位記号はmol/kgを用いる。

$$質量モル濃度〔mol/kg〕 = \frac{(⑬\quad)の物質量〔mol〕}{(⑭\quad)の質量〔kg〕}$$

♣3：溶液の体積を基準として求められたモル濃度と異なり，溶媒の質量を基準としているので，温度により値が変化しないという特徴をもつ。

例　2.0 gのNaOHが200 gの水に溶けている溶液の質量モル濃度を求める。
　NaOH＝40だから，溶質の物質量は2.0÷40＝（⑮　　mol）となる。
　したがって，質量モル濃度は，

$$\frac{(⑯\quad mol)}{(⑰\quad kg)} = (⑱\quad mol/kg)$$

重要
〔質量パーセント濃度〕…溶液100 g中の溶質のグラム数
〔モル濃度〕…溶液1 L中に溶けている溶質の物質量
〔質量モル濃度〕…溶媒1 kgに溶けている溶質の物質量

4 電解質水溶液の沸点上昇度・凝固点降下度──1 mol の NaCl を水に溶かすと，NaCl ⟶ Na⁺ + Cl⁻ と電離する。そのため，水溶液中の溶質粒子の数は（⑩　　　mol）になる。つまり，**非電解質の場合に比べて，溶質粒子の濃度は**（⑪　　　**倍**）**になるので，沸点上昇度・凝固点降下度も**（⑫　　　**倍**）**になる。**

♣ 4 :
$CaCl_2 \longrightarrow Ca^{2+} + 2\,Cl^-$
1 mol　　1 mol　2 mol
　　　　　　3 mol
塩化カルシウム $CaCl_2$ 1 mol は，非電解質 3 mol と同じ効果を示す。

重要実験　凝固点降下度の測定

方法（操作）

(1) 試験管に水 10 g を入れ，右図のように寒剤で冷やす。
(2) かくはん棒で水をゆっくり混ぜながら，一定時間ごとに温度を測定する(A)。
(3) (2)の凍った水を液体にし，0.30 g の尿素を入れる。
(4) この溶液について，(2)と同様の操作を行い，温度を測定する(B)。

実験装置：0.1K目盛りの精密温度計，かくはん棒，試料容器，空気，水，寒剤（氷, 水）

結果と考察

❶ (A)と(B)の結果をグラフに表すと下図のようになる。このようなグラフを**冷却曲線**という。⇨水平な部分のあるグラフが（⑬　　　）のものである。

❷ 凝固点を読みとる。
　t_1；（⑭　　　）の凝固点
　t_2；（⑮　　　）の凝固点

❸ $t_1 = 0.2$ ℃，$t_2 = -1.1$ ℃ のとき，この溶液の凝固点降下度 Δt は（⑯　　　K）である。

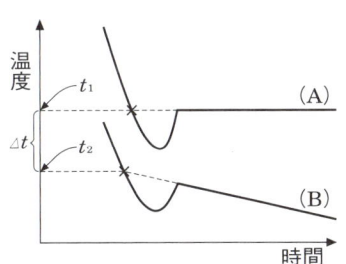

(B) では，溶媒が先に凝固し，溶液の濃度が大きくなるので，グラフが右下がりになる。

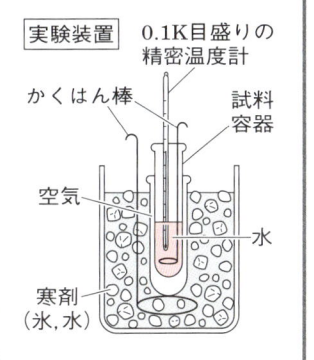

注 水が凝固しはじめて温度が一定になった後も，しばらく測定を続ける。

注 凝固点は，グラフの直線部分を左方向に延長し，それがもとの冷却曲線と交わった温度である。

例題研究　沸点上昇と溶質の分子量

水 100 g にグルコース($C_6H_{12}O_6 = 180$)を 9.0 g 溶かした水溶液と，水 100 g に尿素 3.0 g を溶かした水溶液の沸点は同じであった。このことから，尿素の分子量を求めよ。

解き方

沸点が同じだから，（⑰　　　）が同じである。また，**グルコースも尿素も非電解質**だから，尿素の分子量を x，水のモル沸点上昇を k〔K・kg/mol〕として，両者の関係を式に表すと，

$$k \times \frac{(⑱\quad) \times 1000}{180 \times 100} = k \times \frac{(⑲\quad) \times 1000}{x \times 100}$$

↳グルコース水溶液の沸点上昇度　　↳尿素水溶液の沸点上昇度

よって，$x =$（⑳　　　）…**答**

注 沸点上昇度
$= k \times \dfrac{w \times 1000}{M \times W}$
w；溶質の質量〔g〕
W；溶媒の質量〔g〕
M；溶質の分子量

❸ 浸透圧

1 半透膜——(㉑ 　　　　分子) や小さな溶質粒子は通すが，大きな溶質粒子は通さない膜。♣5　**例** セロハン膜，ぼうこう膜など

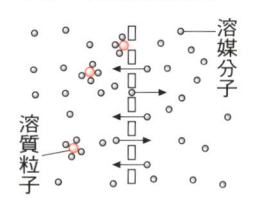

2 浸透——溶液と純溶媒を (㉒ 　　　　膜) によって仕切ると (㉓ 　　　　分子) が膜を通って，溶媒側から溶液側へと移動する。この現象を溶媒の (㉔ 　　　　) という。

♣5：半透膜（模式図）
溶媒分子／溶質粒子

3 浸透圧——次の2つの表し方がある。

① 図(b)のように，溶媒の浸透の結果，液面差 h を生じる。この (㉕ 　　　　) にもとづく圧力。♣6

② 図(c)のように，溶媒の浸透を阻止するため，溶液側に加える圧力。♣7

♣6：溶媒の浸透によって少し薄まった溶液の浸透圧を示す。

♣7：もとの溶液の浸透圧を示す。

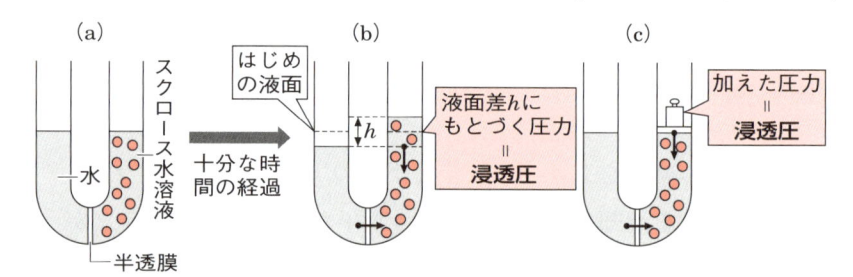

(a) スクロース水溶液／水／半透膜
(b) はじめの液面／液面差 h にもとづく圧力＝浸透圧
(c) 加えた圧力＝浸透圧

4 浸透圧の大きさ——一般に，溶液の浸透圧 Π は溶質の種類には無関係で，溶液の (㉖ 　　　　) と絶対温度に比例する。♣8
　　　　　　　　　　　　　　　　　　　↳ C で表す

$$\Pi = CRT \quad (R は気体定数)$$

溶液 V [L] に n [mol] の溶質が含まれる溶液のモル濃度は，$C = \dfrac{n}{V}$ [mol/L] なので，これを上式に代入すると

♣8：溶質が電解質の場合は，非電解質の場合に比べて溶質粒子の濃度が大きい。そのため，同じ濃度の非電解質溶液に比べて，電解質溶液のほうが浸透圧は大きくなる。

重要　$\Pi V = nRT$ …〔ファントホッフの法則〕♣9

5 逆浸透——上図(c)で，溶液側により大きな圧力を加えると，溶媒分子が溶液側から溶媒側へ移動する。この方法は**逆浸透法**とよばれ，(㉗ 　　　　) の製造に利用されている。

♣9：単位などは，次の通り。
$\Pi \Rightarrow$ Pa
$V \Rightarrow$ L
$n \Rightarrow$ mol
$T \Rightarrow$ K
$R \Rightarrow 8.3 \times 10^3$
　Pa・L/(K・mol)

ミニテスト　　　　　　　　　　　　　　　　　解答 別冊 p.4

□❶ 次の各物質10 g ずつを1 kg の水に溶かしたとき，沸点が最も高いもの，凝固点が最も低いものはそれぞれどれか。
　ア　グルコース（分子量180）
　イ　尿素（分子量60）
　ウ　塩化ナトリウム（式量58.5）

□❷ 次の溶液のうち，浸透圧が等しいものはどれとどれか。ただし，グルコースの分子量を180とする。
　ア　グルコース36 g を溶かして1 L とした水溶液
　イ　0.10 mol/L のグルコース水溶液
　ウ　0.10 mol/L の水酸化ナトリウム水溶液

4 コロイド溶液

❶ コロイド溶液とは

1 コロイド粒子──直径が(① m)〜(② m)程度の大きさの粒子を**コロイド粒子**という。

2 コロイド溶液──コロイド粒子が液体中に均一に分散した溶液を(③　　　　)という。また、分子やイオンが液体中に均一に分散したものを**真の溶液**という。

例 { コロイド溶液…セッケン水、デンプンやタンパク質の水溶液
　　真の溶液…食塩水、水酸化ナトリウム水溶液

3 ゾルとゲル──デンプン水溶液のように、流動性のあるコロイドを(④　　　　)、豆腐やゼリーのように、流動性を失ったコロイドを(⑤　　　　)という。♣1

4 コロイド溶液のつくり方──沸騰水に少量の塩化鉄(Ⅲ)飽和水溶液を加えると、次の反応により赤褐色の(⑥　　　　　　)のコロイド溶液が得られる(右図)。

$$FeCl_3 + 3H_2O \longrightarrow Fe(OH)_3 + 3HCl$$

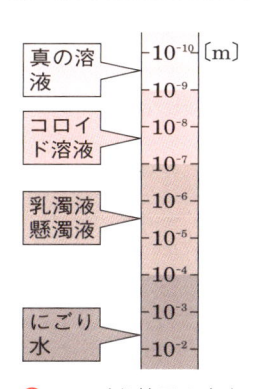

↑ コロイド粒子の大きさと溶液の種類

♣1：ゼラチンや寒天などの濃厚な水溶液を冷やすと固まる。これを**ゲル**という。

❷ コロイド溶液の性質

1 チンダル現象──コロイド溶液に横から強い光を当てると、**光の通路が明るく輝いて見える**。これは、コロイド粒子が(⑦　　　い)ために、光が(⑧　　　　)されるからである。このような現象を(⑨　　　　　　)という。♣2

2 透析──小さな分子やイオンは(⑩　　　膜)であるセロハン膜を通過(⑪　　　　)が、コロイド粒子は通過(⑫　　　　)。このことを利用して、コロイド溶液中に不純物として含まれる小さな分子やイオンを除くことを(⑬　　　　)という。なお、透析は、コロイド溶液中の小さな溶質を除く、(⑭　　　　)に利用できる。

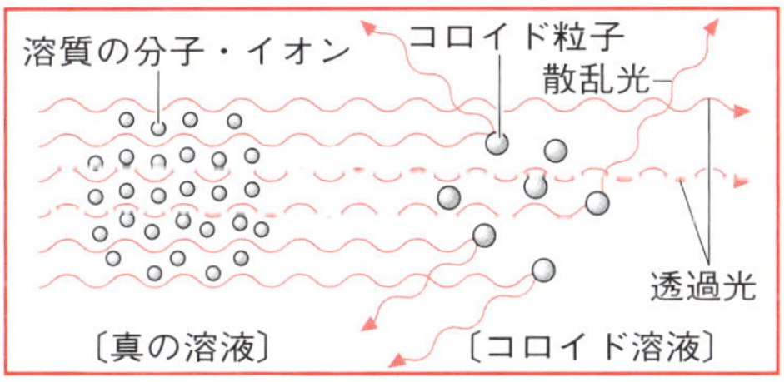

♣2：チンダル現象の例
①霧の日に、自動車のヘッドライトの光がよく光って見える。
②セッケン水に横から光を当てると、光の通り道が光って見える。

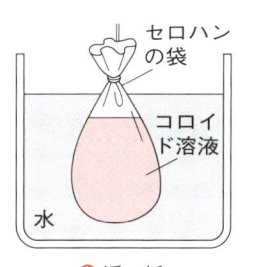

↑ 透　析

♣3：限外顕微鏡
チンダル現象を利用して，小さなコロイド粒子の存在を光の点として観察できる。

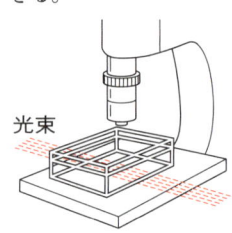

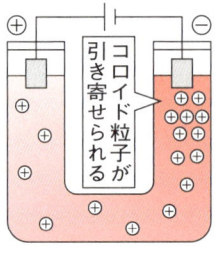

3 **ブラウン運動**——チンダル現象を起こしている部分を**限外顕微鏡**♣3 で観察すると，コロイド粒子が不規則なジグザグ運動を繰り返しているのがわかる。この運動を（⑮　　　）という。これは，水分子が激しく（⑯　　　）するために起こる見かけの現象である。

4 **電気泳動**——コロイド粒子は，正・負いずれかに（⑰　　　）しているために，コロイド溶液に電極を浸して直流電圧をかけると，**コロイド粒子は反対符号の電極へ向かって移動する**。このような現象を（⑱　　　）という。

① 正コロイド（正に帯電）…Al(OH)$_3$，Fe(OH)$_3$ など
② 負コロイド（負に帯電）…Ag，Ag$_2$S，S，粘土，デンプンなど

重要
〔コロイド溶液の性質〕
チンダル現象…コロイド粒子が光を散乱する現象
透析…半透膜を使い，コロイド溶液から不純物を除くこと
ブラウン運動…溶媒の熱運動によって起こる，コロイド粒子の不規則な運動
電気泳動…コロイド粒子が一方の電極へ移動すること

↑ 電気泳動

❸ 凝析と塩析　出る

1 **疎水コロイドと凝析**——少量の電解質を加えると沈殿するコロイドを（⑲　　　）という。

例　金属，硫黄，粘土，水酸化鉄(Ⅲ)の水溶液

① 疎水コロイドの溶液に少量の電解質を加えると，コロイド粒子に反対符号のイオンが吸着され，コロイド粒子間の電気的な（⑳　　力）が弱まり，互いに集合し，沈殿する。この現象を（㉑　　　）という。

② コロイド粒子と**反対符号で価数の**（㉒　　い）**イオン**ほど，**凝析力は強くなる**。

例　正コロイドには，Cl$^-$ < SO$_4^{2-}$ < PO$_4^{3-}$
　　負コロイドには，Na$^+$ < Mg^{2+} < Al^{3+} 　｝の順に有効。

③ 河口付近では，海水中のイオンによって粘土のコロイドが凝析され，三角州ができる。

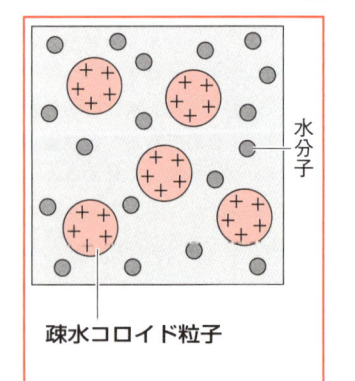

疎水コロイド粒子
疎水コロイドは，**水との親和力が小さく**，その周囲をとりまく水分子は少ない。

↑ 疎水コロイド

2 親水コロイドと塩析――少量の電解質を加えても沈殿しないコロイドを(㉓　　　)という。親水コロイドは多数の水和水をもつので，少量の電解質では沈殿しない。

例　セッケン，デンプン，タンパク質のコロイド溶液

① 親水コロイドの溶液に**多量の電解質**を加えると，コロイド粒子をとりまいている(㉔　　　)が除かれ，コロイド粒子が沈殿する。この現象を(㉕　　　)という。
② 豆乳にニガリ($MgCl_2$などの混合物)を加えて豆腐をつくる。

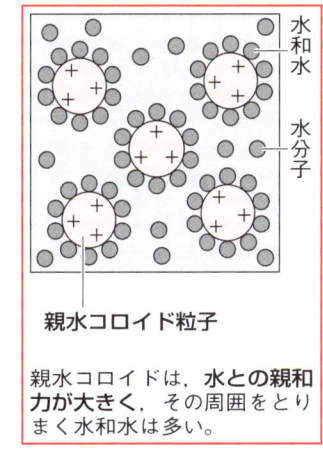

> **重要**
> 疎水コロイド…水との親和力が小さいコロイド
> 親水コロイド…水との親和力が大きいコロイド
> 凝析…少量の電解質でコロイド粒子が沈殿
> 塩析…多量の電解質でコロイド粒子が沈殿

↑ 親水コロイド

親水コロイドは，水との親和力が大きく，その周囲をとりまく水和水は多い。

3 保護コロイド――(㉖　　　コロイド)に，適当な親水コロイドを加えると，少量の電解質を加えても(㉗　　　)が起こりにくくなる。これは，疎水コロイドの粒子を親水コロイドの粒子がとり囲むからである。このようなはたらきをする親水コロイドを，特に(㉘　　　)という。

例　墨汁…炭素(疎水コロイド)にニカワ(親水コロイド)
　　インキ…色素(疎水コロイド)にアラビアゴム(親水コロイド)

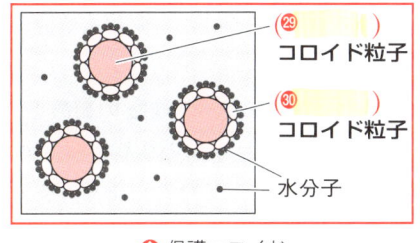

↑ 保護コロイド

> **重要**
> 〔保護コロイド〕…疎水コロイドを沈殿(凝析)しにくくするために加えた親水コロイド

ミニテスト　　　　　　　　　　　　　　　　　　　　解答　別冊 p.4

□❶　次のア～キの物質を水に溶かした溶液について，あとの問いに答えよ。
　　ア　デンプン　　イ　食塩　　　ウ　硫黄
　　エ　セッケン　　オ　水酸化鉄(Ⅲ)
　　カ　卵白　　　　キ　硫酸銅(Ⅱ)
(1) 親水コロイドはどれか。
(2) 少量の電解質で沈殿するものはどれか。
(3) チンダル現象を示さないものはどれか。

□❷　次の文のうち，誤っているものをすべて選べ。
　ア　疎水コロイドは塩析することができる。
　イ　コロイド粒子は電荷の中和によって凝析することもある。
　ウ　同じコロイド溶液中のコロイド粒子は，必ず同種の電荷をもつ。
　エ　粘土や寒天などは親水コロイドである。

3章 溶液の性質 練習問題

解答 別冊p.21

❶ 〈物質の溶解〉 ▶わからないとき→p.23

次の各物質は，Ⓐ水に溶けて電離する物質，Ⓑ水に溶けるが電離しない物質，Ⓒ水に溶けない物質，のどれに相当するか，記号で答えよ。また，ⒶおよびⒷは，一般に何とよばれているか答えよ。

(1) ヨウ素　　(2) 塩化ナトリウム　　(3) スクロース(ショ糖)
(4) 塩化水素　(5) エタノール　　　(6) ナフタレン
(7) 硫酸銅(Ⅱ)

ヒント イオン結晶は水に溶けて電離する。糖類やアルコール類などは，分子中にヒドロキシ基 −OH をもち，水和されて水に溶けやすいものが多いが，電離はしない。

❷ 〈固体の溶解度〉 ▶わからないとき→p.24

硝酸カリウムの溶解度は 60 °C で 109，10 °C で 22 である。次の各問いに答えよ。

(1) 60 °C の硝酸カリウム飽和水溶液 200 g には，何 g の硝酸カリウムが溶けているか。
(2) 60 °C で水 200 g に 100 g の硝酸カリウムを溶かした後，10 °C まで冷却した。何 g の硝酸カリウムの結晶が析出するか。
(3) 60 °C の硝酸カリウム飽和水溶液 200 g を，10 °C まで冷却した。何 g の硝酸カリウムの結晶が析出するか。

ヒント 飽和溶液では，$\dfrac{溶質の質量}{溶液の質量} = \dfrac{溶解度}{100+溶解度}$ または $\dfrac{溶質の質量}{溶媒の質量} = \dfrac{溶解度}{100}$ の関係が成り立つ。

❸ 〈水和物の溶解度〉 ▶わからないとき→p.24

硫酸銅(Ⅱ)五水和物($CuSO_4 \cdot 5H_2O$)の結晶は，80 °C で水 50 g に何 g まで溶かすことができるか。80 °C における硫酸銅(Ⅱ)の溶解度は 56，式量や分子量は $CuSO_4=160$，$H_2O=18$ とする。

ヒント $CuSO_4 \cdot 5H_2O$ の結晶 x 〔g〕が水 50 g に溶けるとすると，溶質(無水物)は $\dfrac{160}{250}x$〔g〕，飽和水溶液の質量は $(50+x)$ g である。

❹ 〈混合気体の溶解度〉 ▶わからないとき→p.25

0 °C，1.0×10^6 Pa で空気が 10 L の水と接するとき，水に溶ける O_2 と N_2 の標準状態に換算した体積〔L〕および質量〔g〕を求めよ。ただし，空気は O_2 と N_2 の体積比 1 : 4 の混合気体とし，0 °C，1.0×10^5 Pa で水 1.0 L に O_2 は 0.049 L，N_2 は 0.023 L 溶けるものとする。また，原子量は O=16，N=14 とする。

ヒント 気体の溶解度(体積)は，その圧力(分圧)下ではかると，圧力に関係なく一定である。そこで，各分圧において溶けている気体の体積を，ボイルの法則を使って標準状態に換算すること。

5 〈溶液の濃度〉　▶わからないとき→p.26,27

次の各問いに答えよ。

(1) グルコース(分子量180) 36 g を，水 500 g に溶かした溶液の質量パーセント濃度，および質量モル濃度を求めよ。

(2) 硫酸銅(Ⅱ)五水和物の結晶 2.5 g を水に溶かして 250 mL にした溶液の，モル濃度と質量パーセント濃度を求めよ。ただし，水溶液の密度は 1.0 g/cm³ とし，式量や分子量は $CuSO_4 = 160$，$H_2O = 18$ とする。

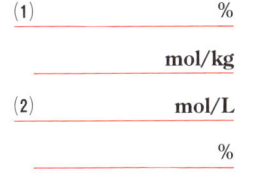

ヒント
(1) 質量モル濃度は，溶媒 1 kg あたりの溶質の物質量で表す。
(2) 水和水をもつ結晶を溶かした水溶液の濃度は，無水物の濃度で表す。

5
(1) ＿＿＿ %
＿＿＿ mol/kg
(2) ＿＿＿ mol/L
＿＿＿ %

6 〈蒸気圧と沸点〉　▶わからないとき→p.28

右図は，グルコース，塩化ナトリウムの各 0.1 mol/kg 水溶液および水の蒸気圧曲線である。次の各問いに答えよ。

(1) 図の(ア)～(ウ)は，それぞれどの液体の蒸気圧曲線に相当するか。

(2) t_1 は何 ℃ か。

(3) t_1 と t_2 の差が 0.05 K のとき，t_3 は何 ℃ か。

(4) 上記の 3 つの液体のうち，凝固点が最も高いもの，および最も低いものはどれか。

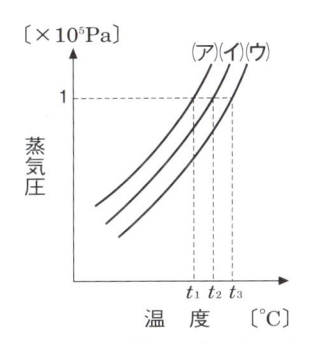

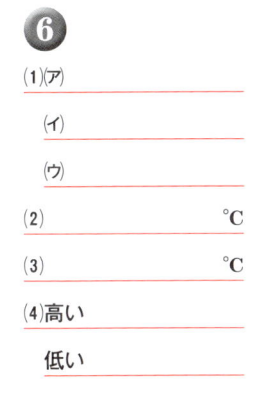

ヒント
水溶液の蒸気圧は，溶液の濃度が大きいほど低くなる。グルコースは非電解質だが，塩化ナトリウム NaCl は NaCl → Na⁺ + Cl⁻ と電離し，溶質粒子の数が増加する。

6
(1)(ア) ＿＿＿
(イ) ＿＿＿
(ウ) ＿＿＿
(2) ＿＿＿ ℃
(3) ＿＿＿ ℃
(4) 高い ＿＿＿
低い ＿＿＿

7 〈浸透圧〉　▶わからないとき→p.30

27 ℃ で 0.10 mol/L 尿素水溶液と同じ大きさの浸透圧を示す塩化カルシウム水溶液がある。この水溶液 100 mL 中には何 g の塩化カルシウムが含まれているか。ただし，式量は $CaCl_2 = 111$ とする。

ヒント
水溶液の浸透圧はモル濃度と絶対温度に比例する(ファントホッフの法則)。$CaCl_2$ は，水溶液中では $CaCl_2 → Ca^{2+} + 2Cl^-$ と電離し，溶質粒子の数が増加している。

7
＿＿＿ g

8 〈コロイド溶液〉　▶わからないとき→p.31,32

次の文中の □ に適する語句を入れよ。

塩化鉄(Ⅲ)水溶液を沸騰水に加えると，① 色の水酸化鉄(Ⅲ)コロイド溶液となる。この溶液にレーザー光線を当てると ② 現象を示し，またセロハン袋に入れて純水に浸すと ③ することができる。直流電圧をかけると，このコロイド粒子は陰極側に移動する。この現象を ④ といい，水酸化鉄(Ⅲ)のコロイド粒子が ⑤ に帯電しているために起こる。

水酸化鉄(Ⅲ)のコロイドは ⑥ コロイドのため，少量の電解質で ⑦ されるが，ゼラチンを加えておくと沈殿しにくくなる。このようなはたらきをするコロイドを ⑧ という。

ヒント
親水コロイド ⇨ 多量の電解質で沈殿 ⇨ 塩析　疎水コロイド ⇨ 少量の電解質で沈殿 ⇨ 凝析　無機物のコロイドには疎水コロイドが多く，有機物のコロイドには親水コロイドが多い。

8
① ＿＿＿
② ＿＿＿
③ ＿＿＿
④ ＿＿＿
⑤ ＿＿＿
⑥ ＿＿＿
⑦ ＿＿＿
⑧ ＿＿＿

4章 固体の構造

1 結晶と非結晶

[解答 別冊p.4]

❶ 結晶の種類と性質

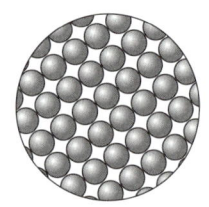

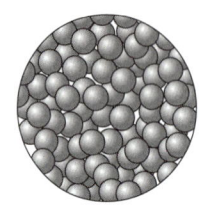

↑金属(左)とアモルファス金属(右)

1 結晶——多くの固体物質では，原子・分子・イオンなどの粒子が規則正しく配列している。このような固体を(①　　　　　)といい，決まった外形と一定の融点をもつ。

2 非晶質——原子・分子などが規則正しく配列していない固体を(②　　　　　)またはアモルファスという。非晶質は決まった外形と一定の融点をもたず，加熱すると，ある温度幅で(③　　　　　)する。

例 ガラス，プラスチック，すす，アモルファス金属など

♣1：結合力の強い共有結合の結晶が最も高く，結合力の弱い分子結晶が最も低い。

3 結晶の種類——結晶は，構成粒子とその結合のしかたによって，次の4種類に分類される。

性質＼種類	分子結晶	共有結合の結晶	イオン結晶	金属結晶
結合の種類	④	共有結合	⑤	⑥
構成粒子	分子	⑦	陽イオン, 陰イオン	原子
機械的性質	軟らかくてもろい	きわめて硬い	硬くてもろい	展性・延性に富む
融点♣1	⑧	⑨	高い	高い～低い
電気伝導性	⑩	なし(黒鉛はあり)	固体…なし 液体…あり	⑪
水に対する溶解性	溶けにくいものが多い	溶けない	⑫	溶けない
物質の例	ヨウ素, ドライアイス, ナフタレン	ダイヤモンド, 黒鉛, 水晶	塩化ナトリウム, 塩化カリウム	銅, 鉄, アルミニウム, 銀, 金
構成元素	⑬	非金属元素 (C, Si)	金属元素, 非金属元素	金属元素

ミニテスト

[解答 別冊p.5]

□ 次の(1)～(4)の結晶にあてはまる物質を，右からすべて記号で選べ。
(1) イオン結晶　　(2) 金属結晶
(3) 分子結晶　　(4) 共有結合の結晶

ア ダイヤモンド　　イ ナトリウム
ウ 塩化カリウム　　エ ナフタレン
オ アルミニウム　　カ 酸化カルシウム
キ ドライアイス　　ク 二酸化ケイ素

2 結晶の構造

❶ 金属結晶の構造

1 単位格子——結晶を構成する粒子の規則正しい空間的な配列構造を(❶　　　)といい，その繰り返し単位を(❷　　　)という。

2 金属結晶——金属の単体では，金属原子が規則正しく並んでいる。このような金属結合でできた結晶を(❸　　　)という。

3 金属結晶の種類——多くの金属は**体心立方格子，面心立方格子，六方最密構造**♣1のいずれかの結晶格子をとる。このうち(❹　　　)と六方最密構造は，同じ大きさの球を最も密に空間に詰めこんだ構造で，(❺　　　)という。

4 配位数・充塡率——結晶中のある粒子をとり囲む他の粒子の数を(❻　　　)という。また，単位格子中に占める粒子の体積の割合を(❼　　　)という。

① 面心立方格子と六方最密構造は，いずれも配位数が(❽　　　)，原子の充塡率は74%であり，最密構造である。

② 体心立方格子は，配位数が(❾　　　)，原子の充塡率は68%である。

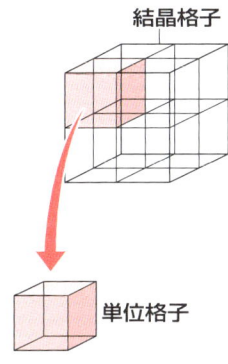

↑ 結晶格子と単位格子の関係

♣1：下の六方最密構造の図を見るとわかるように，六方最密構造の正六角柱は，単位格子ではない。正六角柱の$\frac{1}{3}$が単位格子であることに注意。

結晶格子名	❿	⓫	⓬
結晶格子	単位格子 $\frac{1}{8}$個 $\frac{1}{2}$個	単位格子 $\frac{1}{8}$個 1個	単位格子 $\frac{1}{12}$個 1個分 $\frac{1}{6}$個
所属原子数	$\frac{1}{8}×8+\frac{1}{2}×6=4$個	$\frac{1}{8}×8+1=2$個	$\frac{1}{6}×4+\frac{1}{12}×4+1=2$個
配位数	12	8	12
金属の例	Al, Cu, Au, Ag	Na, K, Ba, Fe	Mg, Zn, Be

↑ 金属の結晶格子

重要 〔単位格子中の原子の数え方〕

1個(中心)　　$\frac{1}{2}$個(面の中心)　　$\frac{1}{4}$個(辺の中心)　　$\frac{1}{8}$個(頂点)

5 単位格子の一辺の長さ a と原子半径 r の関係

① **面心立方格子** 下図のように，原子は面の対角線上で接している。面の対角線の長さは（⑬　　　）であり，これは原子半径の4倍に等しい。よって，$\sqrt{2}a = 4r$ の関係がある。

② **体心立方格子** 下図のように，原子は立方体の対角線上で接している。対角線の長さは（⑭　　　）であり，これは原子半径の4倍に等しい。よって，$\sqrt{3}a = 4r$ の関係がある。

↑ 面心立方格子の断面

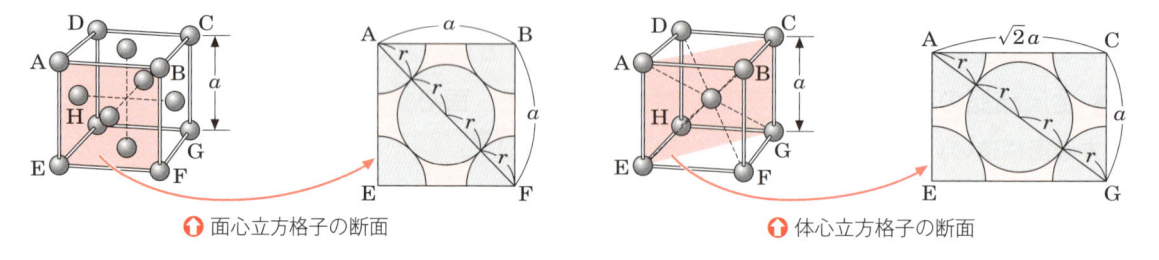

↑ 体心立方格子の断面

例題研究　金属結晶

金属のアルミニウムは，右図のような単位格子をもつ結晶で，その一辺の長さは0.405 nmである。Alの原子量は27，アボガドロ定数は 6.0×10^{23}/mol，$\sqrt{2} = 1.41$，$4.05^3 = 66.4$ として，次の問いに答えよ。

(1) アルミニウムの原子半径は何nmか。
(2) この単位格子に含まれるアルミニウム原子の数は何個か。
(3) アルミニウムの結晶の密度は何g/cm³か。有効数字2桁で答えよ。

解き方

(1) 面心立方格子では原子は各面の対角線上で接しているから，単位格子の一辺の長さ a と原子半径 r の関係は，

$$4r = \sqrt{2}a$$

∴ $r = \dfrac{\sqrt{2}a}{4} = \dfrac{1.41 \times 0.405}{4} \fallingdotseq$ （⑮　　　 **nm**）…**答**

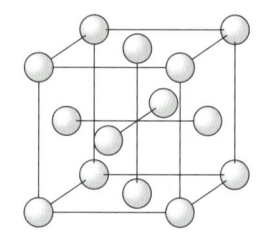

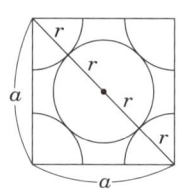

(2) 面心立方格子では，立方体の頂点に8個，面の中心に6個の原子が存在するから，

$$\dfrac{1}{8} \times 8 + \dfrac{1}{2} \times 6 = (⑯ \quad 個)$$

↳頂点　↳各面

(3) Al原子1個の質量は $\dfrac{27}{6.0 \times 10^{23}}$ gで，(2)より単位格子中にはAl原子は4個分が含まれる。また，0.405 nm = 4.05×10^{-8} cmなので，単位格子の体積は $(4.05 \times 10^{-8})^3$ cm³である。

$$密度 = \dfrac{単位格子の質量〔g〕}{単位格子の体積〔cm^3〕} = \dfrac{\dfrac{27}{6.0 \times 10^{23}} \times 4}{(4.05 \times 10^{-8})^3} \fallingdotseq (⑰ \quad)〔g/cm^3〕 \cdots 答$$

❷ イオン結晶の構造

1 イオン結晶——陽イオンと陰イオンが**イオン結合**によって規則的に配列した結晶を(⑱　　　　)という。

2 イオン結晶の種類——塩化ナトリウム(NaCl)型，塩化セシウム(CsCl)型，硫化亜鉛(ZnS)型の結晶格子がある。

3 配位数——イオン結晶の場合，あるイオンをとり囲む反対符号のイオンの数を(⑲　　　　)という。

結晶構造名	⑳　　　型	㉑　　　型	㉒　　　型
結晶格子	Na⁺ Cl⁻	Cl⁻ Cs⁺	Zn²⁺ S²⁻
所属イオン数	$Na^+: \frac{1}{4} \times 12 + 1 = 4$ 個 $Cl^-: \frac{1}{8} \times 8 + \frac{1}{2} \times 6 = 4$ 個	$Cs^+: 1$ 個 $Cl^-: \frac{1}{8} \times 8 = 1$ 個	$Zn^{2+}: 1 \times 4 = 4$ 個 $S^{2-}: \frac{1}{8} \times 8 + \frac{1}{2} \times 6 = 4$ 個
配位数	㉓	㉔	㉕

例題研究　イオン結晶

右図の塩化ナトリウムの結晶の単位格子を見て，次の問いに答えよ。

(1) 1個のNa^+に隣接するCl^-は何個か。
(2) 単位格子に含まれるNa^+，Cl^-はそれぞれ何個か。
(3) Na^+，Cl^-のイオン半径をそれぞれa〔nm〕，b〔nm〕とすると，この単位格子の一辺の長さは何nmか。

解き方

(1) 単位格子の中心にあるNa^+(図では見えない)に着目すると，これには単位格子の6つの面の中心にあるCl^-(㉖　　　個)が接している。　…答

(2) Na^+；$\frac{1}{4} \times 12 + 1 =$ (㉗　　　個)　…答
　　　　　↳各辺　↳中心

　Cl^-；$\frac{1}{8} \times$ (㉘　　　) $+ \frac{1}{2} \times$ (㉙　　　) $= 4$ 個　…答
　　　↳頂点　　　　　↳各面

以上より，塩化ナトリウムの結晶はNa^+とCl^-が1：1の割合で集まってできたものであり，組成式ではNaClと表されることがわかる。

(3) Na^+とCl^-は，単位格子の各辺でちょうど接している。一辺の長さは，

$$(a+b) \times 2 = (㉚　　　nm)　…答$$

❸ その他の結晶の構造

1 共有結合の結晶──多数の原子が共有結合によって結びついてできた結晶を(㉛　　　)といい，一般に電気を通さない。共有結合の結晶には，ダイヤモンド(C)，黒鉛(C)，ケイ素(Si)などがある。

ダイヤモンド

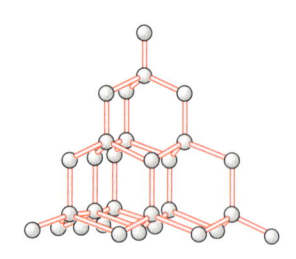

各炭素原子は(㉜　　)個の価電子を共有結合に使い，(㉝　　)を基本構造とする立体網目構造をつくる。

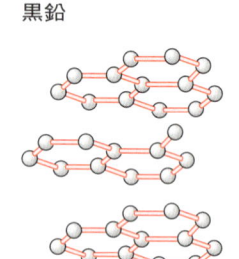

黒鉛

各炭素原子は(㉞　　)個の価電子を共有結合に使い，平面層状構造をつくる。平面どうしは弱い(㉟　　　)で引き合う。

2 二酸化ケイ素──ダイヤモンドのC−C結合を(㊱　　結合)で置き換えた構造をもつ共有結合の結晶である。

↑ SiO_2 の構造の一例

> **重要**　共有結合の結晶｜非常に硬く，融点はきわめて高い。
> 　　　　　　　　　　　　黒鉛は例外で，軟らかく，電気を通す。

3 分子結晶──分子間にはたらく弱い引力を(㊲　　　)といい，多数の分子が分子間力によって規則的に配列してできた結晶を(㊳　　　)という。分子結晶には，ドライアイス(CO_2)，ヨウ素(I_2)，ナフタレン($C_{10}H_8$)などがある。

① 分子結晶は，融点が(㊴　　く)，軟らかいものが多い。
② 固体，液体ともに，電気伝導性はない。
③ 多くの分子結晶では，最密構造をとりやすい。
④ 氷 H_2O は，方向性のある**水素結合**でできた結晶で，(㊵　　　)の大きい結晶構造であるため，氷は水に浮く。

↑ ドライアイスの結晶構造

> **重要**　分子結晶｜弱い分子間力によってできた結晶。
> 　　　　　　　　　融点が低い。昇華性のものが多い。

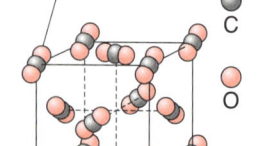

ミニテスト　　　　　　　　　　　　　　　　　　解答 別冊p.5

□ 次の(1)〜(4)の文は，面心立方格子・体心立方格子・六方最密構造のどれについて述べた文か。
(1) 単位格子の各頂点とその中心に原子が並ぶ。
(2) 隣り合う原子の数は12個で，単位格子は立方体。
(3) 単位格子中には2個分の原子が含まれ，原子を最も密に積み重ねた構造の1つである。
(4) 隣り合う原子の数は8個で，単位格子は立方体。最密構造よりもややすき間がある。

4章 固体の構造 練習問題

解答 別冊p.23

❶ 〈結晶の種類〉
▶わからないとき→p.36

次の文中の( )に適する語句を入れよ。

(1) 多数の金属原子が集まると，価電子はもとの原子から離れ，金属中を動き回るようになる。このような電子を(①)といい，(①)によって金属原子が規則的に配列した結晶を(②)という。

(2) 陽イオンと陰イオンが静電気的な引力で引き合う結合を(③)といい，(③)によってできた結晶を(④)という。

(3) 分子間にはたらく弱い引力を(⑤)という。多数の分子が(⑤)によって規則的に配列した結晶を(⑥)という。また，多数の原子が共有結合だけでつながってできた結晶を(⑦)という。

❷ 〈金属の結晶格子〉
▶わからないとき→p.37,38

右図の(a), (b)の金属の結晶格子について，次の各問いに答えよ。

(1) 各結晶格子の名称を答えよ。
(2) 各単位格子には，何個分の原子が含まれるか。
(3) 各単位格子の一辺の長さを a〔cm〕としたとき，原子半径を示す式を記せ。(平方根は開平しなくてもよい。)

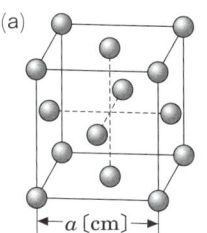

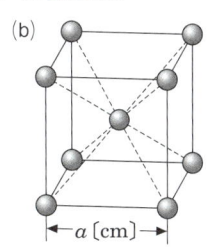

❸ 〈化学結合と結晶の性質〉
▶わからないとき→p.36

次の結晶について，A群(粒子間の結合力)，B群(実例)から，それぞれ該当するものを1つずつ選べ。

(1) イオン結晶 (2) 共有結合の結晶 (3) 分子結晶 (4) 金属結晶

〈A群〉 ア ファンデルワールス力 イ 自由電子による結合
ウ 共有電子対による結合 エ 静電気的な引力による結合

〈B群〉 a 水晶 b 塩化カリウム c 二酸化炭素 d アルミニウム

❹ 〈金属の結晶格子〉
▶わからないとき→p.37,38

ある金属の結晶構造は，右図のような体心立方格子で，一辺の長さは 3.0×10^{-8} cm，原子量は51である。次の各問いに答えよ。ただし，$\sqrt{2}=1.41$，$\sqrt{3}=1.73$，アボガドロ定数を 6.0×10^{23}/molとする。

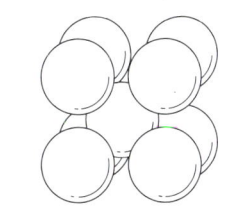

(1) この金属原子1個の質量は何gか。
(2) この金属の密度は何 g/cm³か。
(3) この金属の原子半径は何cmか。

ヒント 密度＝単位格子の質量÷単位格子の体積の関係を利用する。

定期テスト対策問題

第1編 物質の状態と変化

時　間▶▶▶ **50**分
合格点▶▶▶ **70**点
解　答▶別冊 p.24

1 次の文中の（　）に適する語句を入れよ。　〔各2点　合計14点〕

　右図は，14族と16族の水素化合物の周期と沸点の関係を示したものである。14族の水素化合物では，周期の増加とともに沸点は高くなる。これは，構造の似た分子では，（ ① ）が大きいほど（ ② ）が強くはたらくためである。一方，第3, 4, 5周期の水素化合物を比較すると，16族の水素化合物のほうが14族の水素化合物より沸点が高い。これは，14族の水素化合物では分子が（ ③ ）形で極性を（ ④ ）のに対して，16族の水素化合物では分子が（ ⑤ ）形で極性を（ ⑥ ）ので，同一周期では16族のほうが②が強くはたらくためである。また，水の沸点が異常に高い温度を示すのは，分子間に（ ⑦ ）が生じているためである。

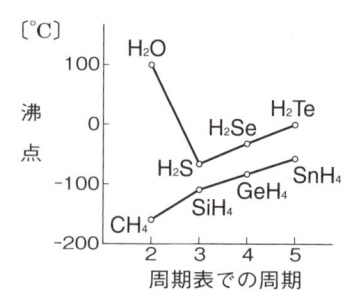

①	②	③	④
⑤	⑥	⑦	

2 右図は，水の状態図である。次の問いに答えよ。　〔各2点　合計18点〕

問1 t_1, t_2 の値を求めよ。

問2 領域Ⅰ～Ⅲはそれぞれどの状態にあるか。

問3 温度 t_1 において，**a→b** および **a→c** の方向へ圧力 p を変えた。
　(1) 水の体積 v の変化はどのような概形のグラフで示されるか。次の**ア～カ**の中からそれぞれ選べ。

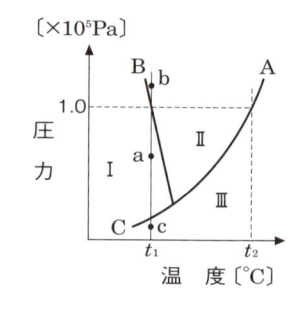

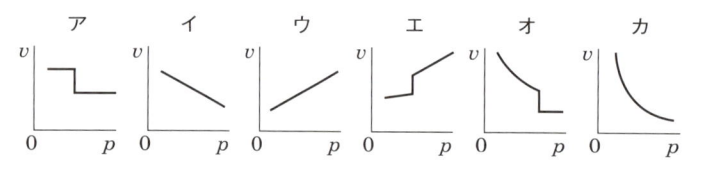

　(2) これらの状態変化をそれぞれ何というか。

問1	t_1		t_2		問2	Ⅰ	Ⅱ	Ⅲ
問3	(1)	a→b		a→c	(2)	a→b		a→c

3 右図の装置を用いて，ボンベ内の気体の分子量を測定した。下記の測定結果から，ボンベ内の気体の分子量を求めよ。なお，この気体は水に溶けず，気体の体積は容器内外の水面の高さをそろえて測定した。〔4点〕

水温；27℃，大気圧；$1.02×10^5$ Pa　　捕集した気体の体積；500 mL
実験前のボンベの質量；67.40 g　　実験後のボンベの質量；66.50 g
27℃の飽和水蒸気圧；$4.0×10^3$ Pa

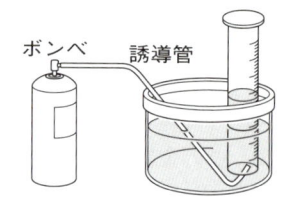

4 2.0 Lの容器にベンゼン 0.010 mol と窒素 0.040 mol を入れて密閉し，容器全体を 50 °C から冷却しながら圧力を測定したところ右図のようになった。凝縮したベンゼンの体積は無視でき，また，10 °C でのベンゼンの飽和蒸気圧は 6.0×10^3 Pa とする。〔各4点　合計8点〕

問1　40 °C における圧力は何 Pa か。
問2　10 °C における圧力は何 Pa か。

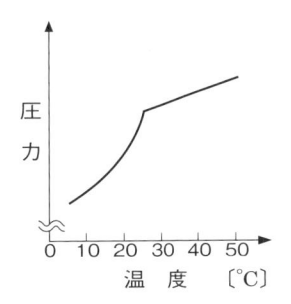

問1		問2	

5 右表は，1.0×10^5 Pa のもとで水 1.0 L に溶ける気体の体積〔L〕を標準状態に換算したものである。次の各問いに答えよ。原子量；H=1.0，N=14，O=16　〔各4点　合計16点〕

温度〔°C〕	水素	窒素	酸素
a	0.016	0.011	0.021
b	0.018	0.015	0.030
c	0.021	0.023	0.049

問1　表の温度 a，b，c は 0 °C，20 °C，50 °C のいずれかを示している。c は何 °C のものか。その理由も述べよ。
問2　0 °C，5.0×10^5 Pa の水素が水 2.0 L に接している。この水に溶けている水素の質量は何 g か。
問3　空気（窒素と酸素の体積比 4：1 の混合気体）が，20 °C，1.0×10^5 Pa で水に接している。この水に溶けている窒素と酸素の 0 °C，1.0×10^5 Pa における体積比を求めよ。

問1		理由		問2		問3	

6 右図は，0 °C での3種類の気体各 1 mol について，圧力 P と $\dfrac{PV}{RT}$ の値をグラフに表したものである。次の各問いに答えよ。
ただし，気体定数は，$R = 8.3 \times 10^3$ Pa·L/(K·mol) とする。〔各2点　合計10点〕

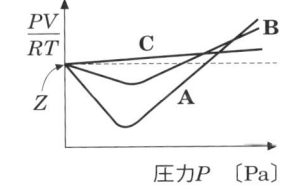

問1　縦軸の Z の値を求めよ。
問2　図中の気体 A，B，C は，それぞれ水素，酸素，二酸化炭素のいずれに該当するか。化学式で答えよ。
問3　次の記述の中で，誤っているものをすべて選べ。
　ア　圧力が低いほど，分子自身の体積が気体の全体積に対して無視できなくなる。
　イ　温度が低いほど，分子間の相互作用の影響が大きい。
　ウ　$\dfrac{PV}{RT}$ の値は気体の種類によらず一定である。
　エ　分子間の相互作用は A＜B＜C の順に強くなる。
　オ　図の点線は理想気体の場合である。
　カ　100 °C では，C のグラフは 0 °C のときより上方へずれる。

問1		問2	A		B		C		問3	

7

右図は，塩化ナトリウム NaCl の結晶の単位格子である。次の各問いに答えよ。ただし，NaCl の式量は 58.5，アボガドロ定数は $6.0×10^{23}$/mol，$5.6^3=176$ とする。〔各4点 合計8点〕

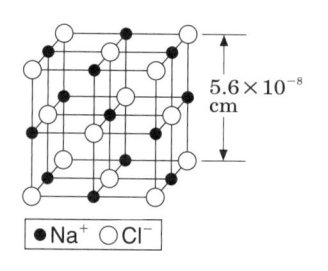

問1 単位格子中の Na^+ と Cl^- は，それぞれ何個か。
問2 塩化ナトリウムの結晶の密度は，何 g/cm³ か。

問1	Na^+	Cl^-	問2	

8

水 50g を入れた試験管と，水 50g にある非電解質 X 0.33g を溶かした溶液を入れた試験管がある。これらをかくはんしながら寒剤(氷と食塩の混合物)で冷却し，一定時間ごとに温度を測定したところ，右図のような冷却曲線が得られた。図中の曲線 A は純水の冷却曲線，曲線 B は水溶液の冷却曲線を示す。〔各2点 合計12点〕

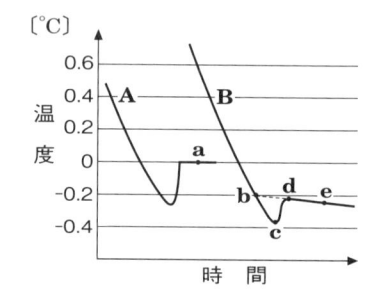

問1 図中の b 点～c 点の状態を何とよぶか。
問2 曲線 A で a 点付近の温度が一定になっている理由を述べよ。
問3 はじめて結晶が析出するのは，図の b～e のどの点か。
問4 曲線 B で e 点付近の温度が一定にならずに，わずかずつ下がっている理由を述べよ。
問5 溶液の凝固点を示しているのは，図の b～e のどの点か。
問6 非電解質 X の分子量を求めよ。ただし，水のモル凝固点降下を 1.85 K·kg/mol とする。

問1		問2		問3	
問4			問5	問6	

9

沸騰した水に塩化鉄(Ⅲ)水溶液を加えて水酸化鉄(Ⅲ)のコロイド溶液をつくった。右図のような状態で 10 分間放置した後，ビーカーの水を試験管にとり，青色リトマス紙を浸すと赤色に変わった。また，硝酸銀水溶液を加えると白くにごった。〔各2点 合計10点〕

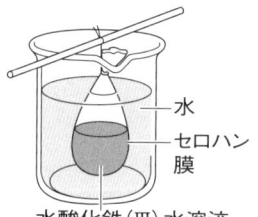

問1 下線部の変化を化学反応式で表せ。
問2 図のような操作を何というか。
問3 この実験で，セロハン膜を通過した粒子を化学式で答えよ。
問4 水酸化鉄(Ⅲ)のコロイド粒子を凝析させるのに最も有効な物質を記号で選び，その理由も記せ。

　ア　塩化ナトリウム水溶液　　　　イ　硫酸ナトリウム水溶液
　ウ　硫酸ナトリウム水溶液とゼラチン水溶液　　エ　硝酸カルシウム水溶液
　オ　塩化アルミニウム水溶液

問1			問2	
問3		問4	理由	

1章 化学反応と熱

1 反応熱と熱化学方程式　　解答 別冊p.5

❶ 化学反応と熱の出入り

1 反応熱

① 化学反応に伴って出入りする熱量を（➊　　　　　）という。
- 熱を発生する反応…（➋　　　　　）という。
- 熱を吸収する反応…（➌　　　　　）という。

② 反応熱は，反応物と生成物がそれぞれもつ（➍　　　　エネルギー）の差が熱エネルギーとして現れたもの。
- （➎　　　　）…反応物のエネルギー ＞ 生成物のエネルギー
- （➏　　　　）…反応物のエネルギー ＜ 生成物のエネルギー

♣1：各物質のもつエネルギーの大きさの大小関係を表した図を**エネルギー図**といい，下へ向かう反応が発熱反応，上へ向かう反応が吸熱反応となる。

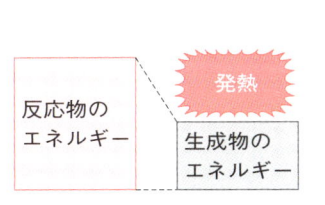

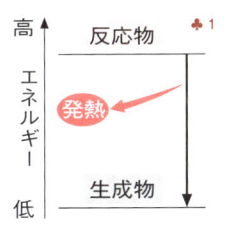

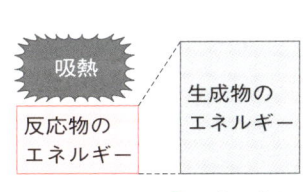

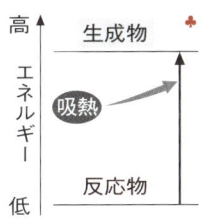

↑発熱反応とエネルギー　　　　↑吸熱反応とエネルギー

2 反応熱の種類——単位記号には（➐　　　　　）を用いる。

① **燃焼熱**　物質1molが完全に（➑　　　　　）するときに発生する熱量。燃焼はつねに（➒　　　反応）である。

② **生成熱**　化合物1molがその成分元素の（➓　　　　）から生成するときの反応熱。発熱反応と吸熱反応がある。

③ **溶解熱**　物質（⓫　　　　）が多量の水(溶媒)に溶けるときの反応熱。発熱反応と吸熱反応がある。

④ **中和熱**　酸と塩基が中和して，水（⓬　　　　）を生じるときに発生する熱量。中和はつねに発熱反応である。

♣2：熱量の単位には，エネルギーの単位と同じジュール(記号；J)を用いる。
1000J＝1kJ

♣3：薄い強酸の水溶液と薄い強塩基の水溶液の中和の場合，酸・塩基の種類に関係なく，中和熱はほぼ56.5kJ/molである。

> **重要**
> 〔燃焼熱〕…物質1molが燃焼したときに発生する熱量。
> 〔生成熱〕…化合物1molを単体から得るときに出入りする熱量。
> 〔溶解熱〕…物質1molを水に溶かしたときに出入りする熱量。
> 〔中和熱〕…中和によって1molの水が生成するときの熱量。

❷ 熱化学方程式

1 熱化学方程式とは——化学反応式の右辺に（⑬　　　　）を書き加え、両辺を等号（＝）で結んだ式。

2 熱化学方程式のつくり方——たとえば、水素1molが完全燃焼して液体の水が生成するとき、286kJの熱量が発生した場合、次のようにつくる。

① 化学反応式を書く。

$$2H_2 + O_2 \longrightarrow 2H_2O$$

② 着目する物質の係数を1にする。♣4 このとき、他の物質の係数が分数になることもある。水素H_2の係数を（⑭　　　　）にする。

$$H_2 + \frac{1}{2}O_2 \longrightarrow H_2O$$

③ 反応式の右辺に反応熱を加え、⟶を等号（＝）に変える。♣5
反応熱には、（⑮　　反応）は＋、（⑯　　反応）は － をつける。

$$H_2 + \frac{1}{2}O_2 = H_2O (⑰　　) 286 kJ$$
↳発熱反応を表す符号

④ 必要に応じて、**各物質に状態を書き加える**。♣6

$$H_2(気) + \frac{1}{2}O_2(気) = H_2O (⑱　　) + 286 kJ$$
↳水の状態を書く

♣4：熱化学方程式の係数について
反応熱は着目した物質1molあたりの熱量である。したがって、その着目した物質の係数を1とする。

♣5：熱化学方程式の等号（＝）の意味
熱化学方程式がエネルギーに関する等式であることを示すため。

♣6：物質の状態の書き表し方
①気体…（気），（g）
②液体…（液），（l）
③固体…（固），（s）
④水溶液…（aq）
⑤多量の水…aq

例題研究　熱化学方程式

一酸化炭素CO 7.0gを完全燃焼させたところ、二酸化炭素CO_2が生じ、同時に70.8kJの熱量が発生した。このときの変化を熱化学方程式で示せ。ただし、原子量はC＝12、O＝16とする。

解き方
一酸化炭素の燃焼熱をQ〔kJ/mol〕とおく。

- 反応式を書く。　　　$2CO + O_2 \longrightarrow 2CO_2$

- COの係数を1に。　　$CO + \frac{1}{2}O_2 \longrightarrow CO_2$

- 反応熱を書く。　　　$CO + \frac{1}{2}O_2 = CO_2 + Q\,kJ$

- 物質の状態を書く。　$CO(気) + \frac{1}{2}O_2(気) = CO_2(気) + Q\,kJ$

- 熱量70.8kJをCO 1mol（＝28g）あたりの値に換算すると、

$$70.8 \times \frac{(⑲　　)}{7.0} \fallingdotseq (⑳　　 kJ/mol)$$

よって、$CO(気) + \frac{1}{2}O_2(気) = CO_2(気) + (㉑　　 kJ)$　…**答**

注 一酸化炭素の燃焼の熱化学方程式には、一酸化炭素1molの燃焼熱を書く。もちろん、反応式の係数も、一酸化炭素が1となるように直すこと。

3 状態変化の熱化学方程式

① **融解熱** 固体1molが融解するときに吸収する熱量。
   例 氷の融解熱 H₂O(固) = H₂O(液) (㉒   ) 6.0 kJ
                                            └→ 吸熱反応
② **蒸発熱**♣7 液体1molが蒸発するときに (㉓   ) する熱量。
   例 水の蒸発熱 H₂O(液) = H₂O(気) − 44 kJ

4 反応熱の測定♣8

① **熱量計**──外部との熱の出入りのない断熱容器(熱量計)内で反応させ、容器中の水の温度変化を測定し、発生した熱量を求める。

② **比熱**──物質1gの温度を1K上昇させるのに必要な熱量。その単位は (㉔   ) 〔記号：J/(g・K)〕である。

③ 物質に与えた熱量と温度変化の関係式

> **重要** 熱量 Q〔J〕＝ 質量 m〔g〕× 比熱 C〔J/(g・K)〕× 温度変化 t〔K〕

♣7：蒸発熱は測定する温度により値が異なる。通常は、25℃、1.0×10⁵Paでの値で示す。

♣8：簡易な反応熱測定装置を下図に示す。

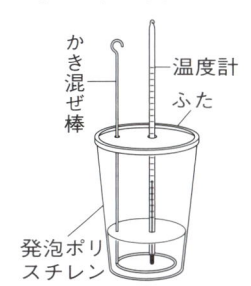

例題研究　溶解熱の測定

発泡ポリスチレン製の断熱容器に入れた水48gに水酸化ナトリウムの結晶2.0gを加え、撹拌しながら液温を測定したら、右図のような結果が得られた。この実験で発生した熱量は何kJか。ただし、水溶液の比熱を4.2 J/(g・K)とする。

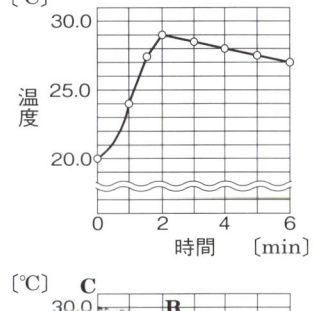

▶解き方

A点で溶解を開始し、B点で溶解が終了した。この2分間においても周囲に熱が逃げている。よって、B点は真の最高温度ではない。

瞬間的にNaOHの溶解が終了し、周囲への熱の放冷がなかったとみなせる真の最高温度は、グラフの直線部分を時間0まで延長して求めた交点Cであり、(㉕   ℃) である。

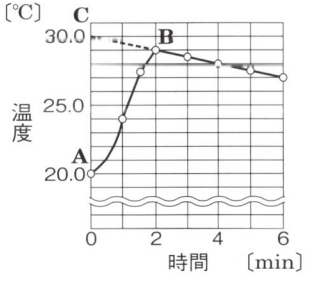

発生した熱量Q〔J〕、物質の質量m〔g〕、比熱C〔J/(g・K)〕、温度変化t〔K〕とすると、$Q=mCt$の関係があるから

$Q = (48+2.0)$g $× 4.2$J/(g・K) $× (30.0-20.0)$K
　　$= (㉖\quad$ J$) = (㉗\quad$ kJ$)$ …**答**

ミニテスト　　　　　　　　　　　　　　　　　　　　　　　解答 別冊 p.5

□ 次の熱化学方程式中の反応熱の種類を答えよ。
(1) $CH_4 + 2O_2 = CO_2 + 2H_2O + 891$ kJ
(2) $NaOH$(固) $+ aq = NaOHaq + 44.5$ kJ
(3) $H_2 + \frac{1}{2}O_2 = H_2O$(液) $+ 286$ kJ
(4) Br_2(液) $= Br_2$(気) $- 31$ kJ

2 ヘスの法則

解答 別冊 p.5

① ヘスの法則

1 ヘスの法則──1840年，ヘスは多くの反応の反応熱の測定から，「反応前と反応後の物質の（❶　　　）が決まれば，途中の反応経路によらず，出入りする熱量の総和は一定である」ことを見出した。この法則を（❷　　　）または，総熱量保存の法則という。

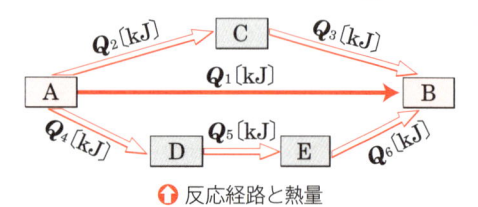

例 AからBを生成するとき，左図のように3つの経路があるとすれば，

$Q_1 =$ （❸　　　）＝（❹　　　）
　　↳A→B　　↳A→C→B　　↳A→D→E→B

↑反応経路と熱量

> **重要**　〔ヘスの法則〕…反応前後の状態が同じであれば，途中でどのような経路を通っても，反応熱の総和は等しい。

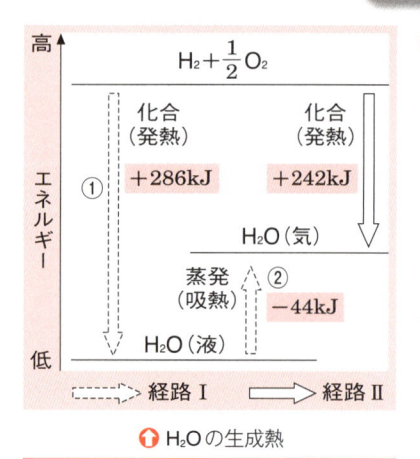

2 水の生成反応と反応熱──水素と酸素から気体の水（水蒸気）1 mol ができる場合，左図のように2つの経路がある。

［経路Ⅰ］　① 水素と酸素を反応させて，（❺　　体）の水を1 molつくる。

$H_2 + \dfrac{1}{2}O_2 = H_2O(液) +$ （❻　　　kJ）　↳左図を見て答えよ

② この水を（❼　　　）させて，気体の水（水蒸気）を1 molつくる。

$H_2O(液) = H_2O(気) - 44 \text{ kJ}$　↳水の蒸発熱

［経路Ⅱ］　水素と酸素を反応させて，直接，気体の水（水蒸気）1 molをつくる。

$H_2 + \dfrac{1}{2}O_2 = H_2O(気) +$ （❽　　　kJ）　↳左図を見て答えよ

↑H_2O の生成熱

経路Ⅰの発熱量＝経路Ⅱの発熱量

② ヘスの法則と反応熱の計算

1 熱化学方程式による熱量計算──熱化学方程式は，エネルギーに関する等式である。したがって，数学の方程式と同様に，熱化学方程式を加減乗除したり，1つの熱化学方程式の中にある項を（❾　　　）を変えて移項するなど，**数学的に計算することができる**。

♣1：熱化学方程式を数学の方程式と同じように扱えるわけ
熱化学方程式の化学式がその物質1 molがもつエネルギーを表すと考えれば，熱化学方程式は反応前の物質のもつエネルギーと，反応後の物質のもつエネルギーと反応熱の和が等しいと考えてよい。

例題研究　熱化学方程式

次の2つの熱化学方程式から，一酸化炭素COの生成熱を求めよ。

$C(黒鉛) + O_2(気) = CO_2(気) + 394\,kJ$ …①　　$CO(気) + \frac{1}{2}O_2(気) = CO_2(気) + 283\,kJ$ …②

解き方

一酸化炭素COの生成熱を$x\,[kJ/mol]$とすると，COが生成するときの（⑩　　　　）は，次のように書ける。

$C(黒鉛) + \frac{1}{2}O_2(気) = CO(気) + x\,kJ$ ……………③

③式に必要ない（⑪　　　　）を消去する（①式－②式）。

$C(黒鉛) - CO(気) + \frac{1}{2}O_2(気) = ($⑫　　$kJ)$

最後にCO(気)を（⑬　　辺）に移項して，

$C(黒鉛) + \frac{1}{2}O_2(気) = CO(気) + ($⑭　　$kJ)$

したがって，COの生成熱は，（⑮　　　kJ/mol）…**答**

熱化学方程式の計算方法
①与えられた熱化学方程式から，**残す物質・消去する物質**を決める。
②熱化学方程式を何倍かし，消去する物質が計算によりうまく消えるように式を計算する。
③得られた方程式の化学式を**移項**して正しい熱化学方程式とすれば，反応熱が求まる。

重要実験　ヘスの法則を確かめる実験

方法（操作）

(1) 右図のような装置に水1.0 Lを入れて温度を測ってから，水酸化ナトリウムNaOHの固体20 g（= 0.50 mol）を入れて溶かす。**溶解前と溶解後の最高温度の差Δt_1を求めると，5.2 Kであった。**

(2) 1.0 mol/L NaOH水溶液0.50 L（NaOHを0.50 mol含む）と1.0 mol/L 塩酸HCl 0.50 L（HClを0.50 mol含む）の温度を測り，(1)と同じ装置で両液を混合する。**混合前と混合後の最高温度の差Δt_2を求めると，6.7 Kであった。**

(3) 0.50 mol/L HCl 1.0 L（HClを0.50 mol含む）を(1)と同じ装置に入れて温度を測ってから，NaOHの固体20 gを入れて溶かす。**溶解前と溶解後の最高温度の差Δt_3を求めると，11.8 Kであった。**

結果と考察

❶ (1)の反応熱；$Q_1 = 43.7\,kJ$　(2)の反応熱；$Q_2 = 56.3\,kJ$ →$1.0 \times 4.2 \times 6.7 \div 0.5$

(3)の反応熱；$Q_3 = 99.1\,kJ$ →$1.0 \times 4.2 \times 11.8 \div 0.5$

❷ ❶より，$Q_1 + Q_2 = ($⑯　　$kJ)$となり，ほぼQ_3に等しくなる。⇒ヘスの法則が成り立つ。

注 有効数字から，$1.02\,kg \fallingdotseq 1.0\,kg$とする。(1)の発熱量$q_1 = 1.0\,kg \times 4.2\,kJ/(kg\cdot K) \times \Delta t_1[K]$で求められる。これをNaOH 1 molあたりに換算すると，$Q_1 = \dfrac{q_1}{0.5} = 2q_1\,[kJ]$

ミニテスト　　　　　　　　　　　　　　　　　　　　　　解答　別冊 p.5

☐ 次の熱化学方程式より，水素と酸素から液体の水1 molが生成する生成熱を求めよ。

$H_2O(液) = H_2O(気) - 44\,kJ$ …①

$H_2(気) + \frac{1}{2}O_2(気) = H_2O(気) + 242\,kJ$ …②

3 結合エネルギー

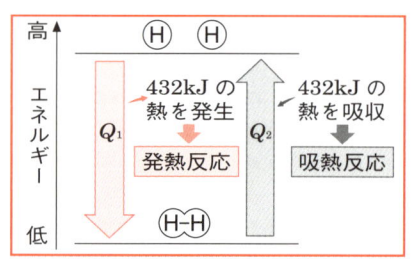

[解答] 別冊 p.5

❶ 結合エネルギー

1 結合エネルギー——H_2分子はH原子がばらばらでいるよりもエネルギーが低く安定である。

一般に，気体分子中の共有結合1 molを切断するのに必要なエネルギーを，その結合の（❶　　　　　）という。

2 結合エネルギーの表し方

① 絶対値で表し，単位記号は（❷　　　　　）である。
② 熱化学方程式で表すときは，＋，−の符号をつける。

↑ H−H結合の結合エネルギー

結合の種類	結合エネルギー
H−Cl	428 kJ/mol
Cl−Cl	239 kJ/mol
O−H	459 kJ/mol
O=O	494 kJ/mol
C−C	366 kJ/mol
C−H	411 kJ/mol

↑ 結合エネルギー（0 Kにおける値）

> **重要**　〔結合エネルギーの熱化学方程式〕
> 結合の切断のとき…吸熱（−）
> 結合の生成のとき…発熱（＋） ｝ の符号をつける。

例　H_2分子1 molをばらばらのH原子2 molにするには，432 kJのエネルギーが必要である。つまり，H−Hの結合エネルギーは（❸　　　　kJ/mol）であり，これを熱化学方程式で表すと，

H_2(気) = 2H(気)（❹　　　　）432 kJ
　　　　　　　↳符号をつける

例　メタンCH_4 1 molをばらばらのC原子1 molとH原子4 molにするのに必要なエネルギー（メタンの**解離エネルギー**）は1644 kJ/molである。これを熱化学方程式で表すと，

CH_4(気) = C(気) + 4H(気) − 1644 kJ

CH_4 1分子中にはC−H結合が（❺　　　）本あるので，C−H結合1 molあたりのC−Hの結合エネルギーは（❻　　　　kJ/mol）である。

❷ 結合エネルギーと反応熱

1 結合エネルギーを使った反応熱の計算（原則）

①反応物の原子間の結合が切断されてばらばらの原子になる過程の吸熱量を求める。
②原子間に新しい結合が生じて生成物になる過程の発熱量を求める。
③吸熱量と発熱量のエネルギー収支から反応熱が求められる。

例 H$_2$(気)＋Cl$_2$(気) ⟶ 2HCl(気) の反応熱は，

① 反応物H$_2$ 1 mol とCl$_2$ 1 mol をばらばらの原子にする過程で（⑦　　　　）されるエネルギーは，
$$432 + 239 = 671 \text{ kJ}$$

② ばらばらのH原子2 mol とCl原子2 mol が共有結合してHCl 2 molを生成する過程で（⑧　　　　）されるエネルギーは，$428 \times 2 = 856 \text{ kJ}$

③ エネルギー収支は，$-671 + 856 =$（⑨　　　kJ）の発熱となる。
　　反応物の結合エネルギーの和　　生成物の結合エネルギーの和

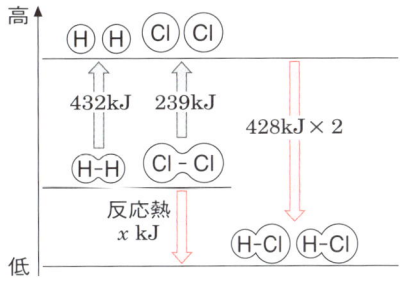

> **重要** 反応熱＝（生成物の結合エネルギーの和）－（反応物の結合エネルギーの和）
> ただし，反応物，生成物は気体物質に限る。

例題研究　結合エネルギーと反応熱

H－H結合，N≡N結合，N－H結合の結合エネルギーをそれぞれ432 kJ/mol，928 kJ/mol，386 kJ/molとして，NH$_3$の生成熱Q〔kJ/mol〕を求めよ。

$$\frac{3}{2}\text{H}_2(\text{気}) + \frac{1}{2}\text{N}_2(\text{気}) = \text{NH}_3(\text{気}) + Q \text{ kJ}$$

[その1] エネルギー図を利用する方法

① $\frac{3}{2}$ mol のH$_2$ と $\frac{1}{2}$ mol のN$_2$ がいったんばらばらの原子となる過程。

② それらが再び結合して1 mol のNH$_3$ となる過程。

③ これらをエネルギー図で表すと，右図のとおり。各結合エネルギーの値からQ_1, Q_2を求めると，

$$Q_1 = 432 \times \frac{3}{2} + 928 \times \frac{1}{2} = （⑩　　　\text{kJ}）$$

$$Q_2 = 386 \times （⑪　　）= （⑫　　　\text{kJ}）$$

NH$_3$の生成熱は，$Q = Q_2 - Q_1$ より，$Q = $（⑬　　　kJ/mol）…**答**

（NH$_3$ 1分子中には，N-H結合が3本あることに注意。）

[その2] 上の公式を利用する方法

（反応熱）＝（生成物の結合エネルギーの和）－（反応物の結合エネルギーの和）より

NH$_3$の生成熱 $Q = (386 \times 3) - \left(432 \times \frac{3}{2} + 928 \times \frac{1}{2}\right) = $（⑬　　　kJ/mol）…**答**

ミニテスト　　　　　　　　　　　　　　　　　　　　　　　　　　解答 別冊 p.5

□ H－H, O＝O, O－Hの各結合の結合エネルギーをそれぞれ432 kJ/mol, 494 kJ/mol, 459 kJ/mol として，H$_2$O(気)の生成熱Q〔kJ/mol〕を求めよ。

$$\text{H}_2(\text{気}) + \frac{1}{2}\text{O}_2(\text{気}) = \text{H}_2\text{O}(\text{気}) + Q \text{ kJ}$$

1章 化学反応と熱 練習問題

解答 別冊p.26

❶ 〈反応熱の種類〉
▶わからないとき→p.45

次の熱化学方程式の反応熱は何とよばれるか。その名称を書け。

(1) $HClaq + NaOHaq = NaClaq + H_2O(液) + 56.5 kJ$

(2) $H_2O(液) = H_2O(気) - 44.0 kJ$

(3) $C(黒鉛) + 2H_2(気) = CH_4(気) + 74.4 kJ$

(4) $C_2H_2(気) + \dfrac{5}{2}O_2(気) = 2CO_2(気) + H_2O(液) + 1310 kJ$

(5) $HCl(気) + aq = HClaq + 74.9 kJ$

ヒント 物質の状態の変化やどのような反応をしたかに注目する。

❷ 〈熱化学方程式〉
▶わからないとき→p.46

次の反応を熱化学方程式で表せ。原子量；H = 1.0, C = 12

(1) 1 molの氷をすべて液体の水にするのに，6.0 kJの熱量を必要とする。

(2) ブタンC_4H_{10}(気) 5.8 gを燃焼させると，288 kJの発熱がある。

(3) 塩化ナトリウム 1.0 molを多量の水に溶かすと，3.9 kJの吸熱がある。

(4) 標準状態に換算して 11.2 Lの水素が燃焼すると，143 kJ発熱する。

(5) ベンゼンC_6H_6(液)の生成熱は，－49 kJ/molである。

ヒント 熱化学方程式では，注目する物質を 1 molとして，そのとき発生したり吸収したりする熱量を右辺に書き加える。

❸ 〈アンモニアの生成熱〉
▶わからないとき→p.46

窒素 2 molと水素 8 molを混合・反応させるとアンモニアが生成した。

(1) この反応の化学反応式を書け。

(2) アンモニアの生成熱は 46 kJ/molである。これをもとにして，アンモニア生成の熱化学方程式を書け。

(3) この反応が完全に進行したとすると，発熱量は何kJになるか。

ヒント (3) 完全に反応が進行しても水素が余ることに気をつける。

❹ 〈混合気体の燃焼〉
▶わからないとき→p.46

水素H_2 50%，メタンCH_4 30%，二酸化炭素CO_2 20%からなる混合気体 896 L（標準状態）について次の問いに答えよ。

(1) 水素，メタン，二酸化炭素の物質量は，それぞれ何molか。

(2) この混合気体を燃焼させたとき，発生する熱量は何kJか。ただし，水素の燃焼熱は 286 kJ/mol，メタンの燃焼熱は 891 kJ/molである。

ヒント (2) 燃焼する気体はH_2とCH_4だけである。CO_2は燃焼しないことに注意。

5 〈結合エネルギーとエネルギー図〉

右図を見て，次の各問いに答えよ。

(1) アンモニアの生成熱は何 kJ/mol か。
(2) N–H の結合エネルギーは何 kJ/mol か。
(3) H–H の結合エネルギーは 432 kJ/mol である。N≡N の結合エネルギーは何 kJ/mol か。

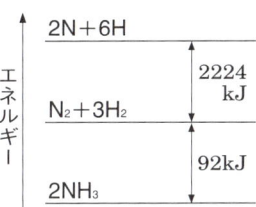

ヒント NH_3 分子には，N–H 結合が 3 本含まれている。

6 〈ヘスの法則と生成熱〉

次の熱化学方程式を用いて，エタン C_2H_6 の生成熱を求めよ。

$H_2(気) + \frac{1}{2}O_2(気) = H_2O(液) + 286\,kJ$

$C(黒鉛) + O_2(気) = CO_2(気) + 394\,kJ$

$C_2H_6(気) + \frac{7}{2}O_2(気) = 2CO_2(気) + 3H_2O(液) + 1560\,kJ$

ヒント エタンの生成熱を Q [kJ/mol] として熱化学方程式を書き，この熱化学方程式を導くためには，与えられた熱化学方程式をどのように加減乗除すればよいかを考える。

7 〈ヘスの法則と生成熱〉

次の熱化学方程式を参考にして，あとの問いに答えよ。

$H_2(気) + \frac{1}{2}O_2(気) = H_2O(液) + 286\,kJ$ …①

$H_2O(固) = H_2O(液) - 6.0\,kJ$ …②

$H_2O(液) = H_2O(気) - 44\,kJ$ …③

(1) $H_2O(気)$ の生成熱を求めよ。
(2) $H_2O(固)$ の生成熱を求めよ。

ヒント 熱化学方程式の各物質の化学式は，物質 1 mol がもつエネルギーの量を表している。

8 〈反応熱の測定〉

次の文章を読み，あとの問いに答えよ。

大型試験管に水を 48 g 入れ，すばやくはかりとった固体の水酸化ナトリウム 2.0 g を加えてよくかき混ぜた。右図は，水溶液の温度を混合の瞬間から時間とともに記録したものである。ただし，水溶液の比熱は 4.2 J/(g·K) とする。式量；NaOH=40

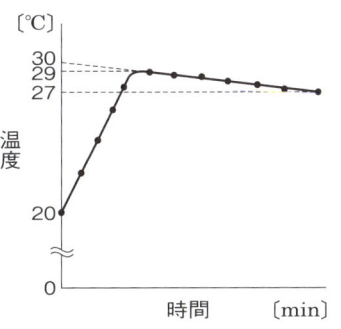

(1) この実験から発熱量を求めるとき，図中のどの温度を利用すればよいか。
(2) この実験で発生した熱量は何 kJ か。
(3) 水酸化ナトリウムの水への溶解熱は何 kJ/mol か。

ヒント (1) 外部へ全く逃げなかったとしたら，混合溶液の温度は何℃になっていたかを考えよ。その温度が真の最高温度である。

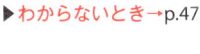

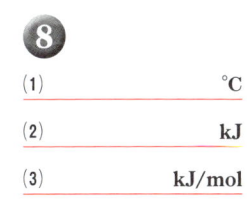

2章 電池と電気分解

1 電池

解答 別冊p.6

❶ 電池の原理

1 電池(化学電池)──(① 　　　反応)に伴って放出されるエネルギーを電気エネルギーに変える装置。

2 電池の原理
① 構造　イオン化傾向の異なる2種の金属を(② 　　質)水溶液に浸したもので、イオン化傾向の大きいほうの金属が(③ 　極)、小さいほうの金属が(④ 　極)となる。
② 反応　イオン化傾向の大きい金属は(⑤ 　　　)されて電子をつくり、生じた電子は導線を通ってイオン化傾向の小さい金属に流れ込み、ここで電子を消費する(⑥ 　　反応)が起こる。

3 電極の種類──酸化反応が起こって外部へ電子が流れ出す電極を(⑦ 　　　)、外部から電子が流れ込んで還元反応が起こる電極を(⑧ 　　　)とよぶ。

4 電池の起電力♣¹──電池の両極間に生じる電位差を(⑨ 　　　)という。

5 活物質──電池内で起こる酸化還元反応に直接関わる物質。
① 負極で還元剤としてはたらく活物質…(⑩ 　　　)
② 正極で酸化剤としてはたらく活物質…(⑪ 　　　)

6 放電──電池から電流を取り出すことを(⑫ 　　　)という。

7 ダニエル電池
① 構造　硫酸銅(Ⅱ)水溶液に(⑬ 　　板)を浸した容器に、亜鉛板を浸して硫酸亜鉛水溶液を入れた素焼きの容器が入っている。電池式は次のとおり。
　　(−) Zn | $ZnSO_4$ aq ‖ $CuSO_4$ aq | Cu (+)♣²
② 反応 { 負極(Zn板); Zn ⟶ (⑭ 　　　) + 2e^-
　　　　 正極(Cu板); Cu^{2+} + 2e^- ⟶ (⑮ 　　　)

↑ 電池のしくみ

電子は負極から正極へ、電流は正極から負極へと流れる。

♣1：いろいろな電池の起電力
・ダニエル電池…1.1V
・マンガン乾電池…1.5V
・鉛蓄電池…2.1V

♣2：電池式
電解質水溶液をはさんで負極の金属を左側、正極の金属を右側に書いた化学式を**電池式**という。

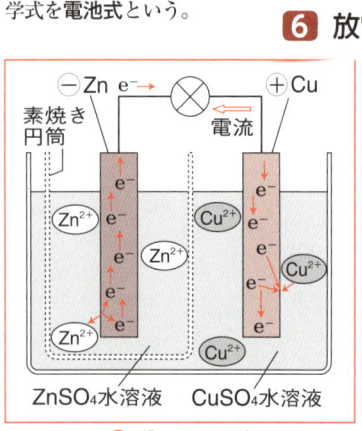

↑ ダニエル電池

> **重要**
> 〔ダニエル電池〕(イオン化傾向 Zn > Cu)
> 負極(Zn) Zn ⟶ Zn^{2+} + 2e^- ($ZnSO_4$ 水溶液)
> 正極(Cu) Cu^{2+} + 2e^- ⟶ Cu ($CuSO_4$ 水溶液)

❷ 実用電池

1 一次電池と二次電池
① 放電し続けると起電力が低下して,もとに戻らない電池を,(⑯   )という。
② 放電後,外部から逆向きの電流を通じると,起電力が再び回復する電池を,(⑰   )または蓄電池という。
　→この操作を充電という

2 マンガン乾電池の構造と反応
① **構造**　(−) Zn │ $ZnCl_2$ aq, NH_4Cl aq │ MnO_2・C (+)
② **反応**　負極では,亜鉛が電子を放出して(⑱   イオン)となる。
　　　　　 正極では,(⑲   )が電子を受け取る。
③ **起電力**　(⑳約　　　V)で,最もよく使われる一次電池である。

3 アルカリマンガン乾電池
① **構造**　電解液に酸化亜鉛 ZnO を含む(㉑   水溶液)を用いる。　(−) Zn │ KOH aq │ MnO_2・C (+)
② **特徴**　マンガン乾電池より長寿命で,寒さにも強い。

4 鉛蓄電池の構造と反応
① **構造**　負極に鉛,正極に(㉒   ),電解液に(㉓   )を用いる。　(−) Pb │ H_2SO_4 aq │ PbO_2 (+)
② **起電力**　(㉔約　　V)で,最もよく使われる二次電池である。
③ **放電時の負極・正極の反応**♣3
{ 負極; Pb + SO_4^{2-} ⟶ (㉕   ) + 2e^-
{ 正極; PbO_2 + SO_4^{2-} + 4H^+ + 2e^- ⟶ $PbSO_4$ + 2H_2O
④ **充電時の負極・正極の反応**♣4
{ 負極; $PbSO_4$ + 2e^- ⟶ (㉖   ) + SO_4^{2-}
{ 正極; $PbSO_4$ + 2H_2O ⟶ (㉗   ) + SO_4^{2-} + 4H^+ + 2e^-
⑤ 放電・充電時の反応を1つにまとめると,次のようになる。

> **重要**　負極と正極全体の反応式
> Pb + PbO_2 + 2H_2SO_4 $\underset{充電2e^-}{\overset{放電2e^-}{\rightleftharpoons}}$ 2$PbSO_4$ + 2H_2O

ボルタ電池　亜鉛板と銅板を希硫酸に浸した電池。放電するとすぐに起電力が低下する(分極という)。最も歴史の古い電池であるが,現在は使われていない。

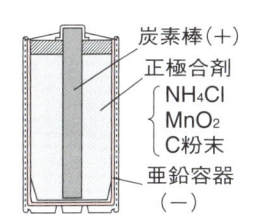

↑ マンガン乾電池の構造

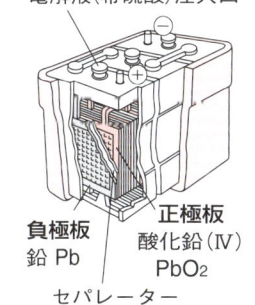

↑ 鉛蓄電池の構造

♣3: 放電が進むと,両極とも表面が硫酸鉛(Ⅱ) $PbSO_4$ でおおわれ,電圧が下がってくる。

♣4: 充電すると,極板の状態はもとに戻る。

〔鉛蓄電池〕…充電の可能な代表的な二次電池

① 構造　$(-)$ Pb｜H_2SO_4 aq｜PbO_2 $(+)$

② 起電力は約 2.0 V

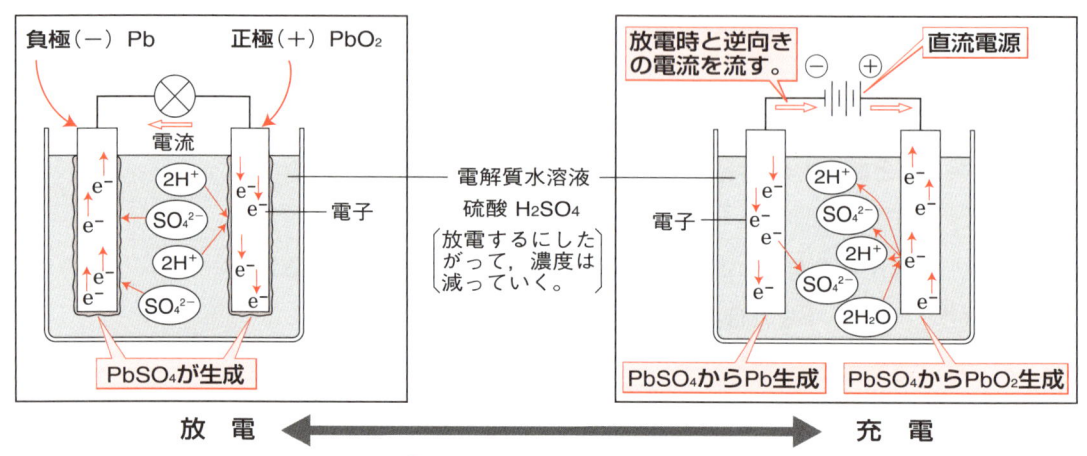

放電 ⇔ 充電

↑ 鉛蓄電池の放電と充電の原理

〔鉛蓄電池の放電と充電の変化〕

① 放電
- 両極板の表面が $PbSO_4$ でおおわれる。
- 電解質水溶液 H_2SO_4 の濃度が減る。

② 充電…外部電源の正極に鉛蓄電池の正極を接続し，外部電源の負極に鉛蓄電池の負極を接続する。
- 両極に付着した $PbSO_4$ が溶け出す。
- 電解質水溶液 H_2SO_4 の濃度が増える。

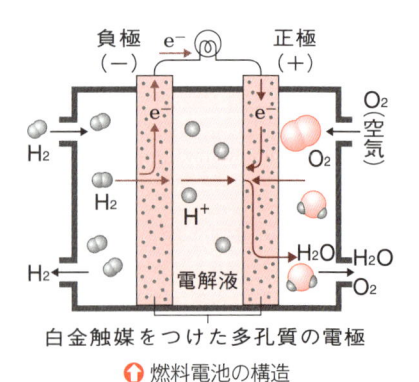

5 燃料電池——外部から燃料(還元剤)と酸素(酸化剤)を供給し，その酸化還元反応で得られるエネルギーを，電気エネルギーに変換する装置を (㉘　　　　　) という。

① 構造　$(-)$ Pt・H_2｜H_3PO_4 aq｜O_2・Pt $(+)$

② 反応
- 負極；$2H_2 \longrightarrow$ (㉙　　　　) $+ 4e^-$
- 正極；$O_2 +$ (㉚　　　　) $+ 4e^- \longrightarrow 2H_2O$
- 全体；$2H_2 + O_2 \longrightarrow 2H_2O$

③ 特徴
1. エネルギー効率が高い。(火力発電の2倍以上)
2. 環境への負荷が (㉛　　　　)。(生成物が水)
3. 燃料の供給源が多様。(水素,天然ガス,メタノールなど)

↑ 燃料電池の構造

6 リチウムイオン電池

① **構造** （－）Li（黒鉛中）｜有機溶媒[♣5]｜LiCoO₂（＋）

② **放電時の反応** 充電時は逆反応が起こる。

　負極；Li原子が電子を放出して（㉜　　　イオン）になる。
　正極；Li⁺が電子を受け取り（㉝　　　原子）になる。

③ **特徴** 1．起電力が大きい。（約4V）
　　　　　2．急放電・急充電に耐える。

④ **用途** 携帯電話，ノートパソコン，電気自動車など。
　　　　　代表的な二次電池。

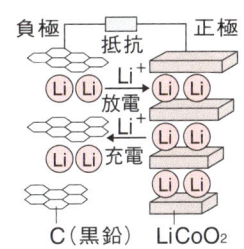

> **重要**
> リチウムイオン電池 $\begin{cases} \text{（負極）}Li\text{（黒鉛中）} \xrightleftharpoons[\text{充電}]{\text{放電}} Li^+ + e^- \\ \text{（正極）}CoO_2 + Li^+ + e^- \xrightleftharpoons[\text{充電}]{\text{放電}} LiCoO_2 \end{cases}$
>
> **負極と正極間をLi⁺が移動するシンプルな構造**

♣5：リチウム塩を含む。

7 いろいろな実用電池

——空気電池やニッケル水素電池など，他にもいろいろな実用電池がある。これらの電池では，いずれも，**負極にはイオン化傾向の（㉞　　　い）物質（金属），正極にはイオン化傾向の（㉟　　　い）物質（金属酸化物）が用いられている。**

♣6：MHで示されているMは，条件によって水素を吸収・放出する合金（水素吸蔵合金）を表す。

	電池の名称	負極	電解質	正極	起電力	特　性
一次電池	マンガン乾電池	Zn	$ZnCl_2$	MnO_2	1.5V	最もよく使われる一次電池
	アルカリマンガン乾電池	Zn	KOH	MnO_2	1.5V	取り扱いが便利，長寿命
	酸化銀電池（銀電池）	Zn	KOH	Ag_2O	1.55V	小型，電池容量大
	リチウム電池	Li	有機溶媒[♣5]	MnO_2	3.0V	小型，薄型，電池容量大
	空気電池	Zn	KOH	O_2	1.65V	小型，薄型，長寿命
二次電池	鉛蓄電池	Pb	H_2SO_4	PbO_2	2.0V	大型，安価
	ニッケルカドミウム電池	Cd	KOH	NiO(OH)	1.3V	鉛蓄電池より軽い，長寿命
	ニッケル水素電池	MH[♣6]	KOH	NiO(OH)	1.3V	軽い，長寿命
	リチウムイオン電池	C	有機溶媒[♣5]	$LiCoO_2$	約4V	高電圧，電池容量大
燃料電池（リン酸型）		H_2	H_3PO_4 aq	O_2	1.2V	エネルギー効率大，環境に優しい

ミニテスト　　　　　　　　　　　　　　　解答　別冊p.6

□❶　希硫酸中に導線でつないだ次の2種の金属を入れたとき，負極になるのはどちらか。
　(1) ZnとAg　　(2) FeとZn
　(3) FeとAg

□❷　鉛蓄電池が放電するとき，硫酸の濃度はどのように変わるか。また，両極の質量はどのように変わるか。

2 電気分解

[解答] 別冊 p.6

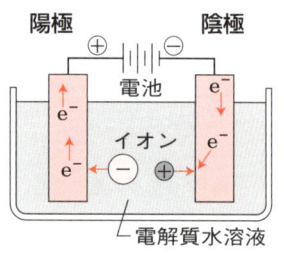

❶ 水溶液の電気分解

1 電気分解──電解質の水溶液や融解液に外部から電流を流して（❶　　　反応）を起こさせ，電解質を変化させる操作。

2 電極で起こる変化──電池内で起こる変化の逆である。

電池の負極につないだほうの電極を（❷　　　），正極につないだほうの電極を（❸　　　）という。♣1

① **陰極での反応**　水溶液中の（❹　　　イオン）や水分子が（❺　　　）を受け取る。（❻　　　）反応が起こる。

1. 水溶液中に Cu^{2+} や Ag^+ を含む場合

   $\Rightarrow$ $Cu^{2+} + 2e^- \longrightarrow$ （❼　　　）

2. 水溶液中に K^+，Ca^{2+}，Na^+ を含む場合…水分子が（❽　　　）を受け取って（❾　　　）を発生する。♣2 ↳水分子より還元されにくい

   $\Rightarrow$ $2H_2O + 2e^- \longrightarrow 2OH^- + H_2$

〔陰極に析出する物質〕…イオン化傾向が非常に大きい金属イオン（$K^+ \sim Al^{3+}$）を含む場合は，水素が発生する。

② **陽極での反応**　水溶液中の（❿　　　イオン）や水分子が電子を放出する。（⓫　　　）反応が起こる。

1. 水溶液中に Cl^- を含む場合

   $\Rightarrow$ $2Cl^- \longrightarrow 2e^- +$ （⓬　　　）

2. 水溶液中に NO_3^- や SO_4^{2-} を含む場合…水分子が（⓭　　　）を放出し♣3（⓮　　　）を発生する。 ↳水分子より酸化されにくい

   $\Rightarrow$ $2H_2O \longrightarrow 4e^- + 4H^+ + O_2$

陰イオンの電子の放出しやすさ…$Cl^- > H_2O\,(OH^-) \gg NO_3^-$，$SO_4^{2-}$

重要　〔電気分解の反応〕…電池内の変化の逆

陰極；陽イオンや水分子が近づいて電子を受領。**還元反応**。

$A^+ + e^- \longrightarrow A$

陽極；陰イオンや水分子が近づいて電子を放出。**酸化反応**。

$B^- \longrightarrow B + e^-$

電気分解の原理図：陽極（＋）陰極（−），電池，電解質水溶液

♣1 電気分解と電池とでは，⊕，⊖極でそれぞれ起こる反応の種類が逆になっている。そこで，これを区別するために，電気分解では陽極，陰極という語を，電池では正極，負極という語を用いている。

♣2 水溶液が酸性の場合には，H^+ が還元されて水素を発生する。
$2H^+ + 2e^- \longrightarrow H_2$

♣3 水溶液が塩基性の場合には，OH^- が酸化されて酸素を発生する。
$4OH^- \longrightarrow 4e^- + 2H_2O + O_2$

3 いろいろな水溶液の電気分解

電解質	極板	各極での反応	
水酸化ナトリウム (NaOH)	⊖ Pt	$2H_2O + ($ ⑮ $) \longrightarrow H_2 + 2OH^-$	(還元)
	⊕ Pt	$4OH^- \longrightarrow 4e^- + 2H_2O + O_2$	(酸化)
塩化ナトリウム (NaCl)	⊖ Fe	$2H_2O + 2e^- \longrightarrow ($ ⑯ $) + 2OH^-$	(還元)
	⊕ C	$2Cl^- \longrightarrow ($ ⑰ $) + Cl_2$	(酸化)
塩化銅(Ⅱ) (CuCl$_2$)	⊖ C	$Cu^{2+} + 2e^- \longrightarrow ($ ⑱ $)$	(還元)
	⊕ C	$($ ⑲ $) \longrightarrow 2e^- + Cl_2$	(酸化)
硫酸銅(Ⅱ) (CuSO$_4$)	⊖ Pt	$($ ⑳ $) + 2e^- \longrightarrow Cu$	(還元)
	⊕ Pt	$2H_2O \longrightarrow 4e^- + 4H^+ + O_2$	(酸化)
硝酸銀 (AgNO$_3$)	⊖ Pt	$($ ㉑ $) + e^- \longrightarrow Ag$	(還元)
	⊕ Pt	$2H_2O \longrightarrow 4e^- + 4H^+ + O_2$	(酸化)

重要実験 — 塩化銅(Ⅱ)水溶液の電気分解

目的
(1) ビーカーに1 mol/Lの塩化銅(Ⅱ)水溶液100 mLを入れ，これに炭素電極を浸して直流電流を通じる。
(2) 陰極の表面に付着した物質をけずり取り，6 mol/Lの希硝酸で溶かしてみる。
(3) 陽極付近の電解液の色・においを調べてから，この液をスポイトでとり，ヨウ化カリウムデンプン溶液に加えてみる。

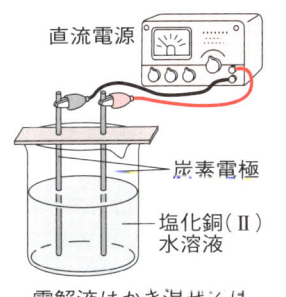

結果と考察
❶ 電気分解が進むにつれて，**電解液の青色がうすくなる**。
  ⇨ 電気分解が進むにつれて，(㉒　　イオン) が少なくなったことがわかる。

❷ (2)では，**溶液の色は** (㉓　　色) **に変わる**。
  ⇨ Cu^{2+}ができたことが確認できる。つまり，**陰極に** (㉔　　) **が析出したことがわかる**。

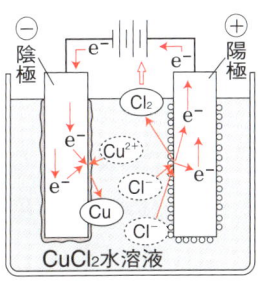

❸ (3)では，電解液の色はわずかに**黄色**で，**刺激臭がある**。また，ヨウ化カリウムデンプン溶液に加えると，(㉕　色) になる。これは，**ヨウ化物イオンが酸化されて** (㉖　　) になり，ヨウ素デンプン反応を起こしたからである。
  ⇨ 陽極側に発生した (㉗　　) がヨウ化物イオンを酸化したと考えられる。

❷ 電気分解の法則

1 電気量──1A(アンペア)の電流が1秒間流れたときの電気量を(㉘____)という。
→単位C(クーロン)

一定量の電流を一定時間流したときの電気量は次の式で求められる。

2 ファラデー定数──電子(e^-) 1 mol あたりの電気量。記号 F で表す。

> **重要**
> 電気量〔C〕＝電流〔A〕×時間〔s〕
> ファラデー定数 $F = 9.65 \times 10^4$ C/mol

♣4：電気素量
電子1個がもつ電気量は1.602×10^{-19}Cで、これを**電気素量**という。ファラデー定数は、アボガドロ数個(6.022×10^{23}個)の電子のもつ電気量だから、
$F = (1.602\times10^{-19}) \times (6.022\times10^{23})$
$\fallingdotseq 9.65 \times 10^4$ C

3 ファラデーの電気分解の法則

① 両極で変化する物質の量は、流れた(㉙____)に比例する。

例 $2Cl^- \longrightarrow Cl_2 + 2e^-$ の反応で、電子 2 mol が流れると、発生する Cl_2 の物質量は 1 mol。電子 4 mol が流れると、発生する Cl_2 の物質量は (㉚____ mol) になる。

② 同じ電気量で変化する物質の量は、そのイオンの(㉛____)に反比例する。

例 $Cu^{2+} + 2e^- \longrightarrow Cu$ の反応で、9.65×10^4 C (電子 1 mol) の電気量が流れると、析出する Cu の物質量は (㉜____ mol)。

例題研究 電気量と電解生成物の関係

白金電極を用いて、硫酸銅(Ⅱ)水溶液に 2.00A の電流を 32 分 10 秒通じて電気分解を行った。このとき、陰極の質量は何g増加するか。また、陽極で発生する気体の体積は標準状態で何Lか。ただし、原子量は、Cu = 64 とする。

▶解き方

通じた電気量は、$2.00 \times (32 \times 60 + 10) = 3860$ (㉝____)
　　　　　　　　↳A　　　　↳s(秒)　　　　　　　↳単位

流れた電子の物質量は、$\dfrac{3860}{(㉞\ \ \ )} = (㉟\ \ \ \ \text{mol})$
　　　　　　　　　　　　　↳ファラデー定数

陰極での反応は、$Cu^{2+} + 2e^- \longrightarrow Cu$ より、2 mol の電子が流れると、1 mol の Cu が析出する。

よって、(㉟____ mol) の電子で析出する Cu の質量は、
(㊱____ mol) × 64 g/mol = (㊲____ g) …答

陽極での反応は、$2H_2O \longrightarrow 4H^+ + O_2 + 4e^-$ より、4 mol の電子が流れると、1 mol の O_2 が発生する。

よって、(㉟____ mol) の電子で発生する O_2 の体積は標準状態で、
(㊳____ mol) × 22.4 L/mol = (㊴____ L) …答

注 まず、通じた電気量から、電子の物質量を求める。

電子の物質量
$= \dfrac{\text{通じた電気量}}{F}$

(F：ファラデー定数
$= 9.65 \times 10^4$ C/mol)

それから、各極のイオン反応式より、電子の物質量と物質の変化量の関係を調べる。

❸ 電気分解の応用

1 銅の電解精錬（銅電極による硫酸銅(Ⅱ)水溶液の電気分解）
銅鉱石の製錬で得られた**粗銅**を（⑩　　　極），**純銅**を
（㊶　　　極）に用いて，硫酸酸性の**硫酸銅(Ⅱ)水溶液**を電解
液として電気分解すると，次の反応が起こる。

$$\begin{cases} 陽極；Cu \longrightarrow （㊷　　　） + 2e^- \\ 陰極；Cu^{2+} + 2e^- \longrightarrow （㊸　　　） \end{cases}$$

つまり，銅(Ⅱ)イオンが（㊹　　　極）から（㊺　　　極）に
移動し，**陰極に純度の高い銅が得られる**。
粗銅中の不純物のうち，銅よりもイオン化傾向の（㊻　　　い）Ag
やAuなどは，（㊼　　　）となって陽極の下にたまる。銅よりもイ
オン化傾向の（㊽　　　い）Fe・Ni・Znなどは，イオンとなって水溶
液中に溶け出すが，陰極には析出（㊾　　　）。

> **重要**〔銅の電解精錬〕…陽極の粗銅が溶け出し，陰極に純銅が析出。
> 陽極の下には陽極泥が沈殿。電解液は$CuSO_4$ aq。

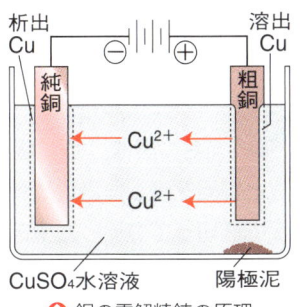

♣5：銅の製錬
黄銅鉱$CuFeS_2$を主成分とする鉱石を，コークス・石灰石とともに加熱すると，硫化銅(Ⅰ)Cu_2Sができる。これに空気を送って燃焼させると粗銅ができる。この作業を銅の**製錬**という。電解精錬とは漢字が違うことに注意。

2 水酸化ナトリウムの工業的製法
飽和食塩水を，（㊿　　　極）に炭素，（51　　　極）に鉄，隔
膜に陽イオン交換膜を用いて電気分解すると次の反応が起こる。

$$\begin{cases} 陽極；（52　　　） \longrightarrow 2e^- + Cl_2 \\ 陰極；2H_2O + 2e^- \longrightarrow H_2 + 2OH^- \end{cases}$$

電気分解が進むと，陽極側ではNa^+の濃度が高くなる一方，陰
極側では（53　　　）の濃度が高くなる。この結果，残っ
たNa^+のみが陽イオン交換膜を通過できるので，陰極付近では，
高濃度の（54　　　）が得られる。
このような陽イオン交換膜を用いた水酸化ナトリウムの工業
的製法を，（55　　　）という。

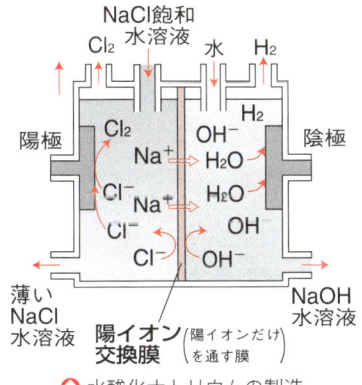

ミニテスト　　　　　　　　　　　　　解答 別冊 p.6

□❶ 次の水溶液を白金電極で電気分解したときに
陰極・陽極でそれぞれ生成する物質の化学式を
書け。
　(1) 塩化カリウム水溶液
　(2) 硫酸銅(Ⅱ)水溶液

□❷ 炭素電極を用いて塩化銅(Ⅱ)水溶液を電気分
解したところ，陰極の質量が3.2g増加した。次
の各問いに答えよ。(Cu = 64，Cl = 35.5)
　(1) 流れた電子の物質量は何molか。
　(2) 10Aの電流を何分間通じたか。

2章 電池と電気分解 練習問題

解答 別冊p.27

1 〈ダニエル電池〉

右の図は，亜鉛板を浸した薄い硫酸亜鉛水溶液と銅板を浸した濃い硫酸銅(Ⅱ)水溶液とを，素焼き板で仕切ってつくった電池である。次の問いに答えよ。

(1) この電池の負極は，亜鉛板と銅板のどちらか。
(2) 負極，正極での反応をe^-を含む反応式で示せ。
(3) 素焼きの板を通って，硫酸銅(Ⅱ)水溶液から硫酸亜鉛水溶液の方へ移るイオンは何か。イオン式で書け。
(4) この電池で「亜鉛板を浸した硫酸亜鉛水溶液」のかわりに「ニッケル板を浸した硫酸ニッケル(Ⅱ)水溶液」を用いると起電力はどう変化するか。

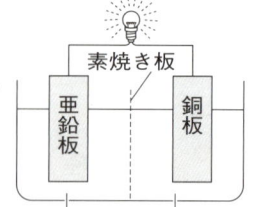

▶わからないとき→p.54

ヒント (2) 負極では酸化反応，正極では還元反応が起こる。

1
(1)
(2) 負極
　　正極
(3)
(4)

2 〈乾電池〉

次の文中の（　）に適する語句を入れよ。

マンガン乾電池は，Zn製の円筒容器にMnO_2と黒鉛の粉末を$ZnCl_2$とNH_4Clの水溶液で練り合わせたものをつめ，その中心に炭素棒をうめて密封したものである。

電池内で酸化還元反応に直接関わる物質を（　ⓐ　）という。マンガン乾電池を放電すると，負極活物質のZnは電子を放出して（　ⓑ　）となる一方，正極活物質の（　ⓒ　）は電子を受け取り$MnO(OH)$などに変化する。

マンガン乾電池の起電力は約（　ⓓ　）Vであるが，使い続けると起電力が低下して，もとの状態に戻すことができなくなる。このような電池を（　ⓔ　）という。

▶わからないとき→p.55

2
ⓐ
ⓑ
ⓒ
ⓓ
ⓔ

3 〈鉛蓄電池〉

次の文章を読んで，あとの各問いに答えよ。

原子量；O = 16，S = 32，Pb = 207　ファラデー定数：$F = 9.65 \times 10^4$ C/mol

鉛蓄電池は負極に（　ⓐ　），正極に（　ⓑ　），電解液には希硫酸が用いられる。

　負極では　（　ⓐ　）$+ SO_4^{2-} \longrightarrow$（　ⓒ　）$+ 2e^-$
　正極では　（　ⓑ　）$+ 4H^+ + SO_4^{2-} + 2e^- \longrightarrow$（　ⓒ　）$+ 2H_2O$

の反応が起きている。

(1) 文中のⓐ～ⓒにあてはまる化学式を書け。
(2) 両極での反応を1つの化学反応式で示せ。
(3) ⓐ20.7 gがⓒに変化するときに得られる電気量は何Cか。
(4) (3)のとき消費される硫酸は何molか。
(5) (3)のとき負極の質量の増減量は何gか。増減の区別をして答えよ。

▶わからないとき→p.55,56

ヒント (1)・(5) 両極で同じ物質が生成する。
(2) 両極でのイオン反応式から，電子e^-を消去する。

3
(1) ⓐ
　　ⓑ
　　ⓒ
(2)
(3)　　　　　　C
(4)　　　　　　mol
(5)　　　　gの

❹ 〈電気分解と生成物〉　　　　▶わからないとき→p.58,59

次の水溶液を白金電極を用いて電気分解した。これについて以下の問いに答えよ。

　ア　希塩酸　　イ　水酸化ナトリウム水溶液　　ウ　硝酸銀水溶液
　エ　硫酸ナトリウム水溶液　　オ　塩化銅(Ⅱ)

(1) 陰極から水素が発生するものはどれか。すべて選べ。
(2) 陽極から酸素が発生するものはどれか。すべて選べ。
(3) $9.65×10^4$ Cの電気量を流したときに，陽極・陰極で発生した気体の体積の和が最も多くなるのはどれか。なお，発生した気体は互いに反応しないものとする。

ヒント　NO_3^-やSO_4^{2-}などは，陽極で酸化されず，代わりにH_2Oが酸化される。

❺ 〈電気分解〉　　　　▶わからないとき→p.60,61

硫酸銅(Ⅱ)水溶液を白金電極を用いて，0.200 Aで9650秒間電気分解を行った。次の各問いに答えよ。

原子量；Cu = 63.5　ファラデー定数；$F = 9.65×10^4$ C/mol

(1) 陰極での変化をイオン反応式で示せ。
(2) 陰極に銅は何g析出するか。
(3) 陽極で発生する酸素は標準状態で何Lになるか。

ヒント　(2) 電流と電流を流した時間から，流れた電子の物質量を求める。

❻ 〈電気分解―直列接続〉　　　　▶わからないとき→p.61

次の文を読み，あとの各問いに答えよ。

原子量；Cu = 63.5, Ag = 108　ファラデー定数；$F = 9.65×10^4$ C/mol

硫酸銅(Ⅱ)水溶液と硝酸銀水溶液に白金電極を入れ，右図のように直列につなぎ，2.6 Aの直流電流を2970秒流した。

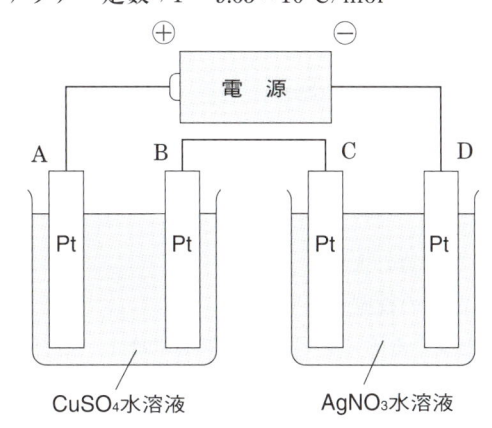

(1) 電極Cで起こる反応をイオン反応式で示せ。
(2) 電極Dで起こる反応をイオン反応式で示せ。
(3) 電極Bに析出した金属は何molか。
(4) 電極Cで発生する気体は標準状態で何Lか。

ヒント　電解槽が直列に接続されているので，$CuSO_4$水溶液にも$AgNO_3$水溶液にも同じ電気量が流れる。

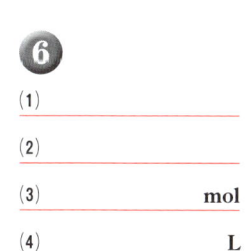

第2編 化学反応とエネルギー 定期テスト対策問題

時 間▶▶▶ 50分
合格点▶▶▶ 70点
解 答▶別冊 p.28

1
次の各問いに答えよ。原子量；Ag = 108　ファラデー定数；$F = 9.65 \times 10^4$ C/mol

〔各4点　合計20点〕

問1 アンモニア NH_3 の生成熱は 46 kJ/mol である。アンモニアの生成熱を表す熱化学方程式を書け。

問2 硝酸銀水溶液を白金電極を用いて電気分解したところ、陰極に銀が 0.540 g 析出した。このとき 2.50 A の電流で電気を流したとすると、要した時間は何秒か。

問3 次のア〜オの物質のなかで、下線部の原子の酸化数が最大のものを記号で答えよ。
　ア　$\underline{O}_2$　イ　H$_2$$\underline{S}O_4$　ウ　K$_2$$\underline{Cr}_2O_7$　エ　K$\underline{Mn}$O$_4$　オ　K$\underline{Cl}$O$_3$

問4 希硫酸に亜鉛板と銅板を浸した電池の、放電時における負極の変化をイオン反応式で書け。

問5 硫酸銅(Ⅱ)水溶液を白金電極を用いて電気分解したとき、陽極と陰極に生成する物質を化学式で答えよ。

問1		問2		問3	
問4		問5 陽極		陰極	

2
次の熱化学方程式を用いて、あとの問いに答えよ。原子量；H = 1.0, C = 12, O = 16

〔各4点　合計8点〕

$$C(黒鉛) + O_2(気) = CO_2(気) + 394 \text{ kJ}$$

$$H_2(気) + \frac{1}{2}O_2(気) = H_2O(液) + 286 \text{ kJ}$$

$$C_2H_5OH(液) + 3O_2(気) = 2CO_2(気) + 3H_2O(液) + 1367 \text{ kJ}$$

問1 エタノール C_2H_5OH 2.3 g を燃焼させたときに発生する熱量は何 kJ か。

問2 エタノールの生成熱は、何 kJ/mol か。

問1		問2	

3
次の文を読み、あとの各問いに答えよ。原子量；Al = 27

〔問1…各2点　問2・問3…各4点　合計16点〕

アルミニウムは、ボーキサイトから純粋な（　①　）を取り出し、これを氷晶石の融解液に加えながら、炭素電極を用いて約1000℃で（　②　）を行うと得られる。このとき、陰極では（　③　）が析出し、陽極では（　④　）が発生する。

問1 文中の（　）に適当な語句を入れよ。

問2 この電解における氷晶石の役割を説明せよ。

問3 アルミニウム 250 g をつくるのに必要な電気量を求めよ。ただし、通じた電気量の 80 % が電気分解に使われるものとする。

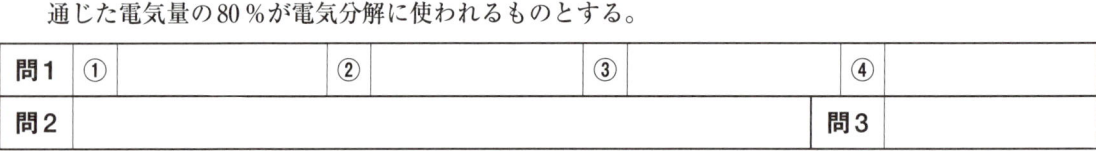

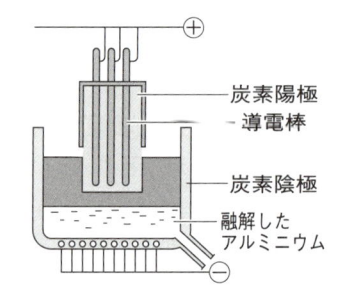

問1	①		②		③		④	
問2							問3	

4 次の文を読み，あとの各問いに有効数字3桁で答えよ。〔各4点 合計12点〕

ある容器に15℃の水500mLを入れ，ここに固体の水酸化ナトリウム1.0molを加え，すばやく溶解させた。逃げた熱を補正すると，溶液の温度は35℃まで上昇したことになる（図の領域A）。溶液の温度が30℃まで下がったとき，同じ温度の2mol/L塩酸500mLをすばやく加えたところ，再び温度が上昇して領域Bの温度変化を示した。次の問いに答えよ。ただし，固体の水酸化ナトリウムの溶解や中和反応による溶液の体積変化はないものとし，水溶液の密度を1.0g/mL，比熱を4.2J/(g·K)とする。

問1 固体の水酸化ナトリウム1.0molを水に溶解させたときに発生した熱量は何kJか。

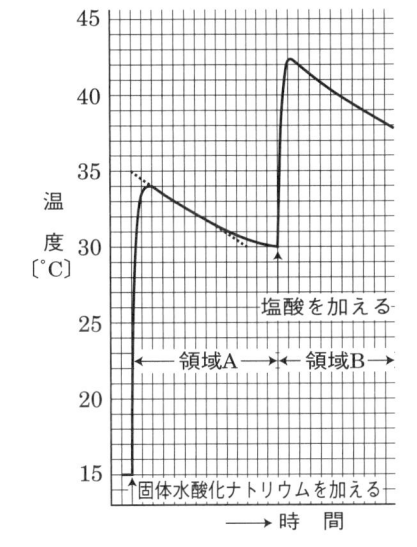

問2 図を参考にして，
　　　HClaq + NaOHaq = NaClaq + H₂O（液）+ Q kJ
のQの値を求めよ。

問3 ヘスの法則を利用して，
　　　HClaq + NaOH（固）= NaClaq + H₂O（液）+ Q kJ
のQの値を求めよ。

問1	問2	問3

---

5 次の化学反応式を参考にして，あとの各問いに答えよ。〔問1…2点 問2・問3…各1点 合計14点〕

① $\underline{S}O_2 + 2H_2S \longrightarrow 2H_2O + 3S$

② $2K_2\underline{Cr}O_4 + H_2SO_4 \longrightarrow K_2Cr_2O_7 + K_2SO_4 + H_2O$

③ $\underline{Mn}O_2 + 4HCl \longrightarrow MnCl_2 + 2H_2O + Cl_2$

④ $\underline{Na}_2O + H_2O \longrightarrow 2NaOH$

⑤ $3\underline{Cu} + 8HNO_3 \longrightarrow 3Cu(NO_3)_2 + 4H_2O + 2NO$

⑥ $\underline{S}O_2 + 2NaOH \longrightarrow Na_2SO_3 + H_2O$

問1 上の化学反応式の中には，酸化数の変化を伴うものがある。このような化学反応を一般的に何というか。

問2 下線部の原子の反応前と反応後の酸化数の変化を示せ。変化がないときは「変化なし」と書け。

問3 ①〜⑥の反応において還元剤としてはたらいている物質はどれか。化学式で書け。還元剤がないときは「なし」と書け。

問1						
問2	①		②		③	
	④		⑤		⑥	
問3	①		②		③	
	④		⑤		⑥	

6

鉛蓄電池における正極および負極での放電時の変化は，次のように表される。

〔問1・問2…各3点　問3…4点　合計10点〕

正極；$PbO_2 + 4H^+ + SO_4^{2-} + 2e^- \longrightarrow PbSO_4 + 2H_2O$

負極；$Pb + SO_4^{2-} \longrightarrow PbSO_4 + 2e^-$

問1 鉛蓄電池における放電時の変化を，1つの化学反応式にまとめて記せ。

問2 次の鉛蓄電池に関する記述のうち，正しいものをすべて選べ。

ア　鉛蓄電池は放電すると，電解液の密度が大きくなる。
イ　鉛蓄電池は，放電時も充電時も負極では酸化反応が起こる。
ウ　充電するときは，鉛蓄電池の正極と負極にそれぞれ外部電源の正極と負極を接続する。

問3 鉛蓄電池を放電すると，正極および負極の極板はともに質量が増加する。鉛蓄電池の放電によって電子1molを取り出したとき，極板の質量の増加量は両極合わせて何gか。原子量；$H = 1.0$，$O = 16$，$S = 32$，$Pb = 207$

問1	問2	問3

7

次の文を読み，あとの各問いに答えよ。

〔各4点　合計8点〕

　硫酸酸性の過マンガン酸カリウム水溶液と過酸化水素水は，酸化還元反応を起こす。次式は，過酸化水素の還元剤としての作用を示すイオン反応式と，硫酸酸性溶液中の過マンガン酸カリウムの酸化剤としての作用を示すイオン反応式である。

$H_2O_2 \longrightarrow 2H^+ + O_2 + 2e^-$　　　$MnO_4^- + 8H^+ + 5e^- \longrightarrow Mn^{2+} + 4H_2O$

問1 硫酸酸性の過マンガン酸カリウム水溶液と過酸化水素水の反応を，化学反応式で書け。

問2 濃度不明の過酸化水素水25mLに0.040mol/Lの過マンガン酸カリウムの希硫酸溶液を少量ずつ滴下すると，過マンガン酸カリウムの赤紫色がすぐに消えたが，40mL加えたときに溶液が薄い赤紫色を示すようになった。この過酸化水素水の濃度は何mol/Lか。

問1	問2

8

次の文を読んで，あとの各問いに答えよ。原子量；$Cu = 63.5$，$Ag = 108$
ファラデー定数；$F = 9.65 \times 10^4$ C/mol

〔各4点　合計12点〕

　右図のように，硝酸銀水溶液と塩化銅(II)水溶液が入った電解槽を直列につなぎ，電極として白金電極を用いて電気分解を行ったところ，塩化銅(II)水溶液の陰極に1.27gの銅が析出した。

問1 流れた電気量は何Cか。

問2 硝酸銀水溶液の陰極に析出した金属は何gか。

問3 硝酸銀水溶液の陽極に発生した気体は標準状態で何Lか。

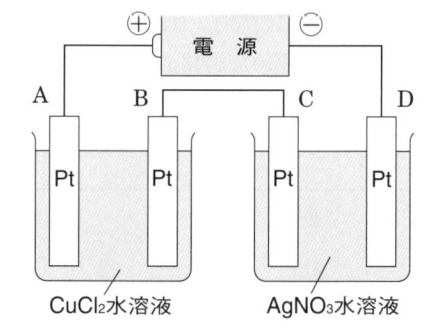

問1	問2	問3

1章 反応の速さと反応のしくみ

1 反応の速さと反応条件

解答 別冊 p.6

❶ 反応の速さとその表し方

1 速い反応——瞬間的に終わる反応
例　酸と塩基の中和反応[♣1]，水素やプロパンガスの爆発

2 遅い反応——ゆっくりと進む反応
例　空気中での金属の腐食，微生物による発酵

3 反応の速さを変化させる条件——同じ反応でも，反応物の濃度，（❶　　　　　），触媒の有無などにより反応の速さは変化する。
　→熱運動の激しさ　　→自身は変化せず反応を促進させる物質

4 反応速度の表し方——単位時間あたりの反応物の減少量または生成物の（❷　　　量）で表される。これを（❸　　　　　）という[♣2]。反応が一定体積中で進む場合は，反応速度は反応物または生成物の濃度の変化量から，次式のように表される。

重要
$$反応速度 = \frac{反応物の濃度の減少量}{反応時間} = \frac{生成物の濃度の増加量}{反応時間}$$

例　$A + B \longrightarrow 2C$ の反応の場合

Aの減少速度； $v_A = -\dfrac{\Delta [A]}{\Delta t}$ [♣3]

Bの減少速度； $v_B = -\dfrac{\Delta [B]}{\Delta t}$

Cの生成速度； $v_C = \dfrac{\Delta [C]}{\Delta t}$

よって，$v_A : v_B : v_C = ($❹　　：　　：　　$)$

同じ反応でも，着目する物質により反応速度は異なる。また，各物質の反応速度の比は，反応式の（❺　　　　）の比に一致する。

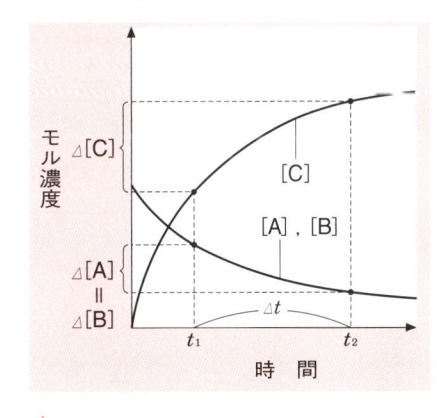

重要　各物質の反応速度の比は，反応式の係数の比に等しい。

♣1：$H^+ + OH^- \longrightarrow H_2O$ や $Ag^+ + Cl^- \longrightarrow AgCl$ のようなイオンどうしの反応は速く，室温でも速やかに進行する。

♣2：濃度の変化量で表す反応速度の単位には $mol/(L \cdot s)$，$mol/(L \cdot min)$ などが用いられる。また，mol/s，mol/min，mol/h などの単位が用いられることもある。

♣3：Δ（デルタ）は変化量を表す。$\Delta [A]$，$\Delta [B]$ は負の値になるので，マイナスをつけて，反応速度が正の値になるようにしている。

❷ 反応速度を表す式

1 反応速度式──約 400 ℃ では，気体の水素H_2とヨウ素I_2が反応し，ヨウ化水素HIが生成する。

$$H_2 + I_2 \longrightarrow 2HI$$

最初，I_2の濃度$[I_2]$を一定にしてH_2の濃度$[H_2]$を2倍にすると，HIの生成速度は約2倍となる。逆に，$[H_2]$を一定にして$[I_2]$を2倍にしても，HIの生成速度は約2倍となる。よって，この反応の反応速度vは，$[H_2]$と$[I_2]$の積に（⑥　　　　）する。

$$v = k[H_2][I_2] \quad \cdots\cdots ①$$

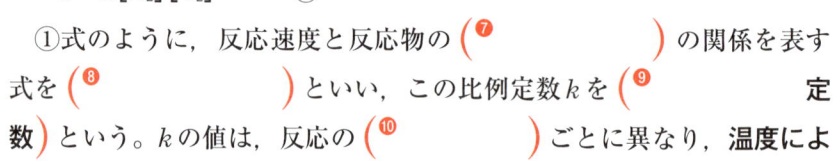

①式のように，反応速度と反応物の（⑦　　　　）の関係を表す式を（⑧　　　　）といい，この比例定数kを（⑨　　　　定数）という。kの値は，反応の（⑩　　　　）ごとに異なり，**温度によって変化する**。

例 過酸化水素の分解反応 $2H_2O_2 \longrightarrow 2H_2O + O_2$ における過酸化水素の分解速度をvとすると，反応速度式は

$$v = k[H_2O_2]$$

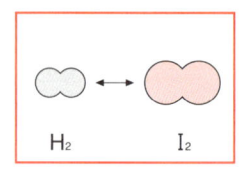

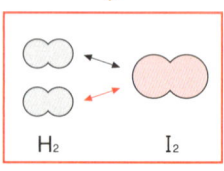

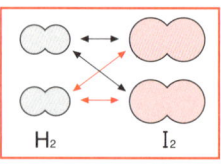

♣ 4：濃度と反応速度

$[H_2]$も$[I_2]$も2倍にすると，H_2とI_2の衝突回数は4倍になる。

例題研究　過酸化水素の分解反応

過酸化水素の分解反応において，過酸化水素のモル濃度と時間の関係を右図に示す。次の各問いに答えよ。

(1) 反応開始4分から8分の間の過酸化水素の平均の分解速度〔mol/(L・s)〕を求めよ。また，この間の過酸化水素の平均の濃度〔mol/L〕を求めよ。

(2) この反応の反応速度式は$v=k[H_2O_2]$であるとして，(1)の結果を用いて反応速度定数kを求めよ。

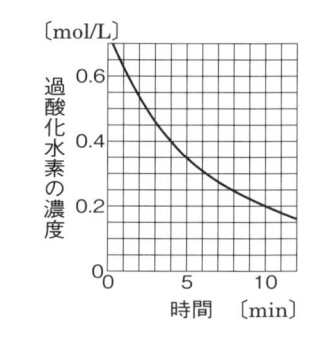

▶解き方

(1) 時間t_1からt_2の間に，ある物質の濃度がc_1からc_2に減少したとき，この間の平均の反応速度$\bar{v}$（単に，反応速度という）は，次式で表される。

$$\bar{v} = -\frac{\Delta c}{\Delta t} = -\frac{c_2 - c_1}{t_2 - t_1} = -\frac{(0.25 - 0.40)\,\text{mol/L}}{(8-4) \times 60\,\text{s}} = 6.25 \times 10^{-4}\,\text{mol/(L・s)} \quad \cdots\text{答}$$

平均の濃度は，各時間の濃度をたして2で割ればよいから，

$$[\overline{H_2O_2}] = \frac{0.40 + 0.25}{2} = （⑪\quad\quad\text{mol/L}） \quad \cdots\text{答}$$

(2) 上記の値を，**反応速度式 $v = k[H_2O_2]$ に代入すると**，

$$6.25 \times 10^{-4}\,\text{mol/(L・s)} = k \times （⑫\quad\quad\text{mol/L}） \quad k \fallingdotseq 1.9 \times 10^{-3}/\text{s} \quad \cdots\text{答}$$

2 反応の次数と反応式の係数の関係——$aA + bB \longrightarrow cC$ (a, b, c は係数)で表される反応において，一般に，その反応速度式は，

$$v = k[A]^x[B]^y$$

と表される。このとき，$x+y$ の値を**反応の次数**という。x, y の値は反応式の係数 a, b とは必ずしも一致（⑬　　　　　　）。♣5

♣5：反応速度式の反応の次数は，実験にもとづいて決定しなければならない。

$2N_2O_5 \longrightarrow 4NO_2 + O_2$

の反応速度式は，実験で求めると，

$v = k[N_2O_5]^2$

ではなく，

$v = k[N_2O_5]$

である。

❸ 反応速度を変える条件

1 反応速度と濃度の関係——反応物の濃度が大きくなるほど，反応速度は（⑭　　　く）なる。これは，反応物の濃度に比例して，単位時間あたりの反応物の粒子の（⑮　　　回数）が増えるためである。

例　線香は空気中ではゆっくり燃えるが，酸素中では激しく燃える。

2 反応速度と温度の関係——温度が高くなると，反応速度は急激に（⑯　　く）なる。他の条件が一定のとき，温度が 10 K 上昇するごとに，反応速度は（⑰　　～　　）倍になるものが多い。♣6

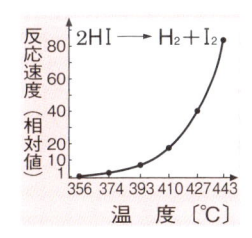

3 反応速度と触媒の関係——反応により自身は変化せず，反応速度を大きくするはたらきをもつ物質を（⑱　　　　　）という。

例　$2H_2O_2 \xrightarrow{MnO_2} 2H_2O + O_2$

$4NH_3 + 5O_2 \xrightarrow{Pt} 4NO + 6H_2O$

$N_2 + 3H_2 \xrightarrow{Fe} 2NH_3$（ハーバー・ボッシュ法）

4 反応速度を変える他の条件

① **光**　光エネルギーによって，反応が促進されることがある。

例　$H_2 + Cl_2 \longrightarrow 2HCl$

② **固体の表面積**　固体物質では，かたまり状よりも粉末状にしたほうが反応速度が（⑲　　　く）なる。これは，固体の**表面積**が大きくなると，反応できる粒子の割合が増えるためである。♣7

③ **気体の分圧**　気体の分圧が大きいほど，気体の（⑳　　　　）が大きくなり，反応速度が大きくなる。

♣6：温度と反応速度

$2HI \longrightarrow H_2 + I_2$

♣7：表面積と反応速度

表面積 6cm² → 表面積 12cm²

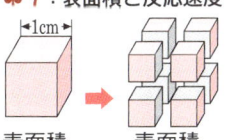

立方体を8等分すると表面積は2倍になる。

ミニテスト　　　　　　　　　　解答 別冊 p.6

❶ H_2O_2 の分解反応 $2H_2O_2 \longrightarrow 2H_2O + O_2$ において，1分間で過酸化水素の濃度 $[H_2O_2]$ が 0.13 mol/L から 0.10 mol/L へと変化した。この間における過酸化水素の分解速度は何 mol/(L・s) か。また，酸素の発生速度は何 mol/(L・s) か。

❷ 10 K の温度上昇で，反応速度がちょうど 3 倍になる反応がある。温度が 30 K 上昇すると，反応速度はもとの何倍になるか。

❸ ヨウ化水素の分解速度 v は，ヨウ化水素の濃度 $[HI]$ の 2 乗に比例するものとする。一定温度でヨウ化水素の濃度が $\frac{1}{2}$ になると，反応速度はもとの何倍になるか。

2 反応の速さと活性化エネルギー

解答 別冊 p.7

❶ 化学反応の進み方

1 粒子の衝突——化学反応が起こるためには，反応物の粒子どうしが（①　　　）する必要がある。ただし，衝突した粒子すべてが反応するわけではない。

2 活性化状態——たとえば，$H_2+I_2 \longrightarrow 2HI$ の反応では，H_2 と I_2 が十分な（②　　　）をもって，反応に都合のよい方向から衝突すると，結合の組み換えが起こるエネルギーの高い状態となる。この状態を（③　　　状態）という。このとき，H-H 結合と I-I 結合は切れかかり，新しい H-I 結合が生じはじめている。活性化状態にある原子の集合体を**活性錯体**という。

3 活性化エネルギー——反応物の粒子を活性化状態にするのに必要なエネルギーを，その反応の（④　　　）という。衝突する粒子の運動エネルギーの和が活性化エネルギーより（⑤　　　い）ときは反応が起こるが，運動エネルギーの和が活性化エネルギーより（⑥　　　い）ときは反応が起こらない。

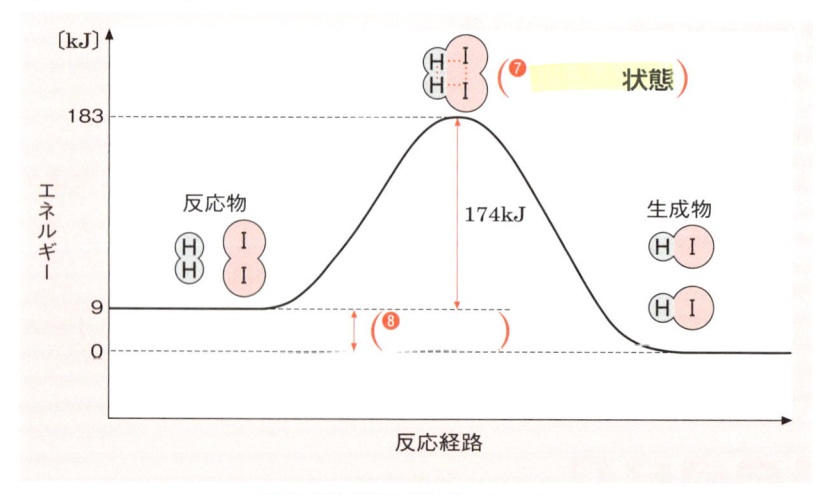

♣1: 反応に都合の悪い方向の例
(a) H₂ → ← I₂
(b) H₂ → I₂
反応に都合のよい方向の例
(c) H₂ → I₂

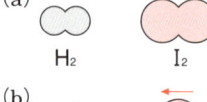

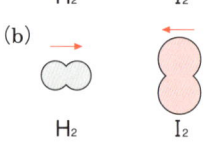

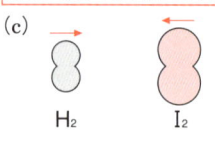

♣2: H_2 と I_2 の反応は約400℃ で起こるが，そのとき H-H，I-I の共有結合が切れ，ばらばらの原子となって反応が進むのではない。H_2 と I_2 をそれぞればらばらの原子にするには，H-H，I-I の結合エネルギーの和，すなわち，432＋149＝581 kJ のエネルギーが必要で，それには1000℃ 以上の高温が必要となる。

♣3: $Ag^+ + Cl^- \longrightarrow AgCl$ などの水溶液中のイオン反応の活性化エネルギーは一般に小さい。

[グラフ: エネルギー [kJ] と反応経路
反応物 (H H, I I) → 183 (H H I I)（⑦　　　状態）→ 生成物 (H I, H I)
9 の位置に反応物，174 kJ の差，（⑧）]

↑ 活性化状態と活性化エネルギー

4 反応の速さと活性化エネルギー——活性化エネルギーは反応によって固有の値をとる。一般に，活性化エネルギーの（⑨　　　い）反応は反応速度が大きく，活性化エネルギーの大きい反応は反応速度が（⑩　　　い）。

5 活性化エネルギーと温度——一般に，温度が10K上昇すると反応速度は2〜4倍に増加するが，反応物の粒子の衝突回数はわずか数％しか増加しない。温度が高くなると，(⑪　　　エネルギー)よりも大きな運動エネルギーをもった分子の数が多くなり，反応速度が大きくなる。

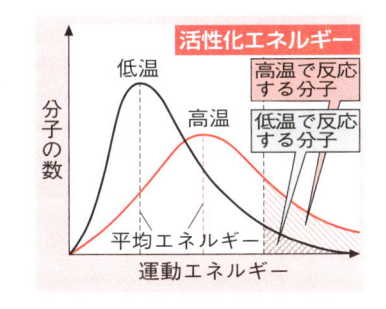

❷ 化学反応と触媒

1 触媒——過酸化水素水は，常温ではきわめてゆっくりとしか分解しないが，少量のMnO_2やFe^{3+}を加えると激しく分解する。MnO_2やFe^{3+}のように，**反応の前後で自身は変化せず，反応速度を大きくする物質**を(⑫　　　　)という。

2 触媒と活性化エネルギー——触媒があると反応速度が大きくなるのは，触媒と反応物が結びつき，活性化エネルギーの(⑬　い)反応経路を通って反応が進むようになるためである。触媒を加えても(⑭　　熱)の大きさは変わらない。♣4

3 触媒の種類

① (⑮　　　触媒)…反応物と均一に混合した状態ではたらく触媒。
　↳水溶液中のイオン，酵素など
　　反応物 + 触媒 ⟶ ［反応中間体］⟶ 生成物 + 触媒

② (⑯　　　触媒)…反応物と均一に混合しない状態ではたらく触媒。
　↳MnO_2，Pt，Feなど，ほとんどの固体触媒

↑不均一触媒（固体触媒）のはたらき方のモデル
(1) A_2の吸着　(2) 表面反応 ♣5　(3) ABの離脱

♣4：反応熱の大きさは，反応前後の物質の状態によって決まる（ヘスの法則）ので，触媒を加えても変わらない。

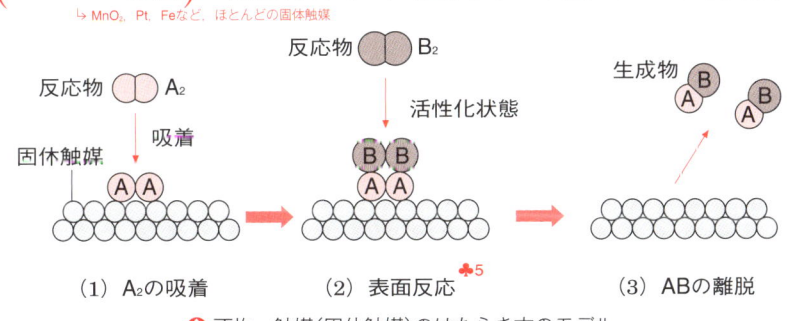

♣5：反応物の粒子が触媒の表面に吸着すると，原子間距離が長くなったり，結合が弱められたりして，容易に活性化状態となることがわかっている。

> **重要** 触媒…活性化エネルギーの小さい別の反応経路をつくり，反応速度を大きくする。反応熱は変えない。

ミニテスト　　　　　解答 別冊p.7

□ p.70の図で示された$H_2 + I_2 \longrightarrow 2HI$の反応について，次の問いに答えよ。
(1) 図の174 kJは何を表しているか。
(2) この反応の反応熱は何kJ/molか。
(3) 左向きの反応（$2HI \longrightarrow H_2 + I_2$）の活性化エネルギーは何kJ/molか。

1章 反応の速さと反応のしくみ 練習問題

解答 別冊p.30

❶ 〈反応速度とエネルギー〉 ▶わからないとき→p.69〜71

次の文中の□□に適する語句を入れよ。

化学反応が起こるためには，反応物の粒子が互いに ① する必要がある。一般に，気体どうしの反応で反応速度を大きくするには，一定体積中の反応物の粒子の数，すなわち分圧や ② を大きくすればよい。

一般に，化学反応はエネルギーの高い中間状態を経て進行する。この状態を ③ といい，反応物を③にするのに必要な最小のエネルギーを ④ という。④の大きさは，反応の種類によって異なり，これが大きいほど反応速度は ⑤ なる。

また，温度を ⑥ すると，分子の運動エネルギーは大きくなり，④を超えることができる分子の数が増えるので，反応速度は大きくなる。

さらに，活性化エネルギーの ⑦ い別の反応経路をつくることにより，反応速度を大きくするはたらきがある物質を ⑧ という。

❷ 〈活性化エネルギー〉 ▶わからないとき→p.70,71

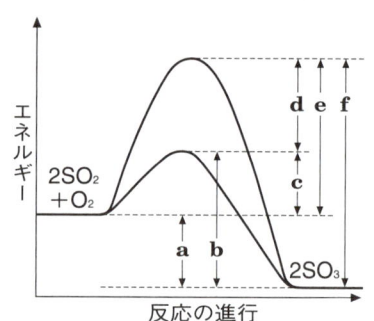

右図は $2SO_2 + O_2 \longrightarrow 2SO_3$ の反応について，触媒があるときとないときのエネルギーを示している。次の(1)〜(4)を表すものは，図中のa〜fのどれか。

(1) 触媒があるときの活性化エネルギー
(2) 触媒がないときの活性化エネルギー
(3) 触媒があるときの反応熱
(4) 触媒がないときの逆反応の活性化エネルギー

❸ 〈反応速度式〉 ▶わからないとき→p.68,69

A＋B ⟶ Cの反応がある。AとBの初濃度を変えて生じるCの濃度を測定し，反応速度を求めたら，右表の結果が得られた。ただし，[A]と[B]はA，Bの初濃度[mol/L]である。また，反応速度vはCの生成速度[mol/(L・s)]で表してある。

実験	[A]	[B]	v
1	0.30	1.20	0.036
2	0.30	0.60	0.009
3	0.60	0.60	0.018

(1) この反応の反応速度式は，次のどの式で表されるか。

　ア $v=k[A]$　　　イ $v=k[A][B]$　　ウ $v=k[A]^2[B]$
　エ $v=k[A][B]^2$　オ $v=k[A]^2[B]^2$

(2) 反応速度定数kの値を有効数字2桁で求め，単位も記せ。

ヒント (1) [A]を一定として[B]とvの関係を求め，次に，[B]を一定として[A]とvの関係を求める。以上の結果を総合すると，[A]，[B]とvの関係，つまり反応速度式がわかる。

❶
①
②
③
④
⑤
⑥
⑦
⑧

❷
(1)
(2)
(3)
(4)

❸
(1)
(2)

2章 化学平衡

1 化学平衡と平衡定数

解答 別冊 p.7

❶ 可逆反応と不可逆反応

1 可逆反応——密閉容器に水素H_2とヨウ素I_2を入れて高温に保つと，その一部が化合して（❶　　　　　）が生成する。一方，ヨウ化水素HIだけを入れても，その一部が分解して水素とヨウ素が生じる。

$$H_2(気) + I_2(気) \rightleftarrows 2HI(気)$$

このように，左右どちらにも進む反応を（❷　　　反応）♣1 という。可逆反応は記号 $\rightleftarrows$ で表し，右向きの反応を**正反応**，左向きの反応を（❸　　　反応）という。

2 不可逆反応——可逆反応に対して，一方向だけに進む反応を（❻　　　反応）という。反応熱の大きい燃焼反応や，発生した気体が反応系の外へ出ていく反応，水溶液中で（❼　　　　　）が生成する反応などは，通常，不可逆反応である。♣2

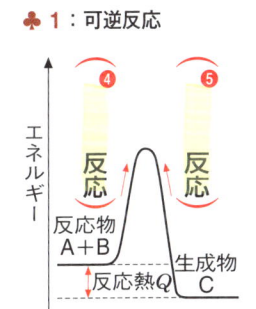

♣1：可逆反応

♣2：厳密には，化学反応のほとんどは可逆反応で，特に，反応物と生成物が共存する密閉容器で反応を行うと，最終的には化学平衡となってしまう。

❷ 化学平衡

1 $H_2+I_2 \rightleftarrows 2HI$の可逆反応——等物質量の$H_2$と$I_2$を密閉容器に入れて加熱し，温度を一定に保つと，（❽　　　反応）が始まりHIが生成する。やがて，生成したHIの一部は（❾　　　反応）によりH_2とI_2に戻る。

最初は正反応の速度v_1のほうが大きいが，しだいにv_1は小さくなる一方，逆反応の速度v_2は大きくなる。

やがて（❿　　＝　　）（→記号で答える）となると，見かけ上，反応が停止したような状態になる。この状態を（⓫　　　　の状態），または単に**平衡状態**という。

平衡状態では，反応物の濃度$[H_2]$，$[I_2]$および，生成物の濃度$[HI]$はいずれも（⓬　　　　）となる。

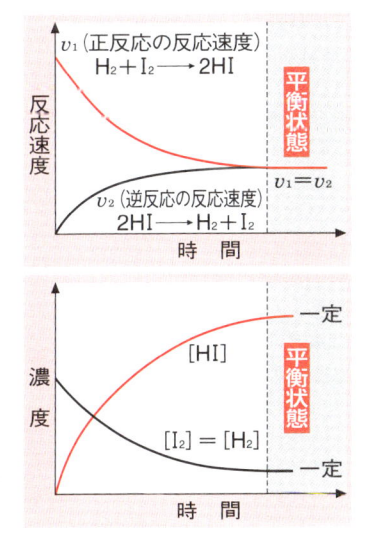

> **重要** 化学平衡の状態 ⇨ 正反応の速度＝逆反応の速度
> ⇨ 反応物と生成物の濃度は一定

♣3：約450℃で平衡状態に達したとき，
H₂　0.20 mol
I₂　0.20 mol
HI　1.6 mol
の割合になっている。

2 化学平衡——下図のように，H₂，I₂ 各 1 mol から反応を開始しても，逆に HI 2 mol から反応を開始しても，同じ温度条件ならば，到達する平衡状態は（⑬　　　　　）である。♣3

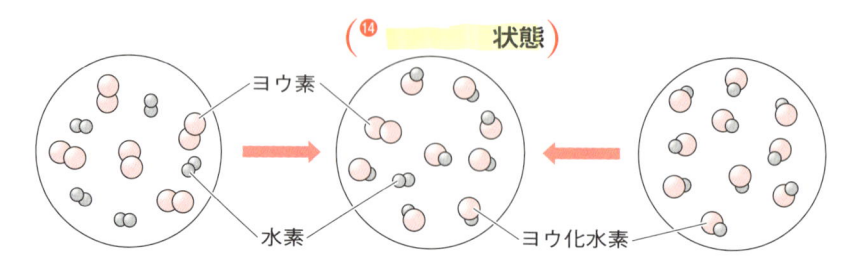

（⑭　　　状態）

❸ 化学平衡の法則 〈出る〉

1 平衡定数——可逆反応 $H_2 + I_2 \rightleftarrows 2HI$ において正反応の速度を v_1，逆反応の速度を v_2 とすると，平衡状態のとき v_1 と v_2 の間には
（⑮　　＝　　）の関係が成り立つから，

$$k_1[H_2][I_2] = k_2[HI]^2$$

これを濃度と反応速度定数に分けて整理すると，次式が成り立つ。

$$\frac{[HI]^2}{[H_2][I_2]} = \frac{k_1}{k_2} = K (一定)$$ ♣4

この K は温度によって決まる定数で，（⑯　　　　　）という。♣5

♣4：平衡定数は反応物の濃度を分母に，生成物の濃度を分子に書く約束がある。また，反応速度定数 k_1，k_2 は温度により変化するので，平衡定数 K も温度により変化する。

♣5：平衡定数の単位は，反応式の係数によって異なるので注意が必要である。

2 化学平衡の法則——一般に，物質 A, B, C, D の間の可逆反応が次のような平衡状態にあるとき，一定温度では①式で表される関係が成り立つ。

$$aA + bB \rightleftarrows cC + dD \quad (a, b, c, d は係数)$$

$$\frac{[C]^c[D]^d}{[A]^a[B]^b} = K \quad (K；平衡定数) \quad \cdots\cdots ①$$

①式で表される関係を（⑰　　　　　の法則），または**質量作用の法則**という。♣6 平衡定数がわかっていると，ある量の A, B を反応させたとき，平衡状態での C, D の生成量を計算で求めることができる。

♣6：ノルウェーのグルベルグとワーゲが1864年に発見した。

♣7：左辺の係数の和と右辺の係数の和が等しい場合，平衡定数の単位はない。

> **重要〔化学平衡の法則〕**
> $aA + bB + \cdots \rightleftarrows xX + yY + \cdots$ の化学平衡では，
> $$\frac{[X]^x[Y]^y\cdots}{[A]^a[B]^b\cdots} = K \quad (温度一定で一定)$$
> K は平衡定数，単位は $(mol/L)^{(x+y+\cdots)-(a+b+\cdots)}$ ♣7

例題研究　平衡定数の計算

(1) 体積10Lの容器に水素H_2とヨウ素I_2を各2.0 molずつ入れ，一定温度に保ち，平衡状態に到達させたところ，ヨウ化水素HIが3.0 mol生じていた。この反応の平衡定数を求めよ。

$$H_2(気) + I_2(気) \rightleftarrows 2HI(気)$$

(2) 酢酸CH_3COOH 1.0 molとエタノールC_2H_5OH 1.0 molを混合し，少量の濃硫酸(触媒)を加えて体積を100 mLとし，一定温度に保つと酢酸エチル$CH_3COOC_2H_5$と水H_2Oが生成し，次の可逆反応が平衡状態になった。この温度における平衡定数を4.0として，生成する酢酸エチルの物質量を求めよ。

$$CH_3COOH + C_2H_5OH \rightleftarrows CH_3COOC_2H_5 + H_2O$$

解き方

(1) H_2，I_2がそれぞれx [mol]ずつ反応して平衡に達したとすると，平衡時における各物質の物質量は次のようになる。

	H_2	+	I_2	$\rightleftarrows$	2HI
反応前の物質量〔mol〕	2.0		2.0		0
平衡時の物質量〔mol〕	$2.0-x$		$2.0-x$		$2x$

$2x = 3.0$より，$x = 1.5$ mol

これを，平衡定数の式へ代入する。
↳ 平衡定数は平衡時のモル濃度をもとに表されている

モル濃度 = 物質量/体積 より，

$$K = \frac{[HI]^2}{[H_2][I_2]} = \frac{\left(\frac{3.0}{10} \text{mol/L}\right)^2}{\left(\frac{0.50}{10} \text{mol/L}\right)\left(\frac{0.50}{10} \text{mol/L}\right)} = (\text{⑱　　　}) \cdots \text{答}$$

平衡定数の計算の方法
① 平衡状態における各物質の物質量を求める。
② 各物質の物質量を体積で割り，モル濃度を求める。
③ 平衡定数の式では左辺(反応物)のモル濃度が分母にくる。
④ 平衡定数の式に代入する。

(2) 酢酸，エタノールがそれぞれx [mol]ずつ反応したとすると，平衡時における各物質の物質量は次のようになる。

	CH_3COOH	+	C_2H_5OH	$\rightleftarrows$	$CH_3COOC_2H_5$	+	H_2O
反応前の物質量〔mol〕	1.0		1.0		0		0
平衡時の物質量〔mol〕	$1.0-x$		$1.0-x$		x		x

混合溶液の体積から各物質のモル濃度を求め，平衡定数Kの式へ代入する。

$$K = \frac{[CH_3COOC_2H_5][H_2O]}{[CH_3COOH][C_2H_5OH]} = \frac{\left(\frac{x}{0.10} \text{mol/L}\right)^2}{\left(\frac{1.0-x}{0.10} \text{mol/L}\right)^2} = (\text{⑲　　　})$$
↳ 平衡定数を入れる

完全平方式なので，両辺の平方根をとると，

$$\frac{x}{1.0-x} = \pm 2.0 \text{(負号は捨てる)} \quad x ≒ 0.67 \text{ mol} \quad \cdots \text{答}$$

❹ 化学平衡の応用

1 固体が関わる平衡

C(固) + CO₂(気) ⇌ 2CO(気) のような固体が関わる平衡では固体の濃度は常に (⑳　　　) とみなせるので, 平衡定数は**気体成分の濃度だけ**で表せばよい。

$$K = \frac{[CO]^2}{[CO_2]} \quad \left(\begin{array}{l}[C(固)]は定数とみて,\\K の中に含めてある。\end{array}\right)$$

♣8：固体が関わる平衡

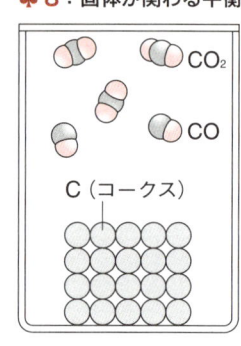

2 圧平衡定数

反応物と生成物がすべて気体である可逆反応

$$N_2(気) + 3H_2(気) \rightleftarrows 2NH_3(気) \quad \cdots\cdots ①$$

の化学平衡では, 各成分気体の (㉑　　　) のかわりに**分圧**を用いて平衡定数を表すことがある。このような平衡定数を (㉒　　　) といい, 記号 K_p で表す。平衡時の N_2, H_2, NH_3 の各分圧をそれぞれ P_{N_2}, P_{H_2}, P_{NH_3} とすると,

$$K_p = \frac{(P_{NH_3})^2}{P_{N_2} \cdot (P_{H_2})^3} \quad \cdots\cdots ②$$

一方, モル濃度で表した平衡定数を (㉓　　　) といい, 記号 K_c で表す。気体の (㉔　　　) を用いると, K_p と K_c の関係は次のようになる。
↳ $PV=nRT$ で表される

$PV=nRT$ から $P = \dfrac{n}{V}RT$ であり, $\dfrac{n}{V}$ は (㉕　　　) を表すから,

$$P_{N_2} = \frac{n_{N_2}}{V}RT = [N_2]RT$$

同様に, $P_{H_2} = [H_2]RT$, $P_{NH_3} = [NH_3]RT$

これらを②式へ代入すると,

$$K_p = \frac{[NH_3]^2(RT)^2}{[N_2][H_2]^3(RT)^4} = (㉖　　　)$$

♣9：この可逆反応の場合, 反応の進行にともない, 混合気体の全圧がしだいに低下する。全圧が一定になったとき, 平衡状態に達したと判断することができる。

♣10：①式の平衡定数は 600 K で
$K_p = 1.8 \times 10^{-13}/Pa^2$
$K_c = 1.2 \times 10^{-4} L^2/mol^2$

ミニテスト　　　　　　　　　　　　　　　解答 別冊 p.7

□❶ 可逆反応 $N_2 + 3H_2 \rightleftarrows 2NH_3$ が平衡状態にあるとき, この内容を表す正しい文をすべて選べ。
　ア　反応が完全に停止している。
　イ　N_2, H_2, NH_3 の濃度が等しい。
　ウ　N_2, H_2, NH_3 の濃度の比が 1:3:2 となる。
　エ　NH_3 の生成速度と NH_3 の分解速度が等しい。
　オ　N_2, H_2, NH_3 の各濃度が一定になっている。

□❷ 次の可逆反応が平衡状態にあるとき, 平衡定数を表す式を書け。ただし, 特に指示のない物質は気体とする。
　(1) $2SO_2 + O_2 \rightleftarrows 2SO_3$
　(2) $N_2O_4 \rightleftarrows 2NO_2$
　(3) $C(固) + H_2O \rightleftarrows CO + H_2$

□❸ 2.0 L の容器にヨウ化水素 HI 2.0 mol を入れ, 一定温度に保つと, 水素 H_2 とヨウ素 I_2 が 0.40 mol ずつ生じ, 平衡状態となった。次の問いに答えよ。
　(1) 平衡状態における HI の濃度は何 mol/L か。
　(2) HI の分解反応の平衡定数を求めよ。

2 化学平衡の移動

❶ ルシャトリエの原理

1 平衡の移動──可逆反応が平衡状態にあるときに温度や圧力などの条件を変化させると、正反応または逆反応が進み、新しい条件に対応した平衡状態になる。

2 ルシャトリエの原理(平衡移動の原理)──1884年、ルシャトリエ(1850～1936（フランス）)は、平衡の移動について、次のような原理を発表した。

「可逆反応が平衡状態にあるとき、**濃度・圧力・温度**などの条件を変化させると、その影響を（❶　　　　　）方向へ平衡が移動し、新しい平衡状態となる。」

これを、（❷　　　　　　　）の原理または、**平衡移動の原理**という。[♣1]

♣1：この原理は、化学平衡だけでなく、気液平衡、溶解平衡などの物理平衡でも成り立つ普遍的な大原理である。

3 濃度変化と平衡の移動──$H_2 + I_2 \rightleftarrows 2HI$ の可逆反応が平衡状態にあるとき、温度・体積を一定に保って、H_2 を加えていくと、（❸　　　　）を生成する方向へ反応が進み、新たな平衡状態になる。これは、H_2 の濃度の増加を打ち消す（H_2 の濃度を減少させる）方向へ平衡移動が起こったと考えればよい。[♣2]

♣2：ただし、H_2 を加えたことで、正反応がより進んだとしても、H_2 がもとの量より少なくなることはない。

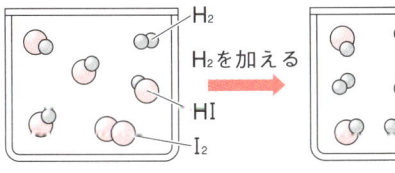

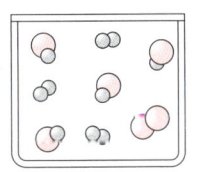

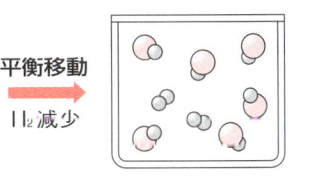

【はじめの平衡状態】 H_2 を加える →【平衡移動 I_2 減少】→【新しい平衡状態】

重要　〔濃度変化と平衡の移動〕…ある物質の濃度が
増加 ⇒ その物質の濃度が減少する方向へ平衡が移動
減少 ⇒ その物質の濃度が増加する方向へ平衡が移動[♣3]

♣3：溶液内で起こる可逆反応では、難溶性の塩が沈殿したり、気体が発生したりすると、生成物が反応系から取り除かれ、反応はその向きに進みやすくなる。

4 濃度変化と平衡定数──$H_2 + I_2 \rightleftarrows 2HI$ の平衡定数 K は、

$$K = \frac{[HI]^2}{[H_2][I_2]} \quad \cdots\cdots ①$$ で表される。

H_2, I_2, HI の平衡混合気体に H_2 を加えると、$[H_2]$ が増加し、$[I_2]$, $[HI]$ が一定ならば、①式の値は K よりも小さくなる。そこで、K が一定の値になるように、$[H_2]$, $[I_2]$ が減少し $[HI]$ が増加する方向、つまり、（❹　　　　　）向きに平衡が移動する。

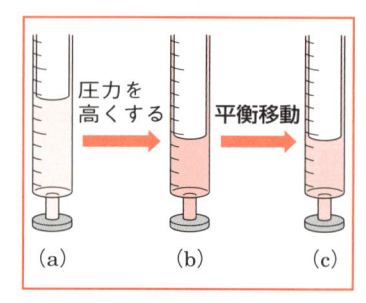

5 圧力変化と平衡の移動

常温では、赤褐色のNO₂と無色のN₂O₄は、次式のような平衡状態にある。

$$2NO_2(気) \rightleftharpoons N_2O_4(気)$$

NO₂とN₂O₄の平衡混合気体を注射器に入れ、温度一定で、注射器のピストンを押して圧力を加える。その瞬間、赤褐色は濃くなるが、やがてその色はやや薄くなる。これは、圧力を上げると、気体分子の総数が（⑤　　　）する方向、つまり右向きに平衡が移動したためである。

逆に、ピストンを引いて圧力を下げると、気体分子の総数が（⑥　　　）する方向、つまり左向きに平衡が移動する。

一方、$H_2 + I_2 \rightleftharpoons 2HI$ のような可逆反応では、**気体の分子数は変化しない**ので、圧力を変化させても平衡は移動（⑦　　　）。

♣4：ピストンを引くと、その瞬間は赤褐色が薄くなるが、やがて平衡が左向きに移動し、色がやや濃くなる。

重要
〔圧力変化と平衡の移動〕
圧力を高くする ⇨ 平衡は気体分子の総数が減少する方向へ移動
圧力を低くする ⇨ 平衡は気体分子の総数が増加する方向へ移動

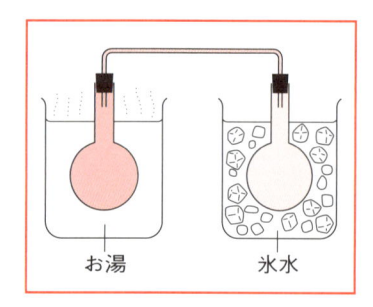

6 温度変化と平衡の移動

$2NO_2(気) = N_2O_4(気) + 57 kJ$ ……②で表される可逆反応がある。

いま、NO₂(赤褐色)とN₂O₄(無色)の平衡混合気体を加熱すると、（⑧　　　反応）の方向へ平衡が移動し、赤褐色が濃くなる。一方、冷却すると、（⑨　　　反応）の方向へ平衡が移動し、赤褐色が薄くなる。

重要
〔温度変化と平衡の移動〕
温度を上げる ⇨ 平衡は吸熱反応の方向へ移動
温度を下げる ⇨ 平衡は発熱反応の方向へ移動

♣5：$K = \dfrac{[N_2O_4]}{[NO_2]^2}$ の温度変化は、次のようになる。

7 温度変化と平衡定数

温度を変えると、平衡定数の値そのものが変化する。②式の反応の場合、温度を上げると平衡は吸熱反応の方向、つまり左向きに移動するから、平衡定数 $K = \dfrac{[N_2O_4]}{[NO_2]^2}$ の値は（⑩　　　く）なる。

↳ NO₂が増加

❷ 化学平衡の工業への応用

1 アンモニアの合成——窒素 N_2 と水素 H_2 を原料とし，触媒を用いて直接アンモニア NH_3 をつくる方法を（⑪　　　　法）という。

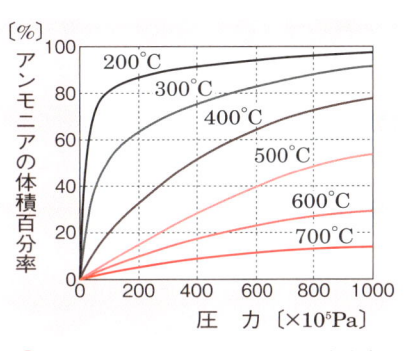

2 平衡の条件——アンモニアの生成反応の熱化学方程式は，次式で表される。

$$N_2(気) + 3H_2(気) = 2NH_3(気) + 92 kJ$$

アンモニアの生成量を多くするには，平衡が右に移動するような反応条件を考えればよい。

正反応が進むと，気体の分子数は（⑫　　　　）し，発熱する。したがって，ルシャトリエの原理によると，アンモニアの生成率を大きくするための反応条件は，（⑬　温・　圧）が望ましい。

3 問題点——工業的な合成法では，反応条件だけでなく，反応速度や反応装置の強度などが問題となる。

① あまり低温にすると，（⑭　　　　）が小さくなり，反応に時間がかかる。

② あまり高圧にすると，（⑮　　　　）の強度に問題が生じる。

4 解決法——実際には，$3～5×10^7$ Pa，500℃程度の反応条件が選ばれ，四酸化三鉄 Fe_3O_4 を主成分とする（⑯　　　　）を用いて操業されている。

♣6：生成した平衡混合気体を冷却して NH_3 を液化して反応系から取り除くことで，平衡をより右へ移動させる工夫もしている。

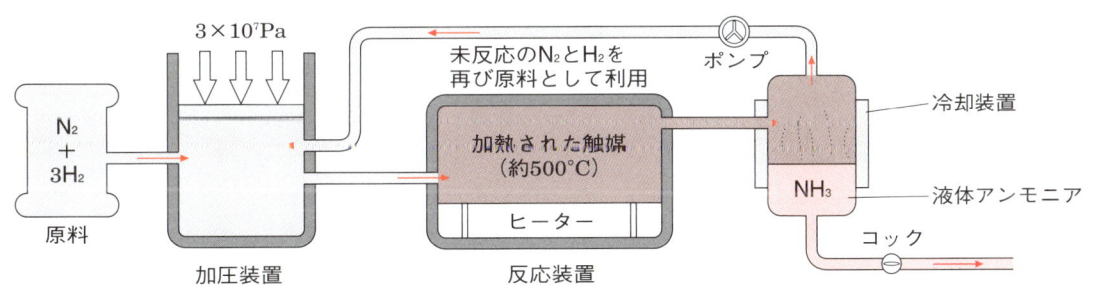

↑ 平衡状態におけるアンモニアの生成率

↑ ハーバー・ボッシュ法によるアンモニアの合成（模式図）

ミニテスト　　　　　　　　　　　　　　　　　解答 別冊 p.7

□❶ 次の反応が平衡状態にあるとき，他の条件は変えずに，次の操作を行うと，平衡はどちら向きに移動するか。

$$N_2(気) + O_2(気) = 2NO(気) - 90 kJ$$

(1) N_2 を加える。　(2) 圧力を加える。
(3) 触媒を加える。　(4) 温度を下げる。

□❷ $CO(気) + 2H_2(気) \rightleftarrows CH_3OH(気)$ の正反応は発熱反応である。CH_3OH の生成量を多くするには，次のどの方法が適当か。

ア 触媒を加える。　　イ 圧力を下げる。
ウ 圧力を上げる。　　エ 温度を上げる。
オ 温度を下げる。

2章 化学平衡　練習問題

解答　別冊p.30

❶ 〈化学平衡の状態〉
▶わからないとき→p.73,77,78

次の文中の◯に適する語句を入れよ。

化学平衡の状態とは，可逆反応において，①の速度と②の速度が互いに等しくなり，見かけ上，反応が③したような状態のことである。この状態では，単位時間あたりの各物質の増加量と④が等しくなっており，各物質の量は一定となる。

しかし，ある条件を変化させると，各物質の量が変化する場合がある。この現象を⑤という。化学平衡を移動させる3つの条件とは⑥，⑦，⑧である。⑥を高くすると，化学平衡は⑨熱反応の方向へ移動する。また，ある物質の⑦を大きくすると，化学平衡はその物質の⑦を減少させる方向へ移動する。そして，気体が関係する反応の場合，⑧を低くすると，化学平衡は気体⑩の総数を増加させる方向へ移動する。

❷ 〈化学平衡の移動〉
▶わからないとき→p.77,78

$C(固) + H_2O(気) = H_2(気) + CO(気) - 135 kJ$ で表される可逆反応が平衡状態にある。次の(1)～(6)の操作を行ったとき，平衡はどう移動するか。下のア～エから最も適当なものを1つずつ選べ。

(1) 圧力一定で温度を上げる。
(2) 温度一定で圧力を上げる。
(3) 温度・圧力ともに上げる。
(4) 温度・圧力一定で触媒を加える。
(5) 温度・体積を一定に保ったまま，アルゴンを加える。
(6) 温度・圧力を一定に保ったまま，アルゴンを加える。

　ア　左へ移動する。　　イ　右へ移動する。　　ウ　移動しない。
　エ　この条件では判断できない。

ヒント　固体の濃度［C(固)］は常に一定とみなせるので，平衡定数の式には含まれない。したがって，平衡の移動を考えるときも固体成分を除外し，気体成分だけで考えるとよい。

❸ 〈反応速度と化学平衡〉
▶わからないとき→p.77～79

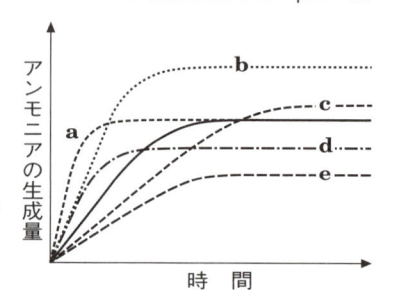

右のグラフの実線は，ある温度・圧力で窒素と水素を反応させたときの，時間とアンモニアの生成量の変化を示す。

$N_2 + 3H_2 = 2NH_3 + 92 kJ$

いま，次のように反応条件を変えたとき，予想されるグラフを，a～eのなかから1つずつ選べ。

(1) 温度を上げる。　　(2) 温度を下げる。
(3) 圧力を上げる。　　(4) 圧力を下げる。　　(5) 触媒を加える。

4 〈化学平衡の移動〉

次の式で表される可逆反応において，右辺の物質の生成量と，温度・圧力の関係を表すグラフを下のア～クから選べ。ただし，温度は $T_1 < T_2$ とする。

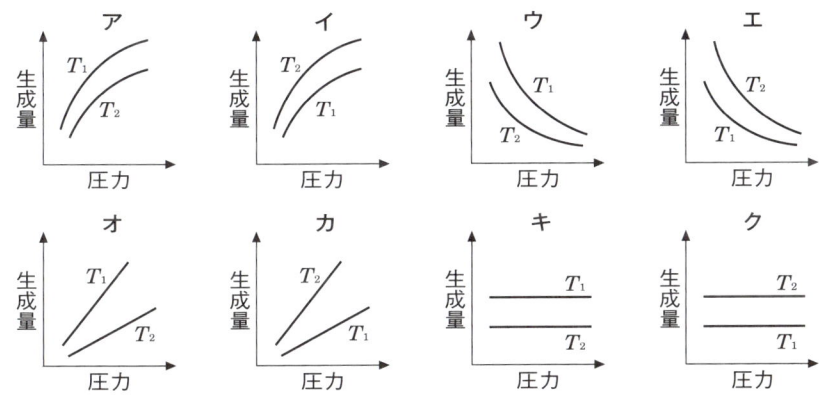

(1) $N_2(気) + 3H_2(気) = 2NH_3(気) + 92\,kJ$
(2) $N_2O_4(気) = 2NO_2(気) - 57\,kJ$
(3) $H_2(気) + I_2(気) = 2HI(気) + 9\,kJ$

5 〈アンモニアの合成法〉

右図は，体積比 1：3 の N_2 と H_2 の混合気体が平衡状態に達したときの，全気体に対する NH_3 の物質量の割合を示している。次の文中の□に適する語句または数を入れよ。

この反応が ① 反応であることは，圧力を一定にして温度を ② と，NH_3 の物質量の割合が増加することからわかる。また，温度を一定にして圧力を増加させると，平衡は気体分子の総数が ③ する方向へ移動する。よって，工業的に NH_3 を合成するには，温度は ④ く，圧力は ⑤ い条件が有利だが，低温では ⑥ が低下するので，それを補うために Fe_3O_4 などの ⑦ が使用される。また，400 ℃，$5.0 \times 10^7\,Pa$ で平衡に達したとき，混合気体中の N_2 の物質量の割合は ⑧ ％である。

6 〈平衡定数の計算〉

酢酸とエタノールから酢酸エチルを生成する反応では，次式のような平衡状態になる。(1)～(3)の各温度は一定であるとして，次の各問いに答えよ。

$$CH_3COOH + C_2H_5OH \rightleftarrows CH_3COOC_2H_5 + H_2O$$

(1) 1 mol の酢酸と 1 mol のエタノールを混合し，平衡に達した後，残った酢酸の量を求めたら $\frac{1}{3}$ mol であった。この反応の平衡定数を求めよ。

(2) 0.50 mol の酢酸と 1.0 mol のエタノールを反応させたとき，平衡状態で生成する酢酸エチルの物質量を求めよ。ただし，$\sqrt{2} = 1.41$，$\sqrt{3} = 1.73$ とする。

(3) 酢酸 1.0 mol，エタノール 2.0 mol，酢酸エチル 1.5 mol，水 1.0 mol を混合して反応を開始させた。反応はどちら向きに進むか。

3章 電解質水溶液の平衡

1 電離平衡と電離定数

解答 別冊 p.8

❶ 電離平衡

1 強電解質と弱電解質——強酸や強塩基のように水に溶けるとほぼ完全に電離する物質を(❶　　　)，弱酸や弱塩基のように水に溶けても一部しか電離しない物質を(❷　　　)という。♣1

2 電離平衡——酢酸などの弱酸を水に溶かすと，一部の分子だけが電離し，生じたイオンと電離していない分子との間で(❸　　　状態)となる。このような電離によって生じた平衡を(❹　　　)という。

3 電離度——電解質を水に溶かしたとき，溶けている電解質全体に対する電離している電解質の割合を(❺　　　)といい，記号 α で表す。

♣1：
強電解質 $\alpha \fallingdotseq 1$
HCl, NaCl など

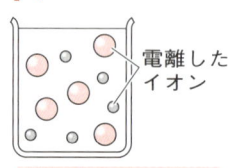

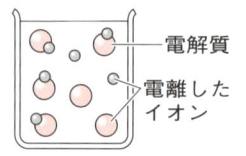

弱電解質 $\alpha \ll 1$
CH_3COOH, NH_3 など

> **重要**
> 電離度 $\alpha = \dfrac{\text{電離した電解質の物質量}}{\text{溶解した電解質の物質量}}$ $(0 \leq \alpha \leq 1)$
> 強電解質では $\alpha \fallingdotseq 1$，弱電解質では $\alpha \ll 1$

❷ 弱酸・弱塩基の電離平衡 出る

1 酢酸の電離平衡——酢酸を水に溶かすと，その一部が電離し，①式のような(❻　　　)の状態になる。♣2

$CH_3COOH + H_2O \rightleftarrows CH_3COO^- + H_3O^+$ ……①

①式の H_2O を省略し，H_3O^+ を H^+ で表すと，次のようになる。

$CH_3COOH \rightleftarrows CH_3COO^- + H^+$ ……②

②式に(❼　　　の法則)を適用すると，次式が得られる。

$\dfrac{[CH_3COO^-][H^+]}{[CH_3COOH]} = K_a$♣3 ……③

この K_a を酢酸の(❽　　　)といい，温度が一定ならば酢酸の濃度によらず一定となる。

♣2：25℃で，0.1 mol/L の酢酸の電離度は 0.017 である。つまり，溶かした酢酸のうち 1.7% が電離して H^+ と CH_3COO^- となり，残り 98.3% は CH_3COOH のまま存在している。

♣3：添字の a は酸(acid)を意味する。

2 酢酸のK_aとαの関係──酢酸の初濃度をc〔mol/L〕，電離度をαとすると，電離平衡時の各物質の濃度は次のようになる。

$$CH_3COOH \rightleftarrows CH_3COO^- + H^+$$

平衡時の濃度〔mol/L〕　$c(1-\alpha)$　　　$c\alpha$　　　（⑨　　　）

♣4：25℃における酢酸の濃度と電離度

これらの値を③式に代入して整理すると，④式が得られる。

$$K_a = \frac{[CH_3COO^-][H^+]}{[CH_3COOH]} = \frac{c\alpha \times c\alpha}{c(1-\alpha)} = \frac{c\alpha^2}{1-\alpha} \quad \cdots\cdots ④$$

酢酸は弱酸だから，電離度αは非常に小さく，$1-\alpha \fallingdotseq 1$とみなせる。

よって，$K_a =$（⑩　　　）

$$\therefore \alpha = \sqrt{\frac{K_a}{c}} \quad \cdots\cdots ⑤$$

すなわち，**弱酸では，濃度が小さくなるほど電離度は**（⑪　　**く**）**なる**。また，弱酸水溶液の**水素イオン濃度**$[H^+]$は，次式で表される。

$$[H^+] = c\alpha = c \times \sqrt{\frac{K_a}{c}} = \sqrt{cK_a} \quad \cdots\cdots ⑥$$

弱酸	電離定数〔mol/L〕
ギ酸　HCOOH	2.9×10^{-4}
酢酸　CH_3COOH	2.7×10^{-5}
炭酸　H_2CO_3	7.8×10^{-7}

電離定数が小さいほど，電離平衡はより左へかたよっているから，弱い酸である。また，炭酸の電離定数は，第1段階のものである。

↑弱酸の電離定数の例（25℃）

> **重要**
> c〔mol/L〕**の酢酸水溶液の電離度**α**と電離定数**K_a**の関係**
> （cがあまり小さくない場合）
>
> $$\alpha = \sqrt{\frac{K_a}{c}}, \quad [H^+] = c\alpha = \sqrt{cK_a}$$

3 アンモニアの電離平衡──弱塩基のアンモニアを水に溶かすと，次のような（⑫　　　　　）の状態となる。

$$NH_3 + H_2O \rightleftarrows NH_4^+ + OH^- \quad \cdots\cdots ⑦$$

⑦式に，化学平衡の法則を適用すると，

$$\frac{[NH_4^+][OH^-]}{[NH_3][H_2O]} = K$$

希薄水溶液では水は多量にあり，$[H_2O]$は（⑬　　　　）とみなせる。そこで$[H_2O]$をKとまとめ，あらためてK_bで表すと，

$$\frac{[NH_4^+][OH^-]}{[NH_3]} = K_b \quad \cdots\cdots ⑧$$

このK_bをアンモニアの（⑭　　　　　）という。

♣5：添字のbは塩基（base）を意味する。

♣6：弱塩基の電離定数の例（25℃）

弱塩基	電離定数〔mol/L〕
メチルアミン　CH_3NH_2	3.2×10^{-4}
アンモニア　NH_3	2.3×10^{-5}

ミニテスト　　　　　　　　　　　　　　　　　　　　　　　解答 別冊p.8

□　アンモニア水では$NH_3 + H_2O \rightleftarrows NH_4^+ + OH^-$の電離平衡が成り立つ。アンモニア水に次の操作を行うと，平衡はどちら向きに移動するか。

(1) NaOH水溶液を加える。
(2) NaClの結晶を加える。
(3) 溶液を加熱する。

2 水のイオン積とpH

解答 別冊p.8

1 水の電離

1 水の電離平衡——純水もわずかに電離し，（❶　　　　　）の状態となる。

$$H_2O \rightleftarrows H^+ + OH^-$$

したがって，水の電離定数は次式で表される。

$$K = \frac{[H^+][OH^-]}{[H_2O]} \quad (Kは温度で決まる定数)$$

2 水のイオン積——水の濃度$[H_2O]$は，$[H^+]$や$[OH^-]$に比べて非常に大きいので，ほぼ一定とみなせる。Kと$[H_2O]$の積をあらためてK_wとおくと，次式が得られる。

$$[H^+][OH^-] = K_w$$

このK_wを（❷　　　　　）といい，25℃では次の値になる。

$$K_w = [H^+][OH^-] = (1.0 \times 10^{-7})^2 = 1.0 \times 10^{-14} \text{ mol}^2/\text{L}^2$$

この関係は，純水や中性の水溶液だけでなく，酸性や塩基性の水溶液であっても，温度が一定であれば成り立つ。

♣1：水のイオン積と温度との関係
水のイオン積K_wは，温度が高くなるにつれて大きくなる。
　0℃…1.0×10^{-15}
　25℃…1.0×10^{-14}
　60℃…1.0×10^{-13}
　　　（単位はmol^2/L^2）
これは，水の電離は，
$H_2O = H^+ + OH^- - 56\text{kJ}$
という吸熱反応なので，高温ほど平衡が右へ移動するためである。

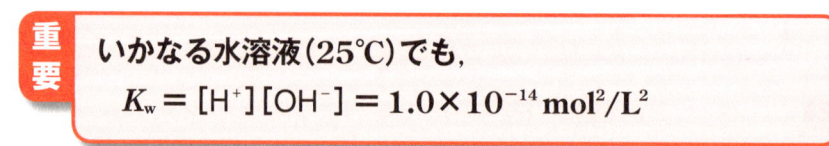

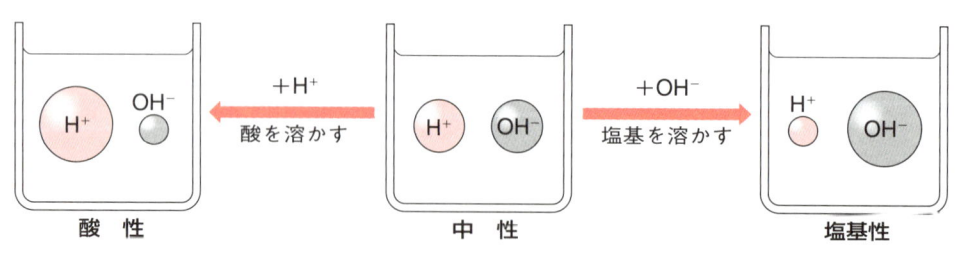

> **重要** いかなる水溶液(25℃)でも，
> $K_w = [H^+][OH^-] = 1.0 \times 10^{-14} \text{ mol}^2/\text{L}^2$

⬆水溶液中の$[H^+]$と$[OH^-]$の関係（円の大小は濃度の大小を表す）

3 $[H^+]$と$[OH^-]$の関係——$[H^+]$と$[OH^-]$は，一方が増加すると，他方は減少するという（❸　　　　　）の関係にある。よって酸性・中性・塩基性水溶液における$[H^+]$と$[OH^-]$の関係は，

- （❹　　　性）の水溶液…$[H^+] > 1.0 \times 10^{-7} \text{mol/L} > [OH^-]$
- （❺　　　性）の水溶液…$[H^+] = 1.0 \times 10^{-7} \text{mol/L} = [OH^-]$
- （❻　　　性）の水溶液…$[H^+] < 1.0 \times 10^{-7} \text{mol/L} < [OH^-]$

❷ 水素イオン濃度とpH

■1 水素イオン指数pH——水のイオン積は一定なので，酸性・塩基性の強弱は，（⑦　　　　　）の大小だけで表せる。

一般に，水溶液中の水素イオン濃度$[H^+]$は広い範囲で変化するので，$[H^+]$は10^{-n}の形で表す。この指数$-n$を正の値nに直した数値を，（⑧　　　　　）または**水素イオン指数**という。
↳ アルファベット記号

$$[H^+] = 1 \times 10^{-n} \text{mol/L} \iff pH = n \iff [H^+] = 10^{-pH}$$

数学的には，$[H^+]$の（⑨　　　　　）をとり，負の符号をつける。
↳ log

重要
$$pH = -\log[H^+] = \log\frac{1}{[H^+]}$$
$$[H^+] = a \times 10^{-b} \text{ mol/Lのとき，} pH = b - \log a$$

♣2：いろいろな水溶液のpH

水溶液名	pH
胃　　液	1～2
レモン液	2～3
炭　酸　水	4～5
血　　液	7～8
海　　水	8
セッケン水	10～11

♣3：常用対数の計算
$\log 10 = 1$
$\log 1 = 0$
$\log 10^a = a$
$\log(a \times b) = \log a + \log b$
$\log\left(\dfrac{a}{b}\right) = \log a - \log b$

例題研究　水溶液のpHの計算

次の(1), (2)の水溶液のpHを小数第一位まで求めよ。ただし，水溶液の温度は25℃とし，$\log 2 = 0.30$，$\log 3 = 0.48$とする。
(1) 0.050 mol/Lの水酸化ナトリウム水溶液
(2) 0.010 mol/Lの酢酸水溶液（電離定数；$K_a = 2.0 \times 10^{-5}$ mol/L）

解き方
(1) NaOHは強塩基で，水溶液中では完全に電離（電離度$\alpha = 1$）している。
$$[OH^-] = c\alpha = (⑩　　　　) \times 1 = 5.0 \times 10^{-2} \text{ mol/L}$$
水のイオン積$K_w = [H^+][OH^-] = 1.0 \times 10^{-14}$ mol^2/L^2 が成り立つから，
$$[H^+] = \frac{1.0 \times 10^{-14}}{5.0 \times 10^{-2}} = 0.2 \times 10^{-12} = 2.0 \times 10^{-13} \text{ mol/L}$$
$$pH = -\log(2.0 \times 10^{-13}) = -\log 2.0 + 13 = (⑪　　　　) \quad \cdots\text{答}$$

(2) $CH_3COOH \rightleftarrows CH_3COO^- + H^+$

酢酸の濃度はさほど薄くないので，$\alpha \ll 1$とみなせ，$1 - \alpha \approx 1$と近似できるから，
$$[H^+] = c\alpha = c\sqrt{\frac{K_a}{c}} = \sqrt{cK_a} = \sqrt{0.010 \times (⑫　　　　)}$$
$$= \sqrt{2.0 \times 10^{-7}} = 2^{\frac{1}{2}} \times 10^{-\frac{7}{2}} \text{ mol/L}$$
$$pH = -\log\left(2^{\frac{1}{2}} \times 10^{-\frac{7}{2}}\right) = -\frac{1}{2}\log 2 + \frac{7}{2} = 3.35 \approx 3.4 \quad \cdots\text{答}$$

ミニテスト　（解答　別冊p.8）

□ 次の水溶液のpHを求めよ。ただし，$\log 2 = 0.30$，$\log 3 = 0.48$とする。
(1) 0.050 mol/Lの塩酸
(2) 0.10 mol/Lの酢酸（電離度0.016）

3 塩類の溶解平衡

❶ 緩衝溶液

1 緩衝溶液とは
水に強酸や強塩基を少量加えると，そのpHは大きく変化する。しかし，酢酸と酢酸ナトリウムの混合水溶液では，少量の酸や塩基を加えてもpHはほとんど変化しない。このような溶液を(❶　　　)という。

♣1：少量の酸や塩基を加えても，水溶液のpHがほぼ一定に保たれる性質を**緩衝作用**という。

一般に，弱酸とその塩，および(❷　　　)とその塩の混合水溶液は緩衝溶液となる。

♣2：ヒトの血液はpHが約7.4に保たれており，次式で示すような緩衝作用がある。
$HCO_3^- + H^+ \longrightarrow H_2CO_3$
$H_2CO_3 + OH^- \longrightarrow HCO_3^- + H_2O$

2 酢酸 CH_3COOH と酢酸ナトリウム CH_3COONa の緩衝作用

酢酸は弱酸で，水溶液中では①式のようにその一部が電離し，(❸　　　)となる。

$$CH_3COOH \rightleftharpoons CH_3COO^- + H^+ \quad \cdots\cdots ①$$

一方，酢酸ナトリウムは完全に(❹　　　)するので，生じた CH_3COO^- のために①式の平衡は左にかたよることになる。こうして，CH_3COOH と CH_3COO^- を多量に含む水溶液ができる。

この溶液に酸を加えると，次の反応が起こるので，H^+はそれほど増えない。

$$(❺\quad) + H^+ \longrightarrow CH_3COOH$$

この溶液に塩基を加えると，次の反応が起こるので，OH^-はそれほど増えない。

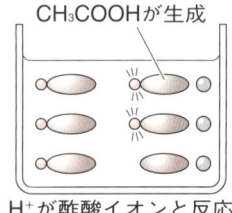

$$(❻\quad) + OH^- \longrightarrow CH_3COO^- + H_2O$$

CH_3COOHが生成　　　酸を加える ← CH_3COOH, CH_3COO^-, Na^+ → 塩基を加える　　　H_2Oが生成
H^+が酢酸イオンと反応　　　H^+　　　酢酸＋酢酸ナトリウム　　　OH^-　　　OH^-が酢酸と反応

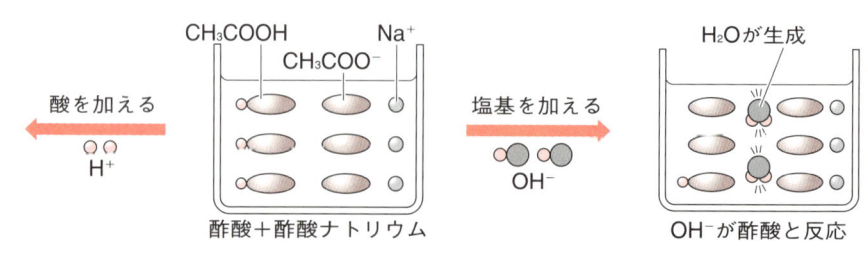

3 緩衝溶液のpH
弱酸（弱塩基）の電離定数から求められる。

$$K_a = \frac{[CH_3COO^-][H^+]}{[CH_3COOH]} \underset{変形}{\Longrightarrow} [H^+] = K_a \times \frac{[CH_3COOH]}{[CH_3COO^-]}$$

すなわち，CH_3COOHとCH_3COONaの緩衝溶液のpHは，酢酸の(❼　　　)と，酢酸と酢酸ナトリウムの(❽　　　)の比によって決まる。

♣3：この緩衝溶液を水で薄めても，$\dfrac{[CH_3COOH]}{[CH_3COO^-]}$の値が変わらず，pHはほぼ一定に保たれる。

❷ 塩の加水分解

1 塩の加水分解
酸と塩基の中和で生じた塩の水溶液は，いつも（⁹　　中　性　）とはかぎらず，酸性や塩基性を示すことがある。これは，塩と水が反応して，その一部がもとの弱酸や弱塩基に戻ってしまうからである。この現象を（⑩　加水分解　）という。♣4

♣4：強酸と強塩基の塩では，その電離で生じたイオンは水と反応せず，加水分解は起こらない。

2 酢酸ナトリウムの加水分解
酢酸ナトリウムは水溶液中では完全に電離している（①式）。

一方，水はわずかに電離し，電離平衡に達している（②式）。

$$CH_3COONa \longrightarrow CH_3COO^- + Na^+ \quad \cdots ①$$
$$H_2O \rightleftarrows H^+ + OH^- \quad \cdots ②$$
　　　　　　　　　　↓結びつく　　↓そのまま
$$CH_3COONa + H_2O \rightleftarrows CH_3COOH + Na^+ + OH^-$$

酢酸は弱酸で電離度が小さいため，酢酸イオンは（⑪　水素　イオン）と結びつき酢酸分子に戻る。そのため，水溶液中では$[H^+]<[OH^-]$となり，水溶液は（⑫　塩基　性）を示す。

3 塩化アンモニウムの加水分解
塩化アンモニウムも水溶液中では完全に電離している。**アンモニアは弱塩基で電離度が小さいため，アンモニウムイオンは次式のように水分子と反応して，**（⑬　アンモニア　分子）に戻る。

$$NH_4^+ + H_2O \rightleftarrows NH_3 + H_3O^+$$

そのため，水溶液中では$[H^+(H_3O^+)]>[OH^-]$となり，水溶液は（⑭　酸　性）を示す。

4 加水分解定数
酢酸イオンは水溶液中では，次のように水分子と反応する。この現象が塩の（⑮　加水分解　）である。

$$CH_3COO^- + H_2O \rightleftarrows CH_3COOH + OH^- \quad \cdots ③$$

③式に化学平衡の法則を適用し，$[H_2O]$を定数とみなすと，

$$\frac{[CH_3COOH][OH^-]}{[CH_3COO^-]} = K_h \quad \cdots ④$$

このK_hを（⑯　加水分解定数　）といい，温度で決まる定数である。
④式の分母・分子に$[H^+]$をかけて整理すると，

$$K_h = \frac{[CH_3COOH][OH^-][H^+]}{[CH_3COO^-][H^+]} = \frac{K_w}{K_a}$$ ♣5

K_wは一定なので，K_aが小さいほどK_hは（⑰　大き　く）なる。

♣5：K_w；水のイオン積，K_a；酢酸の電離定数。つまり，弱酸と強塩基からなる塩は，酸が弱い（K_a→小）ほど，加水分解されやすい（K_h→大）。したがって，その水溶液のpHは大きくなる。

❸ 難溶性塩の溶解平衡

1 溶解平衡——塩化銀AgClは水に難溶であるが、ごくわずかに溶けて(⑱　　　　水溶液)となる。塩化銀の飽和水溶液では、溶けたAg⁺, Cl⁻と溶けずに残っているAgCl(固)の間に次の平衡が成り立つ。

$$AgCl(固) \rightleftarrows Ag^+ + Cl^- \cdots\cdots ①$$

このような平衡を(⑲　　　　)という。♣6

2 溶解度積——①式に化学平衡の法則を適用し、[AgCl(固)]を一定とみなすと、$[Ag^+][Cl^-] = K_{sp}$(一定値)となる。この一定値K_{sp}をAgClの(⑳　　　　)という。♣7

3 共通イオン効果——NaClの飽和水溶液に、HClガスを通じた場合、水溶液中の(㉑　　　　)の濃度が増加し、NaClの溶解平衡が左へ移動するので、新たにNaClが沈殿する。このように、平衡に関係するイオン(これを**共通イオン**という)の添加により、もとの塩の溶解度が変化する現象を特に(㉒　　　　)という。♣8

4 沈殿生成の判定——難溶性塩の溶解平衡 $AB \rightleftarrows A^+ + B^-$ において、溶液中のイオン濃度の変化によって、[A⁺]と[B⁻]の積が溶解度積K_{sp}を超えると、沈殿ABが生成する。
→イオンを加える、イオンが反応するなど

5 硫化物の沈殿生成——亜鉛イオンZn²⁺を含む水溶液に硫化水素H₂Sを通じると、**中性や塩基性の水溶液では硫化亜鉛ZnSの沈殿が生成するが、強酸性の水溶液では生成しない**。これは次のように説明できる。♣9

硫化水素は水溶液中では次のように電離している。

$$H_2S \rightleftarrows 2H^+ + S^{2-} \cdots\cdots ②$$

塩基性の水溶液では[H⁺]が小さいため、②式の平衡は(㉓　　　　)にかたより、[S²⁻]は大きくなる。硫化亜鉛の溶解平衡は

$$ZnS(固) \rightleftarrows Zn^{2+} + S^{2-} \cdots\cdots ③$$

で表されるので、[S²⁻]が大きくなると③式の平衡は(㉔　　　　)にかたより、ZnSが沈殿する。

一方、酸性の水溶液では[H⁺]が大きいため、②式の平衡は(㉕　　　　)にかたより、[S²⁻]は小さくなる。そのため、③式の平衡は(㉖　　　　)にかたより、ZnSは沈殿しない。

♣6：AgClの溶解平衡

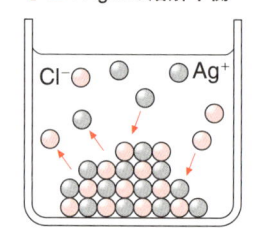

♣7：K_{sp}のspは(solubility product)の略号。溶解度積は物質固有の定数で、温度により変化する。

♣8：小さな塩化ナトリウムの結晶が析出する。
塩化水素
塩化ナトリウムの飽和水溶液

[Cl⁻]の増加により、$NaCl(固) \rightleftarrows Na^+ + Cl^-$ の溶解平衡が左へ移動し、NaClの結晶が析出する。

♣9：Cu²⁺を含む水溶液にH₂Sを通じた場合、CuSのK_{sp}はZnSのK_{sp}に比べて十分に小さいので、酸性条件で[S²⁻]が低濃度でも、CuSは十分に沈殿する。

ミニテスト　　　　　　　　　　　　　　　解答 別冊 p.8

☐ 次の文中の(　)には、酢酸分子、酢酸イオンのどちらが入るか。

酢酸と酢酸ナトリウムの混合水溶液に少量の強酸を加えると⑦(　　　　)が反応し、少量の強塩基を加えると⑦(　　　　)が反応する。そのため、水溶液のpHはほとんど変化しない。

3章 電解質水溶液の平衡 練習問題

解答 別冊p.31

❶ 〈酢酸の電離平衡〉 ▶わからないとき→p.85

次の文中の □ に適する語句や式，数を入れよ。ただし，$\log 2 = 0.30$，$\log 3 = 0.48$ とする。

酢酸水溶液中では，その分子の一部が電離して，次のような平衡状態にある。

$$CH_3COOH \rightleftarrows CH_3COO^- + H^+$$

このような平衡を ① といい，この状態に化学平衡の法則を適用すると，$K_a = $ ② で表される。この K_a の値を特に ③ という。

いま，0.50 mol/L 酢酸水溶液があり，その水素イオン濃度を調べたら，3.0×10^{-3} mol/L であった。この水溶液の酢酸の電離度は ④ であり，水溶液の K_a の値は ⑤ mol/L である。また，同じ温度における 0.20 mol/L 酢酸水溶液の pH は ⑥ である。

ヒント 酢酸は弱酸なので，濃度 c がよほど小さくない限り $1 - \alpha \fallingdotseq 1$ と近似できる。

❷ 〈平衡の移動〉 ▶わからないとき→p.83

アンモニアは，水中で次式のような電離平衡の状態にある。

$$NH_3 + H_2O \rightleftarrows NH_4^+ + OH^-$$

アンモニア水に次の(1)～(6)の操作をすると，上式の平衡はどちらの方向へ移動するか。「右」，「左」，「移動しない」で答えよ。

(1) 塩酸を加える。　(2) 水酸化ナトリウム（結晶）を加える。
(3) 加熱する。　(4) 塩化アンモニウム（結晶）を加える。
(5) 水を加える。　(6) 塩化ナトリウム（結晶）を加える。

❸ 〈電離度〉 ▶わからないとき→p.82

電離度に関する次の記述のうち，誤っているものをすべて選べ。

ア 同一温度のとき，弱酸の電離度は，濃度が小さいほど減少する。
イ 強酸の電離度は，濃度の違いによらず，ほぼ1となる。
ウ 1価の弱酸の水素イオン濃度 $[H^+]$ は，モル濃度と電離定数の積に等しい。
エ 弱酸の電離度は，温度によって変化する。
オ 2価の弱酸における第一段と第二段の電離度はほぼ等しい。

❹ 〈水溶液のpH〉 ▶わからないとき→p.85

次の水溶液のpHを小数第一位まで求めよ。ただし，$\log 1.3 = 0.11$，$\log 2 = 0.30$，$\log 3 = 0.48$ とする。

(1) 0.10 mol/L の酢酸水溶液（電離度 0.013）
(2) 0.060 mol/L のアンモニア水（電離度 0.020）
(3) 1.0 mol/L 塩酸 100 mL に，1.0 mol/L 水酸化ナトリウム水溶液を 50 mL 加えた混合水溶液

5 〈緩衝溶液〉

次の文中の□に適する語句を入れよ。

酢酸は弱電解質であるから，水中ではわずかに電離し，Ⓐ式で示すような ① が成立する。

$$CH_3COOH \rightleftarrows CH_3COO^- + H^+ \cdots\cdots Ⓐ$$

酢酸ナトリウムは ② であるから，電離度は ③ く，水中ではほぼ完全に電離している。

$$CH_3COONa \longrightarrow CH_3COO^- + Na^+$$

いま，酢酸水溶液に酢酸ナトリウムを加えた混合水溶液をつくると，そのpHはもとの酢酸水溶液に比べて ④ くなっている。

この混合溶液に少量の酸を加えると，増加したH^+が混合水溶液中に多量にある ⑤ と結合し，Ⓐ式の平衡が ⑥ に移動するため，混合水溶液中のH^+の濃度はほとんど変わらない。

また，少量の塩基を加えると，増加したOH^-が溶液中の酢酸分子と ⑦ 反応し，混合水溶液中のH^+が減少するため，Ⓐ式の平衡が ⑧ に移動し，混合水溶液中のH^+の濃度はほとんど変わらない。このような溶液を ⑨ とよんでいる。

ヒント 酢酸と酢酸ナトリウムのように，弱酸とその塩の混合水溶液は少量の酸や塩基を加えてもpHの値はほとんど変化しない。この水溶液の作用を緩衝作用という。

6 〈緩衝溶液のpH〉

0.40 mol/L酢酸1Lと，0.20 mol/L酢酸ナトリウム水溶液1Lを混合した。次の各問いに答えよ。$\log 2 = 0.30$，$\log 3 = 0.48$とする。

(1) 混合水溶液のpHを求めよ。酢酸の電離定数を1.8×10^{-5} mol/Lとする。

(2) この混合水溶液に水酸化ナトリウムの結晶0.10 molを加えよく混ぜた。混合溶液のpHを求めよ。ただし，混合による溶液の体積変化はないものとする。

ヒント 酢酸と酢酸ナトリウムの混合水溶液中でも，酢酸の電離平衡は成立している。

7 〈溶解平衡〉

次の文中の□に適する語句を入れよ。

硫化水素は水中で，$H_2S \rightleftarrows 2H^+ + S^{2-}$のように電離している。よって，$H^+$の濃度が大きくなると，$S^{2-}$の濃度は ① くなる。$Cu^{2+}$と$Fe^{2+}$を含む水溶液を酸性にし，$H_2S$を通じると， ② がかなり小さいCuSが先に沈殿する。この沈殿をろ過した後，水溶液のpHを ③ くしてH_2Sを通じると，溶液中のS^{2-}の濃度が ④ くなる。そのため，②が比較的大きいFeSも沈殿するようになる。

第3編 化学反応の速さと化学平衡
定期テスト対策問題

時　間▶▶▶**50**分
合格点▶▶▶**70**点
解　答▶別冊 p.33

1　次の文中の（　）に適する語句を入れよ。
〔各2点　合計20点〕

　化学反応において，単位時間に（ ① ）する反応物の濃度の変化量，または増加する（ ② ）の濃度の変化量を反応速度という。一般に，反応物の（ ③ ）が大きくなると，反応速度は大きくなる。これは，反応物の粒子どうしの（ ④ ）が多くなるためである。

　また，（ ⑤ ）を上昇させると，反応速度は大きくなる。これは，⑤を高くすると，反応物の粒子の（ ⑥ ）が激しくなり，化学反応が起こるのに必要な（ ⑦ ）以上のエネルギーをもつ粒子の割合が大きくなるためである。

　反応速度は，気体どうしの反応の場合では，気体の（ ⑧ ）によっても変化する。また，固体の関係する反応では，固体の（ ⑨ ）によっても変化する。

　化学反応では触媒がよく用いられる。触媒は，化学反応が起こるのに必要な⑦を（ ⑩ ）することによって反応を促進させるもので，反応熱の大きさを変えたり，反応終了時の②の量を多くしたりするはたらきはない。

①	②	③	④
⑤	⑥	⑦	⑧
⑨	⑩		

2　右図の曲線a～dは，ある物質が異なる3つの温度において分解していくときの濃度の変化を示す。次の各問いに答えよ。
〔各2点　合計10点〕

問1　反応開始から一定時間までの平均の分解速度が最も大きいのは，曲線a～dのうちのどれか。

問2　反応物の濃度が半分になるまでの平均の分解速度を比較すると，曲線aの場合は曲線cの場合の何倍か。

問3　曲線dの温度は，曲線a～cのうちのどの温度に等しいか。

問4　曲線a～cのうちで，温度が最も高いのはどれか。

問5　反応速度が温度によって変わるおもな理由を次から選び，記号で答えよ。

　ア　反応の平衡が移動するから。
　イ　反応する可能性のある分子数が変わるから。
　ウ　活性化エネルギーが変わるから。
　エ　反応経路が変わるから。

問1	問2	問3	問4	問5

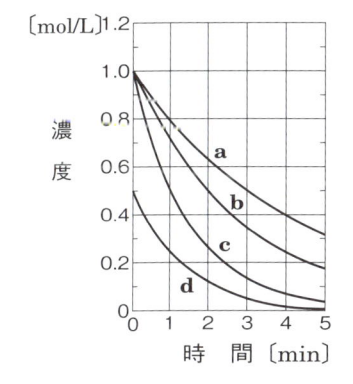

3

次の各文は，反応の速さに関係した記述である。それぞれについて最も関係の深い事項を下から選び，記号で答えよ。
〔各2点　合計10点〕

① 濃硝酸は褐色のびんに入れて保存する。
② 過酸化水素水に塩化鉄(Ⅲ)水溶液を少量加えると，激しく酸素が発生する。
③ かたまり状の亜鉛よりも粉末状の亜鉛に塩酸を加えたほうが激しく水素が発生する。
④ 希塩酸に鉄くぎを入れたとき，加熱したほうが激しく水素を発生する。
⑤ 同じモル濃度の塩酸と酢酸に同量の亜鉛片を加えると，塩酸のほうが激しく水素を発生する。

　ア　温度　　イ　圧力　　ウ　濃度　　エ　表面積　　オ　光　　カ　触媒

①	②	③	④	⑤

4

二酸化硫黄と酸素とを混ぜて高温に保つと，三酸化硫黄を生じて次式で示すような平衡状態となる。

$2SO_2(気) + O_2(気) = 2SO_3(気) + 197kJ$

このとき，次の①〜⑥のように条件を変えると，平衡はどのように移動するか。下のア〜ウから選べ。
〔各2点　合計12点〕

① 圧力(全圧)を高くする。
② 温度を上げる。
③ SO_3 を取り除く。
④ 触媒を加える。
⑤ 圧力(全圧)を一定に保って窒素ガスを加える。
⑥ 体積を一定に保って窒素ガスを加える。

　ア　平衡は左向きに移動する。　　イ　平衡は右向きに移動する。　　ウ　平衡は移動しない。

①	②	③	④	⑤	⑥

5

水素とヨウ素の各 1.0 mol を 100 L の容器に入れ，ある温度に保った。このとき，水素の物質量の変化は右図のようであった。次の各問いに答えよ。
〔各4点　合計16点〕

問1 平衡状態におけるヨウ素の物質量を求めよ。
問2 平衡状態におけるヨウ化水素のモル濃度を求めよ。
問3 この反応の平衡定数を求めよ。
問4 この反応が平衡状態に達した後，水素 0.20 mol とヨウ化水素 0.40 mol を追加し，もとの温度に保った。平衡は左・右どちらに移動するか。

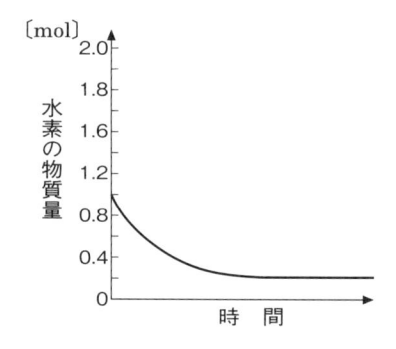

問1	問2	問3	問4

6 気体A, B, Cからなる次のような可逆反応がある。
$$aA + bB \rightleftarrows cC \quad (a, b, c は係数)$$
この反応が平衡状態になったときのCの体積百分率〔%〕と，温度・圧力の関係を右図に示す。次の各問いに答えよ。

〔各2点 合計8点〕

問1 この正反応は発熱反応，吸熱反応のいずれか。また，その理由も述べよ。

問2 係数 a, b, c の大小関係として正しいものを下から選べ。また，その理由も述べよ。

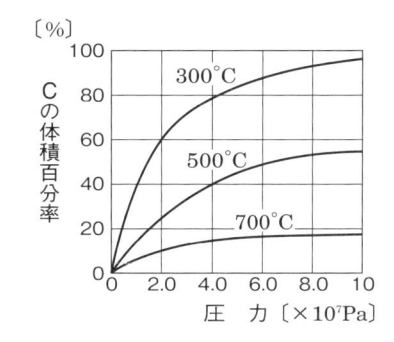

ア $a+b>c$ イ $a+b=c$ ウ $a+b<c$

問1		理由
問2		理由

7 気体のアンモニアは水に溶解し，次のような電離平衡が成り立つ。
$$NH_3 + H_2O \rightleftarrows NH_4^+ + OH^-$$
25℃における電離定数は，$K_b = \dfrac{[NH_4^+][OH^-]}{[NH_3]} = 1.6 \times 10^{-5}$ mol/Lとする。

いま，25℃，1.0×10^5 Pa で 0.248 L のアンモニアを 1 L の水に溶解したとき，この水溶液のpHを小数第一位まで求めよ。ただし，気体の溶解による体積変化はないものとし，$\log 2 = 0.30$，$\log 3 = 0.48$ とする。

〔5点〕

8 塩化ナトリウムNaClとクロム酸カリウムK_2CrO_4の混合水溶液があり，塩化ナトリウムの濃度は 1.0×10^{-2} mol/L，クロム酸カリウムの濃度は 3.0×10^{-4} mol/L である。また，塩化銀およびクロム酸銀の溶解度積は，25℃でそれぞれ次の値とする。

$[Ag^+][Cl^-] = 1.0 \times 10^{-10}$ mol²/L²
$[Ag^+]^2[CrO_4^{2-}] = 3.0 \times 10^{-12}$ mol³/L³

次の文の（　）に適する語句または数値（有効数字2桁）を入れよ。ただし，もとの混合水溶液の体積に対して加えた硝酸銀水溶液の体積は少量なので，体積変化は無視してよい。

〔①，③各2点　②，④，⑤各5点　合計19点〕

この混合水溶液に 1.0 mol/L 硝酸銀水溶液を少量ずつ加えていくと，最初に生じるのは，（　①　）色の沈殿であり，この沈殿が生成しはじめるときの水溶液中の銀イオンの濃度は（　②　）mol/L である。また，2番目に沈殿するのは（　③　）色の沈殿であり，この沈殿が生成しはじめるときの水溶液中の銀イオンの濃度は（　④　）mol/L である。このとき，水溶液中の塩化物イオンの濃度は（　⑤　）mol/L となっている。

①	②	③	④	⑤

1章 非金属元素の性質

1 周期表と元素の性質

解答 別冊p.8

❶ 元素の周期律と周期表

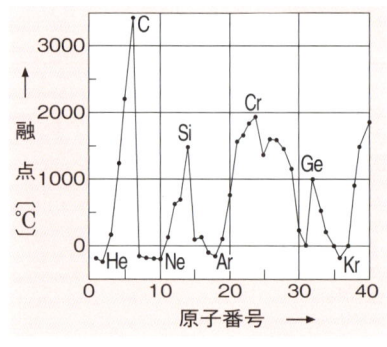

1 元素の周期律——元素を（①　　　）の順に並べると，化学的性質がしだいに変わり，性質のよく似た元素が（②　　　）に現れること。メンデレーエフが発見した（1869年）。
↳ 1834〜1907（ロシア）

元素の周期性は，価電子の数，イオン化エネルギー，単体の融点，原子半径などで認められる。

2 元素の周期表♣1——周期律に基づき，性質の類似した元素が同じ縦の列に並ぶように配列した表。
① 縦の列を（③　　　）といい，1族から18族まである。
② 横の列を（④　　　）といい，第1周期から第7周期まである。
③ 同じ族に属する元素を（⑤　　　）といい，互いに化学的性質がよく似ている。

↑ 単体の融点の周期性

♣1：メンデレーエフの周期律
メンデレーエフは，元素を原子量の順に並べて周期律を発見し，周期表をつくった。また彼は，自らつくった周期表をもとに，当時未発見であった元素の性質を予想した。

> **重要**
> 〔元素の周期表〕…周期律にしたがって元素を配列した表。
> ① 縦の列を族，横の列を周期という。
> ② 同族元素は，化学的性質がよく似ている。

❷ 元素の分類と性質

1 典型元素と遷移元素

① 周期表で1，2族と12〜18族までの元素を（⑥　　　）という。縦に並んだ同じ族に属する元素は，（⑦　　　）の数が同じであるため，よく似た化学的性質を示す。♣2

② 周期表で，3〜11族までの元素を（⑧　　　）といい，横に並んだ同じ（⑨　　　）に属する元素は，価電子の数が2個または1個で変化しないため，よく似た化学的性質を示す。

♣2：特に性質の類似した同族元素は特別な名称でよばれる。Hを除く1族元素は**アルカリ金属**，Be, Mgを除く2族元素は**アルカリ土類金属**，17族元素は**ハロゲン**，18族元素は**希ガス**という。

2 典型元素と遷移元素の性質の比較

	典 型 元 素	遷 移 元 素
価電子数	族の番号の1位の数と一致	(⑩　　　個)または1個
酸化数	各元素ごとにほぼ(⑪　　　)	いろいろな酸化数をとる
イオンや化合物の色	ほとんどは(⑫　　　)または白色である	(⑬　　　)のものが多い

3 金属元素と非金属元素

① 単体が金属としての性質をもつ元素を(⑭　　　)という。周期表の左下から中央に位置する。　例　Na, K, Ca, Cu

② 金属元素以外の元素を(⑮　　　)という。水素Hを除いて周期表の右上に位置する。　例　N, O, F, Cl

♣3：水素は陽イオンになりやすいが，希ガスとともに非金属元素に分類されることに注意。

4 金属元素と非金属元素の性質と比較

	金 属 元 素♣4	非 金 属 元 素♣4
常温の状態	(⑯　　　)(水銀は液体)	固体か気体(臭素は液体)
熱と電気	伝えやすい	一般に伝え(⑰　　い)
単原子イオン	(⑱　　　)になりやすい	(⑲　　　)になりやすい

♣4：すべての元素は，金属性と非金属性というまったく正反対の性質を必ず備えているが，個々の元素によって両性質の強弱が異なり，強いほうの性質がその元素の性質として現れてくる。

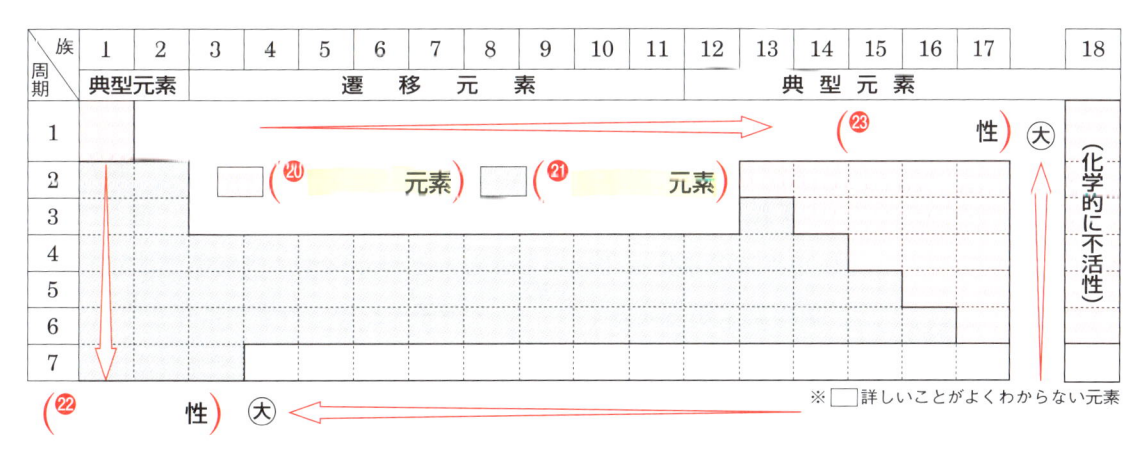

族\周期	1	2	3	4	5	6	7	8	9	10	11	12	13	14	15	16	17	18
	典型元素		遷　移　元　素										典型元素					
1																	(㉓　性)大	(化学的に不活性)
2		(⑳　　元素)		(㉑　　元素)														
3																		
4																		
5																		
6																		
7																		

(㉒　性)大　　　　※□詳しいことがよくわからない元素

↑ 元素の周期表と元素の分類

ミニテスト　　　　　　　　　　　　　　　　　　　　　　解答 別冊 p.8

□❶　次に示した元素の周期表の□に，適当な元素記号を入れよ。

```
H                                    ⑥
Li  Be  B   C   N   ④   F   Ne
①   Mg  ②   Si  ③   S   ⑤   Ar
```

□❷　遷移元素の特徴として正しい記述を選べ。
　ア　非金属元素が多い。
　イ　価電子数は1または2のものが多い。
　ウ　無色の化合物が多い。
　エ　熱と電気を伝えにくいものが多い。

2 水素と希ガス

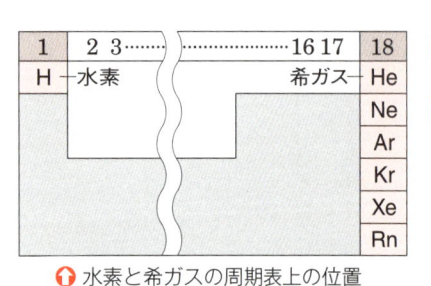

❶ 水素

1 水素の製法
① 亜鉛や鉄などの金属に薄い酸を加える。 → 実験室的製法

例　$Zn + H_2SO_4 \longrightarrow$ (①　　　　) $+ H_2 \uparrow$ ♣1

② 水を電気分解すると，(②　　極)に水素が得られる。 → 工業的製法

2 水素の性質
① 無色・無臭。最も(③　　い)気体。水に溶けにくい。
② 空気中では，淡青色の高温の炎を出して燃える。 ♣2
③ 高温では，酸化物から酸素を奪う性質(＝ ④　　性)を示す。 → 酸素との化合力が強い

3 水素化合物 ── 水素と他の元素との化合物を(⑤　　　　)という。周期表では，右へいくほど(⑥　　)性が強くなる。

例　PH_3(弱塩基性)，H_2S(弱酸性)，HCl(強酸性)

❷ 希ガス

1 希ガスとは ── 周期表の(⑦　　族)に属するヘリウム，ネオン，(⑧　　　　)，クリプトン，キセノン，ラドンを**希ガス**という。

2 希ガスの電子配置とその性質
① 最外殻電子の数はHeが2個，その他の元素は(⑨　　個)で，いずれも**安定な電子配置をとり**，価電子の数は(⑩　　個)である。
② 希ガスの単体は化合物をほとんどつくらず，空気中では分子が1個の原子から成る(⑪　　分子)としてわずかに存在する。
③ 融点・沸点は非常に(⑫　　く)，常温で無色・無臭の気体である。 ♣4

重要　〔希ガス〕
① 最外殻が電子で満たされている ⇨ 閉殻構造
② 化合物をほとんどつくらない ⇨ 価電子の数は0

♣1：化学反応において，気体が発生したとき，記号↑を使って表すことがある。

♣2：水素の燃焼
水素と酸素の混合物に点火すると爆発して危険である。水素を燃焼させるときは，空気と混ざらないように気をつける。

♣3：希ガス(rare gas)は貴ガス(noble gas)ともよばれる。

♣4：特にヘリウムは，軽くて安全な気体なので，気球用の浮揚ガスに利用される。

↑ 水素と希ガスの周期表上の位置

ミニテスト

□❶ 次の操作で，水素が発生しないものを選べ。
　ア　銅に濃硫酸を加える。
　イ　鉄に希硫酸を加える。
　ウ　水酸化ナトリウム水溶液を電気分解する。

□❷ 次の希ガスの気体を，沸点の低い順に並べよ。
　Ar，Ne，Xe，Kr，He

3 ハロゲンとその化合物

❶ ハロゲンの単体

1 ハロゲン──周期表の（❶　　　　族）の元素をハロゲンという。ハロゲン原子の価電子数は（❷　　　）個で，1価の（❸　　　イオン）になりやすい。

	15	16	17	18
1				
2			F	
3			Cl	
4			Br	
5			I	
6			At	

2 ハロゲンの単体とその性質

分子式	F_2	Cl_2	Br_2	I_2
名称	❹	❺	❻	ヨウ素
常温での状態	気体	❼	❽	❾
色	❿	黄緑色	⓫	黒紫色
融点〔℃〕	-220	-101	-7	114
沸点〔℃〕	-188	-34	59	184
水素との反応条件	冷暗所	光（紫外線）	高温・触媒下	高温・触媒下
酸化力	（⓬　　い）←――――――――→（⓭　　い）			

〔例〕 臭化カリウム水溶液に塩素を通じると，（⓮　　　　）を生じて溶液が褐色になる。同様に，ヨウ化カリウム水溶液に塩素を通じると，（⓯　　　　）を生じて溶液が赤褐色になる。

♣1：反応式
$2KBr + Cl_2 \longrightarrow 2KCl + Br_2$
Br^-がCl_2によって酸化された。

♣2：反応式
$2KI + Cl_2 \longrightarrow 2KCl + I_2$
I^-がCl_2によって酸化された。

> **重要** 〔ハロゲンの単体の酸化力〕…$F_2 > Cl_2 > Br_2 > I_2$
> **原子番号が小さいほど酸化力（反応性）は大きくなる。**

3 フッ素F_2──極めて酸化力が強く，水と激しく反応する。
$$2F_2 + 2H_2O \longrightarrow 4HF + (⓰　　　　)$$

4 塩素Cl_2の製法と性質

① **製法** （ⅰ）酸化マンガン（Ⅳ）に（⓱　　　　）を加えて加熱する。
$$MnO_2 + 4HCl \longrightarrow (⓲　　　　)$$
（ⅱ）（⓳　　　　）に希塩酸を加えても発生する。
↳ 化学式は$CaCl(ClO)\cdot H_2O$

② **性質** 1. 黄緑色，（⓴　　　臭）のある有毒な気体。
2. 水に少し溶け，水溶液である（㉑　　　　）中には，次亜塩素酸を生じるため，強い酸化作用を示す。
$$Cl_2 + H_2O \rightleftarrows HCl + (㉒　　　　)$$
↳ 次亜塩素酸

♣3：濃塩酸を酸化マンガン（Ⅳ）で酸化すると塩素が発生する。

♣4：次亜塩素酸
次亜塩素酸HClOは酸性は弱いが，酸化力が強く，漂白剤，殺菌剤などに利用される。

♣5：発生する気体には塩化水素が含まれるので，まず，水を通すことによってこれを除去し，その後，濃硫酸を通すことによって乾燥する。

（㉓　　　）を除く。（㉔　　　）を除く。（㉕　　　置換）

↑ 塩素の実験室的製法　工業的には食塩水を電気分解する。

4 ヨウ素 I_2 ——黒紫色の固体で，（㉖　　　性）をもち，気体は紫色である。水には溶けにくいが，ヨウ化カリウム水溶液には溶ける。ヨウ素溶液とデンプン水溶液が反応すると青紫色を示す。この反応を（㉗　　　反応）という。

↳ 固体から直接気体になる性質

♣6：ヨウ素はヨウ化カリウム水溶液には，三ヨウ化物イオン I_3^- となり溶ける。

❷ ハロゲンの化合物

1 ハロゲン化水素の性質

① ハロゲンと水素との化合物を（㉘　　　）という。
② ハロゲン化水素は無色・（㉙　　　臭）の気体で水によく溶ける。
③ ハロゲン化水素の沸点は（㉚　　　）が最も高い。
④ ハロゲン化水素の水溶液は（㉛　　　）を除いて**強酸**である。

♣7：ハロゲン化水素
HF（フッ化水素）；弱酸
HCl（塩化水素）；強酸
HBr（臭化水素）；強酸
HI（ヨウ化水素）；強酸

2 フッ化水素HFの製法と性質

① 製法　（㉜　　　）に濃硫酸を加えて加熱する。
　　$CaF_2 + H_2SO_4 \longrightarrow CaSO_4 + $（㉝　　　）
② 性質　水溶液（フッ化水素酸）は（㉞　　　）を溶かす。
　　$SiO_2 + 6HF \longrightarrow$（㉟　　　）$+ 2H_2O$
　　　　　　　　　　　　　↳ ヘキサフルオロケイ酸

♣8：フッ化水素酸はガラスを溶かすので，ポリエチレン製の容器に保存する。

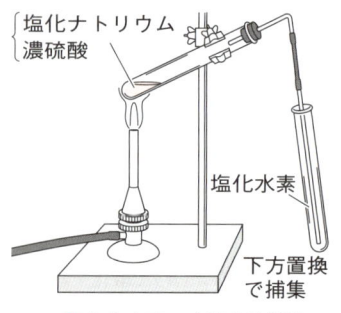

3 塩化水素HClの製法と性質

① 製法　（㊱　　　）に濃硫酸を加えて加熱する。
　　$NaCl + H_2SO_4 \longrightarrow$（㊲　　　）$+ HCl\uparrow$
② 性質　1．（㊳　　　色）・刺激臭のある有毒な気体。
　　　　2．水によく溶け，その水溶液である（㊴　　　）は強い酸性を示す。
③ 検出　アンモニアと反応して，（㊵　　　）の白煙を生じる。
　　　　　　　　　　　　　　　　↳ 固体物質である

↑ 塩化水素の実験室的製法

♣9：塩酸の性質
①揮発性の強酸
②酸化力はなし

> **重要**　〔塩化水素HCl〕…濃硫酸と塩化ナトリウムの混合物の加熱で発生。水溶液は塩酸で，強い酸性を示す。

重要実験 ハロゲンの単体の性質と反応

方法（操作）

(1) 集気びんの中のさらし粉に希塩酸を加えて塩素を発生させ、色のある花びらを入れその変化を観察する。

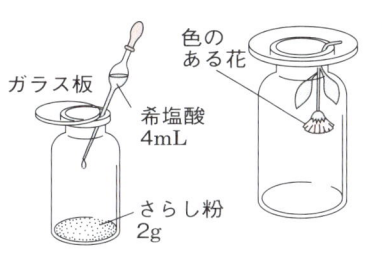

(2) (1)と同様に塩素を発生させ、赤熱した銅線を入れて反応を見る。

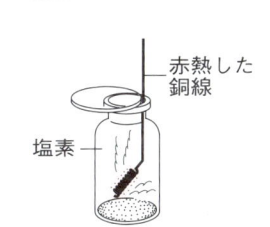

(3) 次の(A)～(C)の操作を行い、変化を観察する。
　(A) Cl_2水を0.1mol/LのKBr水溶液に加える。
　(B) Cl_2水を0.1mol/LのKI水溶液に加え、さらに1％デンプン水溶液を加える。
　(C) Br_2水を0.1mol/LのKI水溶液に加え、さらに1％デンプン水溶液を加える。

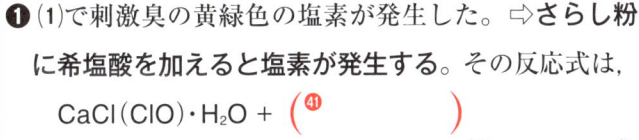

結果と考察

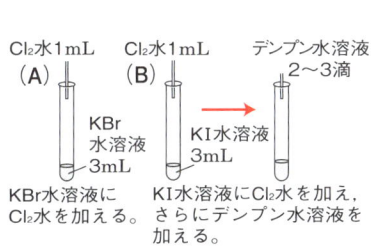

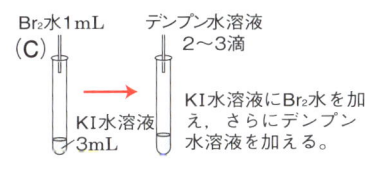

❶ (1)で刺激臭の黄緑色の塩素が発生した。⇨ **さらし粉に希塩酸を加えると塩素が発生する。** その反応式は、
$$CaCl(ClO)\cdot H_2O + (\text{㊶}\quad) \longrightarrow CaCl_2 + 2H_2O + (\text{㊷}\quad)$$

❷ (1)では、花びらの色が消えた。⇨ この現象は、塩素が花びら中の水分に溶けて（㊸　　　）に変化し、**この物質が**（㊹　　　）作用を示すため。

❸ (2)では、褐色の煙を上げて反応した。⇨ 反応式は、
$$Cu + Cl_2 \longrightarrow (\text{㊺}\quad)$$

❹ (3)の(A)では、褐色になった。⇨ （㊻　　）が遊離した。反応式は、
$$2KBr + Cl_2 \longrightarrow 2KCl + Br_2$$

(3)の(B)では、青紫色になった。⇨ （㊼　　）が遊離し、**ヨウ素デンプン反応を起こした。** 反応式は、$2KI + Cl_2 \longrightarrow 2KCl + I_2$

(3)の(C)では、青紫色になった。⇨ （㊽　　）が遊離し、**ヨウ素デンプン反応を起こした。** $2KI + Br_2 \longrightarrow 2KBr + I_2$

❺ (3)の結果より、ハロゲンの単体の酸化力の強さの順は（㊾　　＞　　＞　　）である。

ミニテスト

解答 別冊 p.9

□❶ ハロゲン化水素の水溶液のうち、①最も酸性の弱いもの、②最も強い還元作用を示すものを、下から記号で選べ。
　ア HF　イ HCl　ウ HBr　エ HI

□❷ 次の性質を示すハロゲン単体の名称を記せ。
　(1) 常温で赤褐色の液体で、水より重い。
　(2) 常温で黒紫色の固体で、水に溶けない。
　(3) 水素化合物の水溶液はガラスを腐食する。

4 酸素・硫黄とその化合物

解答 別冊p.9

	15	16	17	18
1				
2		O		
3		S		
4		Se		
5		Te		
6				

♣1：大気中に体積で21％含まれ，地殻中にも岩石の構成元素として多量に存在する。

❶ 酸素・硫黄の単体

1 酸素O_2の製法と性質

① **製法** 過酸化水素に（①　　　　）として酸化マンガン(Ⅳ)を加える。

$$2H_2O_2 \longrightarrow 2H_2O + O_2 \uparrow$$

実験室的製法

工業的には，（②　　　　）の分留で得られる。

② **性質** 1．（③　　色），（④　　臭）の気体で水に溶けにくい。♣1

2．多くの元素と化合して，（⑤　　　　）をつくる。

2 オゾンO_3の製法と性質

① **製法** 酸素中で放電を行うか，（⑥　　　線）を当ててつくる。

② **性質** 1．（⑦　　色），特異臭のある有毒な気体。

2．強い（⑧　　作用）がある。湿ったヨウ化カリウムデンプン紙を青変することで検出する。♣2

♣2：ヨウ化カリウムデンプン紙の青変
ヨウ化カリウムが酸化剤と反応するとI_2を遊離する。このI_2がデンプンと反応して青変が起こる。
$2KI+O_3+H_2O$
　　$\longrightarrow I_2+2KOH+O_2$

重要 同素体
- 酸素O_2…過酸化水素水に酸化マンガン(Ⅳ)を加える。
- オゾンO_3…淡青色・特異臭の気体。強い酸化作用。

3 硫黄Sの同素体——硫黄の単体には，次の同素体が存在する。常温で安定な結晶である（⑨　　　　），95℃以上で安定な結晶である（⑩　　　　），無定形固体で弾性のある（⑪　　　　）である。

❷ 硫黄の化合物

出る

1 二酸化硫黄SO_2の製法と性質

① **製法** 1．硫黄を燃焼させるか，銅に（⑫　　　　）を加えて熱する。

$$Cu + 2H_2SO_4 \longrightarrow (⑬　　　　) + 2H_2O + SO_2 \uparrow$$

2．亜硫酸ナトリウムに希硫酸を加える。

$$Na_2SO_3 + H_2SO_4 \longrightarrow Na_2SO_4 + H_2O + (⑭　　　　) \uparrow$$

② **性質** 1．（⑮　　色），（⑯　　臭）のある有毒な気体。

2．水にかなり溶け，弱い（⑰　　性）を示す。

3．（⑱　　作用）を示し，紙や動物性繊維の漂白に用いる。♣3

4．H_2Sのような強い還元剤に対して（⑲　　剤）としてはたらく。

$$SO_2 + 4e^- + 4H^+ \longrightarrow S + 2H_2O$$

♣3：亜硫酸
SO_2が水に溶けると，水中では**亜硫酸**H_2SO_3が生じる。H_2SO_3も還元作用を示し，SO_2とともに漂白剤として使われる。

$SO_2 \Rightarrow$還元剤としても酸化剤としてもはたらく。

2 硫酸H₂SO₄の製法と性質

① **製法** 1．硫黄の燃焼で得られた二酸化硫黄を，(⑳　　　)を触媒として酸化して三酸化硫黄とする。

$$2SO_2 + O_2 \xrightarrow{V_2O_5} (㉑)$$

2．三酸化硫黄を濃硫酸に吸収させて(㉒　　　)とし，これを希硫酸で薄めてつくる。

3．この硫酸の工業的製法を(㉓　　　)という。

② **性質** 1．無色で粘性のある液体。沸点が高く，(㉔　　　性)。

2．(㉕　　　性)が強く，乾燥剤に用いられる。

3．有機化合物に対して，(㉖　　　作用)を示す。

4．水に加えると，多量の熱を発生して希硫酸になる。

③ **濃硫酸と希硫酸の性質の比較**

	酸性	酸化作用	反応性
濃硫酸	弱	加熱で(㉗　　)	Cuと加熱すると(㉘　　)発生
希硫酸	強	なし	Znを加えると(㉙　　)発生

> **重要**　〔硫酸の工業的製法——接触法〕
> 硫黄⇨二酸化硫黄⇨三酸化硫黄⇨発煙硫酸⇨硫酸

♣4：発煙硫酸をつくるわけ
三酸化硫黄SO₃を直接水に溶かすと，溶解熱で水が沸騰し，生じた水蒸気にSO₃が溶けて水への吸収が悪くなる。そこで，いったんSO₃を濃硫酸に溶かして発煙硫酸にしてから，これを希硫酸で薄めるという方法がとられる。

♣5：濃硫酸の薄め方
多量の水に濃硫酸を少量ずつ加えて薄める。逆に濃硫酸に水を加えると，硫酸の溶解熱によって加えた水が沸騰し，硫酸が飛び散り，とても危険。

3 硫化水素H₂Sの製法と性質

① **製法**　硫化鉄(Ⅱ)に希硫酸か希塩酸を加える。

$$FeS + H_2SO_4 \longrightarrow (㉚ +)$$

② **性質**　1．(㉛　　色)，(㉜　　臭)のある有毒な気体。

2．水に少し溶け，弱い(㉝　　性)を示す。

3．強い(㉞　　作用)を示し，硫黄Sを生成する。

4．多くの金属イオンと反応して，(㉟　　物)の沈殿を生じる。
→ PbS(黒)，CuS(黒)など

♣6：硫化水素は，天然には火山ガスや温泉などに含まれている。また，卵などのタンパク質が腐敗したときにも生じる。

♣7：金属硫化物の色
金属硫化物の沈殿の色は，金属イオンの分離・検出の重要なポイントとなる(⇨p.129)。

> **重要**　〔硫化水素H₂S〕…**無色・腐卵臭・有毒の気体。**
> **弱い酸性を示す。金属硫化物の沈殿をつくる。**

ミニテスト　（解答　別冊p.9）

□❶　亜鉛に希硫酸を作用させると気体が発生する。
　(1)　発生する気体は何か。反応式も示せ。
　(2)　上の反応は，希硫酸のどのような性質を利用したものか。

□❷　銅に濃硫酸を加えて熱すると気体が発生する。
　(1)　発生する気体は何か。反応式も示せ。
　(2)　上の反応は，濃硫酸のどのような性質を利用したものか。

5 窒素・リンとその化合物

解答 別冊p.9

	15	16	17
1			
2	N		
3	P		
4	As		
5			
6			

❶ 窒素・リンの単体

1 窒素N_2の製法と性質

① **製法** 1．(^{①}　　　　　)を分留して得る。（工業的製法）

2．亜硝酸アンモニウム水溶液を加熱する。（実験室的製法）

$$NH_4NO_2 \longrightarrow 2H_2O + N_2\uparrow$$

② **性質** 常温では反応性に乏しいが，高温では酸素と化合し，NOやNO$_2$などの(^{②}　　　　　物)をつくる。
→水素や金属とも反応する

2 リンの同素体の性質♣1

	黄リン	赤リン
色・外観	(^{③}　　色)・ろう状固体	(^{④}　　色)・粉末
空気中	(^{⑤}　　　)する	自然発火しない
保存	(^{⑥}　　　)で保存	空気中で保存
CS$_2$への溶解	(^{⑦}　　　)	溶けない
構造	正四面体状のP$_4$分子♣2	立体網目状の高分子
毒性	(^{⑧}　　　)	微毒

♣1：リンの製法
$2Ca_3(PO_4)_2 + 6SiO_2 + 10C$
$\longrightarrow 6CaSiO_3 + 10CO + P_4$
電気炉から生じたリンは気体の状態で，これを冷却すると黄リンが得られる。黄リンを空気を絶って長時間加熱すると，赤リンになる。

♣2：P$_4$分子の構造

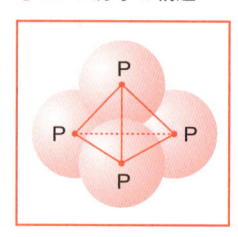

❷ 窒素・リンの化合物 出る

1 アンモニアNH_3の製法と性質

① **製法** 1．(^{⑨}　　　　　)を触媒として，窒素と水素から直接合成される。この方法を(^{⑩}　　　　　法)という。♣3
→工業的製法

2．アンモニウム塩（弱塩基の塩）に強塩基を加えて加熱する。
→実験室的製法

$$2NH_4Cl + Ca(OH)_2 \longrightarrow CaCl_2 + 2H_2O + (^⑪　　　)$$
↑塩化アンモニウム　↑水酸化カルシウム

② **性質** 1．無色，(^{⑫}　　　臭)のある気体で，空気より軽い。

2．水に非常に溶けやすく，水溶液は弱い(^{⑬}　　　性)を示す。

$$NH_3 + H_2O \rightleftarrows (^⑭　　　) + OH^-$$

③ **検出** 1．水でぬらした赤色リトマス紙を(^{⑮}　　　色)に変える。

2．塩化水素と反応して(^{⑯}　　　　　)の白煙を生成する。
→NH$_4$Clは固体物質である

♣3：$3〜5×10^7$Pa，500℃前後で反応させる。（⇨p.79）

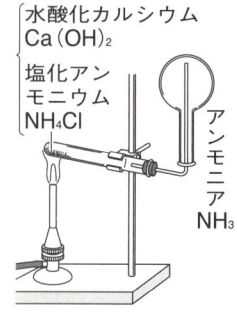

❶アンモニアの製法
水酸化カルシウム Ca(OH)$_2$
塩化アンモニウム NH$_4$Cl
アンモニア NH$_3$

重要	〔アンモニア〕 無色・刺激臭・弱塩基性，塩化水素により白煙。

2 一酸化窒素NOの製法と性質

① **製法** 銅と（⑰　　　）を反応させ，（⑱　　　置換）で捕集する。

$$3Cu + 8HNO_3 \longrightarrow 3Cu(NO_3)_2 + 4H_2O + (⑲\qquad)$$

② **性質** 1．（⑳　　色），（㉑　　臭）の気体で，水に溶けにくい。
2．空気中で容易に酸化され，赤褐色の二酸化窒素になる。♣4

3 二酸化窒素NO₂の製法と性質

① **製法** 銅と（㉒　　　）を反応させ，（㉓　　　置換）で捕集する。

$$Cu + 4HNO_3 \longrightarrow Cu(NO_3)_2 + 2H_2O + (㉔\qquad)$$

② **性質** 1．（㉕　　色），特異臭のある気体で，水に溶けやすい。
2．水に溶けると，強い（㉖　　性）を示す。（硝酸の生成）

4 硝酸HNO₃の製法と性質

① **製法** 工業的な硝酸の製法を（㉗　　　法）という。
1．アンモニアを（㉘　　　）触媒を用いて酸化する。♣5

$$4NH_3 + 5O_2 \xrightarrow{Pt} (㉙\qquad) + 6H_2O$$

2．一酸化窒素を空気中の酸素で酸化する。

$$2NO + O_2 \longrightarrow 2NO_2$$

3．二酸化窒素を水に吸収させて硝酸をつくる。

$$3NO_2 + H_2O \longrightarrow (㉚\qquad) + NO$$

② **性質** 1．無色，揮発性で，強い（㉛　　性）を示す。♣6
2．（㉜　　力）が強く，銅や銀なども溶かす。
　↳イオン化傾向が水素よりも小さい金属
3．Al, Fe, Niは（㉝　　　）となるので，濃硝酸には不溶。♣7

> **重要**
> 〔硝酸の製法〕…**オストワルト法（アンモニアの酸化）**
> 〔硝酸の性質〕…**無色・揮発性の強酸。酸化力大。**

5 リンの化合物の性質

① **十酸化四リンP₄O₁₀** ♣8　空気中でリンを燃焼させると生じる。白色の粉末で，（㉞　　性）が大きく，強力な乾燥剤となる。

② **リン酸H₃PO₄**　十酸化四リンに水を加えて加熱すると生じる。

$$P_4O_{10} + 6H_2O \longrightarrow (㉟\qquad)$$

無色の結晶で，潮解性あり。♣9 水に溶けて中程度の（㊱　　性）を示す。

> **重要**
> **十酸化四リンP₄O₁₀…白色粉末。脱水・乾燥剤に利用。**
> **リン酸H₃PO₄…P₄O₁₀水溶液から生成。潮解性あり。**

♣4：大気中に存在する汚染物質としての窒素酸化物（NO，NO₂など）を，あわせてNOₓ（ノックス）とよぶ。NOₓは酸性雨の原因になる。

♣5：NH₃と空気の混合物を約800℃の白金網に短時間通す。

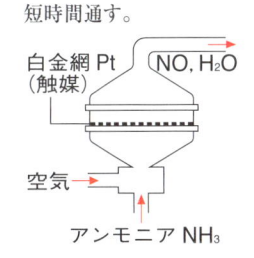

白金網 Pt（触媒）　NO, H₂O
空気
アンモニア NH₃

♣6：硝酸の保存法
硝酸は，光や熱によって分解しやすい。そのため硝酸は褐色びんに入れ冷暗所に保存する。

♣7：不動態
金属の表面が酸化され，生じた緻密な酸化被膜が内部を保護している状態。

♣8：十酸化四リンの分子構造

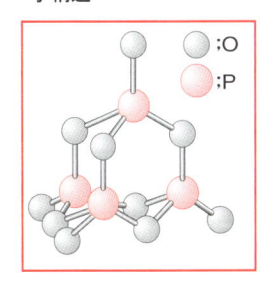

○：O
●：P

♣9：潮解性
空気中の水蒸気を吸収して結晶の表面がぬれてくる現象。

重要実験　アンモニアの性質と反応

方法（操作）

(1) 塩化アンモニウムと水酸化カルシウムの固体混合物を乾いた試験管に入れ，図1のように試験管の口を加熱部より下にして加熱する。発生したアンモニアを上方置換により乾いた2本の試験管に捕集し，ゴム栓をする。なお，アンモニア捕集中に濃塩酸をつけたガラス棒を試験管口に近づけて変化を観察する。

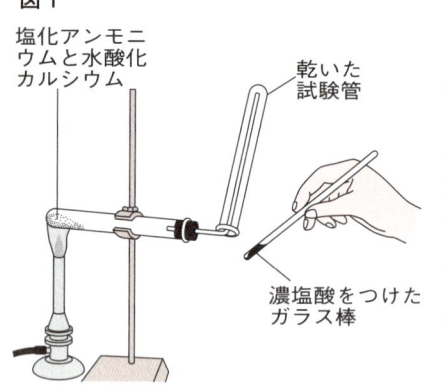

(2) アンモニアの入った試験管を，図2のように水中でゴム栓をはずし，変化を観察する。

(3) アンモニアの入ったもう1本の試験管に，水でぬらした赤色リトマス紙を入れ，色の変化を観察する。

図1　塩化アンモニウムと水酸化カルシウム／乾いた試験管／濃塩酸をつけたガラス棒

図2　アンモニア

結果と考察

❶ (1)で，アンモニアが発生した。⇨化学反応式は，
$$2NH_4Cl + (\text{㊲　　　}) \longrightarrow CaCl_2 + 2H_2O + (\text{㊳　　　}) \uparrow$$

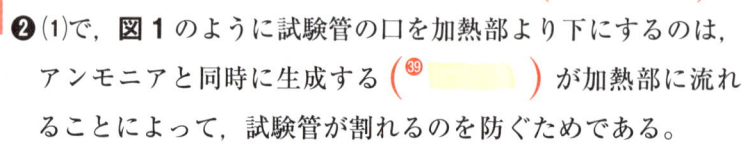

❷ (1)で，図1のように試験管の口を加熱部より下にするのは，アンモニアと同時に生成する（㊴　　　）が加熱部に流れることによって，試験管が割れるのを防ぐためである。

❸ (1)で，濃塩酸を近づけると白煙を生じた。⇨**白煙は**（㊵　　　）。化学反応式は，
$$NH_3 + HCl \longrightarrow (\text{㊶　　　})$$

❹ (2)で，急激に水面が上昇した。⇨この現象は**アンモニアが非常に水に溶けやすい**ために起こる。このため，**空気より軽いアンモニアは**（㊷　　　**置換**）で捕集する。

❺ (3)で，水でぬらした赤色リトマス紙は（㊸　　　）に変わった。⇨**アンモニアは1価**の（㊹　　　）で水と次のように反応するためである。
$$NH_3 + H_2O \rightleftarrows NH_4^+ + (\text{㊺　　　})$$

ミニテスト　　　解答　別冊p.9

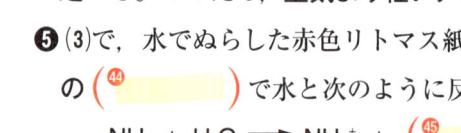

❶ 次の(1)～(3)の各問いに答えよ。
(1) リンの同素体で，空気中で自然発火しないものは何か。
(2) オストワルト法で，硝酸をつくるための原料となる物質は何か。
(3) 窒素と水素から直接アンモニアを合成する方法を何というか。

❷ 次のうち，水中で保存しなければならない物質はどれか。
ア　リン酸　　イ　黄リン　　ウ　赤リン
エ　十酸化四リン

❸ 次のうち，光を避けて褐色びんで保存しなければならない物質はどれか。
ア　濃硫酸　　イ　濃塩酸　　ウ　濃硝酸

6 炭素・ケイ素とその化合物

解答 別冊p.10

	13	14	15	16
1				
2		C		
3		Si		
4				
5				
6				

❶ 炭素・ケイ素の単体

1 炭素Cの単体と性質

炭素の単体には，いくつかの（❶　　　　　）が存在している。

同素体	❷	❸	❹
構造	0.15nm（図） 立体（❺　　）構造	0.14nm / 0.35nm（図） 平面（❻　　）構造	C_{60} 約0.7nm 球状分子（C_{60}, C_{70}など）♣1
性質	無色透明な結晶 電導性なし 熱伝導率が最大	灰黒色結晶 電導性あり 薄くはがれやすい	黒褐色粉末 電導性なし 有機溶媒に可溶

同素体	グラフェン	❼
構造と特徴	黒鉛の層状構造の1層分だけのもの	黒鉛の層状構造が筒状に丸まったもの

また，木炭やカーボンブラックは，微小な黒鉛の結晶が不規則に集まったもので（❽　　　　　）とよばれる。

♣1：フラーレンは球状の分子であるため，ベンゼン，トルエンなどの有機溶媒に溶けて，それぞれ淡紫色，淡赤色の溶液となる。

2 ケイ素Siの単体と性質 ♣2

① **製法** ケイ砂SiO_2にコークスCを加え，電気炉中で強熱する。

$$SiO_2 + 2C \longrightarrow (❾\ \ \ \ \ ) + 2CO$$

② **性質** 1. ダイヤモンドと同じ構造をもつ（❿　　　）の結晶。

2. 電導性は金属と非金属の中間の大きさの（⓫　　　）体♣3の性質をもち，太陽電池，ICなどの材料に用いられる。

♣2：ケイ素の単体は天然では存在しない。二酸化ケイ素SiO_2として岩石の形で存在している。

♣3：**半導体**
電気伝導性が，金属と非金属の中間に位置する物質で，ICやLSI（大規模集積回路）として利用されている。Siのほかに，ゲルマニウムも半導体としての性質を示す。

> **重要**
> 〔炭素の同素体〕 ダイヤモンド，黒鉛（グラファイト）に加えて，フラーレン，カーボンナノチューブ，グラフェンなどが知られている。
> 〔ケイ素の単体〕 半導体の性質をもつ。

❷ 炭素の化合物

1 一酸化炭素COの製法と性質

① **製法** 1．ギ酸HCOOHを（⑫　　　）で脱水する。
$$HCOOH \longrightarrow CO\uparrow + H_2O$$

2．赤熱したコークスCに高温の水蒸気を通じる。
$$C + H_2O \longrightarrow (⑬\underline{\qquad} + \underline{\qquad})$$

② **性質** 1．（⑭　　色），（⑮　　　臭）の気体である。

2．毒性が極めて（⑯　　　い）。♣4

3．空気中では，青白い炎をあげて燃焼する。

4．高温では酸化物から酸素を奪う性質（＝⑰　　　性）が強く，鉄の製錬に用いられる。
$$Fe_2O_3 + 3CO \longrightarrow 2Fe + 3CO_2$$

2 二酸化炭素CO₂の製法と性質

① **製法** 石灰石に（⑱　　　）を加えてつくる。
$$CaCO_3 + 2HCl^{♣5} \longrightarrow CaCl_2 + H_2O + (⑲\underline{\qquad})$$

② **装置** 左図の装置を（⑳　　　）という。

・コックを開くと，（㉑　　　）の部分でCaCO₃とHClが接触して，気体が発生する。

・コックを閉じると，B内の気体の圧力が（㉒　　く）なり，CaCO₃とHClが離れ，反応が止まる。

③ **性質** 1．（㉓　　色），（㉔　　　臭）の気体で，空気より重い。

2．水に少し溶け，水溶液（**炭酸水**）は弱い（㉕　　性）を示す。

3．石灰水に通じると，（㉖　　　）の白色沈殿を生じる。
$$Ca(OH)_2 + CO_2 \longrightarrow CaCO_3\downarrow + H_2O$$

4．CO₂の固体は（㉗　　　）とよばれ，昇華性をもつ。

	一酸化炭素	二酸化炭素
水への溶解性	なし	少し溶ける
塩基との反応	反応しない	反応して炭酸塩をつくる
毒性	㉘	㉙
還元性	㉚	㉛
石灰水に通じる	変化なし	㉜

↑一酸化炭素と二酸化炭素の性質の違い

♣4：**一酸化炭素の毒性**
血液中には赤血球があり，この中にヘモグロビンという赤い色素がある。ヘモグロビンは酸素と結合して体組織へ酸素を運ぶ役目をしている。このヘモグロビンが一酸化炭素と結合すると，この結合は非常に強く，なかなか離れない。このため，酸素を運ぶヘモグロビンが減少し，体組織の酸素が不足する。これが一酸化炭素中毒である。

♣5：このとき希硫酸を用いると，石灰石の表面に，水に不溶性の硫酸カルシウムCaSO₄が生じ，これが石灰石の表面をおおうので，CO₂が発生しにくくなる。

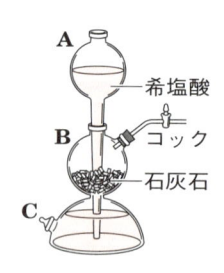

（図：A 希塩酸，B コック，石灰石，C）

❸ ケイ素の化合物

1 二酸化ケイ素SiO₂の性質

① **存在** 天然には，石英，水晶，ケイ砂などとして存在する。
② **構造** Si原子とO原子が交互に結びついた（㉝　　　　の結晶）である。
③ **性質** 1．硬くて，融点が（㉞　　　い）。水にも溶けない。
　　　2．高純度のSiO₂を繊維状にしたものは（㉟　　　　）とよばれ，光通信に利用される。

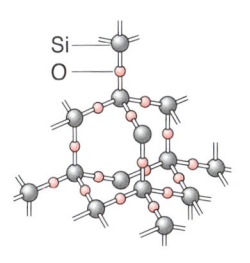

↑ SiO₂の構造の一例

2 ケイ酸塩の性質 ♣6

1．二酸化ケイ素をNaOH（強塩基）とともに加熱すると，ガラス状の（㊱　　　　）が得られる。

　　$SiO_2 + 2NaOH \longrightarrow Na_2SiO_3 + H_2O$

2．ケイ酸ナトリウムに水を加えて加熱したものを（㊲　　　　）という。
　　粘性のあるシロップ状の物質

3．水ガラスに塩酸を加えると，白色ゲル状の（㊳　　　　）が沈殿する。

　　$Na_2SiO_3 + 2HCl \longrightarrow H_2SiO_3 + 2NaCl$

4．ケイ酸を加熱して脱水したものが（㊴　　　　）♣7 であり，多孔質で水や気体を吸着するので，（㊵　　　剤）や吸着剤に利用される。

♣6：二酸化ケイ素はふつうの酸には溶けないが，フッ化水素酸HFには，ヘキサフルオロケイ酸H_2SiF_6となり溶ける。

♣7：シリカゲル
市販のものは塩化コバルト（Ⅱ）が混合してあり，乾燥時は青色であるが，吸湿時は薄いピンク色になる。

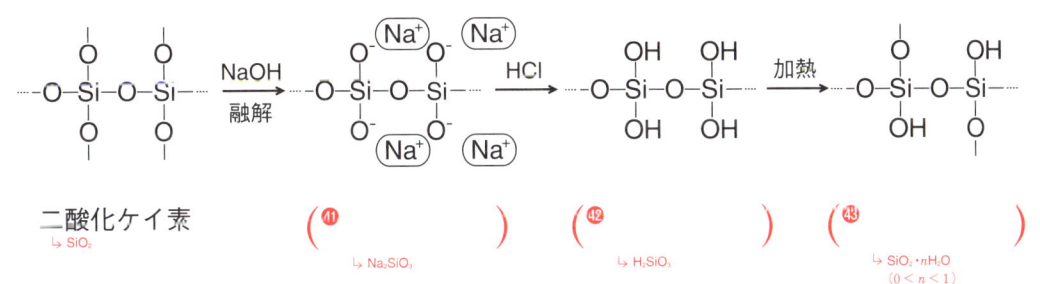

二酸化ケイ素　　　（㊶　　　）　（㊷　　　）　（㊸　　　）
↳ SiO₂　　　　　　↳ Na₂SiO₃　　↳ H₂SiO₃　　↳ SiO₂·nH₂O
　　　　　　　　　　　　　　　　　　　　　　　　（0 < n < 1）

> **重要**
> ケイ酸ナトリウム →水→ 水ガラス →酸→ ケイ酸 →加熱→ シリカゲル
> シリカゲルの表面にある−OHが気体を吸着する。

ミニテスト　　　　　　　　　　　　　　　　　　　解答 別冊p.10

□❶ 次の記述に該当する炭素の同素体名を書け。
　(1) 灰黒色の結晶で，電気伝導性がある。
　(2) 無色の結晶で，電気伝導性はない。
　(3) 黒褐色の粉末で，有機溶媒に溶ける。
□❷ 次の変化を化学反応式で示せ。
　(1) 大理石に塩酸を加えると，気体を生じる。
　(2) (1)の気体を石灰水に通じると，白色沈殿を生じる。
　(3) 炭素が不完全燃焼すると，一酸化炭素を生じる。
　(4) 一酸化炭素を酸化鉄（Ⅲ）に通じて加熱すると，鉄が遊離する。

7 気体の製法と性質

解答 別冊p.10

気体	実験室的製法	捕集法
水素 H_2	・Zn, Feなどの金属に, 希塩酸や(❶)を反応させる。 $Zn + H_2SO_4 \longrightarrow ZnSO_4 + H_2\uparrow$	❷
塩素 Cl_2	・(❸)に酸化剤(MnO_2など)を加えて加熱する。 $4HCl + MnO_2 \longrightarrow MnCl_2 + 2H_2O + Cl_2\uparrow$	下方置換
塩化水素 HCl	・(❹)と濃硫酸の混合物を加熱する。 $NaCl + H_2SO_4 \longrightarrow NaHSO_4 + HCl\uparrow$	❺
フッ化水素 HF	・ホタル石に濃硫酸を加えて加熱する。 $CaF_2 + H_2SO_4 \longrightarrow CaSO_4 + ($❻ $)\uparrow$	下方置換 ♣1
酸素 O_2	・(❼)水に触媒(MnO_2)を加える。 $2H_2O_2 \longrightarrow 2H_2O + O_2\uparrow$ ・塩素酸カリウムに触媒(MnO_2)を加えて加熱する。 $2KClO_3 \longrightarrow 2KCl + ($❽ $)\uparrow$	❾
オゾン O_3	・酸素中で無声放電を行う。 $3O_2 \longrightarrow 2O_3$	—
硫化水素 H_2S	・硫化鉄(Ⅱ)を希硫酸や希塩酸と反応させる。 (❿) $+ H_2SO_4 \longrightarrow FeSO_4 + H_2S\uparrow$	下方置換
二酸化硫黄 SO_2	・(⓫)に濃硫酸を加えて加熱する。 $Cu + 2H_2SO_4 \longrightarrow CuSO_4 + 2H_2O + SO_2\uparrow$	下方置換
窒素 N_2	・亜硝酸アンモニウムを熱分解する。 $NH_4NO_2 \longrightarrow ($⓬ $) + N_2\uparrow$	⓭
アンモニア NH_3	・塩化アンモニウムと水酸化カルシウムを混合して加熱する。 (⓮) $+ Ca(OH)_2 \longrightarrow CaCl_2 + 2H_2O + 2NH_3\uparrow$	⓯
一酸化窒素 NO	・銅と(⓰)を反応させる。 $3Cu + 8HNO_3 \longrightarrow 3Cu(NO_3)_2 + 4H_2O + 2NO\uparrow$	⓱
二酸化窒素 NO_2	・銅と(⓲)を反応させる。 $Cu + 4HNO_3 \longrightarrow Cu(NO_3)_2 + 2H_2O + 2NO_2\uparrow$	⓳
一酸化炭素 CO	・ギ酸を濃硫酸(脱水剤)とともに加熱する。 $HCOOH \longrightarrow ($⓴ $)\uparrow + H_2O$	水上置換
二酸化炭素 CO_2	・炭酸カルシウムと希塩酸を反応させる。 (㉑) $+ 2HCl \longrightarrow CaCl_2 + H_2O + CO_2\uparrow$	下方置換

1章 非金属元素の性質

気体	色	におい	水への溶解性	水溶液の性質	空気に対する比重	酸化作用	還元作用
H_2	㉒	無臭	×	――	軽い		ある
Cl_2	㉓	㉔	○	酸性	重い	ある	
HCl	無色	㉕	◎	㉖	重い		
HF	無色	刺激臭	◎	酸性	重い♣1		
O_2	無色	無臭	×	――	重い	ある	
O_3	㉗	特異臭	×	――	重い	ある	
H_2S	㉘	㉙	○	酸性	重い		ある
SO_2	無色	㉚	○	㉛	重い		ある
N_2	無色	無臭	×	――	軽い		
NH_3	無色	㉜	◎	㉝	軽い		
NO	㉞	無臭	×	――			ある
NO_2	㉟	㊱	○	酸性	重い	ある	
CO	無色	㊲	×	――	軽い		ある
CO_2	無色	無臭	○	㊳	重い		

◎；非常によく溶ける，○；少し溶ける，×；溶けにくい，――；中性

♣1：常温では，二量体$(HF)_2$を形成し，見かけの分子量は空気よりも大きくなる。

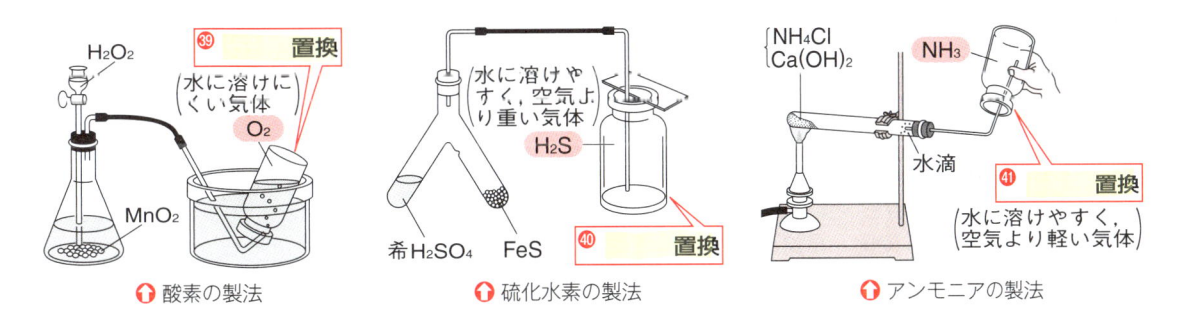

㊴ 置換 （水に溶けにくい気体）O_2

↑酸素の製法

（水に溶けやすく，空気より重い気体）H_2S ㊵ 置換

↑硫化水素の製法

NH_4Cl / $Ca(OH)_2$　NH_3　水滴　㊶ 置換 （水に溶けやすく，空気より軽い気体）

↑アンモニアの製法

ミニテスト　解答 別冊p.10

❶ 次の(1)〜(5)の実験操作を行うときに発生する気体名を書け。
(1) 鉄と希塩酸を反応させる。
(2) 銅と濃硝酸を反応させる。
(3) 銅と希硝酸を反応させる。
(4) 銅と熱濃硫酸を反応させる。
(5) 硫化鉄(Ⅱ)と希硫酸を反応させる。

❷ 塩素，酸素，水素，硫化水素のうち1つが入った袋がある。以下の実験・観察結果が得られたとき，中に入っている気体は何か。
① 中の気体は無色であった。
② 袋に水を入れて振っても，体積は減らなかった。
③ 窒素に比べて密度が大きかった。

1章 非金属元素の性質　練習問題

解答　別冊p.35

❶ 〈周期表〉

▶わからないとき→p.95

次の(1)～(5)の元素が含まれる領域を，右の周期表（概略図）のa～gからすべて選べ。

(1) 典型金属元素
(2) 遷移元素
(3) 非金属元素
(4) 1価の陰イオンになりやすい元素
(5) 陽イオンにも陰イオンにもなりにくい元素

ヒント 金属元素は陽イオンになりやすく，この性質は周期表の左下ほど強い。
非金属元素の16, 17族は陰イオンになりやすく，この性質は周期表の右上ほど強い。

❶
(1)
(2)
(3)
(4)
(5)

❷ 〈塩素の製法と性質〉

▶わからないとき→p.97, 98

次の文を読み，あとの問いに答えよ。

実験室で，塩素は酸化マンガン(Ⅳ)に濃塩酸を加え，加熱して発生させる。発生した塩素は，まず蒸留水の入った洗気びんに通じ，塩素にともなって出てくる（　①　）を除く。次に（　②　）の入った洗気びんに通して水分を除くと乾燥した塩素が得られる。これを（　③　）置換で捕集する。

(1) 下線部の反応を化学反応式で書け。
(2) （　①　）～（　③　）に適当な語句を入れて，文を完成させよ。

ヒント 発生する塩素にはHClとH₂Oが混じっている。

❷
(1)

(2)①
　②
　③

❸ 〈硫黄とその化合物〉

▶わからないとき→p.100

次の文章中の（　）にあてはまる語句や化学式をア～シから選べ。また，下線部の反応を化学反応式で書け。

硫黄の単体には斜方硫黄，単斜硫黄，ゴム状硫黄などがある。これらの単体は互いに（　①　）である。(1)硫黄は空気中で点火すると青い炎をあげて燃え，（　②　）になる。（　②　）は刺激臭のある（　③　）色の有毒な気体で，実験室では(2)銅に濃硫酸を加えて加熱すると得られる。

濃硫酸は粘性のある不揮発性の液体で，（　④　）性が強いため，乾燥剤に用いられる。濃硫酸と水の反応は発熱を伴い，危険なので，希硫酸は（　⑤　）を（　⑥　）に少しずつ加えてつくられる。

（　⑦　）は，腐卵臭をもつ無色の有毒な気体で，実験室では(3)硫化鉄(Ⅱ)に希硫酸を加えてつくられる。（　⑦　）は水に少し溶け，弱い（　⑧　）性を示す。

ア　H₂S　　イ　SO₂　　ウ　酸　　エ　塩基　　オ　赤褐　　カ　無
キ　水　　ク　濃硫酸　　ケ　脱水　　コ　吸湿　　サ　同素体　　シ　同位体

❸
①　　　　②
③　　　　④
⑤　　　　⑥
⑦　　　　⑧
(1)

(2)

(3)

❹ 〈塩酸・硝酸・硫酸〉 ▶わからないとき→p.98,101,103

塩酸・硝酸・硫酸の性質に関する次のア～オの記述のうち，正しいものはどれか。

ア　アルミニウムは濃塩酸とは不動態を形成する。
イ　濃硫酸は強い脱水作用を示すが，濃塩酸と濃硝酸は示さない。
ウ　塩酸，硝酸，熱濃硫酸はいずれも強い酸化作用を示す。
エ　濃塩酸，濃硝酸，濃硫酸はいずれも光で分解しやすいので，必ず褐色のびんに保存する。
オ　濃塩酸は揮発性，濃硫酸および濃硝酸は不揮発性の酸である。

ヒント 塩酸，硝酸および硫酸においては，揮発性・酸化作用などの有無について調べる。

❺ 〈炭素とケイ素〉 ▶わからないとき→p.105

炭素とケイ素の性質に関する記述のうち，誤っているものはどれか。

ア　ケイ素は周期表の14族に属する元素で，M殻に4個の価電子をもつ。
イ　ケイ素の単体はダイヤモンドよりも電気をいくぶん通す。
ウ　炭素には，ダイヤモンドと黒鉛の2種類の同素体しか存在しない。
エ　二酸化炭素の固体は，分子結晶であり，昇華性をもつ。
オ　一酸化炭素は酸性酸化物で，水酸化ナトリウム水溶液と反応する。

ヒント ダイヤモンド，ケイ素，二酸化ケイ素は，いずれも共有結合の結晶である。

❻ 〈気体の製法と捕集法〉 ▶わからないとき→p.108,109

次の(1)～(4)は，実験室で気体を発生させるときに必要な試薬の組み合わせである。A群から発生する気体を，B群から実験装置を選び，記号で答えよ。

(1) 塩化ナトリウムと濃硫酸
(2) 亜鉛と希硫酸
(3) 塩化アンモニウムと水酸化カルシウム
(4) 銅と濃硫酸

〔A群〕
ア　二酸化硫黄　　イ　水素　　ウ　塩素
エ　塩化水素　　　オ　アンモニア　　カ　硫化水素

〔B群〕 (a) (b) (c) (d) (e) (f)

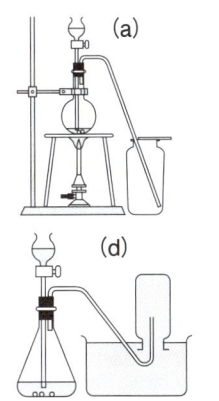

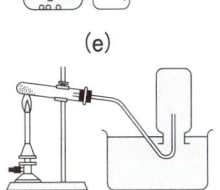

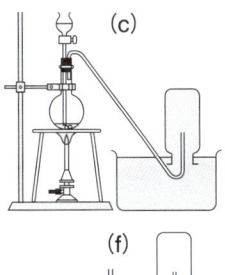

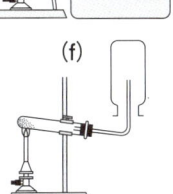

ヒント 水に溶けない気体は，水上置換で捕集する。水に溶ける気体は，空気より軽い気体であれば上方置換，空気より重い気体であれば下方置換で捕集する。

2章 金属元素の性質

1 アルカリ金属とその化合物

解答 別冊 p.10

	1	2	3	4
1				
2	Li			
3	Na			
4	K			
5	Rb			
6	Cs			
7	Fr			

♣1：アルカリ金属の融点
アルカリ金属の融点は，Liを除くと100℃以下である。また，アルカリ金属のなかでは，原子番号が大きくなるほど金属結合が弱くなり，融点が低くなる。

♣2：原子番号が大きいほど最外殻の電子が離れやすく，反応性が大きい。

♣3：炎色反応
アルカリ金属の化合物を高温の炎の中に入れると，炎の色がその元素に特有な色になる。これを**炎色反応**という。Rbは赤色，Csは青色になる。

♣4：強酸を加えると，どちらも分解が起こり，二酸化炭素が発生する。

❶ アルカリ金属の単体

1 アルカリ金属の単体──Li, (①　　　), K, Rb, Csなど。
① 軟らかい(②　　色)の軽金属。融点は他の金属に比べて低い。♣1
② イオン化傾向が(③　　く), 1価の(④　　イオン)になる性質が強いので，**還元剤**として使用する。♣2
　→電子を1個失う性質
③ 水と反応して(⑤　　　)を発生し，水酸化物になる。
④ NaやKは，(⑥　　中)に保存する。
　　　　　　　→空気中でも水中でも反応してしまうため
⑤ 水酸化物は水に可溶で，強い(⑦　　性)を示す。
⑥ **炎色反応**を示す。Li…赤，Na…(⑧　　), K…赤紫♣3
　→アルカリ金属の検出に利用される

> **重要** 〔アルカリ金属〕…1価の陽イオンになりやすい。水と反応してH_2発生。炎色反応(Li；赤, Na；黄, K；赤紫)。

❷ アルカリ金属の化合物

1 水酸化ナトリウムNaOHの製法と性質
① 製法 (⑨　　　)水溶液を電気分解すると, (⑩　　極)付近にNaOH水溶液が得られ，これを濃縮する。
② 性質　1．水によく溶け，強い(⑪　　性)を示す。
　　　　2．空気中の水分を吸収して，(⑫　　)する。
　　　　　　　　　　　　　　　　　　→結晶の表面がぬれてくる現象
　　　　3．二酸化炭素を吸収して，(⑬　　)に変化する。
　　　　　　$2NaOH + CO_2 \longrightarrow Na_2CO_3 + H_2O$

2 炭酸ナトリウムNa_2CO_3と炭酸水素ナトリウム$NaHCO_3$の違い♣4

	炭酸ナトリウム	炭酸水素ナトリウム
水溶性	水によく溶ける	水に少し溶ける
水溶液	(⑭　　い)塩基性	(⑮　　い)塩基性
熱分解	熱分解(⑯　　)	熱分解(⑰　　)

$Na_2CO_3 \cdot 10H_2O$を空気中に放置すると, (⑱　　　)する。
　　　　　　　　　　　　　　　　　　　→結晶が崩れて粉末状になる現象

③ アンモニアソーダ法（ソルベー法）

石灰石と食塩水を原料として（⑲　　　）をつくる方法。

① **主反応**　飽和食塩水に（⑳　　　）を溶かし，二酸化炭素を通じる。⇨（㉑　　　）が沈殿する。

$$NaCl + NH_3 + CO_2 + H_2O \longrightarrow NaHCO_3 + NH_4Cl$$

② **熱分解**　この沈殿を熱分解して（㉒　　　）をつくる。
↳ $2NaHCO_3 \longrightarrow Na_2CO_3 + CO_2 + H_2O$

③ **二酸化炭素の補給**　1. ②の反応の際に発生する。
2. 不足分は（㉓　　　）を焼いてつくる。
↳ $CaCO_3 \longrightarrow CaO + CO_2$

④ **アンモニアの回収**　1. ③で生じた化合物に水を反応させて（㉔　　　）をつくる。
↳ $CaO + H_2O \longrightarrow Ca(OH)_2$

2. 次に，①で生成したNH_4Clと反応させて，アンモニアを回収する。
↳ $2NH_4Cl + Ca(OH)_2 \longrightarrow CaCl_2 + 2H_2O + 2NH_3$

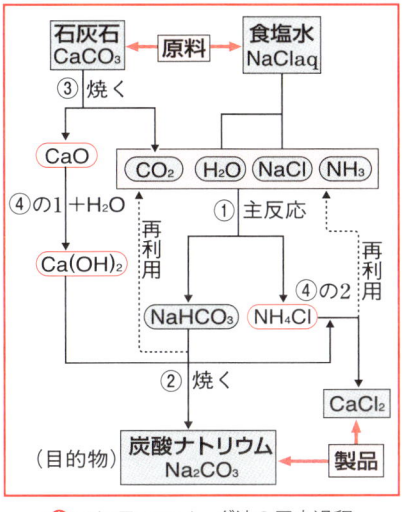

↑ アンモニアソーダ法の反応過程

重要実験　ナトリウムの性質

方法（操作）
(1) ナトリウムNaの小片を乾いたろ紙上に置き，米粒大に切り，切り口を観察する。
(2) 米粒大のNaを水を入れた試験管に加え，発生する気体を右のようにして集めて点火する。
(3) (2)の水溶液を2等分し，一方にはフェノールフタレイン溶液を加え，他方は白金線につけてガスバーナーの外炎へ入れる。

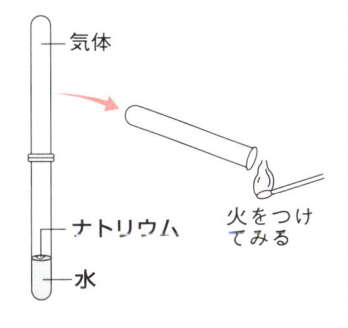

注　Naは空気中の湿気で自然発火するので，十分気をつける。

結果と考察
❶ 切り口は，最初は銀白色に輝いているが，すぐに金属光沢は失われた。⇨ Naが空気に含まれている（㉕　　　）と反応したからである。
→ 熱が発生する
❷ Naを水に入れると音をたてて激しく反応した。また，発生した気体に点火するとポンと爆発音がした。⇨ 発生した気体は（㉖　　　）である。
❸ フェノールフタレイン溶液を加えると**赤色**になった。⇨ 水溶液は（㉗　　性）である。
→ 水酸化ナトリウム水溶液
❹ ガスバーナーの炎の色は（㉘　　色）になった。⇨ **炎色反応**が（㉘　　色）を示したから，水溶液中に（㉙　　イオン）が含まれているとわかる。

ミニテスト　　　解答 別冊p.10

□❶　金属Naの小片を水中に入れたときの変化を化学反応式で示せ。また，反応後の水溶液に二酸化炭素を通じたときの変化も化学反応式で示せ。

□❷　水酸化ナトリウム，炭酸ナトリウム十水和物をそれぞれ空気中に放置しておくと，どんな変化が起こるか。簡単に説明せよ。

2 2族元素とその化合物

	1	2	3	4
1				
2		Be		
3		Mg		
4		Ca		
5		Sr		
6		Ba		
7		Ra		

❶ 2族元素の共通点と相違点

1 2族元素 —— 2族元素は，Be，Mg，(①　　　　)，Sr，Ba，Raの6元素で，Be，Mgを除いた4元素を(②　　　　　　　)という。単体はいずれも銀白色の金属で，化合物の融解塩電解で得られる。

2 2族元素の共通点

① いずれも，(③　　価)の(④　　　　イオン)になりやすい。
② 炭酸塩は，いずれも水に溶けにくい。

3 2族元素とアルカリ土類金属の相違点

	硫酸塩	水との反応条件	水酸化物	炎色反応
ベリリウムBe	水に溶け (⑤　　い)	反応しない	弱塩基性	なし
マグネシウムMg		(⑦　　)と反応		
カルシウムCa	水に溶け (⑥　　い)	常温の水と反応	強塩基性	(⑧　　色)
ストロンチウムSr				深赤色
バリウムBa				(⑨　　色)

↑ 2族元素の単体・化合物の性質

> **重要**
> 〔アルカリ土類金属〕…Ca，Sr，Ba，Raの4元素。
> 価電子は2個で，2価の陽イオンになりやすい。
> 炎色反応は，Ca…橙赤，Sr…深赤，Ba…黄緑。

♣1：CaOの用途
CaOは空気中の水蒸気を吸収するので，乾燥剤として使われる。また，融点が高い(2572℃)ので，溶鉱炉の内張りや耐火レンガの原料として使われる。

↑ 消石灰Ca(OH)₂の生成

❷ アルカリ土類金属の化合物

1 酸化カルシウムCaO —— 生石灰ともよばれる。

① **製法**　石灰石を約900℃で強熱すると得られる。
(⑩　　　　) $\xrightarrow{900℃}$ CaO + CO₂↑

② **性質**　(⑪　　色)の固体。水と激しく反応して多量の熱を出し，(⑫　　　　)になる。　CaO + H₂O ⟶ Ca(OH)₂

2 水酸化カルシウムCa(OH)₂ —— 消石灰ともよばれる。

① **製法**　(⑬　　　　)に水を作用させる。

② **性質**　(⑭　　色)の粉末。水に少し溶けて(⑮　　性)を示す。
(⑯　　　　)にCO₂を通じると(⑰　　　　)の白色沈殿を生じる。
　　　　↳水酸化カルシウムの飽和水溶液　　　　CO₂の検出反応↲

3 炭酸カルシウム $CaCO_3$ ——天然には（⑱　　　），大理石や貝がらなどの主成分として存在する。

① **性質** 水には溶けない。石灰水に二酸化炭素を通じると，炭酸カルシウムの白色沈殿を生じる。さらに，二酸化炭素を過剰に通じると，（⑲　　　）となって溶ける。

$$Ca(OH)_2 + CO_2 \longrightarrow (⑳\quad) + H_2O$$
$$CaCO_3 + CO_2 + H_2O \longrightarrow (㉑\quad)$$

また，強酸によって分解して，（㉒　　　）を発生する。

$$CaCO_3 + 2HCl \longrightarrow (㉓\quad) + H_2O + CO_2\uparrow$$

4 硫酸カルシウム $CaSO_4$ ——天然には（㉔　　　）として産出する（㉕　色）の結晶である。（→ $CaSO_4 \cdot 2H_2O$）これを焼いて水和水の一部を取り去った $CaSO_4 \cdot \frac{1}{2}H_2O$ は（㉖　　　）とよばれる。これを適量の水と混合して放置すると，やや体積を増やしながら再び（㉗　　　）に戻り，硬化する。

```
         H₂O
  CaO ────────→  ㉘
  生石灰 ←────    消石灰
         焼く
                    │          │
          加熱      │ CO₂      │ H₂SO₄
  ㉙ ←───── CaCO₃ ←┘          └→ ㉚
  水に可溶  CO₂, H₂O  石灰石            水に不溶
```
↑ カルシウム化合物の反応

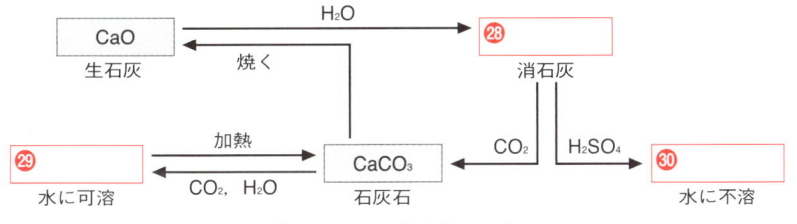

5 硫酸バリウム $BaSO_4$ ——（㉛　色）の粉末で，水に極めて溶りにくいので，SO_4^{2-} の検出・定量に利用される。また，X線を遮蔽する性質があるので，X線撮影の（㉜　　　）として用いられる。

> **重要** 〔2族元素の化合物の性質〕
> ① **塩化物**〔$MgCl_2$，$CaCl_2$，$BaCl_2$〕…**水に可溶**。
> ② **水酸化物**〔$Ca(OH)_2$，$Ba(OH)_2$〕…**水に少し溶け，強塩基性**。
> ③ **炭酸塩**〔$CaCO_3$，$BaCO_3$〕…**水に不溶**。
> ④ **硫酸塩**…$CaSO_4$ **は水に難溶**，$BaSO_4$ **は水に不溶**。

♣2：**鍾乳石のできかた**
石灰岩 $CaCO_3$ に空気中の二酸化炭素を溶かした雨水が長時間接触すると，
$$CaCO_3 + CO_2 + H_2O \longrightarrow Ca(HCO_3)_2$$
の反応によって石灰岩が徐々に溶解し，**鍾乳洞**ができる。また，鍾乳洞の天井から $Ca(HCO_3)_2$ 水溶液が落ちるとき，H_2O と CO_2 が空気中に逃げ，$CaCO_3$ が析出してつらら状になったものが**鍾乳石**である。

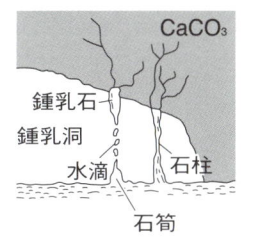

このような鍾乳石や石筍は，1cm成長するのに約200年を要する。

♣3：この性質を利用したものに，ギプスやセッコウ像の製作などがある。また，セッコウはセメントに混ぜて使われる。

ミニテスト　　　　　解答 別冊 p.11

□❶ 次の変化を化学反応式で示せ。
(1) カルシウムを水と反応させる。
(2) 炭酸カルシウムを強熱する。
(3) 酸化カルシウムに水を加える。

□❷ 石灰水に二酸化炭素を通じると，石灰水はしだいに白濁する。ここに二酸化炭素をさらに通じると，この白濁は消える。これらの変化を，それぞれ化学反応式で示せ。

3 両性元素とその化合物

解答 別冊p.11

	12	13	14
1			
2			
3		Al	
4	Zn		
5			Sn
6			Pb

❶ 両性元素

1 両性元素とは――酸・強塩基のいずれの水溶液とも反応する元素を（❶　　　　）という。

周期表では，非金属元素との境界付近に位置する金属元素であり，Al，（❷　　　　），Sn，Pbなどがある。
↳"あぁすんなり"と覚える

❷ アルミニウムAlの単体と化合物 出る

1 アルミニウムの単体の製法と性質

① **製法** 原料鉱石の（❸　　　　）の精製で得られる酸化アルミニウムを氷晶石とともに（❹　　　　）して得る。
↳加熱・融解して行われる電気分解のこと

② **性質** 1．銀白色の軟らかい軽金属である。♣1

2．空気中では内部まで酸化されず，濃硝酸にも溶けない。この状態を
↳表面に緻密な酸化物の被膜が生じるため
（❺　　　　）という。

3．酸にも強塩基の水溶液にも溶けて（❻　　　　）を発生する。

2Al + 6HCl ⟶ （❼　　　　） + 3H₂↑

2Al + 2NaOH + 6H₂O ⟶ （❽　　　　） + 3H₂↑
↳テトラヒドロキシドアルミン酸ナトリウム

2 酸化アルミニウムAl₂O₃の製法と性質

① **製法** 空気中で強熱すると，強い光と熱を出して激しく燃焼する。

4Al + 3O₂ ⟶ （❾　　　　）♣2
↳白色の粉末で，アルミナともよばれる

② **性質** 両性酸化物で，酸や強塩基の水溶液とも反応して溶ける。

3 水酸化アルミニウムAl(OH)₃の製法と性質

① **製法** Al³⁺を含む水溶液に塩基の水溶液を加えると，（❿　　　色）のゲル状の沈殿として生成する。

Al³⁺ + 3OH⁻ ⟶ Al(OH)₃↓

② **性質** 1．両性水酸化物で，酸や強塩基とも反応して溶ける。

Al(OH)₃ + 3HCl ⟶ （⓫　　　　） + 3H₂O

Al(OH)₃ + NaOH ⟶ （⓬　　　　）
↳テトラヒドロキシドアルミン酸ナトリウム

2．過剰のアンモニア水には溶けない。♣3

4 ミョウバンAlK(SO₄)₂·12H₂Oの製法と性質

① **製法** 硫酸アルミニウムと硫酸カリウムの混合水溶液を濃縮する。
↳Al₂(SO₄)₃　　　↳K₂SO₄

♣1：アルミニウムの利用
アルミニウムの密度は2.7g/cm³（鉄や銅の約1/3）で，非常に軽い。また，電気をよく伝える。この性質を利用して，アルミニウムは送電線の材料として使われている。また，アルミニウムに銅やマグネシウムを加えた合金ジュラルミンは，軽くて丈夫なので，航空機の機体などに使われる。

♣2：アルマイト
アルミニウムの表面に酸化アルミニウムAl₂O₃の被膜をつくって，内部を保護するようにしたものをアルマイトという。

♣3：弱塩基であるアンモニア水には溶けずに，Al(OH)₃の白色沈殿をつくる。

② **性質** 無色透明な正八面体をした結晶。ミョウバンのように，2種以上の塩が一定の割合で結合した塩を(⑬　　　　)という。

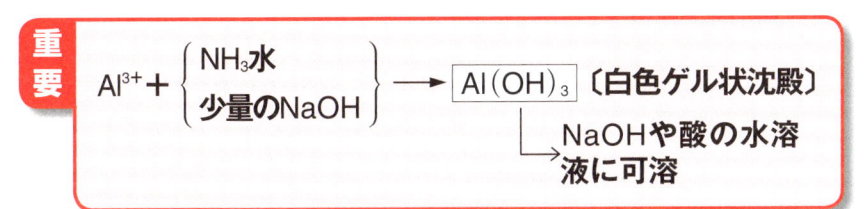

重要

$$Al^{3+} + \begin{Bmatrix} NH_3水 \\ 少量のNaOH \end{Bmatrix} \longrightarrow \boxed{Al(OH)_3}\,〔白色ゲル状沈殿〕$$
→ NaOHや酸の水溶液に可溶

↑ミョウバンの結晶の析出
（ミョウバンの種結晶／$Al_2(SO_4)_3$ と K_2SO_4 の混合水溶液）

重要実験　アルミニウムの性質を調べる

方法（操作）
(1) 試験管A，BそれぞれにAlの小片を入れる。試験管Aには希塩酸を，試験管BにはNaOH水溶液をそれぞれ加えておだやかに加熱する。

(2) 試験管Aの反応後の溶液には，NaOH水溶液を少しずつ加える。また，試験管Bの反応後の溶液には，希塩酸を少しずつ加える。

注 沈殿が生じてもさらに試薬を加えて2段階目の変化が起こるかどうかを見ること。そのため試薬は少しずつ加える。

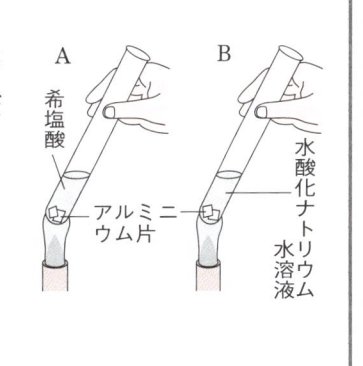

（図：A 希塩酸／アルミニウム片　B 水酸化ナトリウム水溶液）

結果と考察
❶ 試験管A，Bともに気体が発生したが，沈殿はできなかった。⇒ 気体は(⑭　　　　)である。Alは**酸にも強塩基にも溶け**，(⑮　　　　元素)の性質を示す。

❷ 操作(2)で，試験管Aでは，はじめ**白色ゲル状の沈殿**ができ，さらにNaOH水溶液を加えると**沈殿が溶けた**。⇒ 白色ゲル状の沈殿は(⑯　　　　)で，それが溶けたのは(⑰　　　　)が生成したからである。

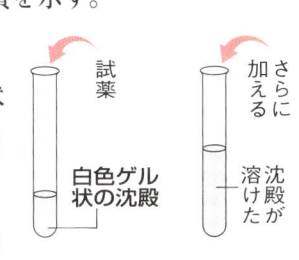

❸ 操作(2)で，試験管Bでは，はじめ**白色ゲル状の沈殿**ができ，さらに希塩酸を加えると**沈殿が溶けた**。⇒ 白色ゲル状の沈殿は(⑱　　　　)で，それが溶けたのは(⑲　　　　)が生成したからである。

（図：試薬を加える／白色ゲル状の沈殿／さらに加える／沈殿が溶けた）

❸ 亜鉛Znの単体と化合物　**出る**

1 亜鉛の単体
1. 青味を帯びた白色の金属で，融点は比較的低い。
2. 鉄の表面に亜鉛をめっき♣4したものが(⑳　　　　)である。
3. **両性元素**で酸・強塩基の水溶液に溶けて(㉑　　　　)を発生する。

$Zn + 2HCl \longrightarrow$ (㉒　　　　) $+ H_2↑$

$Zn + 2NaOH + 2H_2O \longrightarrow$ (㉓　　　　) $+ H_2↑$
↳テトラヒドロキシド亜鉛(Ⅱ)酸ナトリウム♣5

♣4：めっき
金属表面を別の金属で覆ったものをめっきという。

2 酸化亜鉛ZnO
1. (㉔　　色)の粉末で水に溶けない。
2. **両性酸化物**で，酸や強塩基の水溶液にも溶ける。

♣5：酸化亜鉛の用途
白色の顔料や化粧品，医薬品として利用される。

3 水酸化亜鉛 $Zn(OH)_2$ の製法と性質

① **製法** Zn^{2+} を含む水溶液に塩基水溶液を加えると, (㉕　　　色) ゲル状沈殿として生成する。

$$Zn^{2+} + 2OH^- \longrightarrow Zn(OH)_2$$

② **性質** 1. **両性水酸化物**で, 酸・強塩基とも反応して溶ける。

$$Zn(OH)_2 + 2HCl \longrightarrow (㉖　　　　) + 2H_2O$$

$$Zn(OH)_2 + 2NaOH \longrightarrow (㉗　　　　)$$
↳ テトラヒドロキシド亜鉛(Ⅱ)酸ナトリウム

2. 過剰のアンモニア水にも**錯イオン**をつくって溶ける。

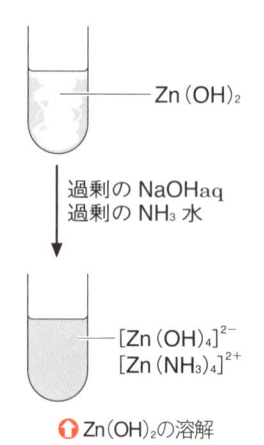

$$Zn(OH)_2 + 4NH_3 \longrightarrow (㉘　　　　) + 2OH^-$$
↳ テトラアンミン亜鉛(Ⅱ)イオン

> **重要**　〔亜鉛とその化合物の性質〕
> ① **酸とも強塩基とも反応する(両性元素)。**
> ② **アンモニアと反応して錯イオン $[Zn(NH_3)_4]^{2+}$ をつくる。**

図: $Zn(OH)_2$ の溶解
- $Zn(OH)_2$
- 過剰の NaOHaq / 過剰の NH_3 水
- $[Zn(OH)_4]^{2-}$ / $[Zn(NH_3)_4]^{2+}$

❹ スズSn・鉛Pbの単体と化合物

1 スズの単体と化合物

① **単体** 1. 銀白色の金属で, 融点は比較的(㉙　　　い)。
2. 鉄の表面にスズをめっきしたものが(㉚　　　　)である。
3. 両性元素で酸・強塩基の水溶液に溶けて(㉛　　　　)を発生する。

② **化合物**[♣6] スズを塩酸に溶かした水溶液から得られる(㉜　　　　)は強い還元作用を示す。

♣6：スズの化合物
スズは, 酸化数が+2, +4の化合物をつくるが, 酸化数が+4の方が安定である。したがって, 酸化数が+2のスズ化合物は還元作用を示す。

2 鉛の単体と化合物

① **単体** 1. 青灰色の金属で, 軟らかく加工しやすい。
2. 融点は比較的低く, 密度が(㉝　　　い)。
3. 両性元素で, 酸・強塩基の水溶液に溶けて水素を発生する。硝酸には溶けるが, (㉞　　　　)や希硫酸にはほとんど溶けない。
↳ 表面に不溶性の $PbCl_2$, $PbSO_4$ が形成されるため

② **化合物**[♣7] 1. 黒褐色の酸化鉛(Ⅳ)PbO_2 には(㉟　　　作用)がある。
2. 鉛の化合物は, 硝酸鉛(Ⅱ)$Pb(NO_3)_2$, 酢酸鉛(Ⅱ)(㊱　　　　)を除いて, 水に溶けにくいものが多い。
↳ 化学式
3. クロム酸鉛(Ⅱ)$PbCrO_4$ は(㊲　　　色)沈殿で, Pb^{2+} の検出に用いる。
4. 鉛の化合物はいずれも(㊳　　　　)であり, 取り扱いには注意が必要である。

♣7：鉛の化合物
鉛は, 酸化数が+2, +4の化合物をつくるが, 酸化数が+2の方が安定である。したがって, 酸化数が+4の鉛化合物は酸化作用を示す。

⑤ 錯(さく)イオン

出る

1 錯イオンとは

——非共有電子対をもつ分子や陰イオンが，金属イオンに（㊴　　　　）[♣8]してできたイオンを（㊵　　　　）という。

① 金属イオンに配位結合した分子，イオンを（㊶　　　　）という。

② 配位結合した配位子の数を（㊷　　　　）といい，2（ジ），4（テトラ），6（ヘキサ）などのギリシャ語の数詞を用いて表す。

③ 錯イオンがイオン結合してできた塩を（㊸　　　　）という。

配位子	アンモニア	水	シアン化物イオン	塩化物イオン	水酸化物イオン
化学式	NH_3	H_2O	CN^-	Cl^-	OH^-
配位子名	㊹	アクア	㊺	クロリド	ヒドロキシド

♣8：配位結合も，共有結合の一種である。配位結合と元からある共有結合は，まったく同じで区別できない。

2 錯イオンの表し方[♣9]

① 配位子を（　　）でくくり，配位数を右下に記す。

② 錯イオン全体を［　　］で囲み，右上にその（㊻　　　　）を示す。

♣9：錯イオンの表し方

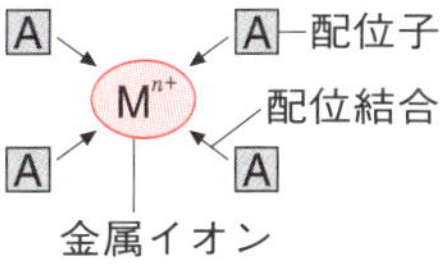

$[M(A)_4]^{n+}$

3 錯イオンの名称

① 配位数（数詞）と配位子名の次に，金属元素名とその酸化数をローマ数字で（　　）をつけて示す。

② 錯イオンが陽イオンのときは「～イオン」，陰イオンのときは「～酸イオン」をつける。

4 錯イオンの立体構造[♣10]

——金属イオンの種類と配位数によって決まる。

♣10：錯イオンの立体構造
2配位…直線形（Ag^+）
4配位…正方形（Cu^{2+}）
　　　　正四面体形（Zn^{2+}）
6配位…正八面体形
　　　　（Fe^{2+}，Fe^{3+}など）

直線形

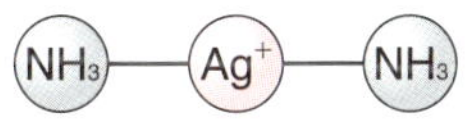

ジアンミン銀（Ⅰ）イオン
$[Ag(NH_3)_2]^+$

正方形

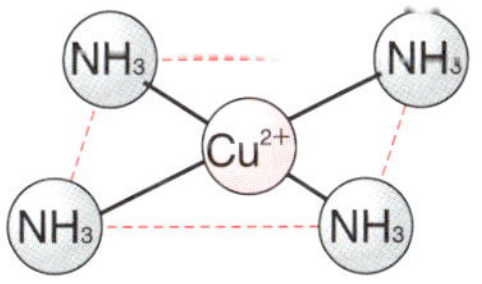

テトラアンミン銅（Ⅱ）イオン
$[Cu(NH_3)_4]^{2+}$

正四面体形

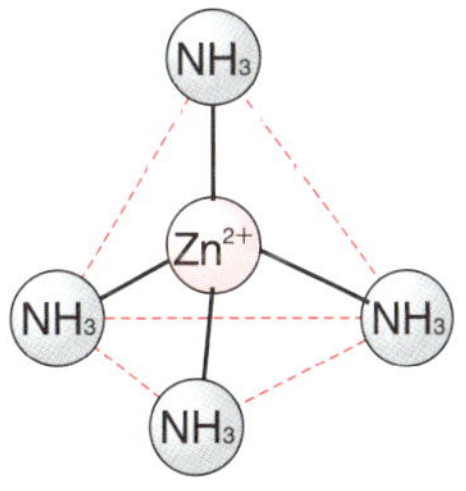

テトラアンミン亜鉛（Ⅱ）イオン
$[Zn(NH_3)_4]^{2+}$

正八面体形

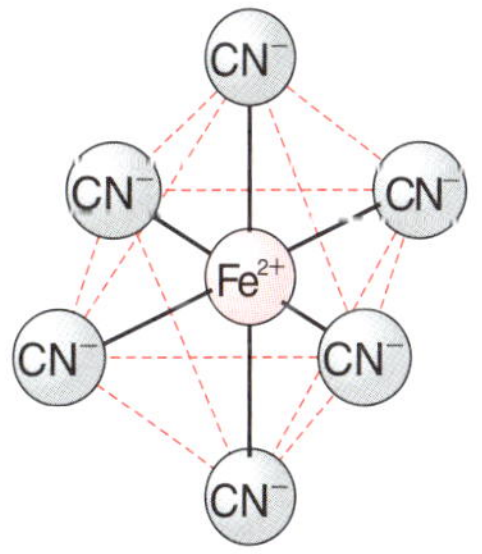

ヘキサシアニド鉄（Ⅱ）酸イオン
$[Fe(CN)_6]^{4-}$

ミニテスト

解答 別冊 p.11

□❶ アルミニウムについて，誤った記述を選べ。
　ア 酸化アルミニウムを水素で還元してつくる。
　イ 塩酸には水素を発生しながら溶ける。
　ウ 濃硝酸には溶けない。
　エ 水酸化ナトリウム水溶液に水素を発生しながら溶ける。

□❷ $ZnSO_4$水溶液にNaOH水溶液を加えると白色沈殿が生じ，さらにNaOH水溶液を加えるとこの沈殿が消える。この変化を化学反応式で示せ。

□❸ 次の反応をイオン反応式で示せ。
　(1) Zn^{2+}を含む水溶液にNH_3水を過剰に加えた。
　(2) Al^{3+}を含む水溶液にNH_3水を過剰に加えた。

2章 金属元素の性質 練習問題

解答 別冊p.36

❶ 〈アルカリ金属〉
▶わからないとき→p.112

リチウムLi, ナトリウムNa, カリウムKの単体について,次の問いに答えよ。

(1) 融点の低いものから順に元素記号で示せ。
(2) 右の図のように,水に浮かべたろ紙の上にそれぞれの単体をのせ,水との反応性を調べる実験を行った。反応性の小さいものから順に元素記号で示せ。
(3) それぞれの炎色反応の色を答えよ。
(4) それぞれの単体をつくる方法を一般に何というか。
(5) それぞれの単体が石油中に保存される理由を説明せよ。

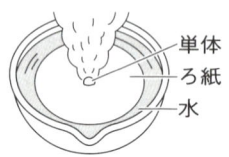

ヒント
(1) アルカリ金属の融点は,金属結合の強弱と関係している。
(2) アルカリ金属の反応性は,電子の放出されやすいもの,すなわち,イオン化エネルギーの小さいものほど大きくなる。
(4) イオン化傾向が大きい金属の単体は,その金属塩の水溶液を電気分解しても得られない。

❶
(1)
(2)
(3) Li
Na
K
(4)
(5)

❷ 〈アンモニアソーダ法〉
▶わからないとき→p.113

次のA~Dの文は,アンモニアソーダ法に関する記述である。文中の空欄に相当するものの化学式を解答群から1つずつ選び,記号で答えよ。

A 飽和食塩水にアンモニアと(①)を吹きこむと,溶解度の比較的小さい(②)が析出し,溶液中には(③)が多量に生成する。

B (②)を取り出して加熱すると,炭酸ナトリウムと(①)と(④)とに分解する。ここで得られる(①)はAの反応に利用される。

C 石灰石(炭酸カルシウム)を強く熱すると,(①)と(⑤)とに分解する。この(①)はAの反応に利用される。

D (⑤)に水を加えると,発熱して反応し(⑥)になる。また,Aの操作後,(②)を除いた溶液に(⑥)を加えると,(⑦)が発生する。これは再びAの反応に利用される。

(①),(④),(⑦)の解答群
ア Cl_2 イ O_2 ウ H_2O エ CO_2 オ NH_3

(②),(⑤),(⑥)の解答群
カ NaCl キ NaOH ク $NaHCO_3$ ケ Na_2CO_3
コ NH_4Cl サ $Ca(OH)_2$ シ $CaCl_2$ ス CaO

(③)の解答群
セ H_3O^+ ソ NH_4^+ タ Na^+ チ NO_3^- ツ OH^-

ヒント アンモニアソーダ法は,NaClとCaCO₃を主原料とするNa₂CO₃の工業的製法である。この工程の途中にNH₃,CO₂を使う。

❷
①
②
③
④
⑤
⑥
⑦

❸ 〈アルミニウム〉

▶わからないとき→p.116

次の文を読み,下の問いに答えよ。

アルミニウムは両性元素で,Ⓐ水酸化ナトリウム水溶液に水素を発生しながら溶けるが,ⓐ濃硝酸には溶けない。

Ⓑアルミニウムイオンは,水酸化ナトリウム水溶液と反応すると白色沈殿となるが,Ⓒこの沈殿は過剰の水酸化ナトリウム水溶液に溶ける。また,Ⓓこの沈殿は酸にも溶けてアルミニウムイオンを生じる。この沈殿は,酸にも塩基にも反応して溶けるので,(①)といわれる。これと同じ性質を示す化合物は,この他に(②)がある。

(1) Ⓐの変化を化学反応式,Ⓑ〜Ⓓの変化をイオン反応式で示せ。
(2) ⓐの理由を簡単に説明せよ。
(3) (①)には語句,(②)には化学式を入れよ。ただし,(②)は1種類のみでよい。

ヒント アルミニウムの単体や酸化アルミニウム,水酸化アルミニウムは,水酸化ナトリウム水溶液と反応してテトラヒドロキシドアルミン酸イオン[$Al(OH)_4$]$^-$となる。

❹ 〈カルシウムの化合物〉

▶わからないとき→p.114,115

次の(1)〜(4)のカルシウムの化合物の化学式を書け。また,下に列記した性質から適当なものを選んで記号で記せ。

(1) 生石灰　(2) 消石灰　(3) 炭酸カルシウム　(4) 塩化カルシウム

〔性質〕ア　白色のかたまりで,水分を吸うと多量の熱を発生する。
　　イ　水でこねてしばらく放置すると,再びセッコウになる。
　　ウ　二酸化炭素を含んだ水に可溶性の炭酸水素カルシウムになって溶ける。
　　エ　白色の固体で水に溶けやすく,潮解性がある。
　　オ　白色の粉末で,水に溶かしたものは強い塩基性を示す。
　　カ　極めて水に溶けにくく,X線の造影剤として用いられる。

ヒント 生石灰は酸化カルシウムのこと,消石灰は水酸化カルシウムのことである。

❺ 〈ナトリウム化合物の反応〉

▶わからないとき→p.112

ナトリウム化合物の関係を示す図の中で,①〜⑤に示す操作を下から記号で選べ。

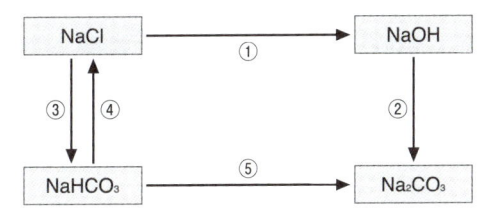

```
NaCl ──①──> NaOH
 ↑↓                ↓
 ③④               ②
 ↓↑                ↓
NaHCO₃ ──⑤──> Na₂CO₃
```

ア　二酸化炭素を通じる。　　イ　塩酸を加える。
ウ　固体を加熱する。　　　　エ　水溶液を電気分解する。
オ　二酸化炭素とアンモニアを通じる。

ヒント　① NaCl水溶液を電気分解すると,陽極にCl_2,陰極にH_2とNaOHが生成する。
　　　　　③ アンモニアソーダ法(ソルベー法)の主反応である。

3章 遷移元素の性質

1 遷移元素の特徴

解答 別冊p.11

① 遷移元素の特徴

♣1：周期表の1, 2族と12〜18族の元素を典型元素という。

1 典型元素の電子配置——原子番号が増加すると，最外殻へ電子が配置され，価電子の数は1個ずつ増加する。したがって，周期表で縦に並んだ元素（＝❶_____）の性質がよく似ている。

♣2：第4周期以降の3族から11族の元素を遷移元素という。

2 遷移元素の電子配置——原子番号が増加しても，内側の電子殻へ電子が配置され，価電子の数は（❷___個）または1個である。よって，周期表で横に並んだ元素（＝❸_____）の性質もよく似ている。

3 遷移元素の特徴

♣3：密度が4〜5g/cm³以上の金属を重金属，それ以下の金属を軽金属という。遷移元素は，Sc, Tiを除いてすべて重金属である。

① 単体は密度が大きく，融点の（❹___い）ものが多い(下表)。
② 同じ元素でも複数の（❺___数）をとることが多い。
　例 Mn(+2, +4, +7), Cr(+3, +6)
③ イオンや化合物には，（❻___色）のものが多い。
　例 Fe^{2+}；淡緑色，Fe^{3+}；黄褐色，Ni^{2+}；緑色，Cu^{2+}；青色
④ 単体や化合物には，（❼_____）としてはたらくものが多い。
　　　　　　　　　　　　↪自身は変化せず，化学反応を促進する物質
⑤ 他のイオンや分子と配位結合した（❽_____）をつくるものが多い。

族	3	4	5	6	7	8	9	10	11
元素記号	Sc	Ti	V	Cr	Mn	Fe	Co	Ni	Cu
密度〔g/cm³〕	3.0	4.5	6.1	7.2	7.4	7.9	8.9	8.9	9.0
融点〔℃〕	1541	1660	1887	1860	1244	1535	1495	1453	1083

⬆第4周期の遷移元素の単体の性質

重要
典型元素…同族元素(縦)の化学的性質が類似。
遷移元素…同周期元素(横)の化学的性質も類似。

ミニテスト

解答 別冊p.11

□ 次の文のうち，典型元素に当てはまるものにはA，遷移元素に当てはまるものにはBをつけよ。
(1) 最外殻電子の数は2個または1個である。
(2) 金属元素と非金属元素の両方が含まれる。
(3) 金属元素しか含まれていない。
(4) 最外殻電子の数は，族番号の1位の数と等しい。
(5) 化合物には有色のものが多い。

2 銅・銀とその化合物

解答 別冊p.11

❶ 銅Cuの単体と化合物

1 銅の単体の製法と性質

① **製法** 黄銅鉱を溶鉱炉で空気とともに加熱すると(❶   )が得られる。次に,粗銅板を陽極,純銅板を陰極として硫酸酸性の(❷   )水溶液中で電気分解を行う。この操作を(❸   )という。

② **性質** 1. 赤味を帯びた軟らかい金属で,展性・延性に富む。
2. (❹   )や熱をよく伝える。
3. 塩酸や希硫酸には不溶だが,(❺   力)のある酸には溶ける。
$Cu + 2H_2SO_4(熱濃) \longrightarrow CuSO_4 + 2H_2O + ($❻ $)$
$3Cu + 8HNO_3(希) \longrightarrow 3Cu(NO_3)_2 + 4H_2O + ($❼ $)$
$Cu + 4HNO_3(濃) \longrightarrow Cu(NO_3)_2 + 2H_2O + ($❽ $)$
4. 湿った空気中では(❾   )とよばれる緑色のさびを生じる。
   ↳主成分$CuCO_3・Cu(OH)_2$

2 銅の化合物──酸化数+2のものが多く,+1のものもある。

① **酸化物** 銅を1000℃以下で加熱すると,黒色の(❿   )ができるが,1000℃以上で加熱すると,赤色の(⓫   )ができる。

② **硫酸銅(Ⅱ)五水和物** $CuSO_4・5H_2O$ (⓬   色)の結晶を加熱すると水和水を失い,(⓭   色)の無水塩に変化する。
150℃以上

3 銅(Ⅱ)イオンの反応

① Cu^{2+}を含む水溶液に塩基水溶液を加えると,(⓮   色)の水酸化銅(Ⅱ)が沈殿する。
$Cu^{2+} + 2OH^- \longrightarrow Cu(OH)_2↓$

② 水酸化銅(Ⅱ)を加熱すると,黒色の(⓯   )になる。
$Cu(OH)_2 \longrightarrow CuO + H_2O$

③ 水酸化銅(Ⅱ)の沈殿に過剰のアンモニア水を加えると,錯イオンを生じて(⓰   色)の溶液となる。
$Cu(OH)_2 + 4NH_3 \longrightarrow ($⓱ $) + 2OH^-$
↳テトラアンミン銅(Ⅱ)イオン

↑銅の電解精錬

♣1:銅と熱濃硫酸,硝酸の反応では,発生する気体がそれぞれ異なる。
{ 熱濃硫酸でSO_2発生
{ 希硝酸でNO発生
{ 濃硝酸でNO_2発生

♣2:酸化銅(Ⅱ)は,1000℃以上では次式のように分解する。
$4CuO \longrightarrow 2Cu_2O + O_2$

♣3:硫酸銅(Ⅱ)無水塩$CuSO_4$は,水分を含むと再び青色の五水和物に戻るので,水分の検出に用いられる。

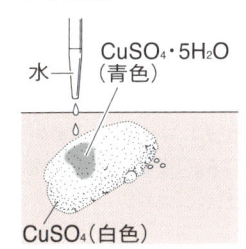

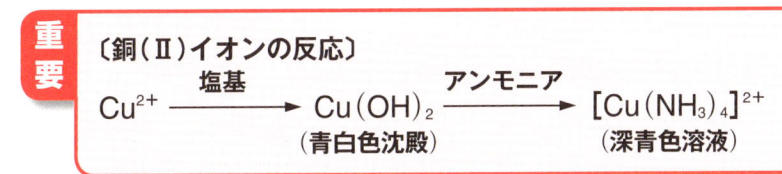

$CuSO_4・5H_2O$(青色)
$CuSO_4$(白色)

重要 〔銅(Ⅱ)イオンの反応〕
$Cu^{2+} \xrightarrow{塩基} Cu(OH)_2 \xrightarrow{アンモニア} [Cu(NH_3)_4]^{2+}$
(青白色沈殿) (深青色溶液)

❷ 銀Agの単体と化合物

1 銀の単体の性質
1．白色の金属で，展性・延性に富む。
2．電気・熱の伝導性が金属中で最も（⑱　　　い）。
3．塩酸，希硫酸には溶けないが，（⑲　　　力）のある硝酸や熱濃硫酸には溶ける。

$$Ag + 2HNO_3(濃) \longrightarrow (⑳\qquad) + NO_2 + H_2O$$

2 銀の化合物——常に酸化数+1の化合物をつくる。

① 硝酸銀$AgNO_3$　（㉑　　色）の板状結晶。水によく溶ける。
（㉒　　）が当たると分解し，銀を遊離する（感光性）♣4。
→褐色びんで保存する

② ハロゲン化銀　銀イオンとハロゲン化物イオンの化合物。
1．（㉓　　　）以外は水に溶けずに沈殿する。

化学式	AgCl	AgBr	AgI
沈殿の色	（㉔　色）	（㉕　色）	（㉖　色）

2．ハロゲン化銀の沈殿に光を当てると，（㉗　色）に変わる。♣4
→褐色びんで保存する

> **重要**　〔ハロゲン化銀〕…AgCl（**白色**），AgBr（**淡黄色**），AgI（**黄色**）
> 光によって黒色に変わる（感光性）。

3 銀イオンの反応

① Ag^+を含む水溶液に塩基の水溶液を加えると，（㉘　　色）の酸化銀が沈殿する。
→水酸化物はできない

$$2Ag^+ + 2OH^- \longrightarrow (㉙\qquad) + H_2O$$

② 酸化銀の沈殿は，過剰のアンモニア水を加えると，錯イオンを生じて♣5（㉚　　色）の溶液となる。

$$Ag_2O + H_2O + 4NH_3 \longrightarrow (㉛\qquad) + 2OH^-$$
→ジアンミン銀（Ⅰ）イオン

③ Ag^+を含む水溶液に硫化水素を通じると，黒色の（㉜　　）が沈殿する。

$$2Ag^+ + S^{2-} \longrightarrow (㉝\qquad)$$

> **重要**　〔銀の化合物〕
> ① $AgNO_3$…水に可溶。　　　　　　　　　｝光で分解して
> ② ハロゲン化銀（AgCl，AgBr，AgI）　　　　銀が遊離。
> ③ Ag_2O…過剰のアンモニア水で，$[Ag(NH_3)_2]^+$になる。

♣4：このような性質を**感光性**という。この性質は写真フィルムにも利用されている。写真フィルムには臭化銀がぬってあり，光が当たったところに銀が析出する。定着液にそのフィルムを浸して，光の当たってない未反応の臭化銀をとり除いたものがネガフィルムである。

♣5：錯イオンのよび方ジアンミン銀（Ⅰ）イオン$[Ag(NH_3)_2]^+$についてみる。「ジ」はギリシャ語の数詞で2の意味であり，「アンミン」はNH_3（配位子），「銀（Ⅰ）イオン」はAg^+（金属イオン）を示す。（⇨p.119）

重要実験 　Al³⁺, Zn²⁺, Cu²⁺, Ag⁺ とNaOH水溶液の反応

方法(操作)▼

(1) 試験管AにはAl³⁺, 試験管BにはZn²⁺, 試験管CにはCu²⁺, 試験管DにはAg⁺を含む水溶液を入れ, NaOH水溶液を沈殿ができるまで加える。

注：NaOH水溶液は少しずつ加え, そのたびごとによく振り混ぜる。

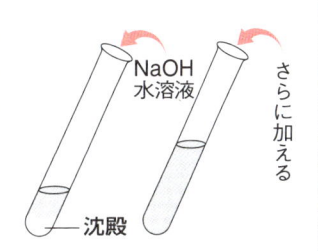

(2) 沈殿の色を確認後, さらにNaOH水溶液を加えて変化を見る。

結果と考察▼

	A：Al³⁺	B：Zn²⁺	C：Cu²⁺	D：Ag⁺
NaOH水溶液(少量)	白色沈殿	白色沈殿	青白色沈殿	褐色沈殿
NaOH水溶液(過剰)	無色溶液	無色溶液	青白色沈殿	褐色沈殿

❶ 少量のNaOH水溶液を加えたとき, それぞれに生じた沈殿の化学式は,
　A⇒(㉞　　　), B⇒(㉟　　　), C⇒(㊱　　　), D⇒(㊲　　　)

❷ 沈殿が溶けたのは, 両性元素のA, Bだけである。生じた錯イオンをイオン式で書くと,
　A⇒(㊳　　　), B⇒(㊴　　　)

重要実験 　Al³⁺, Zn²⁺, Cu²⁺, Ag⁺ とNH₃水の反応

方法(操作)▼

(1) 試験管AにはAl³⁺, 試験管BにはZn²⁺, 試験管CにはCu²⁺, 試験管DにはAg⁺を含む水溶液を入れ, NH₃水を沈殿ができるまで加える。

注：NH₃水は少しずつ加え, そのたびごとによく振り混ぜる。

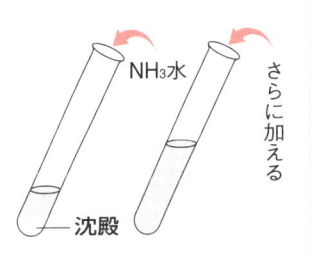

(2) 沈殿の色を確認後, さらにNH₃水を加えて変化を見る。

結果と考察▼

	A：Al³⁺	B：Zn²⁺	C：Cu²⁺	D：Ag⁺
NH₃水(少量)	白色沈殿	白色沈殿	青白色沈殿	褐色沈殿
NH₃水(過剰)	白色沈殿	無色溶液	深青色溶液	無色溶液

❶ 少量のNH₃水を加えたとき, それぞれに生じた沈殿の化学式は,
　A⇒(㊵　　　), B⇒(㊶　　　), C⇒(㊷　　　), D⇒(㊸　　　)

❷ 沈殿が溶けたのは, B, C, Dである。生じた錯イオンをイオン式で書くと,
　B⇒(㊹　　　), C⇒(㊺　　　), D⇒(㊻　　　)

ミニテスト 　　　　　　　　　　　　　　　解答 別冊 p.11

☐❶ 硫酸銅(Ⅱ)五水和物に次の処理を行ったときに起こる反応を, 化学反応式で表せ。また, 反応に伴う色の変化も書け。
　(1) 150℃以上に加熱する。
　(2) 水に溶かし, アンモニア水を過剰に加える。

☐❷ 次の文章の㋐に適当な色, ㋑に反応式を入れよ。
　塩化銀の白色沈殿に光を当てると㋐(　　)色に変わる。これは塩化銀が光の作用を受けて, ㋑(　　)のように分解するためである。

3 鉄・クロムとその化合物

解答 別冊p.12

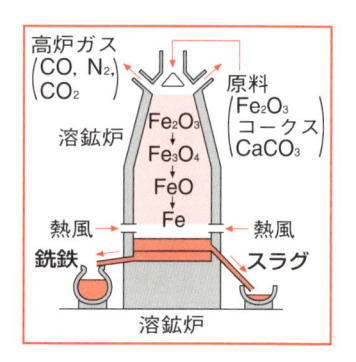

高炉ガス(CO, N₂, CO₂)
原料(Fe₂O₃, コークス, CaCO₃)
溶鉱炉
Fe₂O₃
Fe₃O₄
FeO
Fe
熱風
銑鉄
スラグ
溶鉱炉

♣1：石灰石と鉄鉱石中の不純物(SiO₂など)が反応して，スラグとなり，銑鉄の上に浮かぶ。

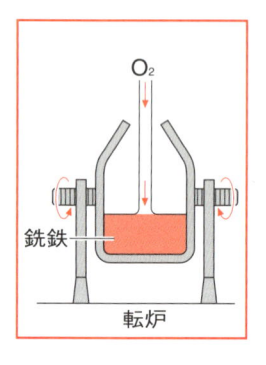

❶ 鉄Feの単体と化合物 【出る】

1 鉄の単体の製法と性質

① **製法** 1. 鉄鉱石，コークス，石灰石を溶鉱炉に入れ，コークスCの燃焼で生じた一酸化炭素で酸化鉄を（①　　）する。
　　　↳赤鉄鉱（主成分Fe₂O₃），磁鉄鉱（主成分Fe₃O₄）など

$$Fe_2O_3 + (②\quad) \longrightarrow 2Fe + 3CO_2$$

　　2. 生じた鉄を（③　　）といい，炭素量が3〜5％である。
　　　　　　　　　　　　　↳硬いがもろい

　　3. 転炉に移し，炭素量を減らしたものが（④　　）である。
　　　　　　　　　　　　　　　　　　　↳2〜0.02％

② **性質** 1. 酸には（⑤　　）を発生しながら溶ける。

$$Fe + H_2SO_4 \longrightarrow (⑥\quad) + H_2\uparrow$$

　　2. 濃硝酸には（⑦　　）となるため溶けない。

> **重要**
> 〔鉄の溶鉱炉内での反応〕……鉄は還元され，酸化数減少。
> $Fe_2O_3 \Rightarrow Fe_3O_4 \Rightarrow FeO \Rightarrow Fe$
> 〔鉄の性質〕…ふつうの酸には可溶，濃硝酸には不溶（不動態）。

O₂
銑鉄
転炉

♣2：鉄の酸化物
①酸化鉄(Ⅲ)Fe₂O₃…赤さびの成分で，ベンガラともいう。鉄が湿った空気中で酸化されるとできる。赤色顔料や磁気記録の材料として使われる。
②四酸化三鉄Fe₃O₄…黒さびの成分で，強い磁性をもつ。鉄を空気中で強熱したり，鉄に高温の水蒸気を当てたりするとできる。

2 鉄の化合物

① **酸化物** ♣2　1. 湿った空気中では，赤褐色の（⑧　　）を生じる。
　　　　　　　　　　　　　　　　　　　　　↳鉄の赤さびの主成分

　　2. 鉄を強熱すると，黒色の（⑨　　）を生じる。

② **鉄(Ⅱ)化合物と鉄(Ⅲ)化合物**

	化学式	名称	結晶の色
2価	FeSO₄·7H₂O	硫酸鉄(Ⅱ)七水和物	(⑩　　色)
2価	K₄[Fe(CN)₆]	ヘキサシアニド鉄(Ⅱ)酸カリウム	(⑪　　色)
3価	FeCl₃·6H₂O	塩化鉄(Ⅲ)六水和物	(⑫　　色)
3価	K₃[Fe(CN)₆]	ヘキサシアニド鉄(Ⅲ)酸カリウム	(⑬　　色)

空気中では，Fe^{2+}は酸化されてFe^{3+}に変化しやすい。

③ **水酸化物** 1. 鉄(Ⅱ)イオンを含む水溶液に塩基の水溶液を加えると，水酸化鉄(Ⅱ)とよばれる（⑭　　色）沈殿を生じる。

$$Fe^{2+} + 2OH^- \longrightarrow (⑮\quad)\downarrow$$

　　2. 鉄(Ⅲ)イオンを含む水溶液に塩基の水溶液を加えると，水酸化鉄(Ⅲ)とよばれる（⑯　　色）沈殿を生じる。

$$Fe^{3+} + 3OH^- \longrightarrow (⑰\quad)\downarrow$$

4 Fe^{2+}とFe^{3+}の検出反応

① **Fe^{2+}の検出** Fe^{2+}を含む水溶液に(⑱   )水溶液を加えると，(⑲   色)の沈殿ができる。
  ↳ $K_3[Fe(CN)_6]$
  ↳ ターンブル青という
  ♣3

② **Fe^{3+}の検出** Fe^{3+}を含む水溶液に(⑳   )水溶液を加えると，(㉑   色)の沈殿ができる。また，チオシアン酸カリウム水溶液を加えると，(㉒   色)の溶液になる。
  ↳ $K_4[Fe(CN)_6]$
  ↳ 紺青という
  ↳ KSCN
  ♣4

♣3：Fe^{2+}を含む水溶液に$K_4[Fe(CN)_6]$を加えると，青白色の沈殿ができる。

♣4：Fe^{3+}を含む水溶液に$K_3[Fe(CN)_6]$を加えると，褐色の溶液になる。

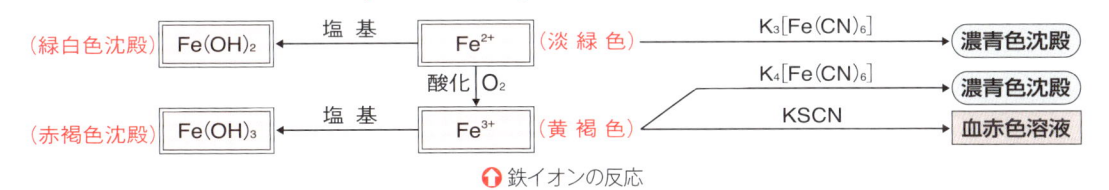

```
(緑白色沈殿) [Fe(OH)₂] ←塩基── [Fe²⁺](淡緑色) ──K₃[Fe(CN)₆]→ (濃青色沈殿)
                         ↑酸化 O₂                  K₄[Fe(CN)₆]→ (濃青色沈殿)
(赤褐色沈殿) [Fe(OH)₃] ←塩基── [Fe³⁺](黄褐色)         KSCN     → 血赤色溶液
```
↑鉄イオンの反応

❷ クロムCrの化合物

1 クロムの化合物 ♣5

① **クロム酸カリウムK_2CrO_4** (㉓   色)の結晶。水に溶けて(㉔   色)の水溶液となる。特定の金属イオンと沈殿をつくる。

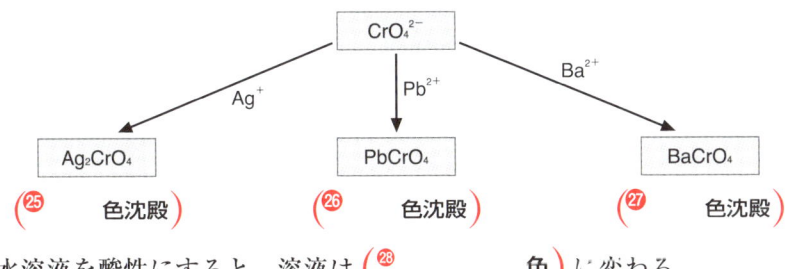

```
           CrO₄²⁻
      ↙     ↓     ↘
    Ag⁺   Pb²⁺    Ba²⁺
   Ag₂CrO₄  PbCrO₄  BaCrO₄
  (㉕色沈殿)(㉖色沈殿)(㉗色沈殿)
```

水溶液を酸性にすると，溶液は(㉘   色)に変わる。

> **重要**
> $$2CrO_4^{2-} + H^+ \underset{塩基性}{\overset{酸性}{\rightleftharpoons}} Cr_2O_7^{2-} + OH^-$$
> （黄色）   （赤橙色）

♣5：クロムの酸化数には+2，+3，+6の3つがあるが，Cr^{3+}が一番安定である。したがって，酸化数が+6の化合物の$K_2Cr_2O_7$は酸性溶液中でCr^{3+}になる傾向が大きいので，強い酸化剤である。

（酸化数）
+6 { CrO_4^{2-}（黄）
     $Cr_2O_7^{2-}$（赤橙）
+3 Cr^{3+}（暗緑）

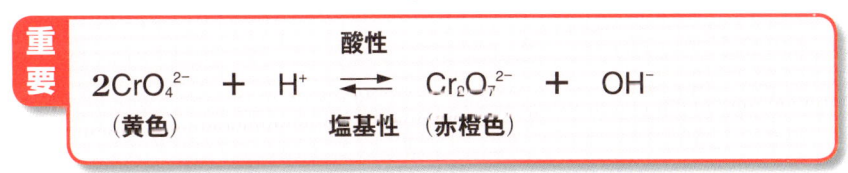

② **ニクロム酸カリウム$K_2Cr_2O_7$** (㉙   色)の結晶。水に溶けて(㉚   色)の水溶液となる。

硫酸酸性の水溶液は強い(㉛   剤)。

$$Cr_2O_7^{2-} + 14H^+ + 6e^- \longrightarrow 2Cr^{3+} + 7H_2O$$
（赤橙色）   （暗緑色）

ミニテスト　　　　　　　　　　　　　　　　　　解答 別冊p.12

□ 次の各問いに答えよ。
(1) 溶鉱炉で鉄をつくるのに必要な原料物質を3つ答えよ。
(2) 溶鉱炉から得られる炭素量が3～5％の鉄を何というか。
(3) 転炉で酸素を吹きこんで炭素量を2～0.02％に減らした鉄を何というか。

4 金属イオンの検出と分離

❶ 陽イオン（金属イオン）の検出反応

1 特定の試薬との反応

イオン	検出試薬		イオン反応式	沈殿の色
Ca^{2+}	$(NH_4)_2CO_3$		$Ca^{2+} + CO_3^{2-} \longrightarrow CaCO_3$	白
Ba^{2+}	$(NH_4)_2CO_3$		❶	白
	❷		$Ba^{2+} + SO_4^{2-} \longrightarrow BaSO_4$	白
	K_2CrO_4		$Ba^{2+} + CrO_4^{2-} \longrightarrow BaCrO_4$	❸
Al^{3+}	NH_3aq		$Al^{3+} + 3OH^- \longrightarrow Al(OH)_3$	❹
	$NaOH$	（少量）		
		（過剰）	$Al(OH)_3 + OH^- \longrightarrow [Al(OH)_4]^-$	──
Pb^{2+}	H_2SO_4		$Pb^{2+} + SO_4^{2-} \longrightarrow PbSO_4$	白
	K_2CrO_4		$Pb^{2+} + CrO_4^{2-} \longrightarrow PbCrO_4$	❺
	HCl		$Pb^{2+} + 2Cl^- \longrightarrow PbCl_2$	白
Cu^{2+}	$NaOH$		$Cu^{2+} + 2OH^- \longrightarrow Cu(OH)_2$	❻
	NH_3aq	（少量）		
		（過剰）	$Cu(OH)_2 + 4NH_3 \longrightarrow [Cu(NH_3)_4]^{2+} + 2OH^-$	──
Ag^+	❼		$Ag^+ + Cl^- \longrightarrow AgCl$	白
	K_2CrO_4		$2Ag^+ + CrO_4^{2-} \longrightarrow Ag_2CrO_4$	❽
	NH_3aq	（少量）	$2Ag^+ + 2OH^- \longrightarrow Ag_2O + H_2O$	❾
		（過剰）	$Ag_2O + H_2O + 4NH_3 \longrightarrow 2[Ag(NH_3)_2]^+ + 2OH^-$	──
Zn^{2+}	$NaOH$	（少量）	$Zn^{2+} + 2OH^- \longrightarrow Zn(OH)_2$	白
		（過剰）	$Zn(OH)_2 + 2OH^- \longrightarrow [Zn(OH)_4]^{2-}$	──
	NH_3aq	（少量）	$Zn^{2+} + 2OH^- \longrightarrow Zn(OH)_2$	白
		（過剰）	$Zn(OH)_2 + 4NH_3 \longrightarrow [Zn(NH_3)_4]^{2+} + 2OH^-$	──
Fe^{2+}	$NaOH$		$Fe^{2+} + 2OH^- \longrightarrow Fe(OH)_2$	❿
	⓫			濃青
Fe^{3+}	$NaOH$		$Fe^{3+} + 3OH^- \longrightarrow Fe(OH)_3$	⓬
	$K_4[Fe(CN)_6]$			濃青

2 炎色反応 ♣1

Li	Na♣2	K♣2	Ca	Sr	Ba	Cu
赤	(⑬　　)	赤紫	(⑭　　)	深赤	黄緑	(⑮　　)

♣1：炎色反応の調べ方 金属塩の水溶液を白金線の先につけてガスバーナーの外炎の中に入れる。

3 金属イオンと硫化水素の反応 ♣3

金属イオン	反応の条件	硫化物と色
Cu^{2+}, Hg^{2+}, Ag^+, Pb^{2+}, Cd^{2+}	水溶液が酸性，中性，塩基性のいずれでもよい	CuS(黒), HgS(黒), Ag_2S(黒), PbS(黒), CdS(黄)
Mn^{2+}, Fe^{2+}, Ni^{2+}, Zn^{2+}, Co^{2+}	水溶液が(⑯　　)または(⑰　　)の場合のみ	MnS(淡赤), FeS(黒), NiS(黒), ZnS(白), CoS(黒)

♣2：Na^+, K^+を含む水溶液は，沈殿を生じさせる適当な試薬がないので，炎色反応で検出をする。他の金属イオンの炎色反応は，イオンの検出反応の補助手段である。

❷ 陽イオンの系統分離　出る

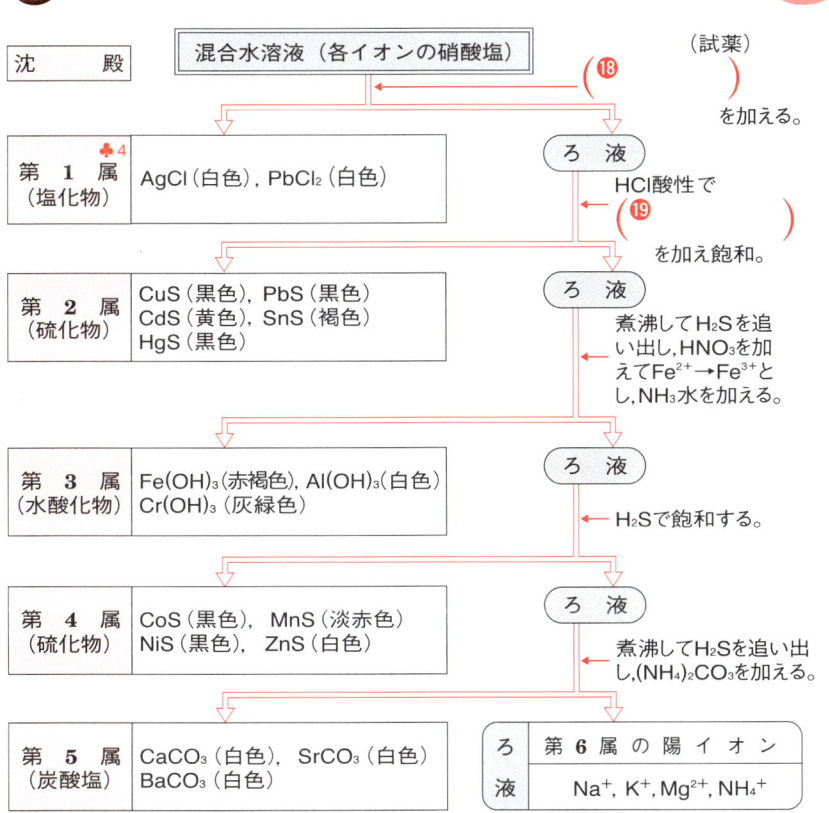

混合水溶液（各イオンの硝酸塩）
↓ ←（試薬）(⑱　　)を加える。

第1属（塩化物）♣4：AgCl（白色），$PbCl_2$（白色）
ろ液 ← HCl酸性で(⑲　　)を加え飽和。

第2属（硫化物）：CuS（黒色），PbS（黒色），CdS（黄色），SnS（褐色），HgS（黒色）
ろ液 ← 煮沸してH_2Sを追い出し，HNO_3を加えてFe^{2+}→Fe^{3+}とし，NH_3水を加える。

第3属（水酸化物）：$Fe(OH)_3$（赤褐色），$Al(OH)_3$（白色），$Cr(OH)_3$（灰緑色）
ろ液 ← H_2Sで飽和する。

第4属（硫化物）：CoS（黒色），MnS（淡赤色），NiS（黒色），ZnS（白色）
ろ液 ← 煮沸してH_2Sを追い出し，$(NH_4)_2CO_3$を加える。

第5属（炭酸塩）：$CaCO_3$（白色），$SrCO_3$（白色），$BaCO_3$（白色）
ろ液 | **第6属の陽イオン** Na^+, K^+, Mg^{2+}, NH_4^+

♣3：金属イオンと硫化水素の反応では，水溶液の液性（酸性，中性，塩基性）に十分注意しよう。なお，イオン化傾向の大きい金属のイオンであるK^+, Ca^{2+}, Na^+, Mg^{2+}, Al^{3+}はどの液性でも沈殿しない。

♣4：系統分離の第1～第6属は，周期表の族とは無関係である。

ミニテスト　解答 別冊p.12

□ Ag^+, Cd^{2+}, Fe^{3+}, Al^{3+}, Ba^{2+}を含む混合溶液についての実験で，生じる沈殿の化学式を書け。
(1) 希塩酸を加えると，白色の沈殿を生じた。
(2) (1)のろ液に硫化水素を通じると，黄色の沈殿を生じた。
(3) (2)のろ液に希硝酸を加えて煮沸した後，過剰のNH_3水を加えると，沈殿が生じた。
(4) (3)のろ液に炭酸アンモニウム水溶液を加えると，白色の沈殿が生じた。

5 無機物質と人間生活

解答 別冊p.12

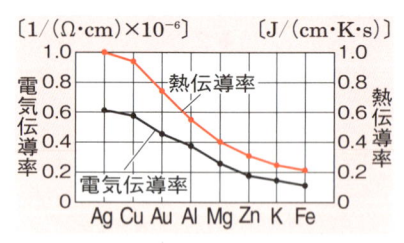

〔金属の電気伝導率と熱伝導率の関係のグラフ〕
↑ 金属の電気伝導率と熱伝導率の関係

♣1：主な軽金属は，次の通りである。
Li($0.53\,g/cm^3$)
Na($0.97\,g/cm^3$)
Mg($1.74\,g/cm^3$)
Al($2.70\,g/cm^3$)
Ti($4.50\,g/cm^3$)

❶ 金属の利用

1 金属の特徴──① 特有の（❶　　　光沢）をもつ。
② 電気・熱をよく通す。
③（❷　　性・　　性）が大きい。

2 金属の分類──密度が $4〜5\,g/cm^3$ 以下の金属を（❸　　）*¹ といい，密度が $4〜5\,g/cm^3$ より大きい金属を（❹　　）という。また，空気中で容易にさびる金属を**卑金属**といい，空気中でも安定に存在する金属を（❺　　）という。

3 金属の利用──金属の特徴と利用例は次の通り。

金属	特徴	用途
❻	資源が豊富。安価。機械的強度が大。生産量が最も多い。	自動車，船，橋，建築材料，機械器具
❼	軽くて軟らかい。光の反射率が大。電気・熱をよく通す。生産量第2位。	送電線，サッシ，飲料缶，鍋
❽	電気・熱をよく通す。展性・延性に富む。古くから人類が利用。	電気材料，硬貨，調理器具
❾	美しい光沢。展性・延性は最大。イオン化傾向が最小。	装飾品，電気配線材料
❿	イオン化傾向が小。貴金属の代表。融点が高い。化学反応の触媒作用。	工業用触媒，装飾品
⓫	軽くて硬くて強い。耐食性が大きい。	ジェットエンジン，スポーツ用品
⓬	融点が極めて高い。耐熱性が大きい。	電球のフィラメント

4 さび──金属が空気中の（⓭　　）や水と反応し，酸化物や水酸化物になったもの。金属がさびるのを防ぐには，塗装などの方法がある。　例　鉄の赤さび（$Fe_2O_3 \cdot nH_2O$），鉄の黒さび（Fe_3O_4）*²

♣2：鉄を湿った空気中に放置すると赤さび，鉄を空気中で強熱すると黒さびが生成する。赤さびはきめが粗くさびが進行しやすいが，黒さびは緻密で鉄の腐食を防止する効果がある。

5 めっき（鍍金）──金属の表面を別の金属でおおうこと。
①（⓮　　）……鉄を亜鉛でめっきしたもの。
②（⓯　　）……鉄をスズでめっきしたもの。
③（⓰　　）……めっきではないが，アルミニウムに酸化被膜をつけてさびにくくしたもの。

❷ 合金の利用

1 合金とは──2種以上の金属を融かし合わせたものを(⑰　　　)といい，もとの金属にはない優れた性質をもつものが多い。

名 称	組成の一例〔%〕	特 徴
⑱	Cu 70, Zn 30	黄色，美しい，加工しやすい
⑲	Cu 85, Sn 15	腐食しにくい，硬い
⑳	Cu 80, Ni 20	白色，美しい，腐食しにくい
㉑	Fe 74, Cr 18, Ni 8	さびにくい，硬い
㉒	Al 94, Cu 5, Mg 少量	軽量，強度が大きい
㉓	Ni 80, Cr 20	電気抵抗が大きい
㉔	Sn 96, Ag 3, Cu 少量	融点が低い(Pbを含まない)
㉕	Mg 96, Al 3, Zn 1	㉒より軽量，強度が大きい

↑ 硬貨（銅の合金）

2 新しい合金──近年，特殊な機能をもった合金がつくられている。

名 称	特 徴	利用例
㉖	金属の結晶格子の隙間に水素原子を吸蔵する。♣3	Ni－H₂電池 燃料電池自動車
㉗	高温で加工したときの形状を記憶している。	眼鏡フレーム 温度センサー
㉘	結晶の構造をもたず，非晶質のまま固化している。	強力バネ 磁気ヘッド
㉙	ある温度以下では，電気抵抗が0になる。♣4	リニアモーターカー 医療器具(MRI)

♣3：ランタンLaとニッケルNiが1：5の組成をもつ**水素吸蔵合金**は，1000倍以上の体積を安全に貯蔵することができる。

♣4：スズSnとニオブNbからなる**超伝導合金**は，極低温では電気抵抗が0となる。MRIなどの医療器具に用いられる。

❸ セラミックスの利用

1 セラミックス──ケイ砂や粘土などの無機物の材料を高温処理してつくった製品を，(㉚　　　)♣5または**窯業製品**という。

2 陶磁器──粘土などを高温で焼き固めたものを(㉛　　　)という。原料，焼成温度などの違いにより，**土器，陶器，磁器**に分類される。

種 類	原 料	焼成温度〔℃〕	強度	打音	吸水性	用 途
㉜	粘土	700～900	劣る	濁音	㉟	瓦，植木鉢
㉝	陶土，石英	1100～1300	中間	やや濁音	小	タイル，衛生器具
㉞	陶土，石英，長石	1300～1500	優れる	金属音	㊱	高級食器，がいし

♣5：セラミックスをつくる工業は，ケイ酸塩を原料に用いるので，**ケイ酸塩工業**ともいう。また，窯を用いるので窯業ということもある。

3 焼結——高温では粘土の粒子が少し融け，接着しあう。これを(㊲　　　)という。

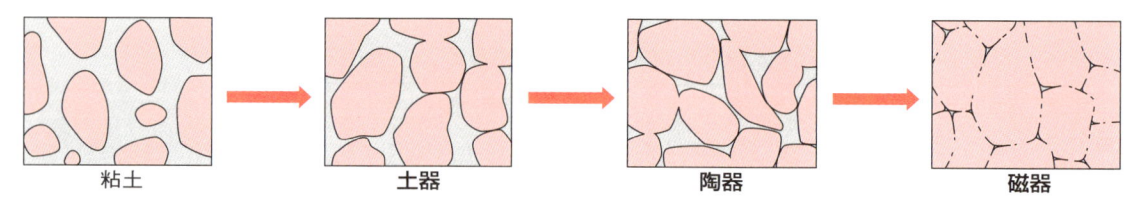

粘土 → 土器 → 陶器 → 磁器

❹ ガラス

石英　ガラス
○ Si　○ O　● Na⁺やCa²⁺など

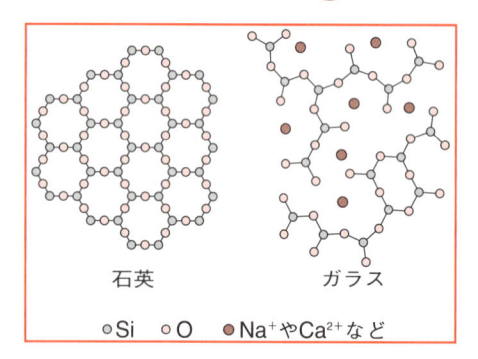

1 ガラスの特徴
① 長所…透明で，熱や化学物質にも強く，燃えない。
② 短所…もろくて，割れやすい。

2 ガラスの構造——SiO_2の四面体構造の中にNa^+やCa^{2+}などが入りこみ，不規則な構造のまま固化した**非結晶(無定形固体)**。一定の(㊳　　　)をもたず，加熱するとしだいに(㊴　　　)する。

3 ガラスの種類

名称	(㊵　　ガラス)	(㊶　　ガラス)	(㊷　　ガラス)	(㊸　　ガラス)
主原料	ケイ砂(SiO_2)，炭酸ナトリウム(Na_2CO_3)，石灰石($CaCO_3$)	ケイ砂(SiO_2)，炭酸カリウム(K_2CO_3)，酸化鉛(Ⅱ)(PbO)	ケイ砂(SiO_2)，ホウ砂($Na_2B_4O_7$)	ケイ砂(SiO_2)
用途	最も多量に使用。窓ガラス，ビン	レンズ，X線遮蔽材料	耐熱食器，理化学器具	プリズム，光ファイバー♣6

♣6：透明度の高い石英ガラスを繊維状にしたもので，光通信用ケーブルに利用される。

4 ファインセラミックス(ニューセラミックス)

人工材料や高純度の原料を用いて厳密に制御して焼き固めたセラミックスを，(㊹　　　)またはニューセラミックスという。

成分	特徴	用途
Si_3N_4, SiC	硬い。耐熱性，耐摩耗性が大。	自動車エンジン，ガスタービン
$Ca_5(PO_4)_3OH$	生体との適合性に優れる。	人工骨，人工関節，人工歯根
Al_2O_3, AlN	電気絶縁性，放熱性がよい。	集積回路の放熱基板

ミニテスト　　　　　　　　　　　　　　　解答　別冊 p.12

□ 次の文中の(　)に適する語句を入れよ。
(1) 金属には，展性や㋐(　　)が大きい，特有の㋑(　　)がある，㋒(　　)や熱をよく通す，他の金属と㋓(　　)をつくるなどの特徴がある。

(2) 無機材料を窯で高温処理してつくられる製品を，窯業製品または㋐(　　)という。代表的なものに，窓やビンなどに用いる㋑(　　)，タイルや食器に用いる㋒(　　)などがある。

3章 遷移元素の性質 練習問題

解答 別冊p.37

❶ 〈金属単体の性質〉
▶わからないとき→p.112,116,117,123,126

次の①～⑤の性質をもつ金属を下から選び，元素記号で答えよ。
① 常温において水と激しく反応する。
② 希塩酸にも水酸化ナトリウム水溶液にも水素を発生して溶けるが，濃硝酸には溶けない。
③ 濃硝酸および水酸化ナトリウム水溶液には溶けないが，希塩酸には水素を発生して溶ける。
④ 塩酸，硫酸，硝酸や水酸化ナトリウム水溶液には溶けないが，王水には溶ける。
⑤ 希塩酸や希硫酸には溶けないが，硝酸および熱濃硫酸には水素を発生しないで溶ける。

　　Al　Au　Cu　Zn　Fe　Na

ヒント イオン化傾向；Na＞Al＞Zn＞Fe＞（H_2）＞Cu＞Au
両性金属；Al，Zn　　不動態を形成；Al，Fe

❶
①
②
③
④
⑤

❷ 〈鉄の製錬〉
▶わからないとき→p.126

次の文章を読み，あとの各問いに答えよ。

磁鉄鉱(主成分Fe_3O_4)や ① (主成分Fe_2O_3)などの鉄鉱石，石灰石，コークスを溶鉱炉に入れ，下から熱した ② を送りこむと，<u>コークスが燃焼してできた ③ が鉄鉱石中の酸化鉄(Ⅲ)を還元して，単体の鉄が得られる。</u>こうして得られた鉄を ④ という。④を転炉に移して酸素を吹きこみ，不純物を除きつつ炭素含有量を減らすと強靭な鉄となる。この鉄を ⑤ という。

また，石灰石は鉄鉱石中の不純物である ⑥ などと反応し， ⑦ とよばれる物質に変化し，④の上に浮かんでその酸化を防止する。

(1) 　　 に適当な語句を入れよ。
(2) 下線部の反応を化学反応式で書け。

❷
(1)①
②
③
④
⑤
⑥
⑦
(2)

❸ 〈金属イオンの分離〉
▶わからないとき→p.129

右図はFe^{3+}，Al^{3+}，Cu^{2+}，Zn^{2+}，Ag^+を含む溶液から，それぞれのイオンを分離する操作を示したものである。沈殿A，沈殿Bおよび沈殿Fの色と化学式を答えよ。また，ろ液Dとろ液Eに含まれる錯イオンのイオン式を答えよ。

```
        $Fe^{3+}$, $Al^{3+}$, $Cu^{2+}$, $Zn^{2+}$, $Ag^+$
                  │ 塩酸を加える
         ┌────────┴────────┐
       沈殿A              ろ液
                            │ 硫化水素を通じる
                   ┌────────┴────────┐
                 沈殿B              ろ液
                                      │ 煮沸後，硝酸を加え
                                      │ てから，アンモニア水
                                      │ を過剰に加える
                             ┌────────┴────────┐
                           沈殿C              ろ液D
                             │ 過剰の水酸化ナトリウム
                             │ 水溶液を加える
                    ┌────────┴────────┐
                  ろ液E              沈殿F
```

ヒント 操作としてはCl^-，酸性でH_2S，過剰なアンモニア水をこの順序で加えている。各段階で沈殿するイオンは何か。

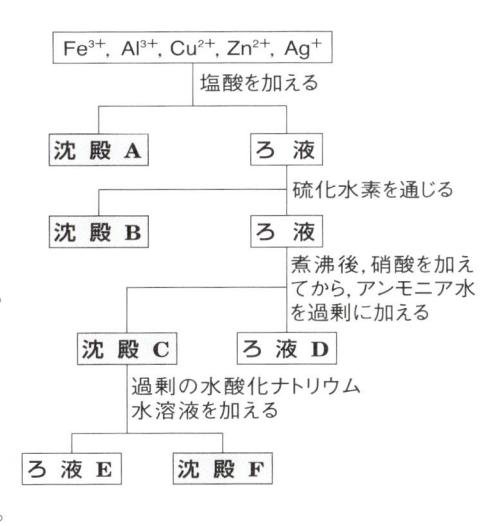

❸
A 色
化学式
B 色
化学式
F 色
化学式
D
E

第4編 無機物質 定期テスト対策問題

時　間▶▶▶ **50**分
合格点▶▶▶ **70**点
解　答▶別冊 p.38

1

右の図は，酸化マンガン(Ⅳ)に濃塩酸を作用させて，乾いた塩素を発生させる装置である。これについて，次の問いに答えよ。 〔各2点　合計10点〕

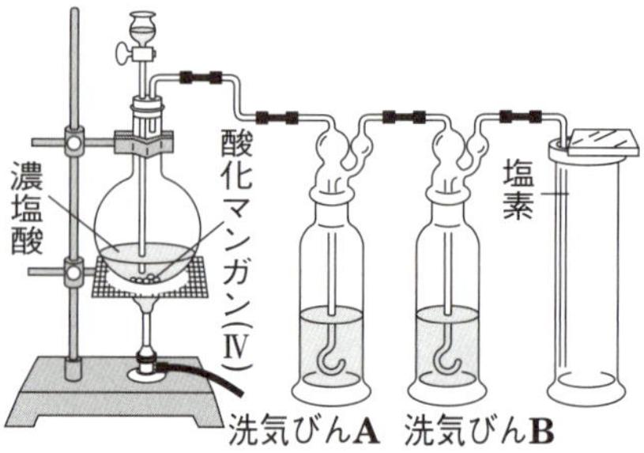

(1) 丸底フラスコ内で起こる反応を化学反応式で示せ。
(2) 洗気びんA，Bに入れる物質として正しい組み合わせは次のうちどれか。
　ア　A…水　B…アンモニア水　　イ　A…水　B…濃硫酸
　ウ　A…アンモニア水　B…水　　エ　A…濃硫酸　B…水
　オ　A…アンモニア水　B…濃硫酸
(3) 洗気びんA，Bで取り除かれる気体はそれぞれ何か。
　ア　酸素　イ　水蒸気　ウ　塩化水素　エ　水素　オ　窒素
(4) 生成した塩素は下方置換で捕集する。その理由を簡単に説明せよ。

(1)				(2)	
(3)	A	B	(4)		

2

下の①～⑤の硫酸の反応は，次のア～エのどの性質によるか。 〔各2点　合計10点〕
　ア　不揮発性　イ　脱水性　ウ　酸化性　エ　強酸性
① 亜鉛に希硫酸を加えて水素を発生させた。
② 銅に濃硫酸を加えて加熱し，二酸化硫黄を発生させた。
③ 硫化鉄(Ⅱ)に希硫酸を加え，硫化水素を発生させた。
④ スクロース(ショ糖)に濃硫酸を滴下すると，黒くなった。
⑤ 塩化ナトリウムに濃硫酸を加えて加熱し，塩化水素を発生させた。

①	②	③	④	⑤

3

硝酸は工業的には次の方法でつくられる。以下の問いに答えよ。 〔各2点　合計14点〕

まず，(A)アンモニアと酸素を反応させる。このとき生じた(B)(　①　)は常温で酸化され，(　②　)色の気体(　③　)になる。この(C)(　③　)を水に溶かすことにより硝酸が得られる。この硝酸の工業的製法を(　④　)という。

(1) 上の文中の(　①　)と(　③　)には化学式を，(　②　)と(　④　)には語句を入れよ。
(2) 下線部Ⓐの反応で用いられる触媒名と，ⒷとⒸの化学反応式を示せ。

(1)	①		②		③		④	
(2)	Ⓐ		Ⓑ			Ⓒ		

4 右図はアンモニアソーダ法における化合物の流れを示したものである。また，□内の数字は化学反応を示す。これに関し，以下の問いに答えよ。

〔(1)・(2)各2点　(3)各3点　合計14点〕

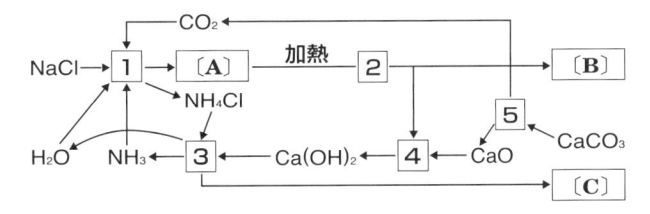

(1) この反応の原料といえる物質はどれか。図から2つ選び，化合物名で書け。
(2) 〔A〕・〔B〕に入る化合物の化学式を書け。
(3) ①・③の反応式を書け。

(1)		(2)	A		B	
(3)	①			③		

---

5 以下の文を読み，下の各問いに答えよ。〔各2点　合計14点〕

2族元素のうち，（　①　）と（　②　）以外の元素は性質が互いによく似ているので，（　③　）とよばれる。これらの単体は，常温でも水と反応して水素を発生し，水酸化物になる。

水酸化カルシウムの固体や水溶液は，空気中の（　④　）を吸収して（　⑤　）になる。（　⑤　）は石灰岩や大理石などとして天然に多量に存在し，水に溶けにくいが二酸化炭素を含んだ水には（　⑥　）となってわずかに溶ける。

(1) ①～⑥の空欄に適当な語句を入れよ。
(2) 下線部の変化を化学反応式で示せ。

(1)	①		②		③		④		⑤		⑥	
(2)												

---

6 (1)～(4)の反応を示すものをア～オの化合物の水溶液の中からそれぞれ選び，記号で答えよ。また，下線部を化学反応式で表せ。〔記号…各1点　反応式…各2点　合計12点〕

　ア　硝酸銀　　イ　硫酸亜鉛　　ウ　硫酸銅(Ⅱ)　　エ　塩化鉄(Ⅲ)　　オ　塩化バリウム

(1) アンモニア水を加えると青白色の沈殿を生じるが，<u>さらにアンモニア水を加えると沈殿は溶けて深青色の溶液となる</u>。
(2) 黄緑色の炎色反応を示す。<u>この水溶液に硫酸ナトリウム水溶液を加えると，白色沈殿を生じる</u>。
(3) <u>塩酸を加えると白色の沈殿</u>，アンモニア水を加えると褐色の沈殿をそれぞれ生じる。
(4) <u>アンモニア水を加えると白色の沈殿を生じるが，さらにアンモニア水を加えると沈殿は溶ける</u>。また，この水溶液に硫化水素を加えると再び白色の沈殿を生じる。

(1)	記号		反応式	
(2)	記号		反応式	
(3)	記号		反応式	
(4)	記号		反応式	

7 次の①〜⑥の操作で発生する気体の分子式を示し，それらの気体の性質として，最も適当なものをア〜キより1つ選び，記号で答えよ。 〔各1点 合計12点〕

① 石灰石に希塩酸を注ぐ。
② 濃硝酸に銅片を入れる。
③ 希硝酸に銅片を入れる。
④ 塩化アンモニウムに水酸化カルシウムを混ぜて加熱する。
⑤ 亜鉛に希硫酸を注ぐ。
⑥ 塩化ナトリウムに濃硫酸を加えて加熱する。

〔気体の性質〕

ア 水によく溶ける刺激臭のある気体で，水溶液は塩基性を示す。
イ 無色・無臭の気体で，大気中での増加は地球温暖化の原因といわれている。
ウ 水に溶けない無色の気体で，空気中ではすぐに赤褐色になる。
エ 赤褐色の有毒な気体で，水に溶けて，水溶液は強い酸性を示す。
オ 無色・刺激臭の気体で，水によく溶けて，水溶液は強い酸性を示す。
カ 無色・無臭の気体で，可燃性があり，密度は最も小さい。
キ 黄緑色の刺激臭の気体で，水に少し溶けて漂白作用を示す。

①	分子式		性質		②	分子式		性質		③	分子式		性質	
④	分子式		性質		⑤	分子式		性質		⑥	分子式		性質	

8 Ag^+，Ba^{2+}，Cu^{2+}，Fe^{3+}，Zn^{2+}を含む水溶液がある。これらのイオンを，図に示した操作で分離することができた。これについて以下の問いに答えよ。 〔(1)・(2)…各1点 (3)…各2点 合計14点〕

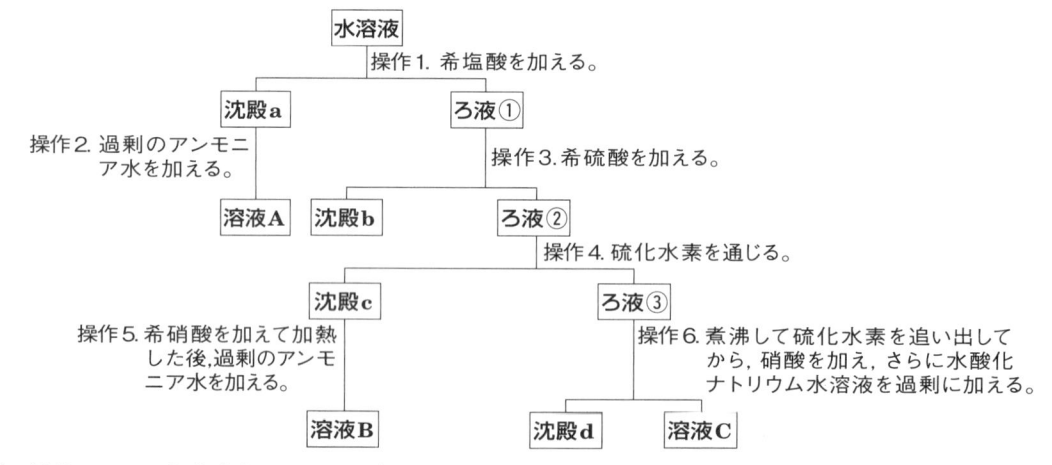

```
                       水溶液
                         │ 操作1. 希塩酸を加える。
              ┌──────────┴──────────┐
            沈殿a                  ろ液①
   操作2. 過剰のアンモ              │ 操作3. 希硫酸を加える。
          ニア水を加える。           │
       ┌───┴───┐         ┌─────┴─────┐
     溶液A  沈殿b        沈殿b      ろ液②
                                    │ 操作4. 硫化水素を通じる。
                              ┌─────┴─────┐
                            沈殿c        ろ液③
              操作5. 希硝酸を加えて加熱        操作6. 煮沸して硫化水素を追い出して
                    した後,過剰のアンモ             から，硝酸を加え，さらに水酸化
                    ニア水を加える。                ナトリウム水溶液を過剰に加える。
                         │                          ┌─────┴─────┐
                       溶液B                      沈殿d      溶液C
```

(1) 沈殿b〜dの化学式を示し，その色を記せ。
(2) 溶液AとBに含まれる錯イオンのイオン式を示し，その水溶液の色を記せ。
(3) 最初の水溶液にK^+とAl^{3+}が含まれていたら，それぞれどの沈殿あるいは溶液に含まれるか。沈殿b，dおよび溶液A〜Cのなかから1つ選んで答えよ。

(1)	b	化学式		色		c	化学式		色		d	化学式		色	
(2)	A	イオン式		色		B	イオン式		色						
(3)		K^+					Al^{3+}								

1章 有機化合物の特徴

1 有機化合物の特徴と分類

解答 別冊 p.12

❶ 有機化合物の特徴

1 有機化合物──（❶　　　　　）を含む化合物を**有機化合物**という。♣1
有機化合物は，生物体に関係した物質が多い。

2 有機化合物の特徴──有機化合物には次のような特徴がある。

① 構成元素の種類が少ない。
　　⇨C以外に，H，O，（❷　　　　　），S，Cl，……

② 化合物の種類が非常に多い。

③ （❸　　　　結合）による分子性物質が多い。

④ 融点・沸点が（❹　　　　　）く，♣2 可燃性であるものが多い。

⑤ （❺　　　　　）には溶けにくいが，（❻　　　　　）には溶けやすい。♣3

例 { H_2, O_2, H_2O, HCl, H_2SO_4 など……………**無機化合物**
　　CH_4, C_2H_5OH, CH_3COOH, C_6H_6 など……**有機化合物**

♣1：CO, CO_2, $CaCO_3$ などは，いずれも炭素を含む化合物であるが，習慣として無機化合物として扱う。

♣2：高温で分解するものもある。

♣3：ベンゼン，アルコール，アセトンなど，有機化合物の溶媒の総称である。

重要
〔有機化合物〕
① **構成元素**…C, H, O, N など。
② **性　質**……融点が低い。水に難溶で，有機溶媒に可溶。

❷ 有機化合物の分類

1 炭素骨格による分類──炭素と水素だけからなる化合物を
（❼　　　　　）といい，（❽　　　原子）のつながり方で分類される。

① **鎖式炭化水素**　炭素原子が鎖状に結合した炭化水素。

　{ 飽和炭化水素……炭素原子間が（❾　　　　結合）であるもの。♣4
　　不飽和炭化水素…炭素原子間に（❿　　　　結合）を含むもの。
　　　　　　　　　　→二重結合と三重結合の総称

例

```
    H H H
    | | |
H - C-C-C - H
    | | |
    H H H
```
♣5
C_3H_8…（飽和）

```
    H H H
    | | |
H - C=C-C - H
        |
        H
```
♣5
C_3H_6…（不飽和）

```
        H
        |
H-C≡C-C - H
        |
        H
```
♣5
C_3H_4…（不飽和）

♣4：単結合のことを飽和結合ともいう。

♣5：それぞれ，プロパン，プロペン（プロピレン），プロピン（メチルアセチレン）という。

♣6：シクロアルカンは飽和炭化水素，シクロアルケンは不飽和炭化水素である。また，芳香族炭化水素以外の環式炭化水素をまとめて**脂環式炭化水素**という。

② **環式炭化水素** 炭素原子が環状に結合した炭化水素
- シクロアルカン♣6…炭素原子間が（⑪　　　結合）であるもの。
- シクロアルケン♣6…炭素原子間に（⑫　　　結合）を1個含むもの。
- 芳香族炭化水素…分子内に（⑬　　　環）を含むもの。

例

C_6H_{12}…(飽和)♣7　　C_6H_{10}…(不飽和)♣7　　C_6H_6…(不飽和)♣7

♣7：それぞれ，シクロヘキサン，シクロヘキセン，ベンゼンという。

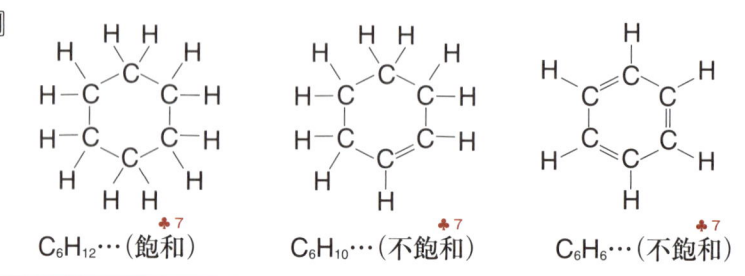

> **重要** 〔有機化合物(炭化水素)の分類〕
> ① 鎖式か，環式か。　② 飽和か，不飽和か。
> ③ 脂環式化合物か，芳香族化合物か。

♣8：炭化水素からH原子がとれた原子団(基)を**炭化水素基**という。炭化水素基は，特有の性質を示す官能基ではないが，有機化合物の最も基本的な骨格をなす。

2 官能基による分類——有機化合物の性質(特徴)を表す原子団(基)を（⑭　　　）という。炭化水素以外の有機化合物は，官能基の種類ごとにまとめて分類される。

> **重要** 〔官能基〕…有機化合物の性質を決める原子団(基)。
> 〔官能基による分類の例〕
> 　アルコール…-OHをもち，中性のもの。
> 　カルボン酸…-COOHをもつもの。

♣9：アルデヒド基とケトン基の>C=Oをまとめて，**カルボニル基**という。

官能基の名称	化学式	化合物の一般名	有機化合物の例
ヒドロキシ基	-OH	⑮	CH_3OH(メタノール) C_2H_5OH(エタノール)
		フェノール類	C_6H_5OH(フェノール) $C_6H_4(OH)CH_3$(クレゾール)
アルデヒド基♣9 (ホルミル基)	-CHO	⑯	CH_3CHO(アセトアルデヒド) C_6H_5CHO(ベンズアルデヒド)
ケトン基♣9	>C=O	ケトン	CH_3COCH_3(アセトン)
カルボキシ基	-COOH	⑰	$HCOOH$(ギ酸) CH_3COOH(酢酸)
エーテル結合	-O-	⑱	$C_2H_5-O-C_2H_5$(ジエチルエーテル)
ニトロ基	$-NO_2$	ニトロ化合物	$C_6H_5NO_2$(ニトロベンゼン)
アミノ基	$-NH_2$	⑲	$C_6H_5NH_2$(アニリン)
スルホ基	$-SO_3H$	スルホン酸	$C_6H_5SO_3H$(ベンゼンスルホン酸)
エステル結合	-COO-	エステル	$CH_3COOC_2H_5$(酢酸エチル)

❸ 異性体

1 異性体——分子式は同じだが，構造や(⑳　　　)が異なる化合物。

2 構造異性体——炭素骨格，つまり，(㉑　　　式)が異なる異性体。

例 炭素骨格が異なる	例 官能基の位置が異なる	例 官能基の種類が異なる
$CH_3-CH_2-CH_2-CH_3$ $CH_3-CH-CH_3$ 　　　$|$ 　　　CH_3	$CH_3-CH_2-CH_2-OH$ $CH_3-CH-CH_3$ 　　　$|$ 　　　OH	CH_3-CH_2-OH CH_3-O-CH_3

3 立体異性体——構造式は同じであるが，分子の立体的な構造が異なる異性体で，**シス-トランス異性体（幾何異性体）**と**鏡像異性体（光学異性体）**がある。

① **シス-トランス異性体**…(㉒　　　結合)をつくる炭素原子に異なる原子・原子団が結合すると，次の2種の異性体を生じる。

(㉓　　形)　　(㉔　　形)

♣ 10：シス形とトランス形
それぞれ，シス-2-ブテン，トランス-2-ブテンという。左の例でシス形はCH_3基が$C=C$結合の同じ側に存在するものであり，トランス形はCH_3基が$C=C$結合の反対側に存在するものをいう。

② **鏡像異性体**…4種の異なる原子・原子団と結合した炭素原子を(㉕　　　原子)といい，この原子をもつ化合物には実物と鏡像の関係にある1対の異性体が存在する。これらは，化学的性質やほとんどの物理的性質（融点・沸点など）は同じであるが，光学的性質だけが異なり，(㉖　　　異性体)という。

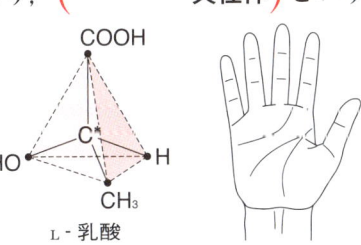

D-乳酸　　　鏡　　　L-乳酸

♣ 11：乳酸の立体構造
乳酸$CH_3C^*H(OH)COOH$の立体構造を表すと，左図のような2種類のものが考えられる。これらは，互いに左手と右手，または実物と鏡像の関係にあり，重ね合わせることができない。

> **重要**
> 〔構造異性体〕…**分子式が同じで，構造式が異なる。**
> 〔シス-トランス異性体〕…**シス形・トランス形がある。**
> 〔鏡像異性体〕…**不斉炭素原子をもつ。D型，L型がある。**

ミニテスト　〔解答　別冊p.12〕

□❶ 次の(1)〜(3)の文の誤りの部分に下線をつけ，訂正せよ。
(1) 有機化合物は，一般に有機溶媒に溶けにくく，水に溶けやすい。
(2) 有機化合物は必ず硫黄が含まれ，その他に水素，酸素，窒素などから構成されている。
(3) 有機化合物を構成する元素の種類は多い。

2 有機化合物の分析

❶ 成分元素の確認

元素	操作	生成物の化学式	確認方法
炭素 C	完全燃焼させる	(①　　　)	石灰水に通じると白濁
水素 H	完全燃焼させる	(②　　　)	塩化コバルト紙を赤変
窒素 N	NaOHと加熱	(③　　　)	濃塩酸で白煙生成
塩素 Cl	銅線につけ加熱	$CuCl_2$	(④　　色)の炎色反応
硫黄 S	Naと加熱	Na_2S	(⑤　　色)沈殿(PbS)♣1

♣1：生成したNa_2Sに酢酸鉛(Ⅱ)水溶液を加えると、沈殿が生じる。

❷ 組成式・分子式の決定

1 有機化合物の調べ方の順序

分離と精製 → 元素分析 → (⑥　　式)決定 → 分子量測定 → (⑦　　式)決定 → 官能基の検出 → (⑧　　式)決定

2 元素分析♣2 ——試料中の成分元素の(⑨　　　　)を求める操作。

① C, Hの質量分析　完全燃焼で生じた(⑩　　　　)をソーダ石灰に、(⑪　　　　)を塩化カルシウムに吸収させて、それぞれの質量増加より求める。♣3

$$CO_2の質量 \times \frac{12}{(⑫\ \ \ )} = 試料中の(⑬\ \ \ )の質量$$

$$H_2Oの質量 \times \frac{2}{(⑭\ \ \ )} = 試料中の(⑮\ \ \ )の質量$$

② Oの質量分析　試料の質量 − (Cの質量 + Hの質量)

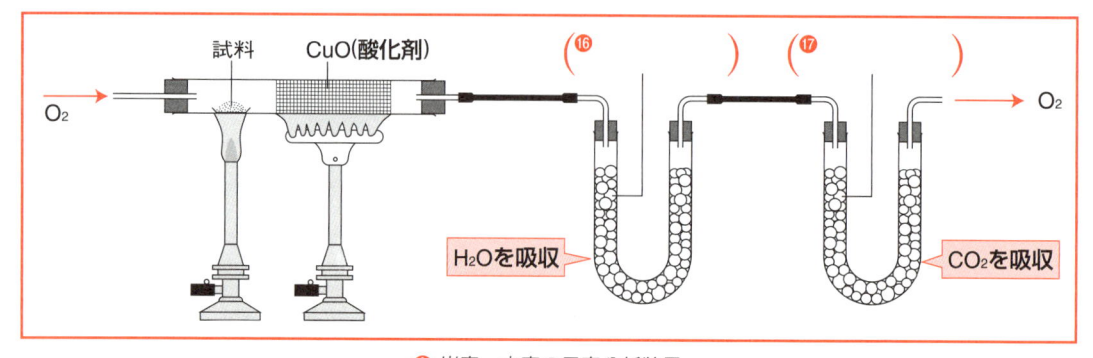

♣2：以下は、C, H, Oのみからなる有機化合物の場合の手順である。

♣3：元素分析装置につなぐときは塩化カルシウム管、ソーダ石灰管の順につなぐ。つなぎ方をまちがえると、先につけたソーダ石灰管がH_2OとCO_2の両方を吸収してしまうので、元素分析ができなくなってしまう。

↑ 炭素・水素の元素分析装置

1章 有機化合物の特徴

重要 元素分析
- C ⇨ CO_2(ソーダ石灰の吸収量)$\times \dfrac{12}{44}$
- H ⇨ H_2O(塩化カルシウムの吸収量)$\times \dfrac{2}{18}$
- O ⇨ (試料の質量) − (他元素の質量の総和)

3 組成式(実験式)の決定──元素分析で得た成分元素の質量を, 各元素の(⑱　　　)で割り, 最も簡単な(⑲　　　の比)を求める。♣4

↳ 物質量の比にもなる

例　C : H : O = $\dfrac{炭素の質量}{(⑳　　)}$: $\dfrac{水素の質量}{(㉑　　)}$: $\dfrac{酸素の質量}{(㉒　　)}$

C : H : O が $x : y : z$ であるとすると, 組成式は $C_xH_yO_z$ となる。

4 分子式の決定──組成式と適当な方法で求めた(㉓　　　)♣5から分子式を決める。このとき組成式量の(㉔　　　)が分子量に等しい。

組成式量 $\times n =$ 分子量　　$n = \dfrac{分子量}{組成式量}$　(n は整数)♣6

♣4：小数になるときや, 割り切れないときも, 近似して整数比にする。

♣5：分子量は, アボガドロの法則, 気体の状態方程式, 凝固点降下度・沸点上昇度などを用いて求める。

♣6：$n=1$ のときは, 組成式と分子式は同じになる。

例題研究　組成式・分子式の求め方

炭素, 水素, 酸素からなる分子量が60の有機化合物15mgをとり, 完全燃焼させたところ, 二酸化炭素22mgと水9.0mgを生じた。この化合物の組成式と分子式を求めよ。

解き方

まず, **各元素の質量**を求める。

C；$22 \times \dfrac{C}{CO_2} = 22 \times \dfrac{12}{(㉕　　)} = (㉖　　)$ mg

H；$9.0 \times \dfrac{2H}{H_2O} = 9.0 \times \dfrac{2.0}{18} = (㉗　　)$ mg

O；$15 - ((㉖　　) + (㉗　　)) = (㉘　　)$ mg

次に, **原子数の比**を求める。

C : H : O = $\dfrac{(㉖　　)}{12}$: $\dfrac{(㉗　　)}{1.0}$: $\dfrac{(㉘　　)}{16}$ = 1 : 2 : 1

したがって, 組成式は(㉙　　　)となる。　…**答**

組成式量 $CH_2O = 30$, **分子量＝60**だから, $30 \times n = 60$　　$n = 2$

よって, 分子式は(㉚　　　)となる。　…**答**

注 化合物に含まれる原子の数の比は, 各成分元素の質量を各元素の原子量で割って求める。
C : H : O
= $\dfrac{Cの質量}{12}$: $\dfrac{Hの質量}{1.0}$: $\dfrac{Oの質量}{16}$
また, 分子量は組成式量の整数倍になっている。

ミニテスト　（解答 別冊 p.13）

❶ 炭素, 水素, 酸素を含む有機化合物4.6mgを完全燃焼させたら, 二酸化炭素8.8mg, 水5.4mgを生じた。この化合物の組成式を求めよ。

❷ 炭素と水素からなる化合物の質量組成は, Cが80%, Hが20%であった。この物質の分子量を30として, この化合物の組成式と分子式を求めよ。

3 アルカン・シクロアルカン

解答 別冊 p.13

❶ アルカン

1 アルカン――炭素原子間の結合がすべて(❶　　　結合)でつながった鎖式の飽和炭化水素を(❷　　　)または，メタン系炭化水素という。その一般式は(❸　　　)で表される。

2 おもなアルカン

♣1：アルカンは，$n=4$ までは固有の名称でよばれるが，$n=5$ 以上の場合には，ギリシャ語の数詞に「ン」をつけてよぶ。ギリシャ語の数詞とは次のようなものである。
1…モノ，2…ジ，
3…トリ，4…テトラ，
5…ペンタ，6…ヘキサ，
7…ヘプタ など。

名称 ♣1	分子式	融点〔℃〕	沸点〔℃〕	常温での状態
メタン	❹	−183	−161	❸
❺	C_2H_6	−184	−89	
❻	C_3H_8	−188	−42	
❼	C_4H_{10}	−138	−1	
ペンタン	❽	−130	36	❹
❾	C_6H_{14}	−95	69	
ヘプタン	❿	−91	98	
⓫	C_8H_{18}	−57	126	
ノナン	⓬	−54	151	
デカン	$C_{10}H_{22}$	−30	174	

↑ メタンの正四面体構造

n	R−	アルキル基
1	CH_3-	メチル基
2	C_2H_5-	エチル基
3	C_3H_7-	プロピル基
4	C_4H_9-	ブチル基

↑ アルキル基

♣2：位置番号は，主鎖の末端からなるべく小さくなるようにつける。なお，位置番号と名称の間は，−(ハイフン)でつなぐ。

3 アルカンの構造――メタンCH_4分子は(⓯　　　構造)をしている。他のアルカン分子もメタンが連結された構造をしている。

4 アルキル基――アルカンからH原子1個がとれた基を(⓰　　　基)といい，その一般式は$C_nH_{2n+1}-$で表される。

5 アルカンの命名――最も長い炭素鎖(**主鎖**)の名称の前に，枝分かれの部分(**側鎖**)を表す(⓱　　　基)名と，その位置番号と数(数詞)♣2 をつけて表す。

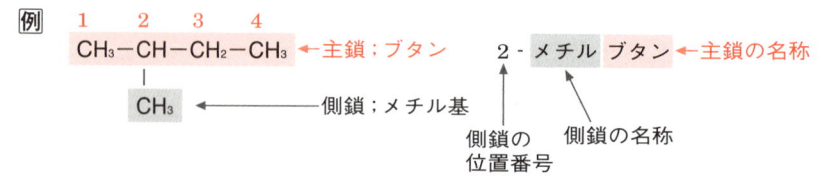

例
　　1　2　3　4
　　$CH_3-CH-CH_2-CH_3$ ← 主鎖；ブタン　　2 - メチル ブタン ← 主鎖の名称
　　　　　|
　　　　CH_3 ← 側鎖；メチル基
　　　　　　　　　　　　　　　側鎖の　側鎖の名称
　　　　　　　　　　　　　　　位置番号

6 構造異性体――炭素数が4以上で，(⓲　　　異性体)が存在する。

例　$CH_3-CH_2-CH_2-CH_3$　　　　$CH_3-CH-CH_3$ 〔沸点−12℃〕
　　(⓳　　　)〔沸点−1℃〕　　　　　　|
　　　　　　　　　　　　　　　　　　CH_3 (⓴　　　)

7 アルカンの性質

① n（炭素数）が1～4は気体，5～17は（㉑　　　　），18以上は固体。
② 水には溶けにくいが，（㉒　　　**溶媒**）には溶けやすい。
③ 分子量が大きいほど，融点・沸点が（㉓　　　く）なる。

8 アルカンの反応

① 常温では，酸，塩基，酸化剤，還元剤とも反応しない。
② 光の存在下では，ハロゲン（塩素，臭素など）と反応する。

　例　メタンと塩素の混合気体に光を当てると，メタンのH原子とCl原子が置き換わり，まず（㉔　　　　　　）が生成する。♣3

$$\underset{\text{メタン}}{\text{H–C–H}} \xrightarrow[+Cl_2]{\text{光}} \underset{\text{クロロメタン}}{\text{H–C–Cl}} \xrightarrow[+Cl_2]{\text{光}} \underset{\text{ジクロロメタン}}{\text{Cl–C–Cl}} \xrightarrow[+Cl_2]{\text{光}} \underset{\text{トリクロロメタン}}{\text{Cl–C–Cl}} \xrightarrow[+Cl_2]{\text{光}} \underset{\text{テトラクロロメタン}}{\text{Cl–C–Cl}}$$

♣3：メタンと塩素の混合物に光を当てると，メタンの水素原子が次々と塩素原子に置き換わる。有機塩素化合物には有毒なものが多い。

③ 分子中の原子が他の原子・原子団と置き換わる反応を（㉕　　　**反応**）といい，生成した化合物をもとの化合物の（㉖　　　　）という。

> **重要**　〔置換反応〕…**炭素原子に結合したHを，他の原子や原子団（基）で置き換える反応。アルカンで起こりやすい。**

❷ シクロアルカン

1 シクロアルカン——環状構造の飽和炭化水素を（㉗　　　　　）といい，その一般式は（㉘　　　　　）で表される。

① 化学的性質は，炭素数の同じ（㉙　　　　　）とよく似ている。
② 炭素数（n）が4以上で，種々の（㉚　　　　　　）が存在する。

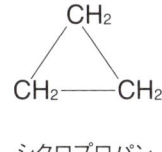

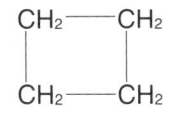

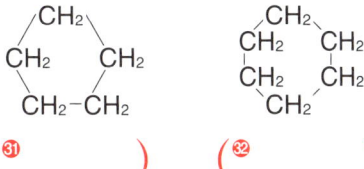

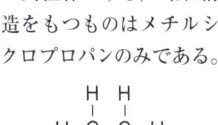

シクロプロパン	シクロブタン♣4	（㉛　　　）	（㉜　　　）
（沸点-33℃）	（沸点12℃）	（沸点49℃）	（沸点81℃）

♣4：シクロブタンC_4H_8の異性体のうち，環状構造をもつものはメチルシクロプロパンのみである。

ミニテスト　　　　　　　　　　　　　解答　別冊 p.13

☐❶　ブタン（C_4H_{10}）の異性体は何種類あるか。
☐❷　分子式C_5H_{12}で表される炭化水素の水素原子1個を塩素原子で置換した化合物の構造異性体は何種類あるか。
☐❸　次のア～オから鎖式の飽和炭化水素をすべて選べ。
　ア　C_3H_8　　イ　C_2H_4　　ウ　C_3H_6
　エ　C_6H_{10}　　オ　C_4H_{10}

4 アルケン・アルキン

解答 別冊 p.13

❶ アルケン

1 アルケン——炭素原子間に（❶　　　結合）を1個もつ鎖式不飽和炭化水素を（❷　　　）または，**エチレン系炭化水素**という。その一般式は（❸　　　）で表される。

2 おもなアルケン

分子式	IUPAC名[1]	慣用名	融点〔℃〕	沸点〔℃〕
C_2H_4	エテン	（❹　　　）	−169	−104
C_3H_6	（❺　　　）	プロピレン	−185	−47

3 アルケンの構造——エチレンC_2H_4は（❻　　　状分子）である。また，C=C結合は軸を中心として回転（❼　　　）。

4 エチレンの製法と性質

① **製法** エタノールと（❽　　　）を約170℃で加熱する。

② **付加反応**を起こしやすい。この場合，（❾　　　結合）の部分に水素やハロゲンなど他の物質が結合して，（❿　　　結合）になる。

例

H-C=C-H + （⓫　　　） →(Pt) H-C-C-H（エタン）
エチレン

H-C=C-H + （⓬　　　） → H-C-C-H（Cl Cl）1,2-ジクロロエタン

③ **付加重合**を起こしやすい。特定の条件下で（⓭　　　結合）をもつ分子どうしが次々に（⓮　　　反応）を起こして結合する。
↳ 特に付加重合という

例

$n\ C=C \longrightarrow [-C-C-]_n$

エチレン〔単量体（モノマー）〕　　ポリエチレン〔重合体（ポリマー）〕[2]

重要 〔付加反応〕…二重結合や三重結合などの結合の一部が切れて，他の原子や原子団（基）が結合する反応。

アルケンの例：
H H (C₂H₄)
H-C=C-H

H H H
H-C=C-C-H
　　　H (C₃H₆)

↑ アルケンの例

♣1：**国際名**ともいい，世界共通で用いられる化合物名である。最近は，化合物の名称はIUPAC名で統一されつつあるが，簡単な化合物については慣用名でよんでもよいことになっている。

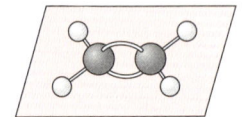

↑ エチレンC_2H_4分子（●はC原子，○はH原子）

♣2：分子量が1万以上にもなる分子で，高分子化合物の1つである。

❷ アルキン

1 アルキン──炭素間に（⑮　　　結合）を1個もつ鎖式不飽和炭化水素を（⑯　　　）または，**アセチレン系炭化水素**という。その一般式は（⑰　　　）で表される。

2 おもなアルキン

分子式	IUPAC名	慣用名	融点〔℃〕	沸点〔℃〕
⑱	エチン	アセチレン	−82	−74
C_3H_4	プロピン	メチルアセチレン	−103	−23

$$H-C \equiv C-H \quad (C_2H_2)$$

$$H-C \equiv C-\overset{\overset{H}{|}}{\underset{\underset{H}{|}}{C}}-H \quad (C_3H_4)$$

↑ アルキンの例

3 アルキンの構造──アセチレンC_2H_2は（⑲　　　状分子）である。また，C≡C結合距離はC=C結合距離よりも（⑳　　　い）。

① **製法**　炭化カルシウム（カーバイド）に水を作用させる。
→ アセチレンの製法は大切

$$CaC_2 + 2H_2O \longrightarrow (㉑　　　) + Ca(OH)_2$$

② **性質**　アセチレン♣3には，次のような性質がある。

1. （㉒　　　）にわずかに溶け，有機溶媒にはよく溶ける。
2. 空気中ですすの多い炎をあげて燃え，多量の燃焼熱を発生する。

$$C_2H_2 + \frac{5}{2}O_2 = (㉓　　　) + H_2O + 1301 \text{ kJ}$$

3. （㉔　　　反応）が起こりやすく♣4，水素，ハロゲン，水，酢酸などが♣5（㉕　　　）する。

[例]　$CH \equiv CH \xrightarrow[H_2]{(Pt)} CH_2=CH_2 \xrightarrow[H_2]{(Pt)} (㉖　　　)$
アセチレン　　エチレン　　　　エタン

$CH \equiv CH \xrightarrow{Br_2} (㉗　　　) \xrightarrow{Br_2} CHBr_2-CHBr_2$
　　　　　　　　1,2-ジブロモエチレン　1,1,2,2-テトラブロモエタン

$$H-C \equiv C-H + H_2O \xrightarrow{触媒} \begin{bmatrix} H & H \\ | & | \\ C = C \\ | & | \\ H & OH \end{bmatrix} \longrightarrow H-\overset{\overset{H}{|}}{\underset{\underset{H}{|}}{C}}-\overset{O}{\overset{\|}{C}}-H$$
ビニルアルコール（不安定）　アセトアルデヒド

$$H-C \equiv C-H + HCl \xrightarrow{触媒} H-\overset{H}{\underset{}{C}} = \overset{H}{\underset{}{C}}-Cl \quad (㉘　　　)$$

♣3：アセチレンの純粋なものは，無色・無臭の気体であるが，ふつうはH_2Sなどの不純物のため，特有のにおいがある。

♣4：他に，重合反応として，アセチレンを赤熱した鉄管に通すと，3分子が重合してベンゼンが生成する反応が起こる。

♣5：三重結合への付加反応では，ハロゲン以外は適当な触媒が必要である。

ミニテスト　　　　　　　　　　　　解答　別冊p.13

□　次の記述に該当する化合物を右から記号で選べ。
(1) 褐色の臭素水を脱色するもの。
(2) 燃焼によって生成するCO_2とH_2Oの物質量の比が1:1になるもの。

ア　エチレン　　　イ　エタン
ウ　プロパン　　　エ　シクロペンタン
オ　アセチレン　　カ　メタン

1章 有機化合物の特徴　練習問題

解答 別冊p.40

❶ 〈構造異性体〉　▶わからないとき→p.139
分子式 C_5H_{12} で表されるアルカンの構造式をすべて書け。

ヒント 炭素数5のアルカンには，3種類の構造異性体が存在する。

❷ 〈エチレンの反応〉　▶わからないとき→p.144
エチレンを中心とする反応経路図の □ に適する化合物の示性式を入れよ。

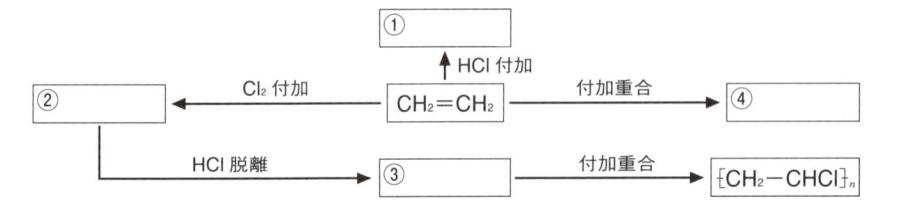

```
                    ①
                    ↑ HCl 付加
  ②  ← Cl₂付加 ─  CH₂＝CH₂  ─ 付加重合 →  ④
      └─ HCl 脱離 → ③ ─ 付加重合 → ―[CH₂－CHCl]ₙ―
```

❸ 〈アセチレン〉　▶わからないとき→p.145
次の文中の空欄①には化学反応式，②〜⑧には構造式を記入せよ。

　アセチレンは，カーバイドに水を加えてつくる。このときの反応式は（①）である。アセチレンは反応性に富むため，白金触媒の存在下で水素を付加して（②），さらに水素を付加して（③）になる。水銀(Ⅱ)塩の存在下で水と反応すると，不安定な化合物（④）を経て，より安定な異性体（⑤）を生じる。また，アセチレンに塩化水素が付加すると（⑥）を生じる。アセチレンに臭素が付加すると（⑦），さらに臭素が付加すると（⑧）を生成する。

ヒント アセチレンは反応性に富み，次のような付加反応を起こす。
$CH≡CH + H-X \longrightarrow CH_2=CHX$

❹ 〈化学式の決定〉　▶わからないとき→p.140,141
　ある鎖式炭化水素Aを元素分析した結果は，炭素85.7%，水素14.3%であった。また，Aを臭素水に通じると，臭素水の赤褐色がすみやかに消えて化合物Bが生じた。化合物Bの分子量はAの分子量の約4.81倍であった。次の問いに答えよ。ただし，原子量をH＝1.0，C＝12，Br＝80とする。

(1) Aの組成式はどれか。次のア〜オから1つ選べ。
　ア CH　イ CH_2　ウ CH_3　エ C_2H_3　オ C_3H_4

(2) Bの分子式はどれか。次のア〜オから1つ選べ。
　ア $C_2H_2Br_2$　イ $C_2H_4Br_2$　ウ $C_3H_4Br_4$
　エ $C_3H_6Br_2$　オ $C_4H_6Br_4$

ヒント (2) アルケンの二重結合1個に対して，Br_2 1分子が付加する。

2章 酸素を含む有機化合物

1 アルコールとエーテル　　解答 別冊p.14

❶ アルコール

1 アルコール──炭化水素の水素原子1個が（①　　　　基）で置換された構造の化合物。一般式は（②　　　　）である。
→炭化水素基にOHが結合した形になっている

> **重要**
> 〔アルコール〕
> 炭化水素基 ＋ ヒドロキシ基 ⇨ R－OH

R－OH
⇧ アルコールの一般式

♣1：炭素数 $n \geq 3$ のアルコールは，構造異性体をもつ。

$n=3$ のもの
$CH_3-CH_2-CH_2-OH$
（1-プロパノール）
$CH_3-CH-CH_3$
　　　　$|$
　　　OH
（2-プロパノール）

$n=4$ のもの
$CH_3-CH_2-CH_2-CH_2-OH$
（1-ブタノール）
$CH_3-CH_2-CH-CH_3$
　　　　　　$|$
　　　　　OH
（2-ブタノール）
$CH_3-CH-CH_2-OH$
　　　$|$
　　CH_3
（2-メチル-1-プロパノール）
　　CH_3
　　　$|$
CH_3-C-CH_3
　　　$|$
　　OH
（2-メチル-2-プロパノール）

2 アルコールの分類

① 1分子中に含まれるOH基の数による分類

名称	OH基の数		例	
1価アルコール	③	──	C_2H_5OH	（⑥　　　）
2価アルコール	④	｝多価アルコール	$C_2H_4(OH)_2$	（⑦　　　）
3価アルコール	⑤		（⑧　　　）	グリセリン

② OH基が結合した炭素原子に結合する炭化水素基の数による分類

　OH基が結合したC原子が他のC原子（⑨　　個）と結合したものを**第一級アルコール**，他のC原子（⑩　　個）と結合したものを**第二級アルコール**，他のC原子（⑪　　個）と結合したものを**第三級アルコール**という。

例　〔第一級アルコール〕〔第二級アルコール〕〔第三級アルコール〕

　　　　H　　　　　　　　CH₃　　　　　　　　CH₃
　　　　|　　　　　　　　|　　　　　　　　　|
CH_3-C-OH　　　　CH_3-C-OH　　　　CH_3-C-OH
　　　　|　　　　　　　　|　　　　　　　　　|
　　　　H　　　　　　　　H　　　　　　　　　CH₃
　　エタノール　　　　2-プロパノール　　　2-メチル-2-プロパノール

③ **分子量による分類**　炭素原子数の多いアルコールを（⑫　　　　），炭素原子数の少ないアルコールを（⑬　　　　）という。

♣2：2価以上のアルコールを**多価アルコール**という。

♣3：1,2-エタンジオールともいう。

♣4：1,2,3-プロパントリオールともいう。

♣5：アルコールのIUPAC名は，同じ炭素数のアルカンの語尾-eを-olに変える。

3 アルコールの製法

① **メタノールの製法** 工業的には，一酸化炭素と水素を高温・高圧で反応させる。

$$CO + 2H_2 \xrightarrow[400℃]{触媒(ZnO)} (⑭\qquad)$$

② **エタノールの製法** 工業的には，エチレンに水を付加させる。

$$CH_2=CH_2 + H_2O \xrightarrow{触媒(H_3PO_4)} (⑮\qquad)$$

また，グルコースを**アルコール発酵**させると生じる。

$$C_6H_{12}O_6 \longrightarrow 2C_2H_5OH + 2CO_2$$

4 アルコールの一般的性質

① 炭素数の少ないものは常温で(⑯　　体)で，水によく溶ける。しかし，炭素数が増すにしたがって水に溶けにくくなる。♣6

② 金属ナトリウムと反応して(⑰　　　　　)を生じ，水素を発生する。♣7

この反応は，アルコールの(⑱　　　基)の検出に用いられる。

例 $2C_2H_5OH + 2Na \longrightarrow 2C_2H_5ONa + H_2$
ナトリウムエトキシド ♣8

③ 濃硫酸を加えて熱すると，エーテルやアルケンを生じる。

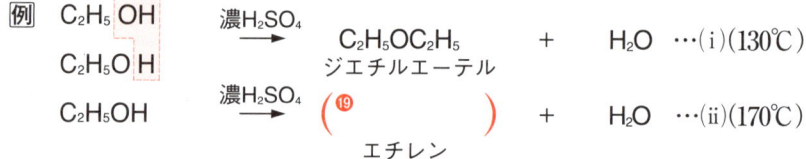

例 $\begin{matrix}C_2H_5\,OH\\C_2H_5\,OH\end{matrix} \xrightarrow{濃H_2SO_4} C_2H_5OC_2H_5 + H_2O \quad\cdots(\text{i})(130℃)$
ジエチルエーテル

$C_2H_5OH \xrightarrow{濃H_2SO_4} (⑲\qquad) + H_2O \quad\cdots(\text{ii})(170℃)$
エチレン

(i)式のように，2分子から水がとれて新しい分子ができる反応を(⑳　　反応)という。(ii)式のように，1分子から水がとれて二重結合ができる反応を(㉑　　反応)という。

④ 酸化剤を加えて熱すると，第一級アルコールは(㉒　　　　)を経て(㉓　　　　)を生じ，第二級アルコールは(㉔　　　　)を生じる。第三級アルコールは酸化(㉕　　　　)。

例 $\underset{(第一級アルコール)}{C_2H_5OH} \xrightarrow{酸化} \underset{アセトアルデヒド}{CH_3CHO} \xrightarrow{酸化} \underset{酢酸}{CH_3COOH}$

$\underset{(第二級アルコール)}{CH_3CH(OH)CH_3} \xrightarrow{酸化} \underset{アセトン}{CH_3COCH_3}$

重要　アルコールの酸化反応
- 第一級アルコール ⇨ アルデヒド ⇨ カルボン酸
- 第二級アルコール ⇨ ケトン
- 第三級アルコール ⇨ 酸化されにくい

♣6：アルコールは疎水性（水に溶けにくい）の炭化水素基と親水性（水に溶けやすい）のヒドロキシ基とからなる化合物である。したがって，低分子量のアルコールほど炭化水素基の炭素数が少ないので，水によく溶ける。

R—OH
疎水基　親水基

↑ アルコールの疎水基と親水基

♣7：ナトリウムアルコキシド R—ONa
金属ナトリウムとアルコールの反応は，水とNaの反応によく似ているが，比較的おだやかである。R—ONaは，NaOHと同様，強塩基である。

♣8：エーテルはナトリウムアルコキシドにハロゲン化アルキル（炭化水素）を作用させても得られる。

$C_2H_5ONa + C_2H_5Cl$
$\longrightarrow C_2H_5OC_2H_5 + NaCl$

エーテル
↑(2分子が反応)(130℃)
アルコール
↓(1分子が反応)(170℃)
アルケン

反応温度によって生成物が異なる。

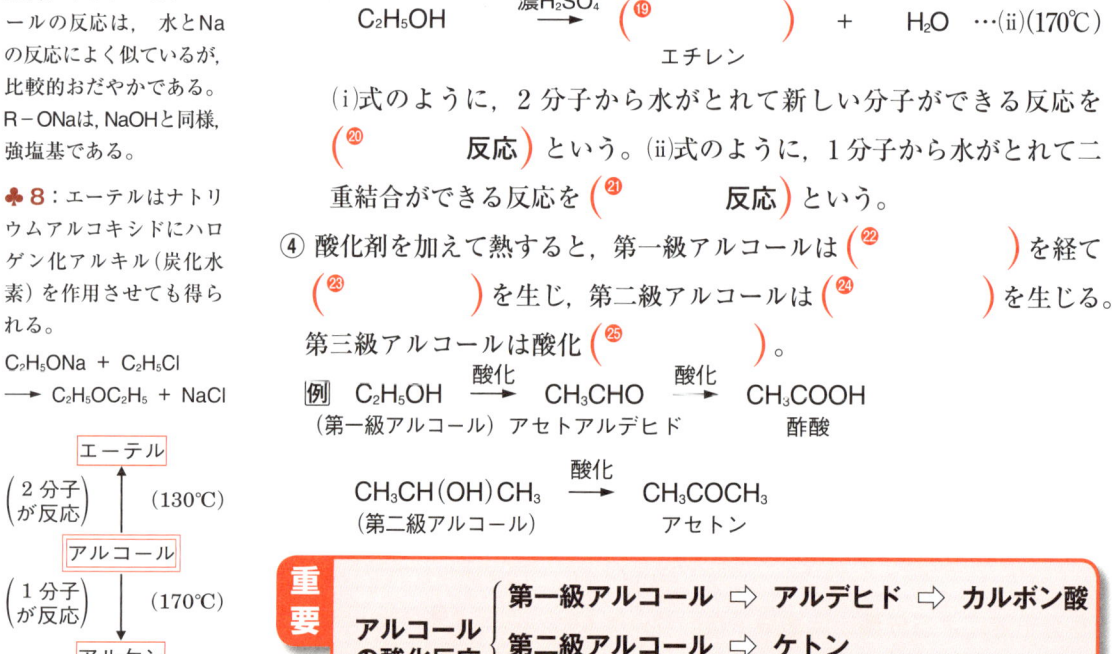

❷ エーテル

1 エーテル──アルコール(㉖　　分子)から水(㉗　　分子)がとれて結合したもの。2個の(㉘　　基)が酸素原子によって結びつけられており，このような結合を(㉙　　　　)という。

R－O－R′
↑エーテルの一般式

例　$C_2H_5OH + HOC_2H_5 \longrightarrow C_2H_5OC_2H_5 + H_2O$
　　　　　　　　　　　　　　　ジエチルエーテル♣9

2 エーテルの一般的性質

① 一般に揮発性の(㉚　　体)で，水に溶けず，水よりも軽い。
　ジメチルエーテルは気体

② 一般式は$C_nH_{2n+2}O$で表され，アルコールとは互いに(㉛　　　　)の関係にある。また，アルコールよりも沸点が(㉜　　い)♣10。

例　CH_3OCH_3…沸点$-25℃$，　C_2H_5OH…沸点$78℃$

③ (㉝　　　　)とは異なり，金属ナトリウムとは反応しない。

♣9：ジエチルエーテル
$C_2H_5-O-C_2H_5$
単に**エーテル**ともよばれ，特有のにおいのある液体。麻酔性があり，揮発しやすく極めて引火性が強い。

♣10：アルコールの分子間には水素結合が形成されるが，エーテルの分子間には水素結合が形成されないためである。

重要　〔アルコールとエーテル〕…**構造異性体の関係にあるが，エーテルは金属Naと反応しない。**

例題研究　アルコールの構造異性体

C_4H_{10}のH原子1個をOH基1個で置き換えた化合物C_4H_9OHがある。この化合物について，何種類の構造異性体が存在するか。

▶解き方

まず，もとの化合物C_4H_{10}の**異性体**について考える。この場合，骨組みの中心は(㉞　　原子)のみで考える。
　　　　　　　　　　　　　　　↗構造異性体(2種)

次に，右の異性体①，②のそれぞれについて(㉟　　基)の結合する位置による異性体を考える。

①　-C-C-C-C-
②　-C-C-C-
　　　　-C-
(H原子は省略)

-C-C-C-C-OH　　　　　OH　　　　-C-C-C-OH
　　　　　　　　　-C-C-C*-C-　　　　-C-
　　OH
-C-C-C-
　　-C-

したがって，構造異性体は，
合計(㊱　　種類)ある。　…答

注　左の*をつけた炭素原子は，不斉炭素原子になっている。したがって，光学異性体も考えに入れれば，異性体は5種類になる。

ミニテスト　　　　　　　　　　　　　　　　　　　　　　　　解答 別冊 p.14

□❶ 次の(1)〜(5)は，何価アルコールか。
　(1) エタノール　　(2) エチレングリコール
　(3) グリセリン　　(4) 2-プロパノール
　(5) 1-プロパノール

□❷ C_3H_8Oの分子式で示される化合物として考えられる異性体をすべてあげよ。また，そのうち，酸化してアルデヒドが生成するものはどれか。

2 アルデヒドとケトン

解答 別冊p.14

❶ アルデヒド

1 アルデヒド──炭化水素の水素原子1個が（①　　　基）によって置換された構造の化合物を（②　　　）という。
　↳ 炭化水素基＋アルデヒド基

2 アルデヒドの生成──第一級アルコールを（③　　　）する。

例　$RCH_2OH \xrightarrow{-2H} RCHO \xrightarrow{+O} RCOOH$
　　第一級アルコール　　アルデヒド　　カルボン酸

3 代表的なアルデヒド

① ホルムアルデヒド（④　　　）を酸化すると生成。刺激臭のある
　　↳ CH_3OH
　（⑤　　体）。水によく溶け，水溶液を（⑥　　　）という。
　　　　　　　　　　　　　　　　　　　　↗ 殺菌力がある

② アセトアルデヒド（⑦　　　）を酸化すると生成。刺激臭のある
　　↳ C_2H_5OH
　（⑧　　体）。水やアルコールに可溶である。　♣1

> **重要**
> ・$CH_3OH \xrightarrow{酸化} HCHO \xrightarrow{酸化} HCOOH$
> 　メタノール　　ホルムアルデヒド　　ギ酸
> ・$C_2H_5OH \xrightarrow{酸化} CH_3CHO \xrightarrow{酸化} CH_3COOH$
> 　エタノール　　アセトアルデヒド　　酢酸

4 アルデヒドの性質

① 低級のものは刺激臭のある中性化合物で，金属ナトリウムと反応（⑨　　　）。

② （⑩　　性）があり，銀鏡反応やフェーリング液を還元する。♣2

〔銀鏡反応〕アルデヒドに，アンモニア性（⑪　　　水溶液）を加えて温めると，試験管の内壁に（⑫　　　）が析出し，鏡ができる。

例　$CH_3CHO + 2Ag^+ \xrightarrow{OH^-} CH_3COO^- + 2Ag$
　　アセトアルデヒド　　　　　　　　　　　　　　銀

〔フェーリング液の還元〕アルデヒドに，フェーリング液を加えて熱すると，（⑬　　色）の酸化銅（Ⅰ）が沈殿する。

例　$HCHO + 2Cu^{2+} \xrightarrow{OH^-} HCOO^- + Cu_2O$
　　ホルムアルデヒド　　　　　　　　　　　　　酸化銅（Ⅰ）

③ 酸化剤で酸化されて，（⑭　　　）になる。

> **重要**
> アルデヒドの還元性 ｛ 銀鏡反応；銀の析出。
> 　　　　　　　　　 フェーリング液の還元；Cu_2Oの赤色沈殿。

R–CHO
⬆ アルデヒドの一般式

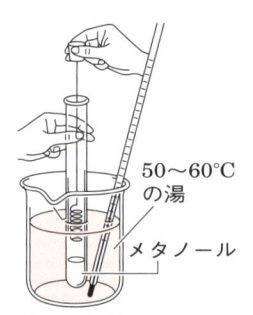

50〜60℃の湯／メタノール

熱した銅線をメタノールの液面に近づける。

⬆ ホルムアルデヒドの生成

♣1：アセトアルデヒドは，第一級アルコールのエタノールを酸化して得られる。

R–CH₂–OH（第一級アルコール）
　↓［酸化］
R–CHO（アルデヒド）
　↓［酸化］
R–COOH（カルボン酸）

♣2：フェーリング液
第1液（$CuSO_4$水溶液）と第2液（酒石酸ナトリウムカリウム（ロッシェル塩）とNaOHの混合溶液）を等量ずつ混合したもの。

❷ ケトン

1 ケトン——2個の炭化水素基が（⑮　　基）で結合された構造
の化合物を（⑯　　　　　）という。
→カルボニル基ともいう

2 代表的なケトン——アセトン（⑰　　　　　）
→示性式

① （⑱　　　　　）を酸化して生成する。♣3
→CH₃CH(OH)CH₃

② 酢酸カルシウムを熱分解してもアセトンが生成する。

$$(CH_3COO)_2Ca \longrightarrow CaCO_3 + (⑲　　　　)$$

③ 無色，揮発性の芳香のある液体。水と任意の割合で溶け合うが，有
機化合物もよく溶かす。そのため，（⑳　　　溶媒）としてよく用
いられる。

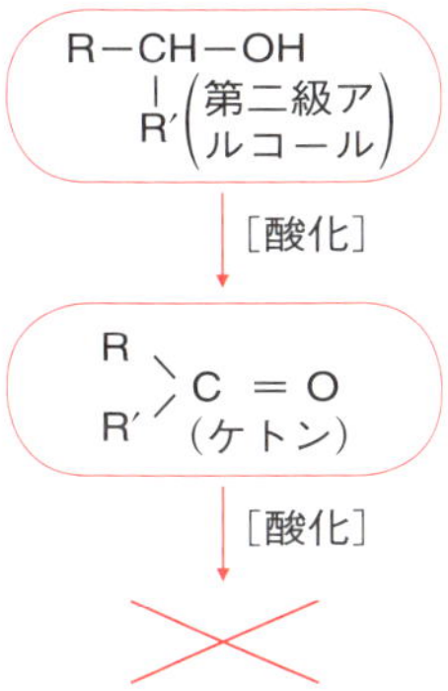

3 ケトンの性質

① アルデヒドとケトンは互いに（㉑　　　　　）の関係にある。
② （㉒　　性）がなく，銀鏡反応やフェーリング液を還元しない。
③ 沸点は，アルカンよりも高いがアルコールよりは低い。

> **重要**　〔ケトン〕…**還元性がないので，銀鏡反応を示さず，フェー
> リング液を還元しない。**

4 ヨードホルム反応——アセトンに（㉓　　　　　）と水酸化ナトリ
ウム水溶液を加えて温めると，特有の臭気をもつ（㉔　　色）結晶
のヨードホルムを生じる。この反応を（㉕　　　　　反応）という。
→CHI₃

　この反応は，CH₃CO－Rの構造をもつケトンやアルデヒドまたは
CH₃CH(OH)－Rの構造をもつアルコールで起こる。

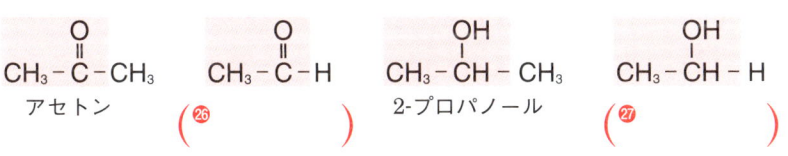

```
    O              O              OH             OH
    ‖              ‖              |              |
CH₃-C-CH₃      CH₃-C-H        CH₃-CH-CH₃     CH₃-CH-H
  アセトン       (㉖　　　)      2-プロパノール    (㉗　　　)
```

↑ヨードホルム反応が陽性の化合物

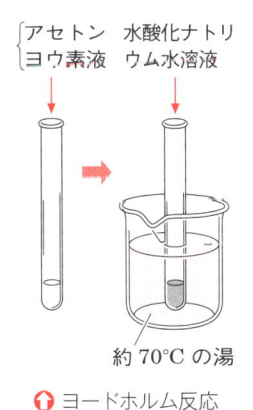

R－CO－R′
↑ケトンの一般式

R－CH－OH
　|　　（第二級ア
　R′　　ルコール）
〔酸化〕
R＼
　＞C＝O（ケトン）
R′／
〔酸化〕
×

♣3：工業的には，フェ
ノールの工業的製法であ
るクメン法（p.163）の副
産物として多量に得られ
る。

〔アセトン　水酸化ナトリ
ヨウ素液　ウム水溶液〕
約70℃の湯
↑ヨードホルム反応

ミニテスト　　　　　　　　　　　　　　　　　　　　　　解答　別冊p.14

□❶ 次の文の（　）に適当な語句を入れよ。
　アルデヒドは酸化されてカルボン酸に変化し
やすい性質，つまり㋐（　　　）性をもつ。
　ホルムアルデヒドの水溶液にフェーリング液
を加えて加熱すると，㋑（　　　）の赤色沈殿を
生じる。

□❷ 1分子中にC原子を3個もつ次の化合物の示
性式と名称を示せ。
（1）アルデヒド
（2）ケトン

3 カルボン酸とエステル

解答 別冊 p.14

❶ カルボン酸

1 カルボン酸──分子中に(①　　　　基)をもつ化合物。-COOH が水素イオンを電離するので, 弱い(②　　　　性)を示す。

例 $CH_3COOH \rightleftarrows CH_3COO^- + H^+$

> **重要** 〔カルボン酸〕…分子中に-COOHをもつ化合物。水に溶けて弱酸性を示す(炭酸よりも強い酸)。

カルボキシ基
R-C(=O)(OH)

↑ カルボン酸の一般式

♣1: カルボン酸には, 分子内に-COOHとともに他の官能基を含むものがあり, 乳酸$CH_3CH(OH)$-COOHなど-OHを含むものをヒドロキシ酸, -NH_2を含むものをアミノ酸という。

2 カルボン酸の分類──1分子中に含まれる-COOHの数で分類する。♣1

- (③　　　　)…カルボキシ基1個。 例 酢酸CH_3COOH
- (④　　　　)…カルボキシ基2個。 例 シュウ酸$(COOH)_2$

また, 鎖式の1価カルボン酸を特に(⑤　　　　)という。

炭素原子の少ない脂肪酸を(⑥　　　　), 炭素原子の多い脂肪酸を(⑦　　　　)という。

3 ギ 酸HCOOH♣2

① 製法　メタノールを触媒を用いて(⑧　　　　)する。

$CH_3OH \xrightarrow{-2H} HCHO \xrightarrow{+O} HCOOH$
メタノール　　ホルムアルデヒド　　ギ酸

② 性質　1. 無色・刺激臭の(⑨　　　体)。有毒。

2. 分子中に酸性を示す(⑩　　　基)と, 還元性を示す
↳1価カルボン酸中では最も強い
(⑪　　　基)をもつ。⇒ 銀鏡反応を示す。

3. (⑫　　　　)によって脱水されて, 一酸化炭素を生じる。

$HCOOH \longrightarrow CO + $(⑬　　　　)　COの製法

アルデヒド基
H-C(=O)(O-H)
カルボキシ基
↑ ギ酸の構造

♣2: ギ酸は, 蟻酸と書かれ, 一部のアリ(蟻)やハチ(蜂)などの体内に含まれる毒液の主成分である。

> **重要** 〔ギ酸 HCOOH〕…カルボキシ基とアルデヒド基の両方をもち, 還元性を示す。

4 酢 酸CH_3COOH♣3

① 製法　エタノールの酸化, アセチレンと水との付加反応で生成する(⑭　　　　)をさらに酸化することでつくる。

$C_2H_5OH \xrightarrow{-2H} CH_3CHO \xrightarrow{+O}$ (⑮　　　　)

$CH \equiv CH + H_2O \xrightarrow{触媒}$

♣3: 酢酸は, 食酢の主要な成分で, わが国では古くから米酢が用いられ, 欧米ではブドウ酒からのブドウ酢が用いられてきた。

② **性質** 1．無色・刺激臭の液体。水によく溶ける。
2．高純度の酢酸は（⑯　　　　）とよばれ，冬季には氷結する。♣4
3．脱水剤と加熱すると，酢酸2分子から水1分子が取れて縮合し，
（⑰　　　　）を生じる。このような化合物を（⑱　　　　）という。♣5

$$\mathrm{CH_3COOH} + \mathrm{CH_3COOH} \longrightarrow \mathrm{CH_3CO{-}O{-}COCH_3} + \mathrm{H_2O}$$
無水酢酸

♣4：純粋な酢酸の融点は17℃である。

♣5：無水酢酸のように，2分子のカルボン酸から水が奪われた形のものを**酸無水物**という。氷酢酸と無水酢酸を混同しないようにしよう。

重要
- 高純度の酢酸は冬季に氷結。 ⇒ 氷酢酸
- 酢酸2分子から水（H_2O）がとれる。⇒ 無水酢酸

5 マレイン酸とフマル酸♣6

① 示性式 HOOC−CH=CH−COOH で表される不飽和ジカルボン酸。シス形のものを（⑲　　　　）といい，トランス形のものを（⑳　　　　）という。

マレイン酸　　　　フマル酸

♣6：マレイン酸とフマル酸

	マレイン酸	フマル酸
融点〔℃〕	133	200℃で昇華
溶解度〔g/100g水〕	79	0.7
密度〔g/cm³〕	1.59	1.64

② マレイン酸を加熱すると，分子内で脱水して（㉑　　　　）に変化するが，フマル酸を加熱しても酸無水物には変化しにくい。♣7

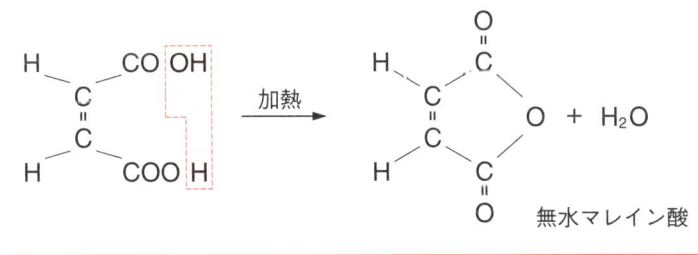

無水マレイン酸

♣7：マレイン酸は，二重結合の同じ側にカルボキシ基があるので，脱水されやすい。フマル酸は，二重結合の反対側にカルボキシ基があるので，脱水されにくい。

重要
〔マレイン酸（シス形）とフマル酸（トランス形）〕
- 示性式…HOOC−HC = CH−COOH
- 脱水反応…マレイン酸 ⇒ 無水マレイン酸

6 カルボン酸の反応——カルボキシ基の部分が反応を受けやすい。

① 塩基と反応して，（㉒　　　　）をつくる（中和反応）。♣8

$$\mathrm{R{-}COOH} + \mathrm{NaOH} \longrightarrow （㉓　　　　） + \mathrm{H_2O}$$

② 炭酸水素塩の水溶液を加えると，塩を生じて（㉔　　　　）を発生しながら溶ける。♣9

例　$\mathrm{CH_3COOH} + \mathrm{NaHCO_3} \longrightarrow \mathrm{CH_3COONa} + \mathrm{H_2O} + （㉕　　　　）$

♣8：水に溶けにくい高級脂肪酸も，塩基の水溶液には塩をつくるのでよく溶ける。

♣9：酸の強さはカルボン酸＞炭酸であるため，弱いほうの酸である炭酸が遊離する。
強酸＋弱酸の塩
⟶ 強酸の塩＋弱酸

❷ エステル

1 エステル
カルボン酸とアルコールから(㉖　　　)がとれてできた化合物を(㉗　　　)といい、一般式はR-COO-R'で表される。この-COO-を(㉘　　　結合)という。

$$酸 + アルコール \longrightarrow エステル + 水$$

例
$$HCOOH + HO-CH_3 \longrightarrow (㉙\ \ \ \ \ \ ) + H_2O$$
ギ酸　　　　メタノール　　　　　　ギ酸メチル

$$CH_3COOH + HO-C_2H_5 \longrightarrow (㉚\ \ \ \ \ \ ) + H_2O$$
酢酸　　　　エタノール　　　　　　酢酸エチル♣10

エステル結合
R-C-O-R'
‖
O
↑エステルの一般式

重要〔エステル R-COO-R'〕
カルボン酸とアルコールの脱水縮合♣11で生成。
$$R-COOH + HO-R' \longrightarrow R-COO-R'♣12$$

2 エステルの性質
① (㉛　　　)に溶けにくく、有機溶媒には溶けやすい。
② エステルとカルボン酸は(㉜　　　)の関係にあるが、エステルのほうが融点・沸点が(㉝　　　い)。
③ 低分子量のエステルは、果実に似た(㉞　　　)をもつ液体である。
④ 少量の酸を加えて熱すると、次式のように(㉟　　　)される。

例
$$CH_3COOC_2H_5 + H_2O \rightleftharpoons (㊱\ \ \ \ \ ) + C_2H_5OH$$

⑤ 塩基の水溶液を加えて熱しても、加水分解が起こる。この場合、生じる(㊲　　　)はアルカリ塩になる。このような、塩基によるエステルの加水分解を特に(㊳　　　)という。

例
$$CH_3COOC_2H_5 + NaOH \longrightarrow CH_3COONa + (㊴\ \ \ \ \ )$$

重要〔エステルの反応〕
加水分解 ⇨ R-COO-R' + H₂O
　　　　　→ R-COOH + R'-OH
（塩基を用いた加水分解を、特にけん化という。）

3 無機酸のエステル
オキソ酸もアルコールとエステルをつくる。

$$\begin{array}{l}CH_2-OH\\CH-OH\\CH_2-OH\end{array} + 3HO-NO_2 \xrightarrow{濃H_2SO_4} \begin{array}{l}CH_2ONO_2\\CHONO_2\\CH_2ONO_2\end{array} + 3H_2O$$

グリセリン　　硝酸　　　　　ニトログリセリン♣13

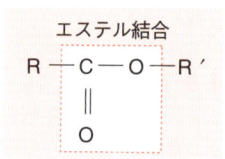

♣10：酢酸エチルは、沸点が77℃、密度が約0.9g/cm³の無色の液体で、果実のような強い香気をもつ。水に溶けにくく有機溶媒に溶けやすい。接着剤や塗料の溶剤などに用いられる。

♣11：脱水縮合
2つの分子から水H₂Oがとれて、新しい分子ができる反応。

♣12：エーテルとエステルを混同しないようにしよう。一般式で書くと次のようになる。
{エーテル R-O-R'
{エステル R-COO-R'

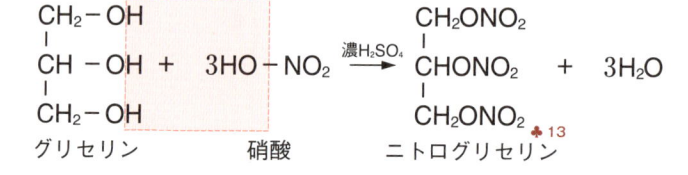

♣13：ニトログリセリンは硝酸エステルであって、ニトロ化合物ではない。爆発しやすく、ダイナマイトの主成分である。

重要実験 ─ エステルの生成と性質

方法（操作）

(1) 乾いた試験管に氷酢酸とエタノールをそれぞれ約2 mL とり，濃硫酸数滴を加えて，70～80℃の熱水に浸し，試験管をときどき振り混ぜながら約10分間温める。このとき，においの変化に注意する。

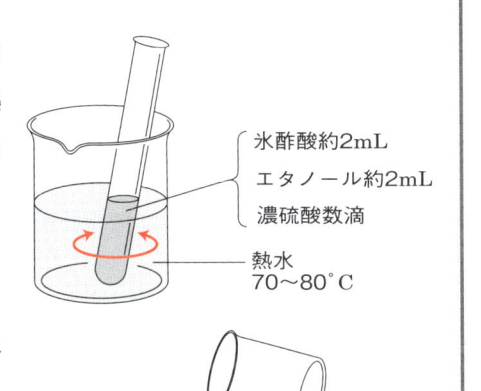

(2) 冷却後，試験管に約10 mL の蒸留水を加えて振り混ぜたのち，静置してようすを観察する。

(3) (2)の試験管の上層に分離した溶液を別の試験管にとり，2 mol/L の水酸化ナトリウム水溶液約4 mL を加え，70～80℃の熱水に浸し，試験管をときどき振り混ぜながら約10分間温める。このときの変化のようすを観察する。

氷酢酸約2 mL
エタノール約2 mL
濃硫酸数滴
熱水 70～80℃

水

②の上層の液体
水酸化ナトリウム水溶液約4 mL
熱水 70～80℃

結果と考察

❶ (1)で，酢酸臭がなくなり，代わりに芳香（よい香り）がするようになった。⇨ これは，次のように芳香のある（⁴⁰　　　）が生成したためである。

CH_3COOH + （⁴¹　　　）⟶ （⁴²　　　） + H_2O

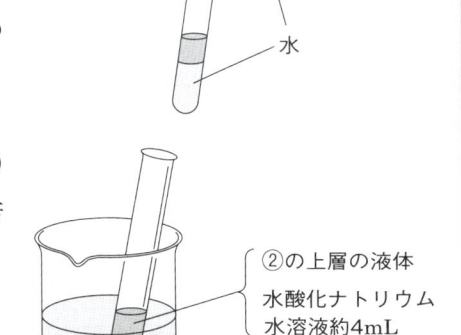

❷ (2)で，2層に分離し，上層には油状の液体が観察された。⇨ 生成した**酢酸エチルは水に溶け**（⁴³　　）く，密度が水より（⁴⁴　　い）ため，上層に分離する。

❸ (3)で，溶液は均一な溶液となり，芳香が薄れる。⇨ 酢酸エチルが加水分解され，**水溶性の**（⁴⁵　　　）とエタノールになったため，均一な溶液になり芳香が薄れた。この反応は（⁴⁶　　　）とよばれる。

（⁴⁷　　　） + NaOH ⟶ （⁴⁸　　　） + C_2H_5OH

ミニテスト

□❶ 分子式 $C_2H_4O_2$ で表されるカルボン酸とエステルを，それぞれ示性式で示せ。

□❷ 次の(1)～(4)の化合物の示性式を示せ。
(1) 酢酸メチル　(2) 酢酸ナトリウム
(3) 無水酢酸　(4) プロピオン酸メチル

□❸ 次のA，Bの記述から考えられるあるエステルの示性式と名称を答えよ。
A あるエステルを加水分解したところ，エタノールとカルボン酸が得られた。
B 加水分解によって得られたカルボン酸は，エタノールの酸化によって得られる。

4 油脂とセッケン

解答 別冊p.15

❶ 油脂

1 油脂の構成
油脂は，3価アルコールであるグリセリンと，各種の高級脂肪酸の（①　　　）であり，動物の体内に広く分布する。

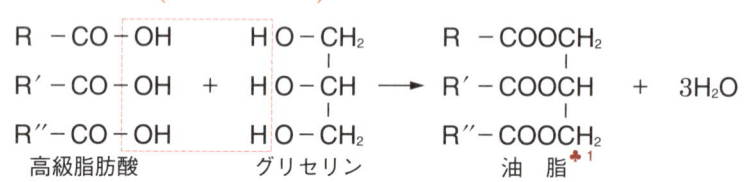

$$R-CO-OH \quad HO-CH_2 \qquad R-COOCH_2$$
$$R'-CO-OH + HO-CH \longrightarrow R'-COOCH + 3H_2O$$
$$R''-CO-OH \quad HO-CH_2 \qquad R''-COOCH_2$$

高級脂肪酸　　　グリセリン　　　　　油　脂 ♣1

♣1：油脂の一般式は下記のように表すこともある。
$CH_2-OCO-R$
$CH-OCO-R'$
$CH_2-OCO-R''$

2 油脂の分類
① 常温で固体の油脂を（②　　　）といい，飽和脂肪酸を多く含む。♣2
　例　牛脂（ヘット），豚脂（ラード）など
② 常温で液体の油脂を（③　　　）といい，不飽和脂肪酸を多く含む。♣3
　例　オリーブ油，ごま油，なたね油など
③ 脂肪油のうち，空気中に放置すると固化しやすいものを（④　　　），固化しにくいものを（⑤　　　）という。

3 油脂の硬化
脂肪油にニッケルNiを触媒として水素を付加すると固化する。こうしてできた油脂を（⑥　　　）という。♣4

♣2：飽和脂肪酸 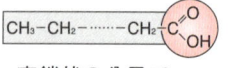
$CH_3-CH_2\text{……}CH_2-C\overset{O}{\underset{OH}{<}}$
直鎖状の分子で，融点が高い。

| パルミチン酸 | $C_{15}H_{31}COOH$ |
| ステアリン酸 | $C_{17}H_{35}COOH$ |

♣3：不飽和脂肪酸 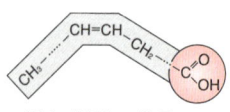
$CH_3\text{……}\overset{CH=CH}{}\text{……}C\overset{O}{\underset{OH}{<}}$
折れ線形の分子で，融点が低い。

オレイン酸	$C_{17}H_{33}COOH$
リノール酸	$C_{17}H_{31}COOH$
リノレン酸	$C_{17}H_{29}COOH$

重要　〔油脂〕……グリセリンと高級脂肪酸のエステル。
常温で固体 ⇨ 脂肪　　　常温で液体 ⇨ 脂肪油

❷ セッケン

1 セッケンの製法
油脂に塩基の水溶液を加えて熱すると，（⑦　　　）されてグリセリンとセッケンになる。この反応を（⑧　　　）という。
　　　　　　　　　　　　　　　　↳脂肪酸の塩

$$R-COOCH_2$$
$$R-COOCH + 3NaOH \longrightarrow 3RCOONa + C_3H_5(OH)_3$$
$$R-COOCH_2 \qquad\qquad\qquad セッケン \qquad グリセリン$$

また，生成物に食塩水を入れるとセッケンとグリセリンが分けられる。この操作を（⑨　　　）という。

♣4：硬化油は，セッケンやマーガリンの原料に用いられる。

重要　油脂　＋　塩基　⟶　セッケン　＋　グリセリン
↳高級脂肪酸とグリセリンのエステル　↑NaOHやKOH　↳高級脂肪酸のNa塩（K塩）　↑$C_3H_5(OH)_3$

2 セッケンの構造

① 油脂のけん化によって生成された，高級脂肪酸のナトリウム（カリウム）塩を（⑩　　　）という。

② セッケンは，疎水性の（⑪　　　基）（R−）と，（⑫　　　性）の脂肪酸イオン（−COO⁻）の部分からなる。

③ セッケンのように，分子中に疎水基と親水基をあわせもつ物質を（⑬　　　）という。

弱酸 + 強塩基 の塩
R C O O Na
疎水性の基　親水性の基

↑ セッケン分子の構造

3 セッケンの性質

① セッケンを一定濃度以上で水に溶かすと，（⑭　　　性）の部分を内側に，（⑮　　　性）の部分を外側に向けて集まり，球形のコロイド粒子をつくる。これを（⑯　　　）という。

② セッケンの水溶液は加水分解して，弱い（⑰　　　性）を示す。

③ Ca^{2+} や Mg^{2+} とは水に難溶性の塩をつくる。♣5

4 セッケンの乳化作用

水にセッケンを溶かすと，水の表面張力が下がる。また，セッケン分子は水に不溶性の油汚れをとり囲んで水中に分散させる。このような作用を（⑱　　　）作用という。♣6

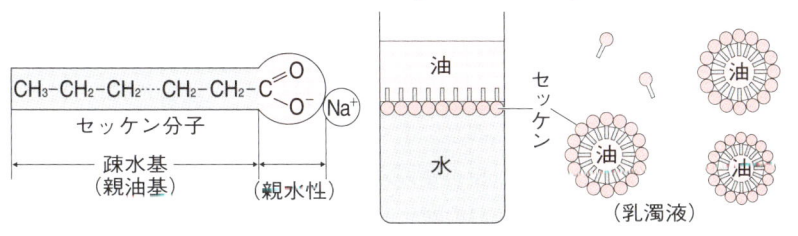

♣5：Ca^{2+} や Mg^{2+} が多く含まれている水を**硬水**という。セッケンが硬水中で泡立ちが悪いのはこのためである。

♣6：界面活性剤は，水と空気，水と油などの界面に配列することによって，水の表面張力を低下させるはたらきがある。この物質には，さらに，浸透・起泡・乳化・分散の各作用があり，洗浄作用をもつ。

CH₃-CH₂-CH₂……CH₂-CH₂-C〈O／O⁻〉Na⁺
セッケン分子
疎水基（親油基）　（親水性）

↑ セッケンの乳化作用

重要　〔セッケン R−COONa〕
親水基と疎水基をもち，乳化作用がある。

♣7：代表的な合成洗剤　アルキルベンゼンスルホン酸ナトリウム（ABS洗剤）

5 合成洗剤

アルキルベンゼンスルホン酸などの強酸のナトリウム塩。♣7 水によく溶け，水溶液は（⑲　　　性）を示す。また，Ca^{2+}，Mg^{2+} とは水に難溶性の塩をつくらず，洗浄作用は低下しない。
硬水や海水でも使用できる

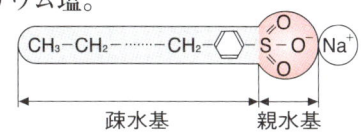

CH₃-CH₂-……-CH₂-⟨benzene⟩-S(=O)(=O)-O⁻ Na⁺
疎水基　親水基

ミニテスト 〔解答 別冊 p.15〕

□❶ リノール酸 $C_{17}H_{31}COOH$ のみからなる油脂の示性式を書け。また，この油脂1分子中には，何個の C=C 結合があるか。

□❷ セッケンの水溶液は塩基性で，合成洗剤の水溶液は中性である。なぜこのような違いがあるのか，簡単に説明せよ。

2章 酸素を含む有機化合物 練習問題

解答 別冊p.41

❶ 〈アルコールの分類〉
▶わからないとき→p.147

次の化合物について，以下の問いに答えよ。

ア CH_3OH　イ C_2H_5OH　ウ $C_2H_4(OH)_2$　エ $C_2H_4(OH)CH_3$
オ $C_3H_5(OH)_3$　カ $(CH_3)_3COH$　キ $(CH_3)_2CHOH$

(1) 2価アルコールはどれか。
(2) 第三級アルコールはどれか。
(3) 酸化剤で酸化するとアセトアルデヒドを生じるものはどれか。

❷ 〈酸素を含む有機化合物の検出〉
▶わからないとき→p.149

次の化合物について，以下の問いに答えよ。

ア $HCHO$　イ CH_3OH　ウ CH_3CHO　エ CH_3OCH_3
オ $CH_3CH(OH)CH_3$　カ CH_3COCH_3　キ CH_3CH_2CHO

(1) 銀鏡反応を示すものはどれか。
(2) 金属ナトリウムと反応するものはどれか。
(3) ヨードホルム反応を示すものはどれか。

ヒント (1) 分子中のアルデヒド基が反応。　(2) 分子中のヒドロキシ基が反応。
(3) CH_3CO-Rや$CH_3CH(OH)-R$の構造をもつ物質が反応を示す。

❸ 〈カルボン酸とエステル〉
▶わからないとき→p.151,153

分子式$C_3H_6O_2$で表される化合物A，Bがある。Aは水によく溶け，水溶液は酸性を示す。Bは水に溶けにくいが，水酸化ナトリウム水溶液を加えて加熱すると，化合物Cの塩と化合物Dが得られた。化合物Dを酸化すると，化合物Eを経て化合物Fを生じた。化合物EおよびFは銀鏡反応を示した。化合物A～Fの示性式と名称を書け。

ヒント Bはエステルで，CH_3COOCH_3と$HCOOC_2H_5$の2種類が考えられる。

❹ 〈脂肪族化合物〉
▶わからないとき→p.144,148,151

次の化合物について，以下の問いに答えよ。

ア エタノール　イ 1-プロパノール　ウ 2-プロパノール
エ アセトアルデヒド　オ アセトン　カ エチルメチルエーテル
キ エチレン　ク プロピン　ケ ギ酸　コ 酢酸

(1) 臭素水を加えると，臭素の赤褐色を脱色するものはどれか。
(2) 水に溶けて酸性を示すものはどれか。
(3) ア～コ中のアルコールのうち，酸化するとアルデヒドを生じるのはどれか。
(4) ア～コ中のアルコールのうち，酸化するとケトンを生じるのはどれか。

ヒント 第一級アルコールは酸化されるとアルデヒドに，第二級アルコールはケトンになる。

5 〈油脂とセッケン〉

次の文を読んで、下の問いに答えよ。　▶わからないとき→p.156, 157

油脂の主成分は、高級脂肪酸と（ ① ）のアルコールであるグリセリンとのエステルである。天然の油脂に含まれる高級脂肪酸には、炭素数18のステアリン酸などの飽和脂肪酸や、同じく炭素数18であるが炭素原子間に1個の二重結合をもつオレイン酸などの不飽和脂肪酸がある。油脂を水酸化ナトリウム水溶液とともに加熱すると、（ ② ）されてグリセリンと高級脂肪酸のナトリウム塩である（ ③ ）が得られる。

セッケンは、1分子中に（ ④ ）性の炭化水素基の部分と（ ⑤ ）性のカルボキシ基の部分をもっている。少量の油とセッケン水を混ぜると、油滴を中心にして（ ④ ）基を内側に、（ ⑤ ）基を外側にして、（ ⑥ ）とよばれる集合体をつくり、水中に分散する。

セッケンは弱酸の高級脂肪酸と強塩基の水酸化ナトリウムの塩であるため、水溶液中では一部が加水分解されて、（ ⑦ ）性を示す。

(1)　（ ① ）～（ ⑦ ）に適当な語句を記入せよ。
(2)　下線部の記述を参考にステアリン酸およびオレイン酸の示性式を示せ。

ヒント　セッケン分子は1分子中に疎水基と親水基をもつ。

6 〈分子式$C_4H_{10}O$の化合物〉

次の文を読んで、下の各問いに答えよ。　▶わからないとき→p.148, 149, 154

分子式が$C_4H_{10}O$で示される有機化合物には、A～Gの構造異性体が存在する。ⓐA～Dのそれぞれに金属ナトリウムを加えると反応して気体を発生するが、E～Gはいずれも金属ナトリウムと反応しない。

A～Dのそれぞれを二クロム酸カリウムの硫酸酸性水溶液に入れて温めると、A・Bは（　　）を生成したのち、さらに酸化されてカルボン酸になる。

同じ反応条件でCはケトンへと酸化されるが、Dは酸化されにくい。

B、DおよびEは枝分かれのあるアルキル基をもつ。

ⓑCには不斉炭素原子がある。ⓒAに酢酸と少量の濃硫酸（触媒）を加えて加熱すると、果実のような芳香をもつ化合物と水とを生成する。

Gはⓓ1種類のアルコールに濃硫酸を加え、130～140℃に加熱することにより合成することができる。

(1)　A～Gをそれぞれの違いがわかるように、簡略化した構造式で示せ。
(2)　下線部ⓐで発生する気体の名称を記せ。
(3)　（　　）にあてはまる化合物の総称名を記せ。
(4)　下線部ⓑで示されるような化合物には立体的な構造の違う1対の異性体が存在する。このような異性体を何というか。
(5)　下線部ⓒで示される反応を化学反応式で示せ。
(6)　下線部ⓓのアルコールの名称を記せ。

ヒント　$C_4H_{10}O$の異性体には、アルコールとエーテルがある。酸化の特徴から、A・Bは第一級アルコール、Cは第二級アルコール、Dは第三級アルコール。

3章 芳香族化合物

1 芳香族炭化水素

解答 別冊 p.15

❶ 芳香族炭化水素

1 ベンゼンの構造——ベンゼンC_6H_6分子は，左図(a)のように，6個の炭素原子が(❶　　　形)状に結合した環式の炭化水素であり，すべての原子が同じ(❷　　　上)にある。ベンゼンの構造式は，左図(b)のように，二重結合と単結合を交互に書いて表すが，実際には，炭素原子間の結合はすべて同等で，単結合と二重結合の(❸　　　的)な状態にある。♣1

2 ベンゼン環の表記——ベンゼンの環状構造を(❹　　　　)といい，左図の(c)のようにCやH原子を省略して書き表す。

3 ベンゼンの性質——ベンゼンには，次のような性質がある。
① 特有の臭気をもつ(❺　　色)の(❻　　体)。水に溶けにくい。多くの芳香族化合物の合成原料となる。毒性が強い。♣2
② 空気中では(❼　　　　)の多い炎を出して燃える。

4 ベンゼンの異性体
① ベンゼンの一置換体には，置換基の位置による異性体は存在しない。
② ベンゼンの二置換体には，置換基の位置により $o-$, $m-$, $p-$ の3種類の(❽　　　　)が存在する。

　例　ジクロロベンゼン($C_6H_4Cl_2$)の構造異性体

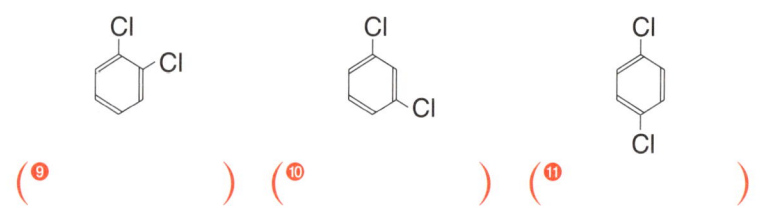

　　(❾　　　　)　(❿　　　　)　(⓫　　　　)

5 トルエンとキシレン　ベンゼンの水素原子1個をメチル基で置換した化合物が(⓬　　　　)，水素原子2個をメチル基で置換した化合物が(⓭　　　　)である。キシレンには(⓮　　種類)の構造異性体が存在する。

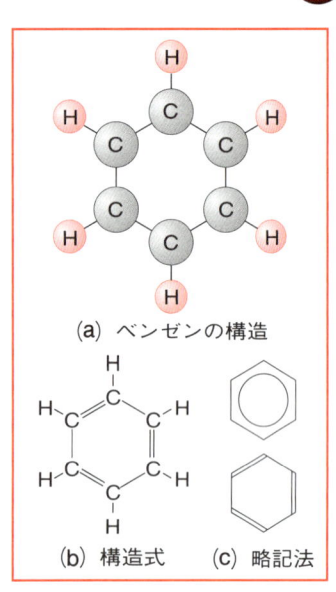

(a) ベンゼンの構造
(b) 構造式　(c) 略記法
↑ベンゼンの構造

♣1：ドイツの化学者ケクレは，二重結合の位置はたえず移動していて，二重結合と単結合の中間的な性質を示すと考えた。しかし，最近では研究が進んで，二重結合は移動するのでなく，すべての炭素間の結合は，単結合と二重結合の中間的な結合であることが明らかになった。

♣2：ベンゼンはかつては有機溶媒として用いられたが，現在は，より毒性の小さいトルエンなどが用いられている。

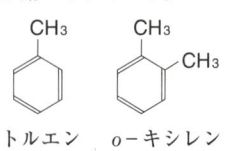

トルエン　$o-$キシレン

| 重要 | ベンゼンの二置換体（構造異性体）
⇨ **オルト**($o-$)，**メタ**($m-$)，**パラ**($p-$)の3種類 |

6 ナフタレンと異性体 ベンゼン環が2個結びついた化合物が（⑮　　　　）である。ナフタレンの一置換体には，（⑯　　種類）の構造異性体が存在し，置換基の位置番号でそれぞれを区別する。

1-クロロナフタレン

2-クロロナフタレン

↑ナフタレンの一置換体

❷ 芳香族炭化水素の反応

1 ベンゼンの置換反応——ベンゼンの水素原子は，他の原子や原子団と置き換わる（⑰　　　反応）を起こしやすい。

① 鉄粉を触媒として，ハロゲンを作用させると，ベンゼンのHがハロゲンで置換される。この反応を（⑱　　　化）という。

$$\bigcirc + Cl_2 \xrightarrow{Fe} \bigcirc\!-\!Cl + HCl$$
クロロベンゼン ♣3

② 濃硝酸と濃硫酸の混合物（混酸）を作用させると，ベンゼンのHがニトロ基で置換される。この反応を（⑲　　　化）という。

$$\bigcirc + HNO_3 \xrightarrow[60℃]{濃硫酸} \bigcirc\!-\!NO_2 + H_2O$$
ニトロベンゼン ♣4

③ 濃硫酸を加えて加熱すると，ベンゼンのHがスルホ基で置換される。この反応を（⑳　　　化）という。

$$\bigcirc + H_2SO_4 \xrightarrow{80℃} \bigcirc\!-\!SO_3H + H_2O$$
ベンゼンスルホン酸 ♣5

2 ベンゼンの付加反応——特別な反応条件では（㉑　　　反応）が起こる。

（㉒　　　）　　　　　　　　　　　（㉓　　　）♣6

♣3：クロロベンゼンは，水に溶けにくい無色の液体で，さらに塩素化すると，防虫剤に使われるp-ジクロロベンゼンになる。

♣4：ニトロベンゼンは，水に溶けにくい淡黄色の液体で，水よりも重い。

♣5：ベンゼンスルホン酸は，水に溶けて強い酸性を示すが，有機溶媒には溶けにくい。

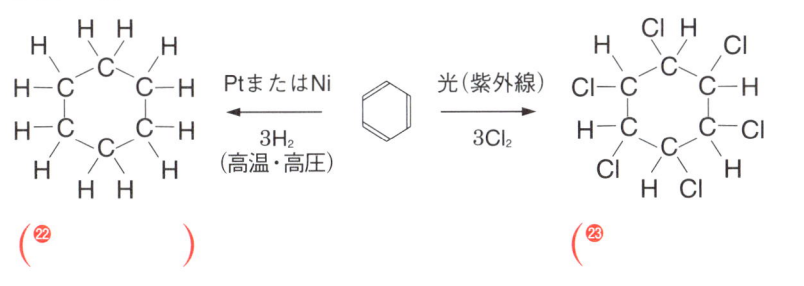

♣6：ベンゼンヘキサクロリド（BHC）ともよばれ，かつて農薬として用いられたが，生物毒性が強く，製造が中止された。

ミニテスト 　　　　　　　　　　　　　　　　　　　　　　　　　　解答 別冊 p.15

☐❶ 分子式がC_8H_{10}で示される芳香族炭化水素の異性体には，どんなものが可能か。すべて書け。

☐❷ トルエン$C_6H_5CH_3$のベンゼン環のH原子をニトロ基$-NO_2$で置換した化合物の異性体をすべて書け。

2 フェノール類・芳香族カルボン酸 解答 別冊p.15

♣1：ナフタレン環に−OHが直結した化合物もフェノール類という。

❶ フェノール類

1 フェノール類──ベンゼン環に（①　　　基）が直結した化合物。

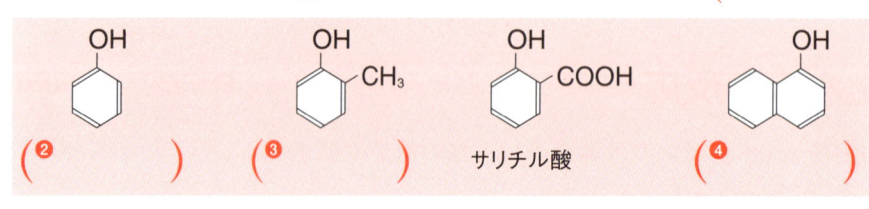

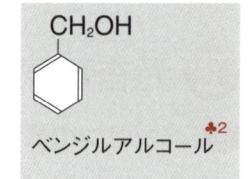

- OH（②　　　）
- CH₃ 付き OH（③　　　）
- サリチル酸（OH, COOH）
- ナフトール（④　　　）
- ベンジルアルコール（CH₂OH）

♣2：ベンジルアルコールは，−OHがベンゼン環に直結していないので，フェノール類ではない。

2 フェノール類の性質──アルコールとは少し異なる性質を示す。

① アルコールとの相違点

1．水溶液中でわずかに電離して，弱い（⑤　　　性）を示す。

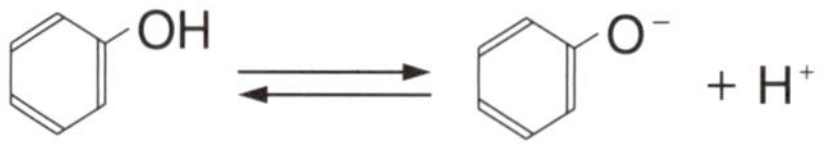

$$\text{C}_6\text{H}_5\text{OH} \rightleftarrows \text{C}_6\text{H}_5\text{O}^- + \text{H}^+$$

（⑥　　　）

2．水に溶けにくいが，水酸化ナトリウム水溶液には（⑦　　　）という塩をつくって溶ける。この水溶液に二酸化炭素を通じると，（⑧　　　）が遊離する。

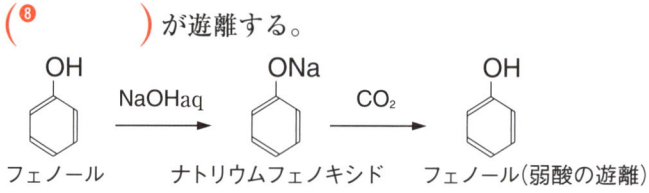

フェノール →NaOHaq→ ナトリウムフェノキシド →CO₂→ フェノール（弱酸の遊離）

3．（⑨　　　）水溶液により呈色する。

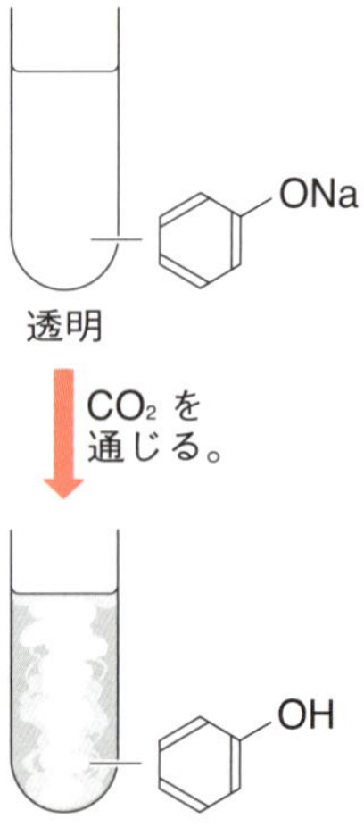

重要　フェノール類の性質
① 炭酸 H_2CO_3 よりも弱い酸。
② 塩基と反応して塩をつくり溶ける。
③ 塩化鉄(Ⅲ) $FeCl_3$ で呈色する。

透明（ONa）→ CO₂を通じる。→ 白濁（OH）
⬆ フェノールの遊離

② アルコールとの共通点

1．ナトリウムと反応して，（⑩　　　）を発生する。

$$2\text{C}_6\text{H}_5\text{OH} + 2\text{Na} \longrightarrow 2\text{C}_6\text{H}_5\text{ONa} + \text{H}_2$$

2．無水酢酸と反応して，（⑪　　　）を生成する。

$$\text{C}_6\text{H}_5\text{OH} + (\text{CH}_3\text{CO})_2\text{O} \longrightarrow \text{C}_6\text{H}_5\text{OCOCH}_3 + \text{CH}_3\text{COOH}$$

酢酸フェニル

3 フェノールの反応
フェノールは石炭酸ともよばれ，特有のにおいをもつ無色の（⑫　　　体）。殺菌作用が強く，皮膚を激しく侵す。

① **フェノールの置換反応**　ベンゼンよりも反応性が大きい（$o\text{-}$, $p\text{-}$位）。

1. 濃硝酸と濃硫酸の混合物（＝⑬　　　）を加えて加熱すると，フェノールの$o\text{-}$, $p\text{-}$位がすべてニトロ化され，（⑭　　　）を生じる。♣3

$$\text{C}_6\text{H}_5\text{OH} + 3\text{HNO}_3 \xrightarrow{\text{H}_2\text{SO}_4} \text{(O}_2\text{N)}_3\text{C}_6\text{H}_2\text{OH} + 3\text{H}_2\text{O}$$

♣3：ピクリン酸（2,4,6-トリニトロフェノール）は，黄色の結晶で水に溶け酸性を示す。また，爆発性をもつ。

2. 臭素水を十分に加えると（⑮　　　）の白色沈殿を生じる。♣4

$$\text{C}_6\text{H}_5\text{OH} + 3\text{Br}_2 \longrightarrow \text{Br}_3\text{C}_6\text{H}_2\text{OH} + 3\text{HBr}$$

♣4：この反応は，フェノールの検出・定量に利用される。

4 フェノールの製法
おもなものは次の通り。現在は，すべてのフェノールが③のクメン法でつくられている。

① **ベンゼンスルホン酸のアルカリ融解**♣5——ベンゼンスルホン酸に（⑯　　　）を加えて融解状態で反応させる。

ベンゼン $\xrightarrow[\text{スルホン化}]{\text{H}_2\text{SO}_4}$ ベンゼンスルホン酸 $\xrightarrow{\text{NaOHaq}}$ （SO$_3$Na体） $\xrightarrow[\text{融解}]{\text{NaOH(固)}}$ ナトリウムフェノキシド $\xrightarrow[\text{弱酸の遊離}]{\text{CO}_2}$ フェノール

♣5：NaOHのような塩基の固体と融解状態（高温）で反応させる操作を**アルカリ融解**という。

② **クロロベンゼンの加水分解**

ベンゼン $\xrightarrow[\text{塩素化}]{\text{(Fe)Cl}_2}$ クロロベンゼン $\xrightarrow[\text{高温・高圧}]{\text{NaOHaq}}$ （ONa体） $\xrightarrow[\text{弱酸の遊離}]{\text{CO}_2}$ フェノール

③ **クメン法**——ベンゼンとプロペンから（⑰　　　）をつくる。これを酸素で酸化したのち，希硫酸で分解すると，フェノールと（⑱　　　）が生成する。この方法を（⑲　　　）という。♣6

ベンゼン ＋ プロペン $\xrightarrow[\text{付加}]{\text{触媒}}$ クメン $\xrightarrow[\text{酸化・分解}]{\text{O}_2, \text{H}_2\text{SO}_4}$ フェノール ＋ アセトン

♣6：クメンを酸素で酸化すると，クメンヒドロペルオキシドという化合物ができる。これに希硫酸を加えると，分解してフェノールと副生成物としてアセトンが生成する。

> **重要**　〔フェノールの工業的製法〕ベンゼンとプロペンから合成するクメン法が主流。アセトンも副生。

❷ 芳香族カルボン酸

♣7：芳香族カルボン酸
ベンゼン環にカルボキシ基が結合した化合物をまとめて芳香族カルボン酸といい，脂肪族カルボン酸と性質は似ている。

1 安息香酸 C_6H_5COOH

① トルエン，ベンズアルデヒドなどを過マンガン酸カリウムなどで（⑳　　　　）すると得られる。

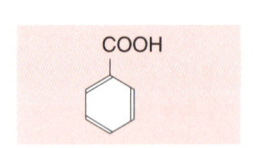

トルエン →酸化→ ベンズアルデヒド →酸化→ 安息香酸

↑安息香酸の構造式

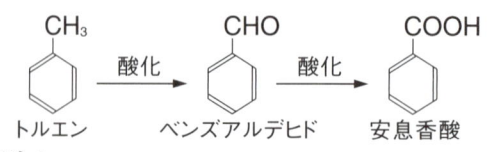

② 防腐剤，医薬，染料，香料などの原料に用いられる。

2 フタル酸 $o\text{-}C_6H_4(COOH)_2$

① ナフタレン $C_{10}H_8$ や o-キシレン $C_6H_4(CH_3)_2$ を（㉑　　　　）することで得られる。

↑フタル酸とその異性体

② 加熱すると（㉒　　　反応）が起こり，（㉓　　　　）になる。

フタル酸 → 無水フタル酸 + H_2O

♣8：イソフタル酸は m-キシレンを，テレフタル酸は p-キシレンをそれぞれ酸化して得られる。

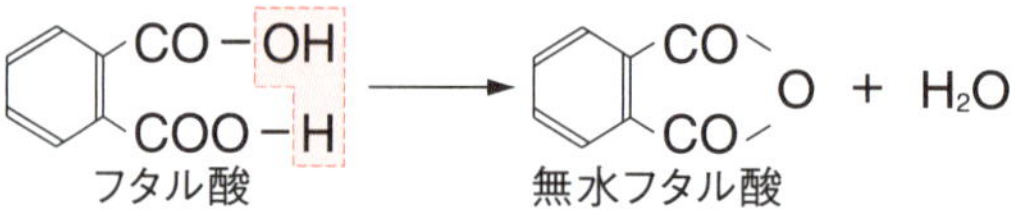

3 サリチル酸 $o\text{-}C_6H_4(OH)COOH$ ──（㉔　　　酸）と，（㉕　　　類）の両方の性質をもつ。

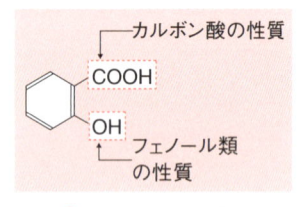

① ナトリウムフェノキシドに高温，高圧の（㉖　　　　）を反応させてサリチル酸ナトリウムをつくり，この水溶液を（㉗　　性）にする。

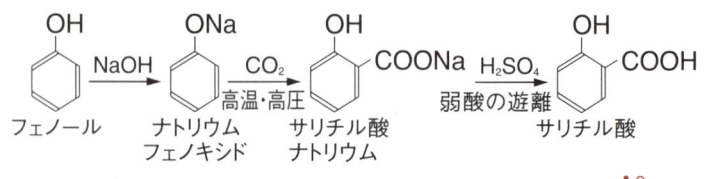

↑サリチル酸の構造

フェノール →NaOH→ ナトリウムフェノキシド →CO_2，高温・高圧→ サリチル酸ナトリウム →H_2SO_4 弱酸の遊離→ サリチル酸

♣9：温水にはかなり溶ける。

② （㉘　　色）の針状結晶。水にわずかに溶け弱酸性を示す。

4 サリチル酸の反応

① **カルボン酸としての反応** サリチル酸を（㉙　　　　）・濃硫酸とともに加熱すると，（㉚　　　化）が起こり，サリチル酸メチルが生成する。サリチル酸メチルには，消炎・鎮痛作用がある。

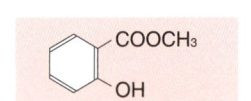

↑サリチル酸メチルの構造式

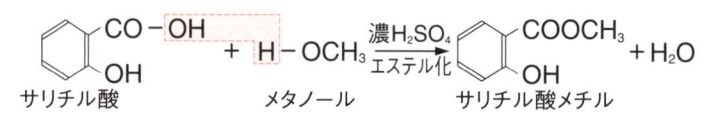

サリチル酸 + メタノール →濃H_2SO_4 エステル化→ サリチル酸メチル + H_2O

② **フェノール類としての反応** サリチル酸を無水酢酸とともに加熱すると，(㉛　　　基)がアセチル化され，(㉜　　　　)が生成する。この化合物はアスピリンともいい，解熱・鎮痛作用がある。

アセチルサリチル酸の構造式

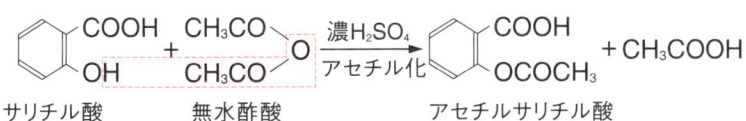

♣10：アセチルサリチル酸の分子中のCH₃CO－をアセチル基といい，アセチル基をもつ化合物を生成する反応を，とくにアセチル化という。

重要

$$\text{サリチル酸} \xrightarrow[\text{CH}_3\text{OH}]{\text{エステル化}} \text{サリチル酸メチル（消炎剤）}$$

$$\text{サリチル酸} \xrightarrow[(\text{CH}_3\text{CO})_2\text{O}]{\text{アセチル化}} \text{アセチルサリチル酸（解熱剤）}$$

重要実験 — サリチル酸とメタノールの反応

方法（操作）

(1) サリチル酸を少量試験管にとり，水を加えてよく振り混ぜて溶かしたものに，**塩化鉄(Ⅲ)水溶液を滴下して色の変化を見る**。

(2) 乾いた試験管にサリチル酸0.5gをとり，メタノール3mLと濃硫酸0.5mLを加え，弱火で加熱する。

(3) 溶液を冷却してから，飽和炭酸水素ナトリウム水溶液に少しずつ注ぐ。

注 溶液が白濁してきたら加熱をやめてよい。

結果と考察

❶ 塩化鉄(Ⅲ)水溶液を滴下すると，溶液の色は(㉝　　　色)になる。⇨ サリチル酸は，ベンゼン環に(㉞　　　基)がついた構造をしているフェノール類である。

❷ 加熱中から湿布薬のようなにおいがしている。この溶液を飽和炭酸水素ナトリウム水溶液に注ぐと，ビーカーの底に油滴が沈み，同時に気体が発生する。⇨ 湿布薬のにおいは**サリチル酸の**(㉟　　　基)**とメタノールの**(㊱　　　基)**が反応してできた**(㊲　　　　)のにおいである。炭酸水素ナトリウム水溶液に注ぐと，未反応の酸が中和され(㊳　　　　)が発生する。また，この油滴はビーカーの底に沈んだことから，水に難溶であり，水より(㊴　　　い)ことがわかる。

ミニテスト

解答 別冊p.15

□❶ フェノールは弱酸で水酸化ナトリウム水溶液にはよく溶ける。この反応を化学反応式で書け。

□❷ 次の文中の( )に適語または示性式を書け。
サリチル酸と塩化鉄(Ⅲ)を反応させると，その溶液は㋐(　　)色になる。また，サリチル酸に無水酢酸と少量の濃硫酸を加えて加熱した後冷却すると，㋑(　　)が白色の結晶として析出する。サリチル酸にメタノールと少量の濃硫酸を加えて煮沸すると，示性式㋒(　　)で表される芳香のある物質㋓(　　)を生じる。

3 芳香族アミン

解答 別冊p.16

♣1：芳香族アミン
アンモニアの水素原子を炭化水素基で置換した化合物を**アミン**という。炭化水素基が芳香族のものを**芳香族アミン**といい、脂肪族の**脂肪族アミン**に比べると、塩基性がかなり弱い。

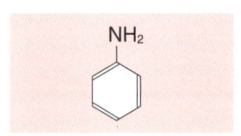

↑アニリンの構造式

❶ アニリン

1 アミン
アンモニアのH原子を炭化水素基Rで置換した化合物をアミンといい、特に、ベンゼン環にアミノ基-NH₂が直接結合した化合物を（❶　　　）♣¹という。アミンは（❷　　　性）を示す代表的な有機化合物である。

2 アニリンの製法
（❸　　　）をスズまたは鉄と濃塩酸で（❹　　　）すると塩が得られる。

$$2\text{C}_6\text{H}_5\text{-NO}_2 + 3\text{Sn} + 14\text{HCl} \longrightarrow 2\text{C}_6\text{H}_5\text{-NH}_3\text{Cl} + 3\text{SnCl}_4 + 4\text{H}_2\text{O}$$

この塩に水酸化ナトリウム水溶液を加えると、（❺　　　）が遊離する。

$$\text{C}_6\text{H}_5\text{-NH}_3\text{Cl} + \text{NaOH} \longrightarrow \text{C}_6\text{H}_5\text{-NH}_2 + \text{NaCl} + \text{H}_2\text{O}$$

3 アニリンの性質

♣2：蒸留の直後は無色であるが、空気中では酸化されやすく、褐色～赤褐色に着色していることが多い。

① 特有のにおいをもつ（❻　　　色）♣²油状の液体である。
② 水には溶けにくいが、塩酸とは反応して（❼　　　）をつくり水に溶けるようになる。

$$\text{C}_6\text{H}_5\text{-NH}_2 + \text{HCl} \longrightarrow \text{C}_6\text{H}_5\text{-NH}_3\text{Cl}$$

4 アニリンの反応

① さらし粉水溶液を加えると（❽　　　色）を呈する。（**アニリンの検出**）
② 硫酸酸性の二クロム酸カリウム水溶液を加えると、黒色物質の（❾　　　）を生じる。
　　→黒色染料として用いられた

♣3：かつてはアンチフェブリンとよばれる解熱剤として用いられていたが、副作用が強く、現在は使用されていない。

③ 無水酢酸と反応し、アセチル化されて（❿　　　）♣³が生じる。
　　→氷酢酸と反応してもアセトアニリドを生じる

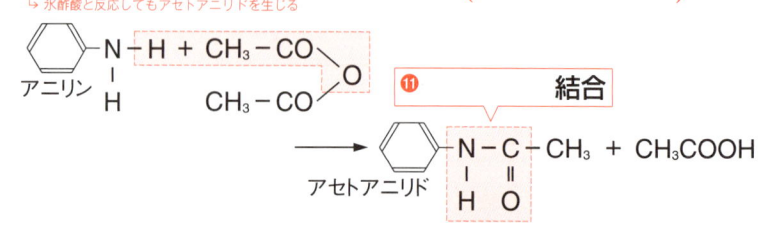

$$\underset{\text{アニリン}}{\text{C}_6\text{H}_5\text{-N}\begin{smallmatrix}\text{H}\\\text{H}\end{smallmatrix}} + \begin{matrix}\text{CH}_3\text{-CO}\\\text{CH}_3\text{-CO}\end{matrix}\rangle\text{O}$$

（⓫　　　）結合

$$\longrightarrow \underset{\text{アセトアニリド}}{\text{C}_6\text{H}_5\text{-N}\begin{smallmatrix}\text{H}\end{smallmatrix}\text{-}\underset{\text{O}}{\overset{\parallel}{\text{C}}}\text{-CH}_3} + \text{CH}_3\text{COOH}$$

> **重要**　〔アニリン$C_6H_5NH_2$〕…ニトロベンゼンの還元で生成。
> 水には不溶だが、塩酸には可溶。

❷ アゾ化合物

1 ジアゾ化 —— アニリンの希塩酸溶液に亜硝酸ナトリウム水溶液を加えると(⑫　　　)が生成する。この反応を(⑬　　　)という。♣4

→ ジアゾニウム塩の一種　　→ 氷水で冷やしながら行う

$$\underset{アニリン}{C_6H_5\text{-}NH_2} + 2HCl + NaNO_2 \longrightarrow \underset{塩化ベンゼンジアゾニウム}{C_6H_5\text{-}N^+\equiv NCl^-} + NaCl + 2H_2O$$

♣4：ジアゾ化は0～5℃で行う。これは、塩化ベンゼンジアゾニウムが室温では不安定で、すぐに窒素とフェノールに分解してしまうからである。

2 カップリング —— (⑭　　　)水溶液にナトリウムフェノキシド水溶液を加えると、(⑮　　色)のp-ヒドロキシアゾベンゼンが生じる。♣5 この反応を(⑯　　　)という。

$$C_6H_5\text{-}N^+\equiv NCl^- + \underset{ナトリウムフェノキシド}{C_6H_5\text{-}ONa} \longrightarrow \underset{p\text{-}ヒドロキシアゾベンゼン}{C_6H_5\text{-}\boxed{N=N}\text{-}C_6H_4\text{-}OH} + NaCl$$

（アゾ基）

♣5：アゾ化合物
p-ヒドロキシアゾベンゼンなど、アゾ基-N=N-をもつ化合物をアゾ化合物という。

重要実験 アニリンの合成と反応

方法（操作）

(1) 試験管にニトロベンゼンを1 mLとり、スズ3 g（←粒状のもの）と濃塩酸5 mLを加えて、右図のように湯でゆっくりと加熱する。

(2) ニトロベンゼンの油滴が消えたら加熱をやめ、内容物の液体だけを三角フラスコに移し、冷却後、水酸化ナトリウム水溶液を少量ずつ十分に加える。

(3) (2)の溶液に、ジエチルエーテルを加えてアニリンを溶かす。

(4) 上部のエーテル層だけをスポイトで蒸発皿にとり、ジエチルエーテルを蒸発させ、残った液体を時計皿にとり、水を少量加え、さらし粉水溶液を数滴加えて色の変化をみる。

約70℃の湯／ニトロベンゼン／スズ／塩酸／三角フラスコ／アニリンとエーテル／水溶液

注 加熱中、試験管をときどき振り混ぜること。
注 水酸化ナトリウム水溶液は、一度生じた白色沈殿が溶けるまで加える。

結果と考察

❶ ニトロベンゼンからアニリンを生成するときの化学反応式は次のとおりである。
$$2C_6H_5NO_2 + 3Sn + 14HCl \longrightarrow 2C_6H_5NH_3Cl + 3SnCl_4 + 4H_2O$$
スズと塩酸で、ニトロベンゼンを(⑰　　　)している。

❷ 水酸化ナトリウム水溶液を十分に加えると、弱塩基の(⑱　　　)が遊離する。
→ 強塩基

❸ アニリンの水溶液にさらし粉水溶液（→ CaCl(ClO)・H_2O）を加えると、(⑲　　色)になる。
→ アニリンの検出反応

ミニテスト　　解答 別冊p.16

□❶ 次のうちアミド結合をもつ物質はどれか。
ア　アニリン　　イ　アセトアニリド
ウ　ニトロベンゼン　　エ　フェノール

□❷ アニリンを塩酸に溶かした溶液を蒸発濃縮したときに得られる物質の名称と示性式を示せ。

4 芳香族化合物の分離

❶ 有機化合物の分離の原則

1 酸・塩基の中和反応を利用する

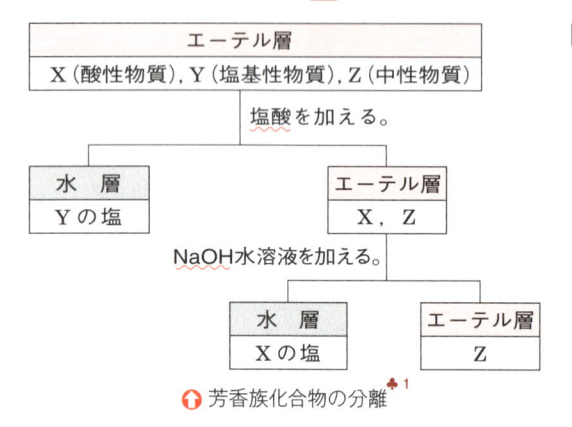

```
エーテル層
X(酸性物質), Y(塩基性物質), Z(中性物質)
     │ 塩酸を加える。
 ┌───┴───┐
水 層    エーテル層
Yの塩    X, Z
         │ NaOH水溶液を加える。
      ┌──┴──┐
      水 層  エーテル層
      Xの塩   Z
```
↑ 芳香族化合物の分離♣1

♣1：有機化合物の分離は、**分液ろうと**を用いた抽出によって行われることが多い。

♣2：中性物質には、ベンゼン、トルエン、ニトロベンゼンなどがある。

■エーテルに溶けていた有機化合物の混合物のうち、酸または塩基と反応して塩に変化した物質は、（❶　　　）に溶けやすくなる一方で、（❷　　　）に溶けにくくなる。その結果、（❸　　層）に移動する。

例えば、塩基性物質のアニリンに塩酸を加えると、（❹　　　）を生じて水層に分離される。酸性物質のフェノールに水酸化ナトリウム水溶液を加えると（❺　　　）を生じて水層に分離される。

> **重要**
> 酸性物質 ⇨ 塩基を加えると水層へ移動。
> 塩基性物質 ⇨ 酸を加えると水層へ移動。
> 中性物質♣2 ⇨ 酸・塩基を加えてもエーテル層に残る。

2 酸の強弱の違いを利用する

酸の強さの順　スルホン酸 ＞ カルボン酸 ＞ 炭酸 ＞ フェノール類

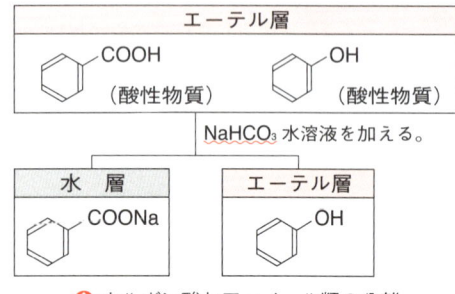

```
エーテル層
Ph-COOH       Ph-OH
(酸性物質)   (酸性物質)
     │ NaHCO₃水溶液を加える。
 ┌───┴───┐
水 層       エーテル層
Ph-COONa    Ph-OH
```
↑ カルボン酸とフェノール類の分離

■酸性物質の安息香酸とフェノールは、炭酸水素ナトリウム（炭酸の塩）水溶液を使うと分離できる。例えば、炭酸水素ナトリウム水溶液には、炭酸より強い（❻　　　）だけが反応して塩を生じて溶けるが、炭酸より弱い（❼　　　）は反応しないので溶けない。こうして、両者を分離できる。

ミニテスト

□❶ 次の有機化合物にNaOH水溶液を加えたときに、エーテル層から水層に移るものはどれか。
　ア　ニトロベンゼン　　イ　アニリン
　ウ　フェノール　　　　エ　トルエン

□❷ 次の有機化合物にHCl水溶液を加えたとき、エーテル層から水層に移るものはどれか。
　ア　ニトロベンゼン　　イ　アニリン
　ウ　フェノール　　　　エ　トルエン

5 有機化合物と人間生活

❶ 医薬品とは

1 医薬品──病気の診断，(❶　　　)，予防などに用いる化学物質。

2 医薬品の歴史

① 自然に存在し病気の治療に役立つ植物などを，そのままの状態や粉末にした状態で薬として用いたものを(❷　　　)という。

例　キニーネ，モルヒネ，コカイン
　　↳キナの皮　↳ケシの実　↳コカの葉

② 生薬の中から有効成分だけを(❸　　　)して薬として利用。

③ 有効成分の構造を分析し，人工的に(❹　　　)したものを利用。

❷ 医薬品の種類

1 対症療法薬──病気の症状を緩和し，自然治癒を促す薬。

例　(❺　　　)…解熱鎮痛剤。アスピリン。
　　(❻　　　)…消炎鎮痛剤。サロメチール。
　　ニトログリセリン…血管拡張による狭心症治療薬。♣1

2 化学療法薬（原因療法薬）──病気の根本原因に直接作用して，生物体の活動をもとにもどし，病気を治療する薬。

① **サルファ剤**…スルファニルアミドの誘導体には抗菌作用がある。これらの誘導体は(❼　　　)と総称される。♣2

② **抗生物質**…微生物がつくりだす，他の微生物の増殖を阻止する物質。

例　(❽　　　)…フレミングがアオカビから発見。♣3 細菌の細胞壁の合成を阻害し，抗菌作用を示す。

(❾　　　)…ワックスマンが土壌中の細菌から発見。細菌のタンパク質の合成を阻害し，抗菌作用を示す。

テトラサイクリン…広範囲の細菌に薬効を発揮する。♣4

③ **抗癌剤**…癌の増殖を抑制する。シスプラチンなど。♣5

3 消毒薬

① **アルコール**…タンパク質の(❿　　　)を利用。エタノールなど。

② **酸化剤**…(⓫　　　作用)を利用。過酸化水素水，ヨウ素など。

③ **フェノール類**…クレゾールセッケン液など。

♣1：ニトログリセリン
CH_2-O-NO_2
$CH-O-NO_2$
CH_2-O-NO_2
体内で分解してNOを生じ，血管拡張作用を示す。

♣2：サルファ剤の基本骨格
H_2N--SO_2NHR
抗菌目薬などに用いられる。

♣3：ペニシリン

♣4：テトラサイクリン

♣5：シスプラチン

♣6：MRSA（メチシリン耐性黄色ブドウ球菌）やVRE（バンコマイシン耐性腸球菌）が有名。

4 耐性菌♣6——抗生物質を多用すると，これらに強い抵抗性をもつ（⑫　　　）が現れ，それによる院内感染が問題化している。

5 医薬品の作用

① 薬理作用　その薬が本来もつ有効な作用を（⑬　　　）という。　↳主作用という

② 副作用　薬による生体に有害な作用を（⑭　　　）という。

重要実験 — アセチルサリチル酸（アスピリン）の合成

方法（操作）
(1) 乾いた試験管にサリチル酸と無水酢酸を加えて溶かし，濃硫酸を加えて振り混ぜ，60℃の温水に10分間浸す。
(2) 試験管を流水で冷却し，結晶を析出させる。
(3) 結晶をろ過した後，さらに冷水で数回洗い乾燥させる。
(4) 結晶に，塩化鉄(Ⅲ)水溶液を加え，色の変化を観察する。

結果と考察
わずかに（⑮　　色）の呈色が見られる。アセチルサリチル酸にはフェノール性-OHがないので呈色しないはずだが，少量のサリチル酸が混入していたためと考えられる。

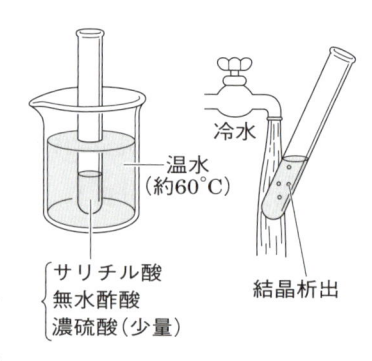

---

❸ 染　料

♣7：染料の分子が，分子間力や化学結合などで繊維と結びつくこと。

♣8：
オレンジⅡ（酸性染料，橙色）
NaO₃S－⟨⟩－N=N－⟨⟩－OH

インジゴ（建染め染料，青色）

アリザリン（媒染染料，赤色）

1 染料と染着——繊維を染めることのできる色素を（⑯　　　）といい，色素が繊維と結びつくことを（⑰　　　）という。♣7

2 天然染料——植物・動物・鉱物などから得られる染料。

① 植物染料…藍の葉（⑱　　　），アカネの根（⑲　　　）

② 動物染料…コチニール虫（カルミン酸），アクキ貝（チアリン紫）

3 合成染料——石炭・石油などから合成された染料。

例　世界初の合成染料（モーブ），アゾ基をもつ（⑳　　　）

染料の種類	染料の特徴	例♣8
（㉑　　染料）	繊維に水素結合などで直接染着する。	コンゴーレッド
（㉒　　染料）／塩基性染料	染料と繊維の酸性，塩基性の官能基の部分でイオン結合で染着する。	オレンジⅡ／メチレンブルー
（㉓　　染料）	塩基性で還元して水溶性として染着し，空気酸化して発色させる。（建染法）	インジゴ
（㉔　　染料）	繊維を金属塩で処理した後，これに染料を染着させる。（媒染法）	アリザリン

❹ 洗　剤

1 セッケン——油脂の（㉕　　　）でつくられる。

$$C_3H_5(OCOR)_3 + 3NaOH \longrightarrow 3RCOONa + C_3H_5(OH)_3$$

① セッケンの構造…疎水性の（㉖　　　基）と親水性のカルボン酸イオンの部分からなる。

② 水に溶け，一部が加水分解して，（㉗　　　性）を示す。

③ Ca^{2+}やMg^{2+}とは水に不溶性の塩をつくり，洗浄能力を失う。♣9

④ 水にセッケンを溶かすと，セッケンは水と油，水と空気などの界面に配列して，水の表面張力を低下させる。このような物質を（㉘　　　）♣10という。

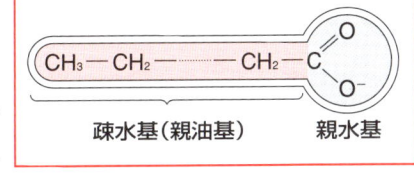

↑ セッケン分子の構造

♣9：Ca^{2+}やMg^{2+}を多く含む水を**硬水**という。

♣10：水の表面張力が小さくなると，泡立ちがよくなり，布の繊維の細かなすきまにも浸透しやすくなる。

2 合成洗剤——石油などから合成された界面活性剤。

① 水に溶け，加水分解せず（㉙　　　性）を示す。

② Ca^{2+}やMg^{2+}とは水に不溶性の塩をつくらず，硬水でも洗浄能力を失わない。

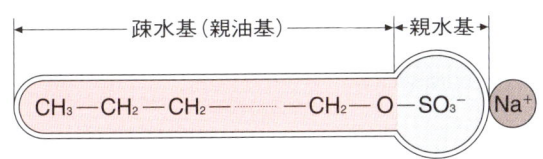

アルキル硫酸ナトリウム 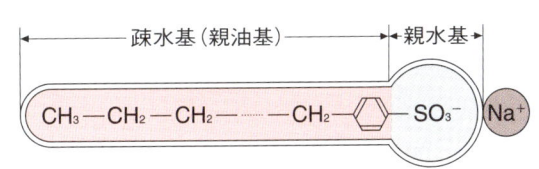　　アルキルベンゼンスルホン酸ナトリウム

3 界面活性剤の種類

分類	構造	特徴
陰イオン界面活性剤	親水基が陰イオン	洗浄力大，使用量大
（㉚　　　界面活性剤）	親水基が陽イオン	殺菌力大・洗浄力小
（㉛　　　界面活性剤）	水中でイオン化しない	皮膚に優しい
（㉜　　　界面活性剤）	正・負両方の電荷をもつ	酸性・塩基性でも使用可

♣11：

ゼオライト

Ca^{2+}

$2Na^+$

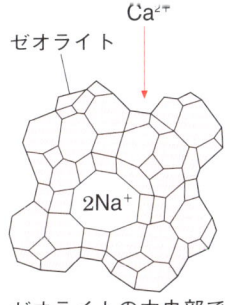

ゼオライトの中央部で$2Na^+$とCa^{2+}が交換される。

4 洗浄補助剤（ビルダー）

① **水軟化剤**…Ca^{2+}やMg^{2+}とNa^+を交換する（㉝　　　）♣11など。

② **アルカリ剤**…洗剤の洗浄力を高める。炭酸ナトリウムNa_2CO_3など。

③ **酵素**…タンパク質や脂肪を分解する。プロテアーゼ，リパーゼなど。

ミニテスト　　　　　解答　別冊p.16

□　セッケンに該当するものはA，合成洗剤に該当するものはB，両方に該当するものはCをつけよ。

(1) 水溶液は中性を示す。
(2) 硬水中でも使用できる。
(3) 水溶液に希塩酸を加えると白濁する。
(4) 水溶液に油を加えると，乳化作用を示す。

3章 芳香族化合物 練習問題

解答 別冊p.42

1 〈塩化鉄(Ⅲ)水溶液による呈色〉 ▶わからないとき→p.162

次のア〜エの化合物のうち，$FeCl_3$水溶液で呈色しないものを選べ。

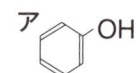

ア ⌬-OH　イ ⌬-CH₂-OH　ウ ⌬(CH₃)(OH)　エ ⌬(COOH)(OH)

2 〈芳香族化合物の異性体〉 ▶わからないとき→p.160

分子式C_7H_8Oで表される芳香族化合物には，⌬-CH₂-OH のほかに4種類の異性体がある。その構造式をすべて書け。

ヒント エーテルおよびベンゼンの二置換体を考えよ。

3 〈フェノールの製法〉 ▶わからないとき→p.163

反応(A)，(B)はいずれもフェノールの合成法である。①〜⑥に当てはまる最も適当な反応操作を，下のア〜キから1つ選べ。

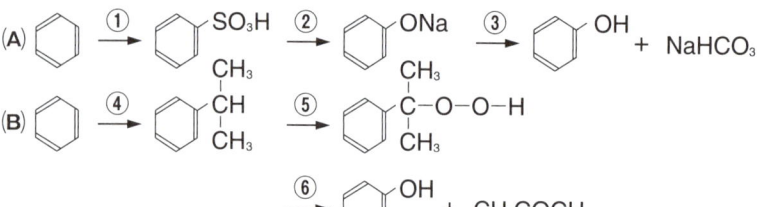

(A) ⌬ →① ⌬-SO₃H →② ⌬-ONa →③ ⌬-OH + $NaHCO_3$

(B) ⌬ →④ ⌬-CH(CH₃)₂ →⑤ ⌬-C(CH₃)₂-O-O-H →⑥ ⌬-OH + CH_3COCH_3

ア　希硫酸を作用させる。
イ　空気(酸素)と反応させる。
ウ　濃硫酸を加えて加熱する。
エ　水に溶かして，二酸化炭素を通す。
オ　触媒を用いて，プロペン(プロピレン)と反応させる。
カ　水酸化ナトリウムで，アルカリ融解する。
キ　水酸化ナトリウム水溶液を加え，加圧下で加熱する。

ヒント (A)の②はアルカリ融解で，(B)はクメン法である。

4 〈芳香族化合物の反応〉 ▶わからないとき→p.161,164,167

次の反応によって生成する芳香族化合物(ア)〜(エ)の構造式を書け。

(1) ニトロベンゼンをスズと濃塩酸で還元した後，水酸化ナトリウム水溶液を作用させると(ア)が生成する。
(2) ベンゼンに濃硫酸と濃硝酸を作用させると(イ)が生成する。
(3) アニリンをジアゾ化し，フェノールとカップリングすると(ウ)が生成する。
(4) サリチル酸にメタノールと少量の濃硫酸を加え反応させると(エ)が生成する。

ヒント (3)のカップリングの結果，-N=N-基をもつ化合物ができる。
(4)はカルボキシ基とメタノールのエステル化反応である。

5 〈サリチル酸の反応〉
▶わからないとき→p.165,170

次の文を読み，あとの各問いに答えよ。原子量；H＝1.0，C＝12，O＝16

Ⅰ (a)乾いた試験管にサリチル酸1.0gをとり，無水酢酸2mLを加えた。振り混ぜながら，濃硫酸3滴を加え，試験管を60℃の温水に10分間浸した。

Ⅱ 試験管を温水から取り出し，流水で冷やした後，(b)水15mLを加えガラス棒でよくかき混ぜると，結晶が析出した。この結晶をろ過してよく乾燥すると，0.95gであった。

(1) 下線部(a)でよく乾いた試験管を用いる理由を記せ。
(2) 下線部(b)の操作は，何の目的で行うのか。
(3) この実験で起こった変化を化学反応式で示せ。
(4) この反応の収率〔％〕を求めよ。収率〔％〕＝$\dfrac{実際の生成量}{理論上の生成量}$×100とする。

6 〈芳香族化合物の推定〉
▶わからないとき→p.132

次の文を読み，以下の問いに答えよ。

芳香族化合物A，B，Cは，いずれも分子式C_8H_{10}で示される。化合物Aのベンゼン環の水素原子1個をヒドロキシ基で置き換えて得られる化合物は1種類のみである。化合物Bのベンゼン環の水素原子1個をヒドロキシ基で置き換えた化合物には3種類の異性体が存在する。化合物AとBは過マンガン酸カリウムで酸化すると，同じ分子式の化合物DとEをそれぞれ与えた。一方，化合物Cは，過マンガン酸カリウムで酸化すると化合物Fを与えた。化合物Fのベンゼン環の水素原子1個をヒドロキシ基で置き換えた化合物には，3種類の異性体が存在する。

(1) 下線部の3種類の異性体を，ベンゼン環を用いて記せ。
(2) 化合物Cの構造式を，ベンゼン環を用いて記せ。

ヒント C_8H_{10}には，4つの構造異性体がある。

7 〈有機化合物の分離〉
▶わからないとき→p.168

トルエン，フェノール，安息香酸，アニリンの混合物のエーテル溶液がある。①〜⑤の操作によって，右図のように分離した。A〜Dの化合物の名称を答えよ。

〔操作〕
① 塩酸を加えて振り混ぜる。
② 水酸化ナトリウム水溶液を加えて，塩基性にする。
③ 水酸化ナトリウム水溶液を加える。
④ 二酸化炭素を十分に吹きこんでから，エーテルを加えて振り混ぜる。
⑤ 塩酸を加えて酸性にする。

ヒント アニリンは塩基性物質，トルエンは中性物質，フェノールと安息香酸は酸性物質である。

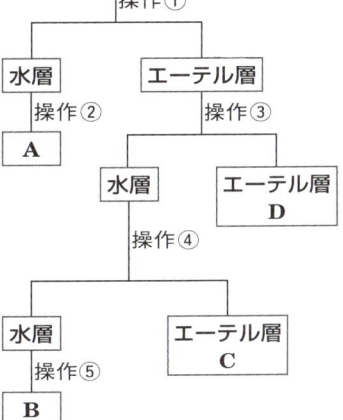

第5編 有機化合物 定期テスト対策問題

時 間 ▶▶▶ 50分
合格点 ▶▶▶ 70点
解 答 ▶ 別冊 p.43

1
次にエチレンとアセチレンを中心にした反応系統図を示す。①〜④には該当する化合物の構造式を，(a)〜(d)にはその反応の種類を書け。 〔各1点 合計8点〕

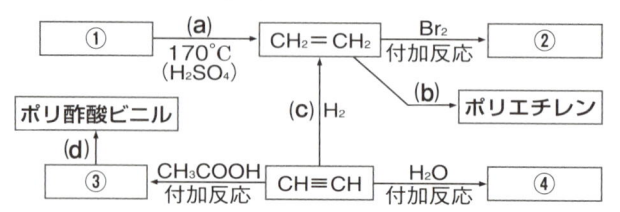

$$① \xrightarrow[170°C (H_2SO_4)]{(a)} CH_2=CH_2 \xrightarrow[付加反応]{Br_2} ②$$

ポリ酢酸ビニル ← (d) ③ ← CH$_3$COOH 付加反応 — CH≡CH — H$_2$O 付加反応 → ④

(c) H$_2$ ／ (b) → ポリエチレン

①	②	③	④
(a)	(b)	(c)	(d)

2
次の①〜⑤のアルコールは第一級，第二級，第三級アルコールのどれに分類されるか。 〔各1点 合計5点〕

① 1-プロパノール　② 2-プロパノール　③ エタノール
④ 2-メチル-2-プロパノール　⑤ 2-メチル-2-ブタノール

①	②	③	④	⑤

3
1価の飽和アルコール2.3gに過剰のナトリウムを加えて反応させると，水素が標準状態で0.56L発生した。次の問いに答えよ。原子量；H=1.0, C=12, O=16 〔各3点 合計12点〕

問1 メタノールと金属ナトリウムの反応を，化学反応式で表せ。
問2 このアルコールの分子量を求めよ。
問3 このアルコールの示性式を書け。
問4 このアルコールと過剰のナトリウムの反応を，化学反応式で表せ。

問1		問2	
問3		問4	

4
次の問いに答えよ。 〔各4点 合計8点〕

問1 分子式C$_4$H$_8$で示される化合物には，何種類の異性体があるか。ただし，シス-トランス異性体も区別せよ。
問2 C$_7$H$_8$Oで示される芳香族化合物には，何種類の構造異性体があるか。

問1		問2	

5

次の文章を読み，あとの問いに答えよ。　〔問1・問2…各2点　問3…各3点　合計19点〕

　$C_4H_{10}O$ の分子式で表される化合物 A，B，C および D は，いずれも金属ナトリウムと反応して水素を発生した。硫酸酸性の二クロム酸カリウム水溶液で酸化したところ，化合物 A，B および D は酸化されたが，C は酸化されなかった。化合物 B および D が酸化されて生成した物質はともにフェーリング溶液を還元し，赤色沈殿を生じた。一方，化合物 A が酸化されて生成した化合物 E はフェーリング溶液を還元しなかったが，アルカリ性水溶液中でヨウ素と反応して特有のにおいをもつ黄色沈殿を生じた。また，化合物 B と D において構造を調べると，化合物 B の炭化水素基には枝分かれがあり，化合物 D には枝分かれのないことが分かった。

問1 下線部より，化合物 A〜D は一般に何とよばれるか。その名称を記せ。

問2 フェーリング溶液を還元して得られる赤色沈殿の化学式を書け。

問3 化合物 A〜E の構造を右の例にならって記せ。　　　（例）　CH_3-CH_2-OH

問1			問2		
問3	A	B	C	D	E

6

次の図は，ベンゼンから誘導される化合物の反応経路である。あとの問いに答えよ。

原子量；H=1.0，C=12，O=16　〔問1・問2…各2点　問3…各1点　問4…3点　合計16点〕

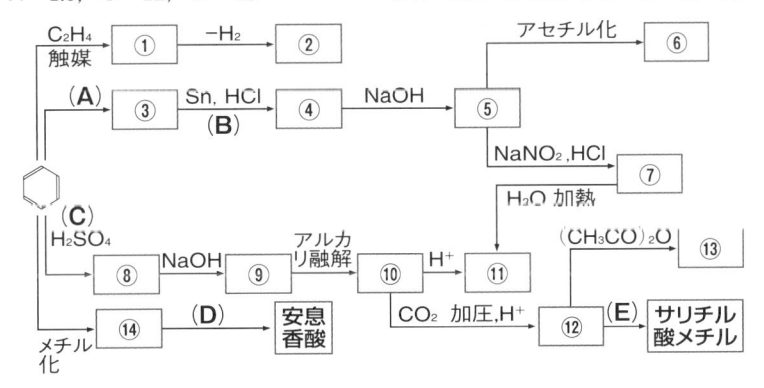

問1 化合物②，⑥，⑬の構造式を示せ。

問2 化合物⑦と⑩をカップリング反応させてできる主生成物の構造式を書け。

問3 (A)〜(E)の反応の名称を下から選び，記号で記せ。

　ア　アセチル化　　イ　スルホン化　　ウ　ニトロ化　　エ　ジアゾ化　　オ　エステル化
　カ　カップリング反応　　キ　付加反応　　ク　還元反応　　ケ　酸化反応

問4 化合物⑫から⑬への反応で化合物⑬が 3.0 g 生成した。このとき，反応した $(CH_3CO)_2O$ の質量を有効数字2桁で答えよ。

問1	②		⑥		⑬		問2	
問3	(A)	(B)	(C)	(D)	(E)		問4	

7

化合物A〜Cは分子式C₈H₁₀Oの芳香族化合物である。次のⅠ〜Ⅴの記述を読んで，下の問いに答えよ。 〔各2点 合計10点〕

Ⅰ A〜Cはいずれも金属ナトリウムと激しく反応するが，塩化鉄(Ⅲ)水溶液には呈色されなかった。

Ⅱ おだやかに酸化すると，AからはD，BからはE，CからはFが得られた。

Ⅲ DとFは銀鏡反応を示すが，Eは示さなかった。

Ⅳ AとBを濃硫酸と加熱すると，いずれからもGが得られた。Gを付加重合させると高分子化合物が得られた。

Ⅴ CおよびFを触媒を用いて十分に空気酸化させたHを加熱すると，分子内脱水が起こった。

問1 化合物A〜Cの構造式を記せ。
問2 下線部の高分子化合物の名称を記せ。
問3 A〜Gの化合物のうち，不斉炭素原子をもつ化合物を記号で示せ。

問1	A		B		C		問2		問3	

8

炭素，酸素，水素からなる有機化合物を36.0 mgとり，完全燃焼させたら二酸化炭素と水がそれぞれ52.8 mg，21.6 mg得られた。また，この有機化合物の分子量は，分子量測定の結果60であることがわかった。次の問いに答えよ。原子量；H = 1.0，C = 12，O = 16 〔各3点 合計12点〕

問1 この化合物36.0 mg中の炭素の質量を求めよ。
問2 この化合物の組成式を求めよ。
問3 この化合物の分子式を求めよ。
問4 この化合物にはカルボキシ基(−COOH)が含まれているとして，示性式を書け。

問1		問2		問3		問4	

9

ベンゼン，アニリン，フェノール，安息香酸のエーテル混合溶液がある。この4種類の有機化合物を分離するため，右図の操作を行った。〔各2点 合計10点〕

問1 下のア〜ウはそれぞれ操作①〜③に相当する操作であるが，操作②に相当するものを選び，記号で答えよ。

ア 希水酸化ナトリウム水溶液を十分に加え，振り混ぜる。

イ 二酸化炭素を十分に吹きこみ，振り混ぜてから，エーテルを加える。

ウ 希塩酸を十分に加え，振り混ぜる。

問2 水層a，cおよび，エーテル層B，Cに含まれる化合物の構造式を示せ。

問1		問2	a		c		B		C	

1章 天然高分子化合物

1 高分子化合物の特徴

解答 別冊 p.16

❶ 高分子化合物とは

1 高分子化合物——分子量が1万以上の化合物。

① 炭素原子を骨格とした(❶　　　)高分子化合物と，炭素以外の原子を骨格とした(❷　　　)高分子化合物がある。
　↳ ケイ素Si，窒素N，リンPなど

② 天然に存在する(❸　　　)高分子化合物と，人工的につくられた(❹　　　)高分子化合物がある。

③ ふつう，有機高分子化合物を，単に**高分子**という。

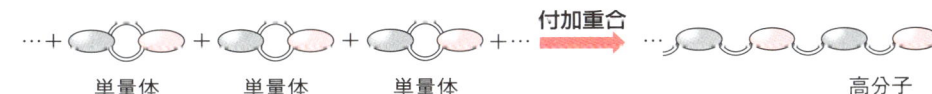

	有機高分子化合物	無機高分子化合物
天然高分子化合物	デンプン，セルロース，タンパク質	石英，長石，雲母
合成高分子化合物	ナイロン，ポリエチレン，合成ゴム	ガラス，シリコーン樹脂

⬆ 高分子化合物の分類

♣1：合成高分子化合物は，その用途によって，合成樹脂(プラスチック)，合成繊維，合成ゴムなどに分類される。

2 単量体と重合体

① 高分子化合物の原料となる小さな分子を(❺　　　)，単量体から生じた高分子を(❻　　　)という。
　↳ モノマー　　↳ ポリマー

② 多数の単量体が結びつき重合体になる反応を(❼　　　)という。

3 付加重合と縮合重合

① 二重結合を開きながら重合する反応を(❽　　　)といい，生じた重合体を(❾　　　)という。

…+〇〇+〇〇+〇〇+…　→付加重合→　…〜〜〜〜〜…
　単量体　単量体　単量体　　　　　　　　　　高分子

　例　$n\text{CH}_2=\text{CH}_2 \longrightarrow \text{\{CH}_2-\text{CH}_2\text{\}}_n$　ポリエチレン

② 重合体を構成する単量体の数，または，重合体を構成する繰り返し単位の数を(❿　　　)という。

③ 水などの小さな分子が取れながら重合する反応を(⓫　　　)といい，生じた重合体を(⓬　　　)という。

♣2：単量体の混合割合やつながり方の違いにより，さまざまな性質をもつものが生じる。

…+〇-〇+〇-〇+〇-〇+〇-〇+…　→縮合重合→　…〜〜〜〜…+ ∞∞
　単量体　単量体　単量体　単量体　　　　　　　　　高分子　　　水など

4 共重合——2種類以上の単量体を混合して行う重合反応を，特に(⓭　　　)といい，生じた重合体を**共重合体**という。

5 開環重合──環状構造の単量体が環を開きながら結びつく重合を（⑭　　　　）といい，生じた重合体を**開環重合体**という。

> **重要**
> 重合…多数の分子が次々に結びつく反応
> ・二重結合をもつ単量体 ⇨ **付加重合**
>   ↳二重結合を開きながら行う
> ・2個以上の官能基をもつ単量体 ⇨ **縮合重合**
>   ↳簡単な分子(水など)が取れながら行う

❷ 高分子化合物の特徴

1 分子コロイド──高分子化合物は1個の分子が大きいので，溶液にすると（⑮　　　溶液）となる。このようなコロイドを（⑯　　　コロイド）という。

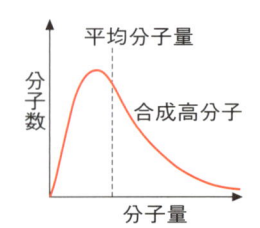

2 平均分子量──低分子化合物では分子量は（⑰　　　　）である。しかし，高分子化合物では，同一の名称をもつ物質でも分子量は一定（⑱　　　　）♣3。したがって，高分子化合物の分子量とは，（⑲　　　　）のことである。

平均分子量は，高分子溶液の浸透圧などから求める。

♣3：ある種のタンパク質(酵素)では，一定の分子量をもつものもある。

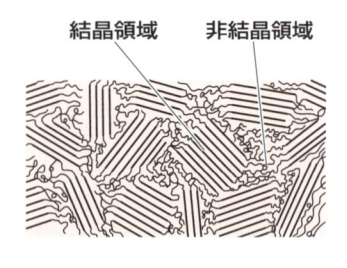

3 高分子化合物の構造と融点──低分子化合物では，分子が規則的に並んで結晶を構成しており，融点は（⑳　　　　　）である。一方，高分子化合物では，左図のように分子が規則的に配列した部分（㉑　　　領域）と，分子が規則的に配列していない部分（㉒　　　領域）が入り混じったモザイク状の構造をもつものが多い。したがって，高分子化合物では（㉓　　　　）は一定ではなく，加熱すると徐々に軟化し，いつのまにか液体になったり分離したりしてしまうものが多い。

例題研究　重合度

分子量が$5.6×10^4$のポリエチレン$+CH_2-CH_2+_n$の重合度nを求めよ。原子量；H = 1.0, C = 12

▶解き方
ポリエチレンの繰り返し単位はC_2H_4で，その式量は（㉔　　　　）である。ポリエチレンの重合度(繰り返し単位の数)をnとすれば，
分子量が$5.6×10^4$より，$28×n = 5.6×10^4$
よって，$n =$（㉕　　　　）……答

ミニテスト　　　　　　　　　　　　　　　　　解答 別冊 p.16

□❶ 単量体が二重結合を開きながら重合する反応を何というか。

□❷ 単量体から水分子のような小さい分子が取れながら重合する反応を何というか。

2 糖類（炭水化物）

解答 別冊 p.17

❶ 糖類とその分類

1 糖類——デンプンやショ糖など，一般式 $C_m(H_2O)_n (m≧3)$ で表される化合物を（❶　　　　）または**炭水化物**[*1]という。糖類は，分子内に複数のヒドロキシ基 −OH をもつ。また，特に植物体には広く分布している。

♣1：元素組成が炭素と水からできているように見えることから，炭水化物ともよばれている。

2 糖類の分類
① それ以上加水分解されない糖の最小単位 ……（❷　　　　）
② 1分子が加水分解すると単糖2分子を生じる ……（❸　　　　）[*2]
③ 1分子が加水分解すると多数の単糖を生じる ……（❹　　　　）

♣2：加水分解により，その1分子から単糖2〜10分子を生じるものを**少糖類（オリゴ糖）**という。少糖類には二糖類も含まれる。

種 類	名 称	加水分解生成物	存 在
単糖類 $C_6H_{12}O_6$	（❺　　　　）=ブドウ糖	加水分解されない	果実，ハチミツ，血液
	（❻　　　　）=果糖		果実，ハチミツ
	ガラクトース		寒天，動物の乳，脳細胞
二糖類 $C_{12}H_{22}O_{11}$	（❼　　　　）=麦芽糖	グルコース2分子	水あめ，麦芽
	（❽　　　　）=ショ糖	グルコース+フルクトース	サトウキビ，テンサイ
	（❾　　　　）=乳糖	グルコース+ガラクトース	動物の乳
多糖類 $(C_6H_{10}O_5)_n$	（❿　　　　）	多数のグルコース	穀類（米，麦），いも類
	（⓫　　　　）		植物の細胞壁
	グリコーゲン		動物の肝臓，筋肉

＊単糖類，二糖類は水によく溶け，甘味を示すものが多い。
＊多糖類は水に溶けにくく，ほとんど甘味を示さない。

3 糖類の加水分解——多糖類は酵素の作用により（⓬　　　　）を経て単糖類まで加水分解された後，体内に吸収される。[*3]

♣3：ラクトース（乳糖）を酵素ラクターゼで加水分解すると，グルコースとガラクトースが生成する。

多糖類	酵素	二糖類	酵素	単糖類
デンプン	（⓭　　　　）→	マルトース	⓮ → セロビアーゼ	グルコース
セルロース	（⓯　　　　）→	セロビオース	→	グルコース

2 単糖類の構造と性質

1 グルコース（ブドウ糖）

グルコースの結晶は，6個の原子が環状につながった**六員環構造**をとる。下図(a)の構造を(⑯　　　-グルコース)，(c)の構造を(⑰　　　-グルコース)という。また，水溶液中では，一部の分子の六員環構造が開いて(b)のような**鎖状構造**をとり，これら3種の異性体が(⑱　　　状態)にある。[♣4]

♣4：通常，グルコースはα型で存在するが，水に溶かすと，25℃ではα型とβ型と鎖状構造が36％，64％，少量(0.01％)で平衡状態となる。

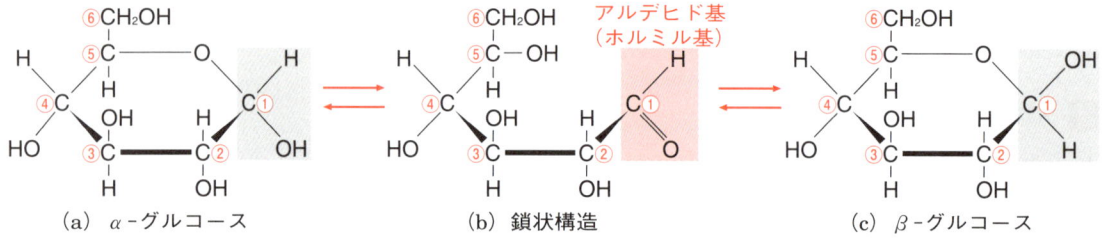

(a) α-グルコース　　(b) 鎖状構造　　(c) β-グルコース

分子中の手前にある結合を太線で示す。⑥の-CH₂OHを環の上側に置いたとき，①の-OHが，下側にあるものをα型，上側にあるものをβ型という。α-グルコースとβ-グルコースは互いに立体異性体の関係にある。

鎖状構造のグルコースには，(⑲　　　基)が存在するため，グルコースの水溶液は**還元性**を示す。すなわち，(⑳　　　反応)を示したり，(㉑　　　液)を還元したりする。

♣5：水溶液中で次の平衡が存在し，アルデヒド基を生じるため。

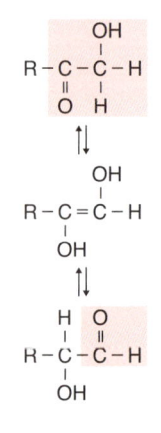

2 フルクトース（果糖）

フルクトースは，グルコースの構造異性体で，糖類の中では最も甘味が(㉒　　　い)。フルクトースの結晶は，おもに下図(a)の**六員環構造**をとるが，二糖類を構成するときは(c)のような**五員環構造**をとる。

また，水溶液中では，一部の分子の環構造が開いて(b)のような**鎖状構造**をとり，六員環(α型，β型)，五員環(α型，β型)を含めて5種の異性体が(㉓　　　状態)にある。

フルクトースの水溶液が(㉔　　　性)を示すのは，鎖状構造の中に酸化されやすい構造の**ヒドロキシケトン基** -COCH₂OHが含まれるからである。[♣5]

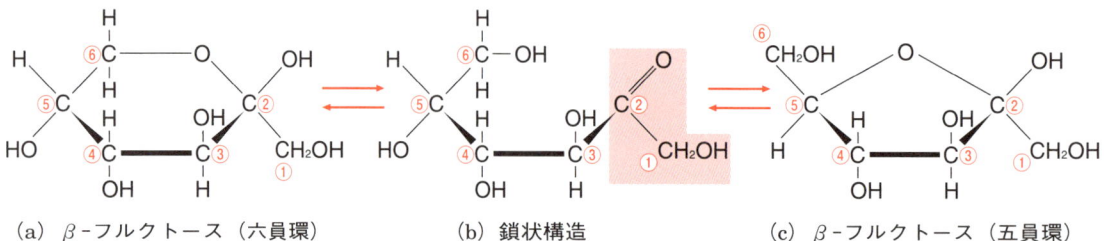

(a) β-フルクトース（六員環）　　(b) 鎖状構造　　(c) β-フルクトース（五員環）

鎖状構造にアルデヒド基をもつ単糖類をアルドース，ケトン基をもつ単糖類をケトースという。

❸ 二糖類の構造と性質

1 マルトース(麦芽糖)

デンプンを酵素(㉕　　　　　)で加水分解すると，マルトースが得られる。マルトースは2分子の(㉖　　　　　)が脱水縮合した構造をもつ。このとき生じた結合を α-グリコシド結合 という。

マルトースには開環するとアルデヒド基を生じる部分があるので，水溶液は(㉗　　　性)を示す。

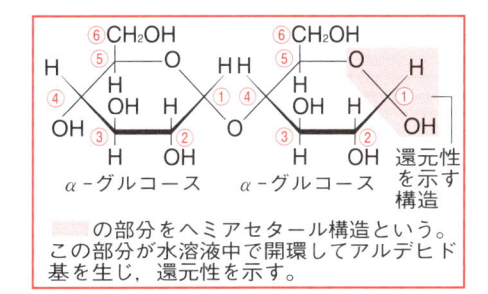

↑マルトース

　　の部分をヘミアセタール構造という。この部分が水溶液中で開環してアルデヒド基を生じ，還元性を示す。

2 スクロース(ショ糖)

スクロースは，α-グルコースと(㉘　　　　　)が脱水縮合した構造をもつ。

スクロースの水溶液は還元性を示(㉙　　　　　)。これは，グルコースとフルクトースがいずれも還元性を示す構造の部分で縮合しているためである。スクロースを希酸や酵素(㉚　　　　　)で加水分解すると，グルコースとフルクトースの等量混合物(**転化糖**という)が得られ，還元性を示すようになる。

↑スクロース

ハチミツは天然の転化糖である。転化糖はスクロースより甘味が強く，清涼飲料水などに多く用いられている。

♣6：スクロースを加水分解すると，旋光性が右旋性から左旋性に変化する。このため，スクロースの加水分解を**転化**という。

3 ラクトース(乳糖)

ラクトースは，グルコースと(㉛　　　　　)が脱水縮合した構造をもち，分子中に開環するとアルデヒド基を生じる部分があるので，水溶液は還元性を示す。ラクトースを希酸や酵素(㉜　　　　　)で加水分解すると，グルコースとガラクトースを生成する。

↑ラクトース

4 セロビオース

セロビオースは β-グルコース2分子が脱水縮合した構造をもち，水溶液は還元性を示す。

重要
単糖類($C_6H_{12}O_6$)の水溶液…すべて還元性を示す。
二糖類($C_{12}H_{22}O_{11}$)の水溶液…多くは還元性を示すが，**スクロースは還元性を示さない。**

❹ 多糖類の構造と性質

1 デンプン

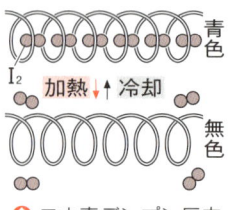

デンプンは、多数の（㉝　　　分子）が縮合重合してできた高分子化合物で、一般に左図のような（㉞　　　構造）をとる。この中にヨウ素分子が入りこむと、青〜青紫色に呈色する。この反応を（㉟　　　　　　）という。

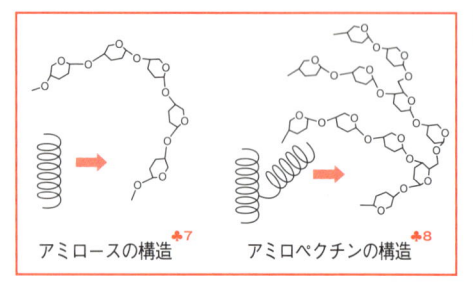

↑ ヨウ素デンプン反応

2 デンプンの構造

デンプンの粒は、**アミロース**が**アミロペクチン**によって包まれた構造をしている。

（㊱　　　　）は分子量が数万程度で、直鎖状構造をもち、熱水にも溶ける。ヨウ素デンプン反応では**濃青色**を示す。

（㊲　　　　）は分子量が数十万以上で、枝分かれ構造をもち、熱水にも溶けにくい。ヨウ素デンプン反応では**赤紫色**を示す。

アミロースの構造♣7　　アミロペクチンの構造♣8

♣7：アミロースは、1位と4位だけでグリコシド結合している。

♣8：アミロペクチンは、1位と4位だけでなく、1位と6位でもグリコシド結合している。

3 グリコーゲン

動物の肝臓に多く含まれ、**動物デンプン**ともよばれる。構造や分子量はアミロペクチンに似ているが、枝分かれがさらに（㊳　　　い）。また、ヨウ素デンプン反応では**赤褐色**を示す。

4 セルロース♣9

セルロースは、多数の（㊴　　　分子）が縮合重合してできた高分子化合物で、分子量は数百万以上にもなり、熱水にも溶けない。

セルロースでは、隣り合ったβ-グルコースの環平面は、互いに表裏表裏と結合しており、分子全体では（㊵　　　状構造）をとる。したがって、ヨウ素デンプン反応は示（㊶　　　　）。

♣9：セルロースはヒトの体内では加水分解できず栄養とはならないが、食物繊維として腸管のはたらきをととのえる。

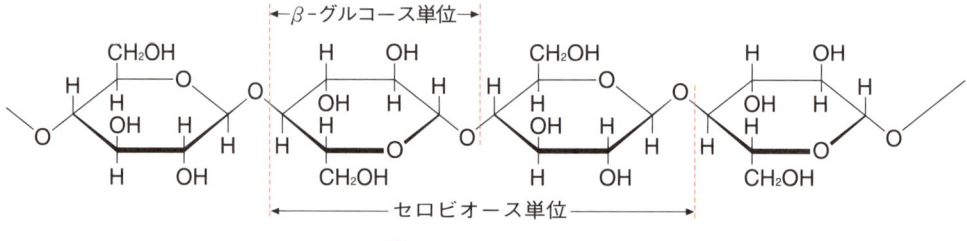

↑ セルロースの構造

重要 多糖類…いずれも還元性を示さない。

5 セルロース工業

1 セルロースの示性式——セルロース($C_6H_{10}O_5$)$_n$を構成するグルコース単位にはヒドロキシ基が(㊷　　　)個ある。したがって，セルロースの示性式は(㊸　　　　　)と表される。

2 ニトロセルロース——セルロースに濃硝酸と濃硫酸の混合物を反応させると，その硝酸エステルである(㊹　　　　　)が得られる。♣10

3 再生繊維（レーヨン）——天然繊維を溶液状態にしてから，再び繊維状にしたものを(㊺　　　　　)という。再生繊維のうち，セルロースから得られるものを(㊻　　　　　)という。

① 銅アンモニアレーヨン（キュプラ）…水酸化銅(Ⅱ)を濃アンモニア水に溶かした溶液(㊼　　　　　試薬)にセルロースを溶かし，細孔から希硫酸中に押し出してセルロースを再生させたものを(㊽　　　　　)またはキュプラという。♣11

② ビスコースレーヨン…セルロースを濃NaOH水溶液と二硫化炭素CS_2と反応させて，コロイド溶液（ビスコース）をつくる。これを希硫酸中に押し出してセルロースを再生させると，(㊾　　　　　)ができる。♣12

4 半合成繊維——天然繊維を化学的に処理し，その官能基の一部を化学変化させたものを(㊿　　　　　)という。

① アセテート繊維…セルロースを無水酢酸と少量の濃硫酸（触媒）および氷酢酸（溶媒）と反応させると，セルロース中のヒドロキシ基がすべてアセチル化され，(㉛　　　　　)ができる。これを部分的に加水分解してジアセチルセルロースにすると，アセトンに可溶となる。このアセトン溶液を細孔から温かい空気中に押し出し，乾燥して得られる繊維が(㉜　　　　　)である。

$[C_6H_7O_2(OH)_3]_n$ →(無水酢酸)→ $[C_6H_7O_2(OCOCH_3)_3]_n$ →(加水分解)→ $[C_6H_7O_2(OH)(OCOCH_3)_2]_n$
　セルロース　　　　　　　　　　トリアセチルセルロース　　　　　　　　ジアセチルセルロース

♣10：この物質は点火すると一瞬で燃焼することから，無煙火薬の原料に用いられる。

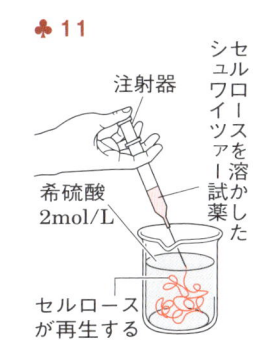

♣11 シュワイツァー試薬　シュルロースを溶かしたシュワイツァー試薬　注射器　希硫酸2mol/L　セルロースが再生する

♣12：ビスコースを膜状に押し出したものをセロハンという。

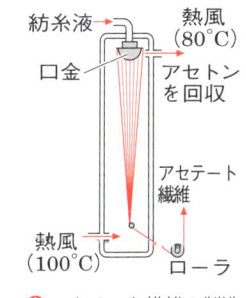

紡糸液　熱風(80℃)　口金　アセトンを回収　アセテート繊維　熱風(100℃)　ローラ

⬆ アセテート繊維の製造

重要
再生繊維…セルロースの−OHは変化していない。
半合成繊維…セルロースの−OHは化学変化している。

ミニテスト　　　　　解答 別冊p.17

☐ 次の物質のうち，フェーリング液を加えて加熱しても，赤色沈殿が生じないものはどれか。すべて答えよ。

ア　グルコース　　イ　スクロース
ウ　マルトース　　エ　アセトアルデヒド
オ　アセトン　　　カ　酢酸

3 アミノ酸とタンパク質

解答 別冊 p.17

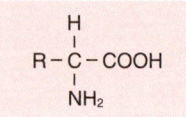

❶ アミノ酸の構造と性質

α-アミノ酸

側鎖(R-)は，水素原子や炭化水素基などである。

1 アミノ酸──分子中にアミノ基-NH₂とカルボキシ基-COOHをもつ化合物。

① タンパク質の加水分解で得られるアミノ酸は，同じ炭素に-COOHと-NH₂が結合したもので，特に(❶　　　　　)という。

② 天然に存在するα-アミノ酸は，(❷約　　　種類)ある。

2 アミノ酸の鏡像異性体──側鎖(R-)がHである最も簡単な構造をもつ(❸　　　　　)以外のα-アミノ酸には，**不斉炭素原子**が存在するので，1対の(❹　　　　　)が存在する。これらは，D型，L型に区別されるが，タンパク質はすべてL型のアミノ酸から構成されている。

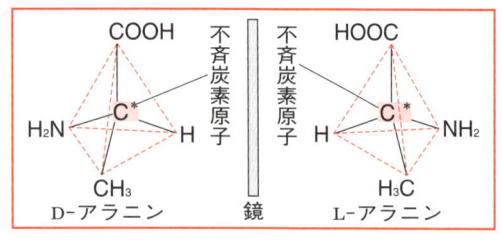

アラニンの鏡像異性体

♣1：アミノ酸は側鎖(R-)の違いでその種類が決まる。側鎖に-COOHをもつものを**酸性アミノ酸**，側鎖に-NH₂をもつものを**塩基性アミノ酸**，側鎖に-COOHも-NH₂ももたないものを**中性アミノ酸**という。

3 アミノ酸の種類

分類	名称	略号	構造式 側鎖　共通部分	等電点	特徴・所在
中性アミノ酸	❺	Gly	H - CH(NH₂)COOH	6.0	鏡像異性体なし
	❻	Ala	CH₃ - CH(NH₂)COOH	6.0	すべてのタンパク質
	セリン	Ser	HO - CH₂ - CH(NH₂)COOH	5.7	絹のタンパク質
	❼	Phe	⬡ - CH₂ - CH(NH₂)COOH	5.5	タンパク質に多い
	❽	Tyr	HO - ⬡ - CH₂ - CH(NH₂)COOH	5.7	牛乳のタンパク質
	❾	Cys	HS - CH₂ - CH(NH₂)COOH	5.1	毛，爪のタンパク質
	メチオニン	Met	H₃C - S - (CH₂)₂ - CH(NH₂)COOH	5.7	牛乳のタンパク質
酸性アミノ酸	アスパラギン酸	Asp	HOOC - CH₂ - CH(NH₂)COOH	2.8	アスパラガスから
	❿	Glu	HOOC - (CH₂)₂ - CH(NH₂)COOH	3.2	小麦のタンパク質
塩基性アミノ酸	⓫	Lys	H₂N - (CH₂)₄ - CH(NH₂)COOH	9.7	肉のタンパク質

※体内で十分に合成できないα-アミノ酸を**必須アミノ酸**といい，食品から摂取する必要がある。ヒト(成人)の必須アミノ酸は9種類である。

4 アミノ酸の性質

① 酸性の-COOHと塩基性の-NH₂をもつので，(⓬　　　　化合物)である。

② 結晶中では，-COOHが-NH₂にH⁺を与えて中和した構造，つまり，RCH(NH₃⁺)COO⁻のように分子内に正・負の電荷を合わせもつ(⓭　　　　イオン)となっている。

♣2：このため，アミノ酸の結晶は，融点が高く，水に溶けやすく有機溶媒に溶けにくいという，有機物らしからぬ性質をもつ。

1章 天然高分子化合物

5 アミノ酸の電離平衡

アミノ酸の水溶液では，陽イオン，双性イオン，陰イオンが平衡状態にあり，溶液のpHによりその割合が変化する。♣3

（酸性溶液）　　　　　　（中性溶液）　　　　　　（塩基性溶液）

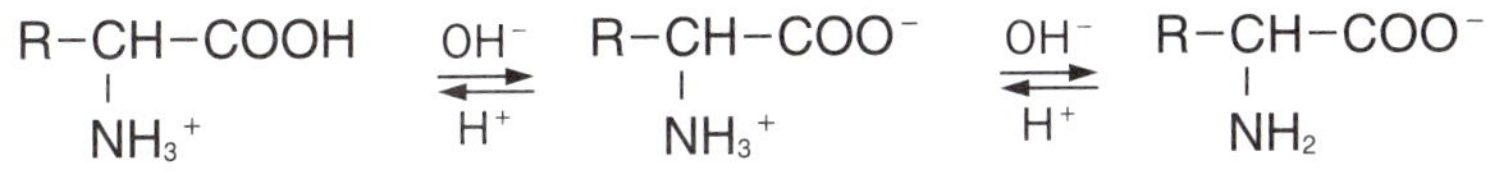

$$\underset{陽イオン}{\underset{|}{R-CH-COOH} \atop NH_3^+} \xrightleftharpoons[H^+]{OH^-} \underset{(⑭\qquad)}{\underset{|}{R-CH-COO^-} \atop NH_3^+} \xrightleftharpoons[H^+]{OH^-} \underset{陰イオン}{\underset{|}{R-CH-COO^-} \atop NH_2}$$

♣3：溶液を酸性にすると，$-COO^-$がH^+を受け取って$-COOH$となり，陽イオンになる。
溶液を塩基性にすると，$-NH_3^+$がH^+を放出して$-NH_2$となり，陰イオンになる。

6 等電点

アミノ酸水溶液のpHを調節すると，分子中の正・負の電荷が等しくなり，電気的に中性になることがある。このpHをそのアミノ酸の（⑮　　　　）という。等電点の異なるアミノ酸は，右図のような（⑯　　　法）を用いて分離できる。

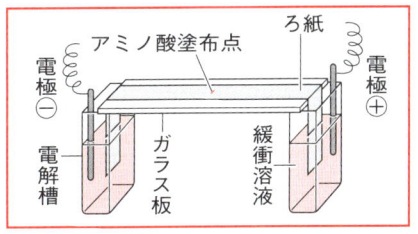

↑アミノ酸の電気泳動を調べる実験

7 ニンヒドリン反応

アミノ酸水溶液に（⑰　　　　水溶液）を加えて温めると，紫色に呈色する。この反応は，アミノ酸の検出に用いられる。♣4

♣4：アミノ酸から遊離したNH_3とニンヒドリン2分子が縮合して，紫色の色素を生じる。アミノ酸だけでなく，タンパク質もニンヒドリン反応を示す。

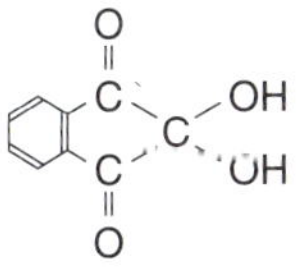

↑ニンヒドリン

❷ タンパク質の構造

1 ペプチド結合とペプチド

① 1つのアミノ酸の $COOH$と，別のアミノ酸の$-NH_2$が脱水縮合して生じたアミド結合$-CO-NH-$を特に（⑱　　　結合）という。

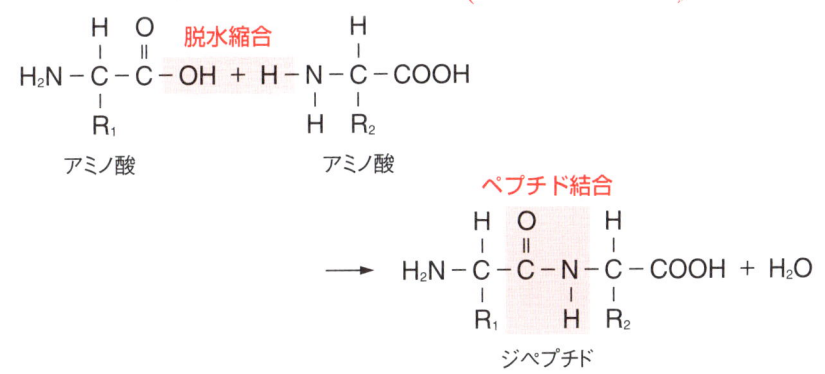

$$\underset{アミノ酸}{H_2N-\underset{\underset{R_1}{|}}{\overset{\overset{H}{|}}{C}}-\overset{\overset{O}{\|}}{C}-OH} + \underset{アミノ酸}{H-\underset{\underset{R_2}{|}}{\overset{\overset{H}{|}}{N}}-\overset{\overset{H}{|}}{C}-COOH}$$

脱水縮合

$$\longrightarrow \underset{ジペプチド}{H_2N-\underset{\underset{R_1}{|}}{\overset{\overset{H}{|}}{C}}-\overset{\overset{O}{\|}}{C}-\underset{\underset{H}{|}}{\overset{\overset{H}{|}}{N}}-\overset{\overset{H}{|}}{C}-COOH} + H_2O$$

ペプチド結合

② アミノ酸がペプチド結合してできた物質を**ペプチド**という。特に，2分子のアミノ酸が縮合したものを**ジペプチド**，3分子のアミノ酸が縮合したものを（⑲　　　　　），多数のアミノ酸が縮合したものを（⑳　　　　　）という。♣5

♣5：ポリペプチドの構造をもつ鎖状の高分子化合物で，特有の機能をもつものを**タンパク質**とよぶ。

♣6：側鎖（R−）間の相互作用

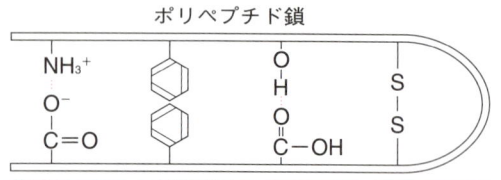

ポリペプチド鎖

イオン結合　ファンデルワールス力　水素結合　S-S結合（ジスルフィド結合）

2 タンパク質の構造

① **一次構造**…タンパク質を構成するアミノ酸の配列順序。

② **二次構造**…ポリペプチド鎖の間で，

$$>C=O\cdots\cdots H-N<$$

のような（㉑　　　結合）が形成されて生じる部分的な立体構造。らせん状の（㉒　　　構造）や，ジグザグ状の（㉓　　　構造）などがある。

③ **三次構造**…ポリペプチド鎖は，その側鎖（R−）間にはたらく相互作用や，（㉔　　　結合）（−S−S−）などの影響で，複雑な立体構造をもつ。

④ **四次構造**…三次構造をとった複数のポリペプチド鎖が集まったもの。

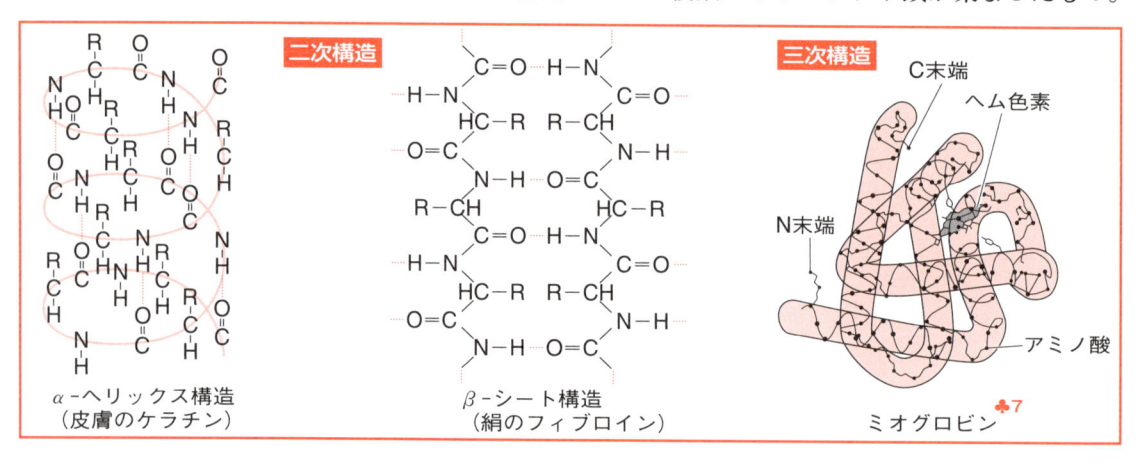

二次構造

α-ヘリックス構造（皮膚のケラチン）

β-シート構造（絹のフィブロイン）

三次構造

C末端／ヘム色素／N末端／アミノ酸

ミオグロビン ♣7

球状タンパク質　　繊維状タンパク質

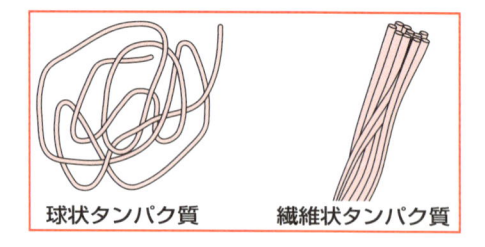

♣7：ミオグロビンは筋肉中で酸素を貯蔵するはたらきをもつ，153個のアミノ酸からなるタンパク質で，その77％はα-ヘリックス構造でできている。

3 球状タンパク質と繊維状タンパク質

① （㉕　　　タンパク質）…ポリペプチド鎖が折れ曲がったもの。一般に，親水基を外側，疎水基を内側に向けているため水に溶け（㉖　　　く），生理的機能をもつものが多い。

② （㉗　　　タンパク質）…何本ものポリペプチド鎖が束状になったもの。水に溶け（㉘　　　い）。

4 単純タンパク質と複合タンパク質

① （㉙　　　タンパク質）…加水分解するとアミノ酸だけを生じるタンパク質。

② （㉚　　　タンパク質）…加水分解すると，アミノ酸以外に糖，核酸，色素，リン酸，脂質などを生じるタンパク質。だ液中のムチン，血液中のヘモグロビン，牛乳中のカゼインなど。

↳色素を生じる　↳リン酸を生じる　糖を生じる

❸ タンパク質の反応

1 タンパク質の変性──タンパク質に(㉛　　　　)，強酸，強塩基，有機溶媒，重金属イオンを加えると凝固・沈殿する。これは，タンパク質の(㉜　　　構造)が壊れることにより起こる。

2 ビウレット反応──タンパク質水溶液に水酸化ナトリウム水溶液と少量の硫酸銅(Ⅱ)水溶液を加えると，赤紫色になる。これは，(㉝　　個)以上のペプチド結合をもつ化合物で見られる。

3 キサントプロテイン反応──タンパク質水溶液に(㉞　　　　)
↳タンパク質中のベンゼン環のニトロ化が原因
を加えて加熱すると黄色沈殿を生じ，さらにアンモニア水を加えて塩基性にすると橙黄色になる。

4 硫黄反応──タンパク質水溶液に水酸化ナトリウムを加えて熱し，
↳硫黄元素の検出に用いる
酢酸鉛(Ⅱ)水溶液を加えると，(㉟　　　　)の黒色沈殿を生じる。

♣8：
卵白アルブミン
(球状タンパク質)
↓変性

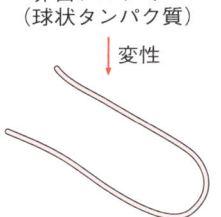

変性により分子がのびた状態になると，疎水基の影響が強く現れ，凝固・沈殿が起こる。

重要実験　タンパク質の反応

方法(操作)
(1) 卵白水溶液を4本の試験管に取り，ⓐエタノール，ⓑ6 mol/L塩酸，ⓒ0.1 mol/L硫酸銅(Ⅱ)水溶液を加える。ⓓは穏やかに加熱する。
(2) 卵白水溶液に2 mol/L水酸化ナトリウム水溶液を加えよく混ぜ，さらに0.1 mol/L硫酸銅(Ⅱ)水溶液を少量加える。
(3) 卵白水溶液に濃硝酸を加え穏やかに加熱する。冷却後，溶液が塩基性になるまで2 mol/Lアンモニア水を加える。
(4) 卵白水溶液に水酸化ナトリウムの小粒を加えて加熱し，0.1 mol/L酢酸鉛(Ⅱ)水溶液を加えて振り混ぜる。

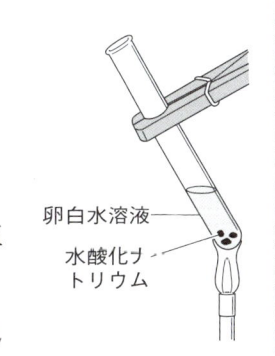

卵白水溶液
水酸化ナトリウム

結果と考察
(1) ⓐ～ⓒでは白色沈殿を生じ，ⓓでは凝固する。タンパク質の(㊱　　　　)が原因。
(2) 溶液の色は(㊲　　色)を呈する。この反応は(㊳　　　反応)とよばれる。
(3) 濃硝酸を加えた直後は白色沈殿を生じるが，加熱すると(㊴　　色)に，さらに塩基性にすると(㊵　　色)になる。この反応は(㊶　　　反応)とよばれる。
(4) (㊷　　色)の沈殿を生じたことから，タンパク質に(㊸　　元素)が含まれていることがわかる。

ミニテスト　　　　　　　　　　　　　　　　　　　解答 別冊 p.17

□❶ グリシンCH₂(NH₂)COOHの双性イオンの示性式を書け。

□❷ グリシンの酸性溶液中と塩基性溶液中での存在状態を，それぞれ示性式で書け。

4 酵素のはたらき

解答 別冊p.17

❶ 酵素のはたらき

♣1：酵素は有機物である。Pt，MnO₂のような触媒を**無機触媒**という。

1 酵素——生体内に存在する，触媒としての作用をもつ物質を（① 　　　　）*¹という。酵素は（② 　　　　）からできている。

2 基質特異性——酵素がはたらく相手の物質を（③ 　　　　）という。**酵素によって基質は決まっていて，それ以外の物質には作用しない**。これを酵素の（④ 　　　　）という。

酵素は，その特定の部分（**活性部位**）だけで基質と反応するため，基質と酵素の関係は，"**鍵と鍵穴**"の関係にたとえられる。

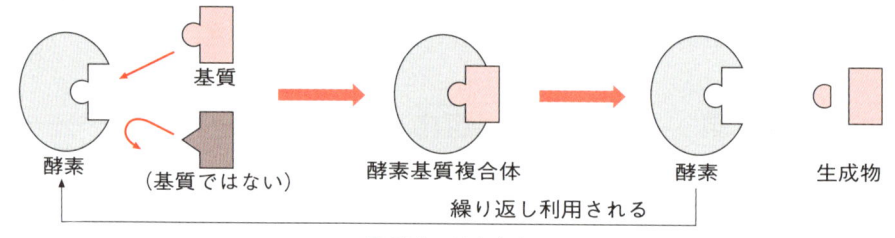

↑ 酵素のはたらき

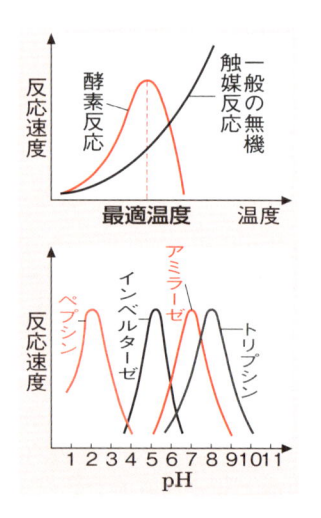

3 最適温度——酵素が最もよくはたらく温度を（⑤ 　　　　）という。多くの酵素の最適温度は35〜40℃である。高温になると，酵素はそのはたらきを失う（**失活**）。これは，熱によりタンパク質が（⑥ 　　　　）するためである。 →60℃以上

4 最適pH——各酵素が最もよくはたらくpHを（⑦ 　　　　）という。多くの酵素は，中性付近（pH＝7）に最適pHをもつ。

例外 ペプシン（pH≒2，胃液）　トリプシン（pH≒8，すい液）

5 補酵素——酵素のはたらきを調節する低分子の有機化合物を（⑧ 　　　　）という。補酵素は比較的熱に強い。多くのビタミンB群が補酵素としてはたらく。

6 酵素の種類——約3000種類の酵素がある。 →ヒトの場合

種　類	はたらき	種　類	はたらき
加水分解酵素	基質に水を加えて分解する。	合成酵素	単量体から重合体をつくる。
酸化還元酵素	基質を酸化・還元する。	転移酵素	基質中の官能基を別の分子に移動させる。
脱離酵素	基質から官能基や分子を取り去る。	異性化酵素	基質中の原子の配列を変える。

酵　素	基　質	生成物
⑨	デンプン	マルトース
⑩	マルトース	グルコース
⑪	スクロース	グルコース ＋ フルクトース
リパーゼ	⑫	脂肪酸 ＋ モノグリセリド
ペプシン	⑬	ペプチド
トリプシン	タンパク質	⑭
ペプチダーゼ	ペプチド	⑮
カタラーゼ	⑯	酸素 ＋ 水
チマーゼ	グルコース	⑰　　　　＋ 二酸化炭素

重要実験 — 酵素の実験

目的▼
この実験は，肝臓片に含まれる酵素（⑱　　　　）が過酸化水素を分解するはたらきがあることと，酵素に対する熱，酸，塩基の影響を調べることを目的としている。

方法（操作）▼
(1) 試験管（A〜E）に次のものを加えて，気体の発生量（泡の高さ）を比較する。
(2) 発生した気体に火のついた線香を近づけ，酸素であることを確認する。

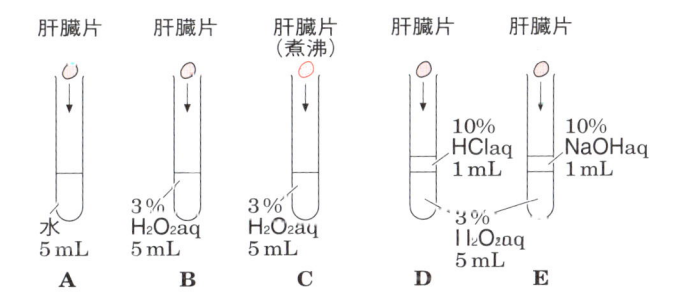

A: 肝臓片 ／ 水 5 mL
B: 肝臓片 ／ 3% H_2O_2aq 5 mL
C: 肝臓片（煮沸）／ 3% H_2O_2aq 5 mL
D: 肝臓片 ／ 10% HClaq 1 mL ／ 3% H_2O_2aq 5 mL
E: 肝臓片 ／ 10% NaOHaq 1 mL ／ 3% H_2O_2aq 5 mL

結果と考察▼
❶ 試験管Bのみ気体発生。線香が激しく燃焼したので，気体は（⑲　　　　）である。
❷ 試験管Cでは**熱**，試験管Dでは**酸**，試験管Eでは**塩基**により，酵素をつくるタンパク質が（⑳　　　　）し，その触媒作用が失われたと考えられる。
❸ 試験管Aは，肝臓片自身からは酸素が発生しないことを確認する（㉑　　　**実験**）である。

ミニテスト （解答 別冊p.17）

□❶ 酵素は特定の基質のみにはたらき，それ以外の物質にははたらかない。この性質を何というか。

□❷ 酵素と無機触媒のはたらきの違いを，反応速度と温度の関係に着目して説明せよ。

5 核酸

解答 別冊p.17

❶ 核 酸

♣1:「細胞の核に含まれる酸性物質」として名づけられた。

1 核酸♣1 ── すべての生物に存在し, その(❶　　　情報)の伝達に重要な役割を果たす高分子化合物である。

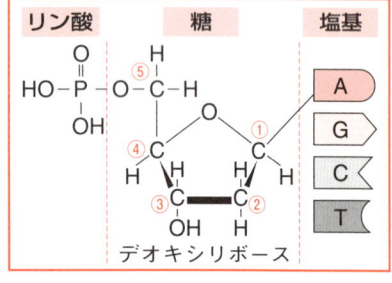

2 ヌクレオチド ── 窒素を含む塩基と五炭糖および, リン酸が結合した化合物を(❷　　　　　)という。

核酸は, 多数のヌクレオチドが糖とリン酸の部分で縮合重合してできた(❸　　　　　)でできている。♣2

↳ 鎖状の高分子化合物

↑DNAのヌクレオチド

♣2:糖の3位の−OHとリン酸の−OHの間で脱水縮合が起こる。このとき生じた結合をリン酸エステル結合という。

3 DNAとRNA

① 糖の部分がリボース($C_5H_{10}O_5$)で構成されている核酸をRNA(=❹　　　核酸)という。RNAは核にも細胞質にも存在する。

② 糖の部分がデオキシリボース($C_5H_{10}O_4$)で構成されている核酸をDNA(=❺　　　核酸)という。DNAはおもに核に存在する。

③ DNAに含まれる塩基は, アデニン(A), グアニン(G), シトシン(C), **チミン(T)**であるが, RNAでは, チミン(T)のかわりに**ウラシル(U)**が含まれる。

④ **DNA**は親から子へと形質を伝える(❻　　　　)の本体で, 通常, 2本鎖の構造をもち, 分子量は10^6より大きい。

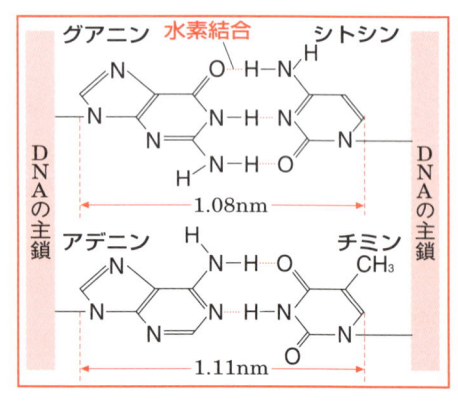

⑤ **RNA**は, DNAの遺伝情報にしたがい, 生体内での(❼　　　)の合成に関わる。通常, 1本鎖の構造をもち, 分子量は10^6より小さい。

⑥ アデニン(A)とチミン(T)は2本, グアニン(G)とシトシン(C)は3本の(❽　　結合)によって結びつき, 塩基対をつくる。このような塩基どうしの関係を**相補性**という。

> **重要**
> DNA…糖はデオキシリボース。塩基はA, G, C, T
>   2本鎖の構造。遺伝子の本体。
> RNA…糖はリボース。塩基はA, G, C, U
>   1本鎖の構造。タンパク質の合成。

❷ DNAの構造とそのはたらき

1 DNAの構造

① DNAの塩基の量には，**A＝T，G＝C**の関係がある。♣3
　→1949年，シャルガフ
② DNAは（⑨　　　　構造）をとっている。
　→1952年，ウィルキンス
③ DNAでは，2本のヌクレオチド鎖が相補的な塩基対によ
　る（⑩　　　　結合）によって結ばれ，全体が大きならせ
　→AとT，CとG
　ん状になっている。これを，DNAの
　（⑪　　　　構造）という。この考えは，1953
　年に（⑫　　　　と　　　　）♣4によって提唱さ
　れたものである。
④ DNAでは，4種の塩基の配列順序が，全生物の特
　徴を決定する（⑬　　　　情報）として利用されて
　いる。

♣3　　　　　　　　　　　（単位：モル％）
塩基\生物	A	G	C	T
ヒト	30.9	19.9	19.8	29.4
酵母菌	31.3	18.7	17.1	32.9
大腸菌	24.7	26.0	25.7	23.6

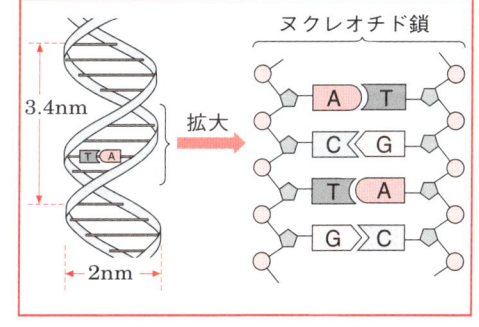

↑ DNAの二重らせん構造

♣4：この業績により，両名は1962年，ノーベル医学・生理学賞を受賞した。

2 DNAの複製

① 細胞が分裂するとき，DNAの2本鎖がほどかれる。
② それぞれのDNA鎖が鋳型となり，新しいヌクレオチド鎖がつくられ
　るので，もととまったく同じ二重らせんが2組できる。これを**DNA**の
　（⑭　　　　）という。

3 タンパク質の合成

　RNAには，DNAの情報を写しとる**伝令RNA**，
　　　　　　　　　　　　　　　　→mRNA
アミノ酸を運搬する**運搬RNA**，リボソームを構
　　　　　　　→tRNA
成する**リボソームRNA**がある。
　　→rRNA
① 核の中でDNAの必要な部分が
　（⑮　　　RNA）にコピーされ，細胞質のリ
　ボソームに付着する。
② 細胞質中にある（⑯　　　RNA）は，特定の
　アミノ酸と結合し，これをリボソームまで運ぶ。
③ リボソーム上で，伝令RNAの遺伝情報にもとづいてアミノ酸が並べられ，
　（⑰　　　RNA）のはたらきにより（⑱　　　結合）が形成され，
　タンパク質が合成される。

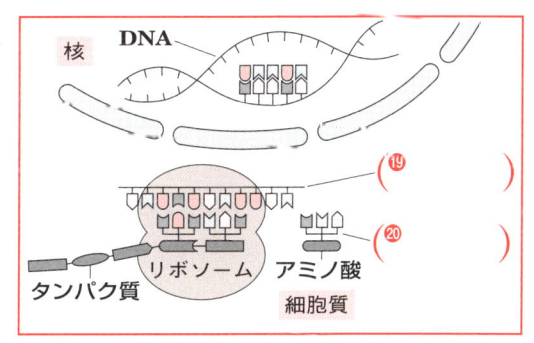

↑ タンパク質合成のしくみ

ミニテスト　　　　　　　　　　　　　解答 別冊p.17

□❶ 核酸のうち，ヌクレオチドの2本鎖の構造をもっているものは何か。
□❷ DNA中の塩基のうち，アデニンと塩基対をつくるものは何か。

1章 天然高分子化合物 練習問題

解答 別冊p.45

❶ 〈糖類〉 ▶わからないとき→p.179

次の記述に該当する糖類を下から記号ですべて選べ。ただし，該当するものがない場合は×を記せ。

(1) 分子式が$C_{12}H_{22}O_{11}$である。　(2) 高分子化合物である。
(3) 加水分解を受けない。　(4) 熱水にも溶解しない。
(5) 水溶液がフェーリング液を還元する。
(6) ヨウ素溶液を加えると，青～青紫色を呈する。
(7) 加水分解の最終生成物がグルコースだけである。

　ア　グルコース　　イ　フルクトース　　ウ　セルロース
　エ　マルトース　　オ　ラクトース　　　カ　ガラクトース
　キ　スクロース　　ク　デンプン

> **ヒント** 多糖類はすべて還元性を示さない。二糖類の多くは還元性を示すが，スクロースは還元性を示さない。

❷ 〈多糖類〉 ▶わからないとき→p.182

次の文中の□に適当な語句を入れよ。

　穀類やいもに含まれる多糖類は①とよばれ，多数の②分子が縮合重合した構造をもち，全体として③状の立体構造をもつ。したがって，①の水溶液にヨウ素溶液を加えると青紫色を示す。この反応を④という。また，①は枝分かれ構造をもつ⑤と，枝分かれ構造をもたない⑥の2種類の成分からなり，酵素アミラーゼで加水分解すると⑦が生成する。

　一方，植物の細胞壁に含まれる多糖類は⑧とよばれ，多数の⑨分子が縮合重合した構造をもち，全体として⑩状の立体構造をもつ。酵素⑪で加水分解するとセロビオースが生成する。また，動物の肝臓などに多く含まれる多糖類は⑫とよばれ，多数の⑬分子が縮合重合した構造をもち，ヨウ素溶液を加えると⑭色を示す。

❸ 〈タンパク質の定量〉 ▶わからないとき→p.187

タンパク質を含む食品1.0 gに濃硫酸を加えて加熱分解した後，塩基性にして，この食品中に含まれる窒素をすべてアンモニアに変え，発生したアンモニアを0.050 mol/L硫酸20 mLに吸収した。残った硫酸を中和するのに0.050 mol/L水酸化カリウム水溶液28 mLを要した。次の各問に答えよ。

(1) 発生したアンモニアの物質量は何molか。
(2) タンパク質の窒素含有率を16 %として，この食品は何 %のタンパク質を含んでいるか。

> **ヒント** (1)この滴定の中和点では，(酸の放出したH^+の物質量) = (塩基の放出したOH^-の物質量)が成り立つ。

❶
(1)
(2)
(3)
(4)
(5)
(6)
(7)

❷
①
②
③
④
⑤
⑥
⑦
⑧
⑨
⑩
⑪
⑫
⑬
⑭

❸
(1)　　　　　mol
(2)　　　　　%

4 〈アミノ酸〉

次の文を読み，あとの各問いに答えよ。

α-アミノ酸は，同じ炭素原子にアミノ基と ① 基が結合した両性化合物で，天然に約 ② 種類存在する。一般式は，R－CH(NH₂)COOHで表され，RがHのものを ③ ，RがCH₃のものを ④ ，RがCH₂SHのものを ⑤ という。③以外のすべてのα-アミノ酸には鏡像異性体が存在する。

α-アミノ酸の水溶液中では，3種類のイオンが平衡状態で存在する。水溶液中で正・負の電荷がつりあうpHを ⑥ という。α-アミノ酸に ⑦ 水溶液を加えて温めると紫色を呈する。また，多数のα-アミノ酸が ⑧ 結合によって結合した構造をもつ天然高分子を ⑨ という。

(1) 文中の □ に適当な語句または数値を入れよ。
(2) 下線部の理由を簡単に述べよ。
(3) アミノ酸③について，(i)酸性溶液，(ii)塩基性溶液，(iii)中性溶液中にそれぞれ最も多量に存在するイオンを示性式で書け。

ヒント アミノ酸どうしでつくるアミド結合を特にペプチド結合といい，ペプチド結合をもつ物質をペプチドという。

5 〈タンパク質の性質〉

卵白の水溶液について，次の操作を行った。それぞれの反応名または現象名を書け。また，反応後の溶液の色や沈殿の色を[A群]から，反応により確認される事柄を[B群]から選べ。ただし，該当なしの場合は×をつけよ。

(1) 水酸化ナトリウム水溶液を加えた後，硫酸銅(Ⅱ)水溶液を少量加える。
(2) 濃硝酸を加えて加熱し，冷却後，アンモニア水を加える。
(3) 多量のエタノールを加える。
(4) ニンヒドリン水溶液を加えて加熱する。
(5) 水酸化ナトリウム水溶液を加え，加熱後，酢酸鉛(Ⅱ)水溶液を加える。

[A群]　ア　黒　イ　青　ウ　赤紫　エ　白　オ　橙黄　カ　緑
[B群]　キ　窒素　ク　硫黄　ケ　ペプチド結合　コ　アミノ基
　　　　サ　アルデヒド基　シ　ベンゼン環　ス　カルボキシ基

6 〈DNAの構造〉

右図は，DNAの構造を模式的に示したものである。次の各問いに答えよ。

(1) 図のa～dの各部分の名称を記せ。
(2) 図中の①～④にあてはまる物質を，物質名で答えよ。
(3) DNA鎖は，どのような立体構造をとっているか。
(4) (3)の立体構造を，1953年にはじめて提唱した2人の学者名を答えよ。

ヒント (1)のcは，A の名称ではなく，G，A，T，C の総称名を答えること。

2章 合成高分子化合物

1 合成繊維

解答 別冊 p.18

❶ 繊維の分類

1 **天然繊維と化学繊維**──細い糸状の物質を（❶　　　）という。天然繊維には、セルロースを主成分とする（❷　　　繊維）と、タンパク質を主成分とする（❸　　　繊維）がある。天然繊維以外の繊維を（❹　　　繊維）という。化学繊維には、天然繊維を化学的処理してつくられた**再生繊維**や**半合成繊維**と、石油をもとに合成された（❺　　　繊維）がある。

♣1：繊維の分類

	名称	例
天然繊維	植物繊維	綿, 麻
	動物繊維	羊毛, 絹
化学繊維	再生繊維	レーヨン
	半合成繊維	アセテート
	合成繊維	ナイロン

❷ 合成繊維

1 **ポリアミド系合成繊維**──分子内にアミド結合をもつ。

① **ナイロン66**…アメリカの**カロザース**が1935年に発明。アジピン酸とヘキサメチレンジアミンの（❻　　　重合）でつくられる。

$$n\,HO-\underset{\underset{O}{\|}}{C}-(CH_2)_4-\underset{\underset{O}{\|}}{C}-OH + n\,H-\underset{H}{\underset{|}{N}}-(CH_2)_6-\underset{H}{\underset{|}{N}}-H$$

（❼　　　）　　　ヘキサメチレンジアミン

$$\xrightarrow{縮合重合} \left[\underset{\underset{O}{\|}}{C}-(CH_2)_4-\underset{\underset{O}{\|}}{C}-\underset{H}{\underset{|}{N}}-(CH_2)_6-\underset{H}{\underset{|}{N}}\right]_n + 2n\,H_2O$$

（❽　　　）

♣2：最初の6はジアミンの炭素数、あとの6はジカルボン酸の炭素数を表す。

↑ ナイロン66の結晶構造

ナイロン66の分子は絹に似た性質をもつが、水素結合によって強く結びついており、絹より丈夫である。

② **ナイロン6**…ε-カプロラクタムに少量の水を加えて加熱すると、（❾　　　重合）が起こり、ナイロン6が生成する。

♣3：ナイロン6は、1941年、日本の星野孝平らが開発したものである。

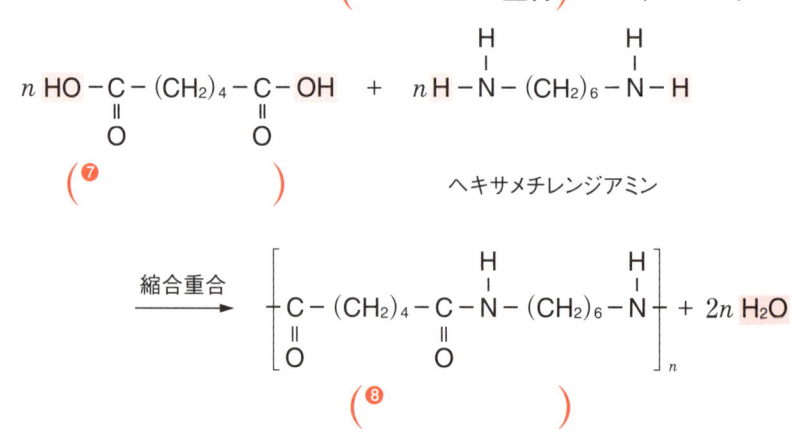

$$n\,\underset{CH_2-CH_2}{\overset{CH_2-CH_2}{\diagup\diagdown}}\underset{N-H}{\overset{C=O}{|}} \xrightarrow{開環重合} \left[\underset{\underset{O}{\|}}{C}-(CH_2)_5-\underset{H}{\underset{|}{N}}\right]_n$$

ε-カプロラクタム　　　　　（❿　　　）

③ **アラミド繊維**…ナイロン66のメチレン鎖$(CH_2)_n$の部分をベンゼン環で置きかえた構造をもつ芳香族ポリアミド系合成繊維を(⑪　　　)という。アラミド繊維は強度・耐熱性が大きい。

$$n\ Cl-\underset{O}{\overset{O}{C}}-\underset{}{\bigcirc}-\underset{O}{\overset{O}{C}}-Cl\ +\ n\ H_2N-\bigcirc-NH_2$$
テレフタル酸ジクロリド　　　　　　p-フェニレンジアミン

縮合重合 →
$$\left[\underset{O}{\overset{O}{C}}-\bigcirc-\underset{O}{\overset{O}{C}}-\underset{H}{\overset{}{N}}-\bigcirc-\underset{H}{\overset{}{N}}\right]_n + 2n\ HCl$$

♣4：アラミド繊維はケブラーともよばれ，消防服，防弾チョッキ，宇宙船，スポーツ用品など幅広く利用されている。

2 ポリエステル系合成繊維──分子内にエステル結合をもつ。

① **ポリエチレンテレフタラート**…ジカルボン酸のテレフタル酸と，2価アルコールのエチレングリコールの(⑫　　**重合**)によって(⑬　　　　　)(略称PET)がつくられる。

$$n\ HO-\underset{O}{\overset{O}{C}}-\bigcirc-\underset{O}{\overset{O}{C}}-OH\ +\ n\ HO-(CH_2)_2-OH$$
テレフタル酸　　　　　　　エチレングリコール

縮合重合 →
$$\left[\underset{O}{\overset{O}{C}}-\bigcirc-\underset{O}{\overset{O}{C}}-O-(CH_2)_2-O\right]_n + 2n\ H_2O$$
ポリエチレンテレフタラート(PET)

♣5：1,2-エタンジオールともいう。

♣6：ポリエチレンテレフタラートは親水基をもたないので，水を吸収しないため，しわになりにくい。各種の衣料やペットボトルに多く使われ，リサイクルされている。

3 ポリビニル系合成繊維──ビニル化合物の付加重合で得られる。

① **アクリル繊維**…アクリロニトリルを(⑭　　**重合**)させると，(⑮　　**繊維**)が得られる。

② **ビニロン**…酢酸ビニルを付加重合してポリ酢酸ビニルをつくる。これを水酸化ナトリウム水溶液で(⑯　　**化**)すると，ポリビニルアルコール(略称PVA)が得られる。PVAを紡糸した後，ホルムアルデヒド水溶液で処理して(⑰　　**化**)すると，水に溶けない繊維であるビニロンができる。

♣7：羊毛に似た風合いをもち，保温性に優れている。アクリル繊維を高温にして炭化させたものが**炭素繊維**である。

♣8：1939年，京都大学の桜田一郎が発明した。綿に似た性質をもつ初の国産の合成繊維である。

♣9：ビニロンには−OHが残っているので，適度な吸湿性を示す。

$$\left[\begin{array}{c}CH_2-CH\\ |\\ OCOCH_3\end{array}\right]_n \xrightarrow[けん化]{NaOHaq} \left[\begin{array}{c}CH_2-CH\\ |\\ OH\end{array}\right]_n \xrightarrow[アセタール化]{HCHO} \cdots -CH_2-CH-CH_2-CH-CH_2-CH- \cdots$$
$$|||$$
$$O-CH_2-OOH$$
ポリ酢酸ビニル　　　　　　　　ポリビニルアルコール　　　　　　　　ビニロン

重要

〔分類〕

合成繊維 ┬ 縮合重合による ┬ ポリアミド系……ナイロン
　　　　│　　　　　　　　└ ポリエステル系…ポリエステル
　　　　└ 付加重合による ┬ ポリアクリル系…アクリル繊維
　　　　　　　　　　　　└ ポリビニル系……ビニロン

重要実験 ナイロン66の合成

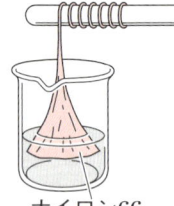

方法（操作）
(1) ビーカーAでシクロヘキサンにアジピン酸ジクロリドを溶かし、ビーカーBで水に水酸化ナトリウムとヘキサメチレンジアミンを溶かす。
(2) ビーカーAの溶液をビーカーBに、ガラス棒を伝わらせて静かに注ぐ。
(3) 2層の境界面に生じた膜を引き上げ、試験管に巻きとる。

結果と考察

❶ ナイロン66が生成する反応を化学反応式で示せ。

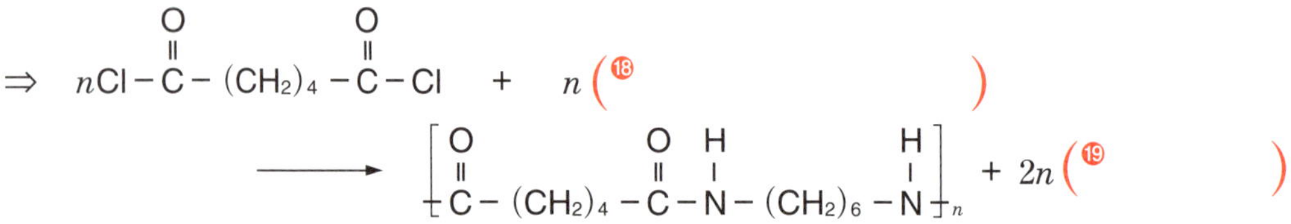

$$n\text{Cl-CO-(CH}_2)_4\text{-CO-Cl} + n(\text{⑱ \qquad}) \longrightarrow [\text{-CO-(CH}_2)_4\text{-CO-NH-(CH}_2)_6\text{-NH-}]_n + 2n(\text{⑲ \qquad})$$

❷ 操作(1)で水酸化ナトリウムを加えるのは、反応で生成する(⑳　　　　)を中和し、反応速度が低下しないようにするためである。

❸ 天然繊維

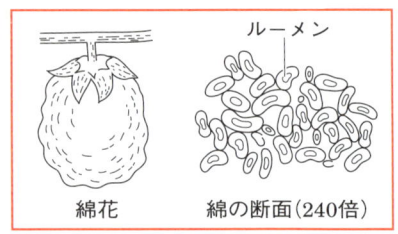

[綿花／綿の断面(240倍)]
内部に中空部分(ルーメン)をもち、吸湿性も大きい。

1 綿——アオイ科の植物で、種子の表面に発生する綿毛の短繊維を利用。ほぼ純粋な(㉑　　　　)からなる。扁平でねじれがあり、糸に紡ぎやすい。

2 麻——亜麻や苧麻の茎の短繊維を利用。主成分は(㉒　　　　)で、吸湿性や吸水性が大きい。

3 絹——カイコガの繭から得られる長繊維(約1500m)を利用。主成分は、**フィブロイン**とよばれる(㉓　　　　)である。しなやかで美しい光沢をもつが、光により変色しやすい。

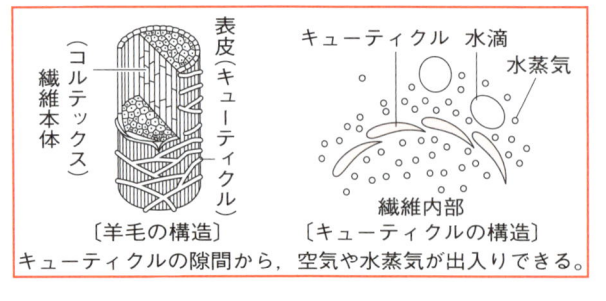

[羊毛の構造／キューティクルの構造]
キューティクルの隙間から、空気や水蒸気が出入りできる。

4 羊毛——羊の体毛から得られる短繊維を利用。**ケラチン**という(㉔　　　　)からなる。繊維の表面に鱗状の(㉕　　　　)があり、撥水性がある。また、保温性や吸湿性も大きい。

ミニテスト　　解答 別冊p.18

□ 次の各繊維は、ア〜オのどれに分類されるか。
(1) 羊毛　(2) 綿　(3) レーヨン
(4) ナイロン　(5) 絹　(6) アセテート

ア 半合成繊維　イ 植物繊維
ウ 動物繊維　エ 再生繊維
オ 合成繊維

2 合成樹脂(プラスチック)

解答 別冊p.18

❶ 合成樹脂の構造と性質

1 熱可塑性樹脂と熱硬化性樹脂──合成樹脂(プラスチック)[♣1]は，熱に対する性質から，次のように分類される。

① 加熱すると軟化し，冷やすと再び硬くなる性質をもつ合成樹脂を(❶　　　樹脂)といい，(❷　　　重合)によってできたものが多い。

② 加熱すると硬くなり，再び軟化しない性質をもつ合成樹脂を(❸　　　樹脂)といい，(❹　　　縮合)によってできたものが多い。

♣1：合成高分子化合物のうち，熱や圧力を加えると成形・加工のできるものを**合成樹脂**またはプラスチックという。

熱可塑性樹脂	熱硬化性樹脂
●(❺　　　構造)の高分子。 ●成形・加工がしやすい。 主鎖	●(❻　　　構造)の高分子。 ●耐熱性・耐溶剤性に富む。 側鎖　主鎖

❷ 熱可塑性樹脂

1 付加重合で得られる熱可塑性樹脂──(❼　　　基)

$CH_2=CH-$ をもつ単量体は，付加重合によって鎖状構造の高分子をつくる。

$$n \begin{matrix} H \\ H \end{matrix} C=C \begin{matrix} X \\ H \end{matrix} \xrightarrow{付加重合} \left[\begin{matrix} H & X \\ -C-C- \\ H & H \end{matrix} \right]_n$$

単量体　　　　　　　　重合体

単量体の示性式・名称	重合体の名称	おもな特徴
$CH_2=CH_2$　エチレン	❽	軽量，耐水性，電気絶縁性
$CH_2=CH(CH_3)$　プロピレン	❾	軽量，耐熱性，強度大
$CH_2=CHCl$　塩化ビニル	❿	耐薬品性，難燃性
$CH_2=CH(C_6H_5)$　スチレン	⓫	透明，電気絶縁性
$CH_2=CH(OCOCH_3)$　酢酸ビニル	⓬	低融点，接着性
$CH_2=CCl_2$　塩化ビニリデン	ポリ塩化ビニリデン	耐薬品性，耐熱性
$CH_2=C(CH_3)COOCH_3$　メタクリル酸メチル	⓭	光の透過性大，強度大
$CF_2=CF_2$　テトラフルオロエチレン	ポリテトラフルオロエチレン	耐熱性，耐薬品性，撥水性

2 高密度ポリエチレンと低密度ポリエチレン

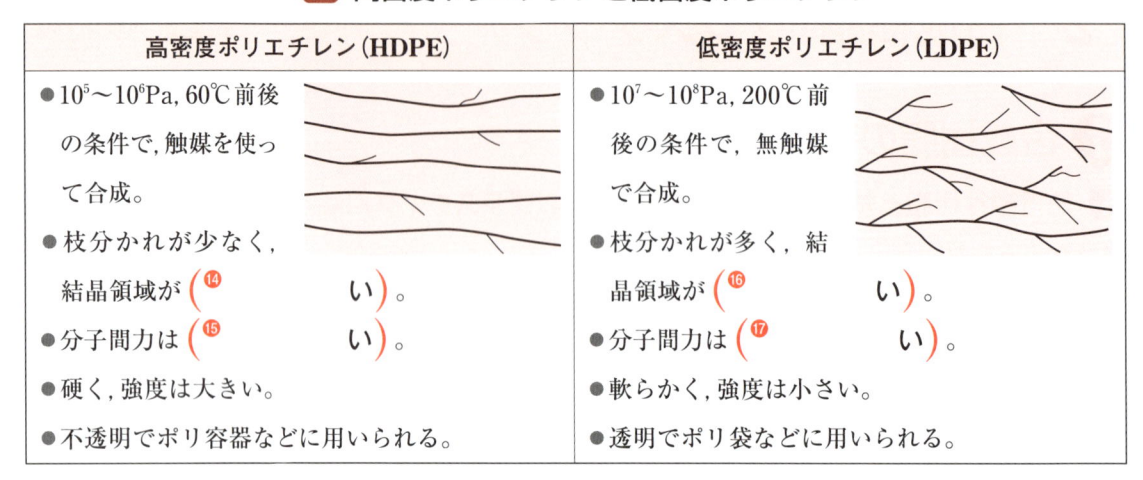

高密度ポリエチレン（HDPE）	低密度ポリエチレン（LDPE）
● 10^5〜10^6 Pa, 60℃前後の条件で，触媒を使って合成。	● 10^7〜10^8 Pa, 200℃前後の条件で，無触媒で合成。
● 枝分かれが少なく，結晶領域が（⑭　　　　い）。	● 枝分かれが多く，結晶領域が（⑯　　　　い）。
● 分子間力は（⑮　　　　い）。	● 分子間力は（⑰　　　　い）。
● 硬く，強度は大きい。	● 軟らかく，強度は小さい。
● 不透明でポリ容器などに用いられる。	● 透明でポリ袋などに用いられる。

❸ 熱硬化性樹脂

♣2：ホルムアルデヒドを原料とする多くの熱硬化性樹脂は，この反応によってつくられる。

♣3：1907年，ベークランド（アメリカ）が発明した世界初の合成樹脂で，ベークライトともよばれる。

１ 熱硬化性樹脂——分子中に3個以上の官能基をもつ単量体が（⑱　　　　）♣2すると，立体網目構造の高分子ができる。
　→ 付加反応と縮合反応の繰り返しで進む重合反応

① **フェノール樹脂**……フェノールに酸または塩基を触媒として（⑲　　　　　　）を反応させると，ノボラックやレゾールとよばれる中間生成物を経由して，硬い（⑳　　　　　　）ができる。

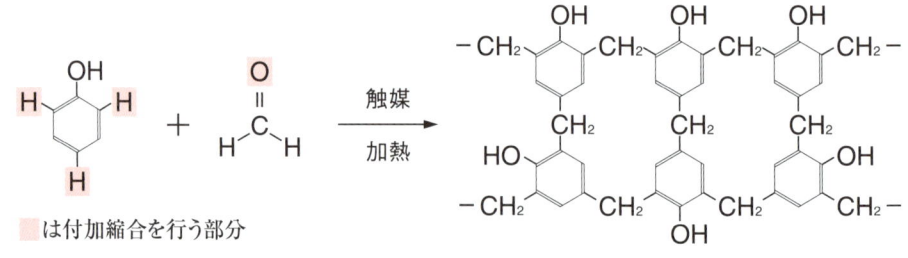

■は付加縮合を行う部分

② **アミノ樹脂**　アミノ基をもつ単量体からつくられた熱硬化性樹脂。

単量体の示性式・名称	重合体の名称	おもな特徴
$H_2N-\overset{\overset{O}{\|\|}}{C}-NH_2$　尿素　　　$H-\overset{\overset{O}{\|\|}}{C}-H$　ホルムアルデヒド	㉑	耐薬品性，着色性がよい
メラミン　　　$H-\overset{\overset{O}{\|\|}}{C}-H$　ホルムアルデヒド	㉒	硬い，光沢大，耐熱性

■は付加縮合を行う官能基を示す。

❹ イオン交換樹脂

1 陽イオン交換樹脂——スチレンとp-ジビニルベンゼンの共重合体をつくり，これを濃硫酸で（㉓　　　化）したもの。樹脂中の（㉔　　　イオン）と溶液中の陽イオンが交換される。

$$\boxed{-}-SO_3H + Na^+ \rightleftarrows \boxed{-}-SO_3^-Na^+ + H^+ \quad \cdots ①$$

→樹脂本体

2 陰イオン交換樹脂——スチレンとp-ジビニルベンゼンの共重合体に，塩基性のアルキルアンモニウム基などを導入したもの。樹脂中の（㉕　　　イオン）と溶液中の陰イオンが交換される。

$$\boxed{-}-CH_2-\overset{CH_3}{\underset{CH_3}{\overset{|}{N^+}}}-CH_3OH^- + Cl^-$$

$$\rightleftarrows \boxed{-}-CH_2-\overset{CH_3}{\underset{CH_3}{\overset{|}{N^+}}}-CH_3Cl^- + OH^- \quad \cdots ②$$

♣4：陽イオン交換樹脂と陰イオン交換樹脂を同時に用いると，脱イオン水（純水）が得られる。

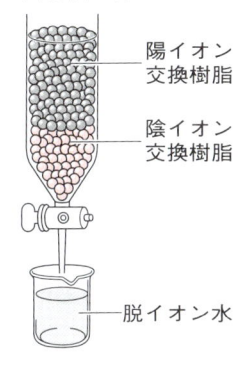

3 イオン交換樹脂の再生——①，②式は可逆反応であるから，使用したイオン交換樹脂を酸や（㉖　　　）の水溶液と反応させると，もとの状態にもどる。これをイオン交換樹脂の（㉗　　　）という。

例題研究　イオン交換樹脂

陽イオン交換樹脂に硫酸銅(Ⅱ)水溶液10 mLを流し，純水でよく洗い，流出液を0.10 mol/L水酸化ナトリウム水溶液で滴定したら13 mLを要した。硫酸銅(Ⅱ)水溶液の濃度は何mol/Lか。

▶解き方　このイオン交換反応は，樹脂の炭化水素基をRとおけば，次式で表される。

$$2R-SO_3H + Cu^{2+} \longrightarrow (R-SO_3)_2Cu + 2H^+$$

スルホ基のH$^+$とCu^{2+}は物質量比（㉘　：　）で交換される。また，中和滴定では，H$^+$とOH$^-$は物質量比1：1で反応する。よって，Cu^{2+}とOH$^-$は1：2（物質量比）でちょうど反応することになる。硫酸銅(Ⅱ)水溶液の濃度をx〔mol/L〕とおくと，

$$Cu^{2+} : OH^- = \left(x \times \frac{10}{1000}\right) : \left(0.10 \times \frac{13}{1000}\right) = 1 : 2$$

よって，$x =$（㉙　　　mol/L）　…答

ミニテスト　　　　　　　　　　　　　　　　解答　別冊p.18

□❶　分子量が2.0×10^5であるポリ塩化ビニル $+CH_2-CHCl+_n$の重合度を求めよ。ただし，原子量はH＝1.0，C＝12，Cl＝35.5とする。

□❷　次の合成樹脂は，熱可塑性樹脂と熱硬化性樹脂のどちらか。
(1) ポリ塩化ビニル　(2) フェノール樹脂
(3) ポリエチレン　(4) ポリエステル
(5) 尿素樹脂　(6) ポリスチレン

3 ゴム

解答 別冊 p.18

❶ 天然ゴム

1 生ゴム(天然ゴム)

① ゴムノキからとれる白い樹液(ラテックス)はコロイド溶液の一種である。これに酢酸を加えて凝析させ，さらに乾燥させたものを(❶　　　)または**天然ゴム**という。

② 生ゴムを空気を遮断して加熱(乾留)すると，イソプレンC_5H_8という無色の液体が得られる。生ゴムの主成分はイソプレン分子が(❷　　**重合**)した構造をもつ**ポリイソプレン**$(C_5H_8)_n$である。

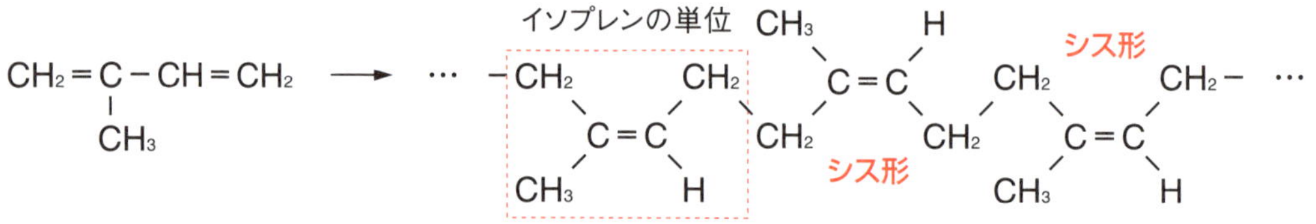

$$CH_2=C-CH=CH_2 \longrightarrow \cdots -CH_2\underset{CH_3}{\overset{}{\underset{}{C=C}}}CH_2-\cdots$$

イソプレン　　　　　　　　　　　　　　　ポリイソプレン

♣ 1：アカテツ科の常緑高木の樹液から得られる**グッタペルカ**は，C＝C結合の部分がトランス形のポリイソプレンでできており，弾性のない硬いプラスチック状の物質である。

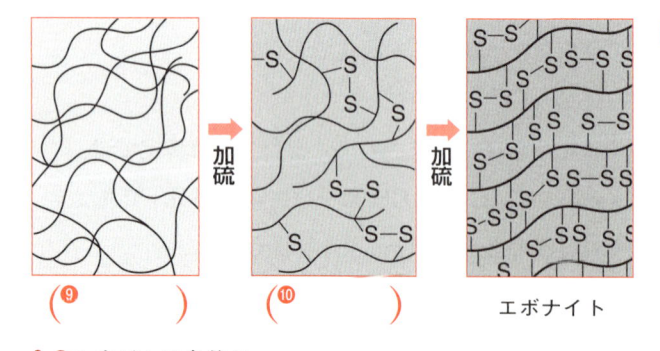

③ 生ゴムのポリイソプレンはC＝C結合の部分がすべて(❸　　形)の構造をしている。

④ シス形のゴム分子は，分子の熱運動によりその形が変化しやすく，ゴム特有の弾性(＝❹　　　　)を示す。

2 加硫

① 生ゴムに硫黄を数％加えて加熱する操作を(❺　　　)という。

② 加硫されたゴムを，(❻　　ゴム)という。

③ 加硫することにより，ゴムの弾性や強度が大きくなり，耐久性なども向上する。

④ これは，鎖状のゴム分子の間に硫黄原子をなかだちとした橋かけ構造がつくられ，分子が網目状につながるためである。この橋かけ構造を(❼　　構造)という。

⑤ 生ゴムに硫黄を30～40％加えて長時間加熱すると，(❽　　　)とよばれる黒色の硬いプラスチック状の物質になる。

(❾　　　) → (❿　　　) → エボナイト

♣ 2：生ゴムは多数のC＝C結合をもち，空気中で酸化されしだいに弾性を失う(**ゴムの老化**)。S原子の架橋構造ができると，分子が網目状につながり，弾性が強くなるとともにC＝C結合も減り，化学的に安定なゴムになる。

❷ 合成ゴム

1 合成ゴム
イソプレンに似た構造の単量体を(⑪　　重合)させると，弾性のある(⑫　　ゴム)が得られる。♣3

♣3：合成ゴムの分子中のC＝C結合には，シス形とトランス形の構造が混在する。弾性が見られるのはシス形だけであるから，合成ゴムの弾性は天然ゴムにはおよばない。

2 付加重合で得られる合成ゴム

① ブタジエンゴム…耐摩耗性，耐寒性に優れる。

$n\text{CH}_2=\text{CH}-\text{CH}=\text{CH}_2 \longrightarrow \{\text{CH}_2-\text{CH}=\text{CH}-\text{CH}_2\}_n$

1,3-ブタジエン　　　　　　(⑬　　　　　　　)

② クロロプレンゴム…耐候性，耐油性に優れる。

$n\text{CH}_2=\underset{\text{Cl}}{\text{C}}-\text{CH}=\text{CH}_2 \longrightarrow [\text{CH}_2-\underset{\text{Cl}}{\text{C}}=\text{CH}-\text{CH}_2]_n$

クロロプレン　　　　(⑭　　　　　　　)

3 共重合で得られる合成ゴム
——優れた性質をもつものが多い。

♣4：SBRはベンゼン環を含むので，機械的強度が大きく，自動車のタイヤに用いられる。

① スチレン-ブタジエンゴム(SBR)…耐摩耗性，耐熱性，機械的強度に優れる。♣4

$\text{CH}_2=\text{CH}-\text{CH}=\text{CH}_2 \ + \ \text{CH}=\text{CH}_2(\text{C}_6\text{H}_5) \longrightarrow \cdots -\text{CH}_2-\text{CH}=\text{CH}-\text{CH}_2-\text{CH}-\text{CH}_2-\cdots$

(⑮　　　　　) (⑯　　　　　)　　　　スチレン-ブタジエンゴム

② アクリロニトリル-ブタジエンゴム(NBR)…特に耐油性に優れる。♣5

$\text{CH}_2=\text{CH}-\text{CH}=\text{CH}_2 \ + \ \text{CH}_2=\underset{\text{CN}}{\text{CH}} \longrightarrow \cdots -\text{CH}_2-\text{CH}=\text{CH}-\text{CH}_2-\underset{\text{CN}}{\text{CH}}-\cdots$

1,3-ブタジエン　　(⑰　　　　　　　)　　アクリロニトリル-ブタジエンゴム

♣5：NBRには極性の強いシアノ基−CNが存在するので，耐油性が非常に強く，石油ホースや印刷ロールに用いられる。

4 その他のゴム

① シリコーンゴム…分子中にSi−O結合を含み，ゴム弾性のもととなるC＝C結合をもたない。耐久性，耐熱性，耐寒性，耐薬品性に優れる。
↳ ゴムの老化の原因でもある

$n\text{HO}-\underset{\text{CH}_3}{\overset{\text{CH}_3}{\text{Si}}}-\text{OH} \longrightarrow \cdots -\underset{\text{CH}_3}{\overset{\text{CH}_3}{\text{Si}}}-\text{O}-\underset{\text{CH}_3}{\overset{\text{CH}_3}{\text{Si}}}-\text{O}-\underset{\text{CH}_3}{\overset{\text{CH}_3}{\text{Si}}}-\text{O}-\cdots$

ミニテスト　　　　　　　　　　　　　　　　　　解答 別冊 p.18

□ 次の記述に該当する語句，名称を答えよ。
(1) 天然ゴムの分子中のC＝C結合に見られる幾何異性の種類(形)。
(2) 生ゴムに硫黄を加えて加熱する操作。
(3) 生ゴムに硫黄を30〜40％加えて加熱して得られる，硬いプラスチック状の物質。
(4) スチレンとブタジエンを1：4(質量比)で混合したものを共重合させて得られる合成ゴム。

4 高分子化合物と人間生活

❶ プラスチックの利用

1 機能性高分子——特殊な機能をもった高分子化合物。

① **高吸水性高分子** 多量の水を吸収して保持できる高分子を(❶　　　　高分子)という。

例 $n\text{CH}_2=\text{CH} \atop | \atop \text{COONa}$ $\xrightarrow{\text{付加重合}}$ $\left[\begin{array}{c}\text{CH}_2-\text{CH}\\|\\\text{COONa}\end{array}\right]_n$ ポリアクリル酸ナトリウム ♣1

♣1：この高分子が吸水すると，−COONaの部分が電離し，−COO⁻どうしが反発して網目が広がり，浸透圧によって，この隙間に水が入ってくる。

② **生分解性高分子** 生体内や微生物によって分解されやすい高分子を(❷　　　　高分子)という。

例 $n\text{HO}-\text{CH}(\text{CH}_3)-\text{COOH}$ $\xrightarrow{\text{縮合重合}}$ $\left[\text{O}-\text{CH}(\text{CH}_3)-\text{CO}\right]_n$
　　　乳酸　　　　　　　　　　　　　　　　　ポリ乳酸 ♣2

♣2：ポリ乳酸のような脂肪族のポリエステルは，生分解性が大きい。

③ **導電性高分子** 金属と同程度の電気伝導性をもつ高分子を(❸　　　　高分子)という。

例 $n\text{CH}\equiv\text{CH}$ $\xrightarrow{\text{付加重合}}$ $\left[\text{CH}=\text{CH}\right]_n$
　　アセチレン　　　　　　　　ポリアセチレン ♣3

♣3：ポリアセチレンはコンデンサーや携帯電話の電池などに応用されている。

④ **感光性高分子** 光の作用により，その性質が変化する高分子を(❹　　　　高分子)という。

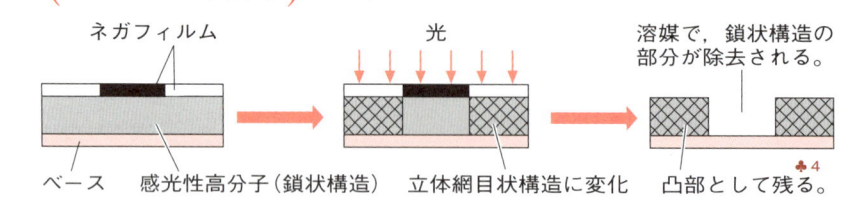

♣4：鎖状構造の高分子は溶媒に溶けて除去されるが，光が当たって立体網目構造となった部分は溶媒に不溶で残るので，印刷用の凸版をつくることができる。

❷ プラスチックのリサイクル 〈出る〉

① (❺　　　　リサイクル)——融かしてもう一度成形し直して利用する。
② (❻　　　　リサイクル)——原料物質(単量体)まで分解し，再び合成して利用する。
③ (❼　　　　リサイクル)——燃焼させて，発生する熱を利用する。

ミニテスト

□ 次の機能性高分子の名称を答えよ。
(1) 金属並みの電気伝導性をもつ高分子。
(2) 光が当たると硬化する高分子。
(3) 生体内や微生物によって分解されやすい高分子。
(4) 多量の水を吸収・保持できる高分子。

2章 合成高分子化合物 練習問題

解答 別冊p.46

❶ 〈合成繊維〉
▶わからないとき→p.194,195

次の文中の□に適当な語句を入れ，あとの各問いに答えよ。

aナイロン66は ① とヘキサメチレンジアミンの ② 重合で合成され，bナイロン6はカプロラクタムの ③ 重合で合成される。一方，しわになりにくい合成繊維のcポリエチレンテレフタラートは，分子中に ④ 結合をもち，テレフタル酸と ⑤ の②重合で得られる。

羊毛に似たアクリル繊維には，アクリロニトリルが ⑥ 重合したもののほか，アクリロニトリルと塩化ビニルなどを ⑦ 重合したものがある。

(1) 下線部a〜cの高分子の示性式を書け。
(2) ナイロンが引っぱる力に強い繊維である理由を分子構造から説明せよ。
(3) 分子量2.0×10^5のナイロン66分子1個には，何個のアミド結合が存在するか。（原子量は，H＝1.0，C＝12，N＝14，O＝16とする。）

ヒント (3) まず，ナイロン66の繰り返し単位の式量を求める。繰り返し単位には2個のアミド結合が存在する。

❷ 〈ビニロン〉
▶わからないとき→p.195

次のビニロンの合成反応について，あとの各問いに答えよ。

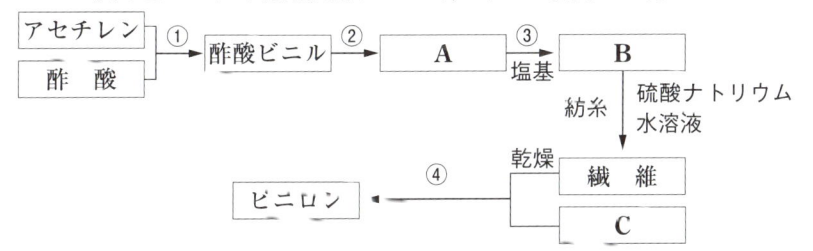

アセチレン＋酢酸 →① 酢酸ビニル →② A →③(塩基) B →(紡糸，硫酸ナトリウム水溶液) 繊維 →(乾燥) C →④ ビニロン

(1) ①〜④の各反応の名称を答えよ。
(2) A〜Cの各物質の名称を答えよ。
(3) ビニロンが適度な吸湿性をもつ理由を説明せよ。

❸ 〈合成高分子化合物〉
▶わからないとき→p.197,198

次の文中の□に適当な語句を入れよ。

ポリエチレンのような合成樹脂は，いずれも ① 結合をもつモノマーが ② することによって合成される。これらの樹脂は， ③ 構造をもつ高分子からできており，加熱すると軟らかくなる性質をもつので ④ という。

一方，フェノール樹脂のような合成樹脂は，ホルムアルデヒドという共通する物質との ⑤ によって合成される。これらの樹脂は， ⑥ 構造をもつ高分子からできており，加熱しても軟らかくならない性質をもつので ⑦ という。

ヒント 鎖状構造の高分子は，加熱すると分子が動けるので熱可塑性を示す。一方，立体網目構造の高分子は，加熱しても分子どうしが動くことができないので熱硬化性を示す。

❹ 〈ナイロン66の合成〉 ▶わからないとき→p.196

(溶液A) 水25mLに水酸化ナトリウムと試薬Aを加えて溶かした溶液
(溶液B) ジクロロメタンにアジピン酸ジクロリドを加えて溶かした溶液

右図のように両液を混合すると，2層に分離し，境界面にナイロン66の薄膜ができたので，試験管に巻きとった。

(1) 試薬Aの名称と示性式を答えよ。
(2) この合成反応の化学反応式を書け。
(3) 溶液Bに溶液Aを加えた理由を述べよ。
(4) 溶液Aに水酸化ナトリウムを加える理由を述べよ。

ヒント (3) 溶液Aは水溶液で密度は約1.0g/cm³，溶液Bはジクロロメタン溶液で密度は約1.3g/cm³である。

❺ 〈イオン交換樹脂〉 ▶わからないとき→p.199

次の文中の ▭ に適当な語句を入れ，あとの問いに答えよ。

陽イオン交換樹脂は ① 基のような強酸性の官能基をもち，水溶液中で ② イオンを電離して，他の陽イオンとイオン交換を行う。一方，陰イオン交換樹脂は ③ 基のような強塩基性の官能基をもち，水溶液中で ④ イオンを電離して，他の陰イオンとイオン交換を行う。

(問) それぞれの樹脂がイオン交換を終えた後，もとの状態に再生するには，どのような操作が必要かを簡単に述べよ。

ヒント イオン交換反応は，いずれも可逆反応である。反応物質の濃度と平衡移動の関係を考える。

❻ 〈天然ゴムと合成ゴム〉 ▶わからないとき→p.200,201

次の文を読み，あとの問いに答えよ。

天然ゴムは分子式$(C_5H_8)_n$で表され， ① が付加重合した構造をもつ高分子である。天然ゴムには多数の二重結合が存在するが，それぞれの立体配置の種類を調べると，ほとんどが ② 形である。

天然ゴムは高温では軟らかく，低温では硬くもろくなるが，これに数％の ③ を加えて反応させると，③原子による ④ 構造が生じて，立体網目構造が発達し，適度な弾性と強度をもつようになる。この操作を ⑤ という。

合成ゴムは，ブタジエン[⑥]やクロロプレン[⑦]などを ⑧ 重合させたもので，天然ゴムに似た分子構造をもつ。また，ブタジエンとスチレンを ⑨ 重合させて得られた合成ゴムは ⑩ とよばれ，自動車用のタイヤとして用いられている。

(1) 文中の ▭ には適当な語句を，[ ]には適当な示性式を入れよ。
(2) 天然ゴムの分子量を1.7×10^5として，単量体①の重合度を求めよ。ただし，原子量H＝1.0，C＝12とする。

ヒント 二重結合がシス形であれば，分子鎖は大きく折れ曲がって，結晶化しにくい。そのため，ゴム分子は熱運動によってさまざまな形をとることが可能となり，ゴム弾性を示す。

第6編 高分子化合物 定期テスト対策問題

時　間▶▶▶**50**分
合格点▶▶▶**70**点
解　答▶別冊 p.47

1 次の高分子化合物について，あとの各問いに答えよ。〔各2点　合計14点〕

a　ポリ塩化ビニル　　b　ポリプロピレン　　c　ポリスチレン
d　ナイロン6　　e　ポリエチレンテレフタラート

問1　a，b，cの高分子化合物の単量体の示性式をそれぞれ記せ。
問2　d，eの高分子化合物の単量体の名称をそれぞれ記せ。
問3　縮合重合によって生じた高分子化合物を記号で選べ。
問4　平均分子量 2.0×10^5 のポリスチレンの平均重合度を求めよ。（原子量はH＝1.0，C＝12）

問1	a		b		c	
問2	d		e			
問3				問4		

2 次の記述のうち，DNAだけに該当するものはA，RNAだけに該当するものはB，両方に該当するものはC，いずれにも該当しないものはDと答えよ。〔各1点　合計10点〕

① おもに核に存在する。
② 核と細胞質の両方に存在する。
③ 塩基としてウラシル(U)をもつ。
④ 塩基としてチミン(T)をもつ。
⑤ リボソームを構成している。
⑥ C，H，O，N，Sの5元素からなる。
⑦ 糖の分子式は $C_5H_{10}O_5$ である。
⑧ 二重らせん構造をもつ。
⑨ C，H，O，N，Pの5元素からなる。
⑩ 多数のヌクレオチドからできている。

①	②	③	④	⑤	⑥	⑦	⑧	⑨	⑩

3 次の文中の(　)に適当な語句を入れ，あとの問いに答えよ。〔各1点　合計10点〕

(　①　)とよばれる乳白色の樹液からつくられる天然ゴムは，(　②　)が付加重合してできた鎖状の高分子である。天然ゴムの分子中には(　③　)結合が存在し，しかも(　④　)形の構造をとっているため，ゴム弾性を示す。天然ゴムに適量の硫黄を加えて加熱すると，ゴム分子の間に硫黄原子による(　⑤　)構造が生じ，溶媒に溶けにくくなり，弾性も強くなる。この処理を(　⑥　)という。
　②によく似た単量体を付加重合させると，天然ゴムに似た性質をもつ物質が得られる。このような物質を(　⑦　)という。たとえば，1,3-ブタジエンを付加重合させると，(　⑧　)(略称BR)が得られ，1,3-ブタジエンとスチレンを(　⑨　)させると，スチレン-ブタジエンゴム(略称SBR)が得られる。

問　天然ゴムの構造をその立体構造がわかるように示せ。

①	②	③	
④	⑤	⑥	問
⑦	⑧	⑨	

4 次のa～cは，合成樹脂について説明した文である。（　）に適当な語句を入れよ。また，a～cの各樹脂の構造を下から記号で選べ。〔各1点　合計11点〕

a 触媒を用いてフェノールと（ ① ）を加熱すると，（ ② ）反応が起こりフェノール樹脂が得られる。この樹脂は発明者の名前をとって（ ③ ）ともいう。この樹脂は（ ④ ）性に優れるので，電気のプラグや，プリント配線の基板などに利用される。

b （ ⑤ ）と①とを触媒を用いて加熱すると，（ ⑥ ）反応が起こりユリア樹脂が得られる。この樹脂は，耐熱性や機械的強度に優れ，着色性がよいことから，電気器具や家庭用品に用いられる。

c メラミンと（ ⑦ ）とを付加縮合させて得られる樹脂を（ ⑧ ）という。この樹脂は，硬くて表面に光沢があることから，家具や食器および実験室のテーブルなどに用いられる。

①		②		③		④	
⑤		⑥		⑦		⑧	
a		b			c		

5 グリシンは水溶液中では，pHの小さいほうから大きいほうへ順にA，B，Cの3種類の構造で存在し，次の電離平衡が存在する。あとの各問いに答えよ。〔問1は各2点，問2は4点　合計11点〕

$$A \xrightleftharpoons{K_1} B + H^+ \quad (K_1 = 4.0 \times 10^{-3} \text{mol/L}) \quad B \xrightleftharpoons{K_2} C + H^+ \quad (K_2 = 2.5 \times 10^{-10} \text{mol/L})$$

問1　A，B，Cの示性式をそれぞれ記せ。

問2　[A]＝[C]のとき，グリシンのもつ電荷は全体として0になる。このときのpHを求めよ。

問1	A		B		C		問2	

6 次の①～⑥の物質を加水分解する酵素を下のア～ケから選び，記号で答えよ。〔各1点　合計6点〕

①　マルトース　　②　スクロース　　③　セルロース
④　タンパク質　　⑤　油脂　　⑥　デンプン

ア　アミラーゼ　　　　イ　インベルターゼ　　ウ　マルターゼ
エ　セルラーゼ　　　　オ　ラクターゼ　　　　カ　チマーゼ
キ　セロビアーゼ　　　ク　ペプシン　　　　　ケ　リパーゼ

①		②		③		④		⑤		⑥	

7 図1，図2は酵素の反応速度と温度，pHとの関係を表した図である。次の文中の（　）に適当な語句を入れ，あとの問いに答えよ。〔問2は4点，他各2点　合計20点〕

酵素は，生物体内で起こる種々の化学反応を促進する（ ① ）として作用する。酵素の主成分は（ ② ）であるが，（ ③ ）という低分子の有機化合物の共存によりはじめて作用するものもある。また，

酵素は，決まった物質のみにしか作用しない。この性質を酵素の（ ④ ）という。

問1 図1のa点を何というか。
問2 図1のa点より高温になると，反応速度が低下する。この理由を説明せよ。
問3 図2のA，B，Cに該当する消化酵素を下から記号で選べ。
　ア　アミラーゼ　　イ　リパーゼ
　ウ　ペプシン　　　エ　カタラーゼ

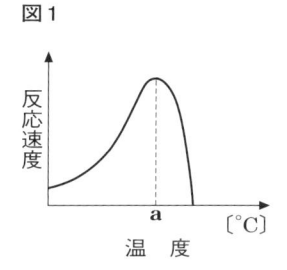

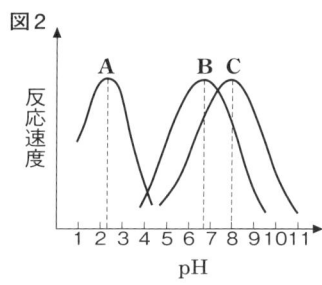

①	②	③	④	問1
問2			問3 A	B	C

8 次の文を読み，あとの各問いに答えよ。〔問1・問2は各1点，問3は各2点　合計11点〕

グルコースを水に溶かすと，下図のA，B，鎖状構造が一定の割合で混合した（ ① ）となる。グルコースの水溶液が（ ② ）を示すのは，その鎖状構造に（ ③ ）基が存在するためである。したがって，（ ④ ）反応を示したり，（ ⑤ ）液を還元する。

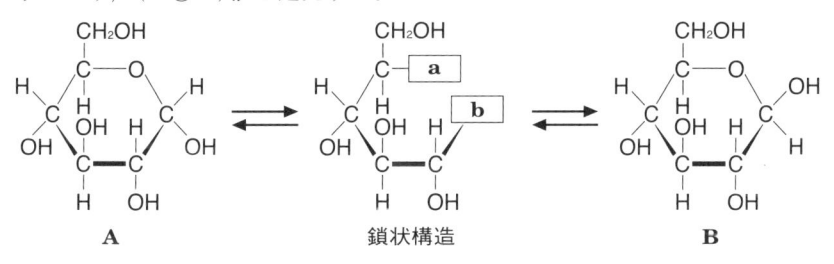

問1 文中の（　）に適語，化学式を入れよ。
問2 図のA，Bの物質名を記せ。
問3 図の鎖状構造の□に適する示性式を記せ。

問1	①	
	②	
	③	
	④	
	⑤	
問2	A	
	B	
問3	a	
	b	

9 次の文中の（　）に適当な語句を入れよ。〔各1点　合計8点〕

a セルロースに水酸化ナトリウムと二硫化炭素を反応させると，粘性の高いコロイド溶液が得られる。これを（ ① ）という。①を希硫酸中に押し出すと，セルロースが再生されて繊維状となる。これを（ ② ）という。また，①を薄膜状に押し出したものを（ ③ ）という。

b 水酸化銅（Ⅱ）を濃アンモニア水に溶かした水溶液（これを（ ④ ）試薬という）にセルロースを溶かし，細孔から希硫酸中に噴出させてつくった繊維を（ ⑤ ）またはキュプラという。

c セルロースに氷酢酸，無水酢酸および少量の濃硫酸を作用させると，（ ⑥ ）が得られる。これは工業用の溶媒に溶けにくいので，穏やかに加水分解して（ ⑦ ）とすると，アセトンに溶けるようになる。その溶液を細孔から温かい空気中に噴出させてアセトンを蒸発させると繊維が得られる。この繊維を（ ⑧ ）という。

①	②	③	④
⑤	⑥	⑦	⑧

編集協力：アポロ企画
デザイン：アルデザイン
図版作成：甲斐美奈子

シグマベスト	著　者	卜部吉庸
化学の必修整理ノート	発行者	益井英郎
	印刷所	凸版印刷株式会社
	発行所	株式会社 文英堂

〒601-8121　京都市南区上鳥羽大物町28
〒162-0832　東京都新宿区岩戸町17
（代表）03-3269-4231

本書の内容を無断で複写(コピー)・複製・転載することは，著作者および出版社の権利の侵害となり，著作権法違反となりますので，転載等を希望される場合は前もって小社あて許諾を求めてください。

© 卜部吉庸　2013　　Printed in Japan　　●落丁・乱丁はおとりかえします。

ΣBEST
シグマベスト

化学の必修整理ノート

・解答集・

文英堂

空らん・ミニテストの解答

第1編1章 物質の状態変化

⟨p.6~7⟩

1 物質の三態

❶ 三態　　❷ 固体
❸ 液体　　❹ 気体
❺ 形　　　❻ 形
❼ 大き　　❽ 熱運動
❾ 融解　　❿ 凝固
⓫ 融点　　⓬ 蒸発
⓭ 凝縮　　⓮ 昇華
⓯ 融解熱　⓰ 沸騰
⓱ 沸点　　⓲ 蒸発熱
⓳ 大き　　⓴ 融解熱
㉑ 蒸発熱　㉒ 沸点
㉓ 融点　　㉔ 圧力
㉕ 状態図　㉖ 融解
㉗ 蒸気圧　㉘ 昇華圧
㉙ 5.2×10^5　㉚ -78
㉛ 2.5　　㉜ 41

ミニテスト

答　(1)ウ　(2)イ　(3)ア　(4)カ

⟨p.8⟩

2 状態変化と分子間力

❶ 分子間力　❷ 高
❸ ファンデルワールス力
❹ 分子量　　❺ 極性分子
❻ 高　　　　❼ 大き
❽ 水素結合　❾ 化学結合
❿ 弱

ミニテスト

(解き方) ❶(1) 分子量が大きいCO_2
(2) 水素結合を形成するH_2O
❷ 電気陰性度の大きいF, O, NとHとの化合物が，水素結合を形成する。

答　❶(1)CO_2　(2)H_2O
❷ HF, NH_3

⟨p.9~11⟩

3 粒子の熱運動と蒸気圧

❶ 臭素　　❷ 拡散
❸ 熱運動　❹ ではない
❺ 大き　　❻ 熱
❼ 圧力　　❽ N/m^2
❾ 大気圧　❿ 水銀柱
⓫ 1気圧　⓬ 760
⓭ 蒸発　　⓮ 温度
⓯ 一定　　⓰ 増加
⓱ 気液平衡　⓲ 飽和蒸気圧
⓳ 飽和蒸気圧　⓴ 凝縮
㉑ 蒸発　　㉒ 大き
㉓ 種類　　㉔ 蒸気圧曲線
㉕ 蒸発　　㉖ 凝縮
㉗ 沸騰　　㉘ 沸点
㉙ 86　　　㉚ 1.0×10^5
㉛ 78　　　㉜ 低
㉝ 高

ミニテスト

(解き方) ❶ ウ；気体分子は，分子量の大小にかかわらず，完全に混じり合う。エ；分子量はHCl＞NH_3なので，同じ温度での拡散速度は，NH_3のほうがHClよりも速い。

❷(1) $\dfrac{5.0 \times 10^4}{1.0 \times 10^5} \times 760 = 380\,\text{mmHg}$

(2) $\dfrac{190}{760} \times 1.0 \times 10^5 = 2.5 \times 10^4\,\text{Pa}$

(3) $\dfrac{1.6 \times 10^4}{1.0 \times 10^5} = 0.16\,\text{atm}$

答　❶ウ, エ
❷(1)$380\,\text{mmHg}$
(2)$2.5 \times 10^4\,\text{Pa}$
(3)$0.16\,\text{atm}$

第1編2章 気体の性質

⟨p.14~15⟩

1 ボイル・シャルルの法則

❶ 温度　　❷ 反比例
❸ 温度　　❹ P_2V_2
❺ k(一定)　❻ 0.80
❼ 圧力　　❽ 比例
❾ 圧力　　❿ V_2
⓫ T_2　　⓬ k(一定)
⓭ 0　　　⓮ 273
⓯ K　　　⓰ 273
⓱ -273　⓲ 絶対零度
⓳ 300　　⓴ 5.5
㉑ 反比例　㉒ 比例
㉓ 0.50　　㉔ 0.50
㉕ 1.0

ミニテスト

(解き方) ❶ 求める圧力をP〔Pa〕として，ボイルの法則の関係式に代入する。
$$1.0 \times 10^5 \times 200 = P \times 250$$
$$P = 8.0 \times 10^4\,\text{Pa}$$

❷ 27℃のときの体積をV〔L〕，求める温度をt〔℃〕とすると，ボイル・シャルルの法則より，
$$\dfrac{1.5 \times 10^5 \times V}{300} = \dfrac{2.0 \times 10^5 \times 2V}{t+273}$$
$$t + 273 = 800$$
$$t = 527\,\text{℃}$$

答　❶$8.0 \times 10^4\,\text{Pa}$　❷527℃

⟨p.16~17⟩
2 気体の状態方程式
❶ 0 ❷ 1.013×10^5
❸ 22.4
❹ ボイル・シャルル
❺ 8.31×10^3 ❻ 0.0821
❼ n ❽ 状態方程式
❾ 分子量 ❿ $\dfrac{wRT}{PV}$
⓫ 0.415 ⓬ 300
⓭ 0.415 ⓮ 8.3×10^3
⓯ 0.050 ⓰ 0.560
⓱ 1.0 ⓲ 44

ミニテスト

(解き方)(1) 気体の分子量をMとして,気体の状態方程式に代入する。

$$9.4 \times 10^4 \times 1.2 = \dfrac{2.0}{M} \times 8.3 \times 10^3 \times 300$$

$M \fallingdotseq 44$

(2) 気体1 molの質量は分子量に〔g〕をつけたもので,その体積は標準状態で22.4 Lである。よって,この気体の密度d〔g/L〕は,

$$d = \dfrac{44\,\mathrm{g}}{22.4\,\mathrm{L}} \fallingdotseq 2.0\,\mathrm{g/L}$$

(3) アボガドロの法則より,気体では密度の比は分子量の比と等しい。したがって,気体Bの分子量は,気体Aの分子量の$\dfrac{4}{11}$倍である。

$$44 \times \dfrac{4}{11} = 16$$

答 (1) 44 (2) 2.0 g/L (3) 16

⟨p.18~20⟩
3 混合気体,理想気体と実在気体
❶ 拡散 ❷ 全圧
❸ 分圧 ❹ 和
❺ $P_A + P_B$ ❻ 分圧
❼ $n_A : n_B$ ❽ 体積
❾ $n_A : n_B$ ❿ $n_A + n_B$
⓫ $\dfrac{n_A}{n}$ ⓬ $\dfrac{n_B}{n}$
⓭ モル分率 ⓮ 0.050
⓯ 0.10 ⓰ 0.050
⓱ 8.0×10^4 ⓲ 0.10
⓳ 1.6×10^5 ⓴ 水上
㉑ 水蒸気 ㉒ 9.74×10^4
㉓ 0.051 ㉔ 理想気体
㉕ 実在気体 ㉖ 1.0
㉗ 0 ㉘ 高
㉙ 低

ミニテスト

(解き方)❶ H_2の分圧をP_{H_2},N_2の分圧をP_{N_2}とすると,ボイルの法則より,

$5.0 \times 10^4 \times 1.5 = P_{H_2} \times 3.0$
$P_{H_2} = 2.5 \times 10^4$ Pa
$1.0 \times 10^5 \times 1.5 = P_{N_2} \times 3.0$
$P_{N_2} = 5.0 \times 10^4$ Pa

全圧は分圧の和になるから,
$2.5 \times 10^4 + 5.0 \times 10^4$
$= 7.5 \times 10^4$ Pa

❷ O_2;$4.0 \times 10^5 \times \dfrac{1}{5} = 8.0 \times 10^4$ Pa

N_2;$4.0 \times 10^5 \times \dfrac{4}{5} = 3.2 \times 10^5$ Pa

答 ❶ 7.5×10^4 Pa
❷ O_2;8.0×10^4 Pa
N_2;3.2×10^5 Pa

第1編3章
溶液の性質

⟨p.23~25⟩
1 溶解と溶解度
❶ 分子 ❷ 溶質
❸ 溶媒 ❹ 水溶液
❺ 溶解 ❻ 静電気
❼ 水和 ❽ 水素
❾ 塩化物イオン
❿ ナトリウムイオン
⓫ 水 ⓬ やす
⓭ やす ⓮ にく
⓯ 溶解度 ⓰ 飽和溶液
⓱ 溶解平衡 ⓲ 溶質
⓳ 9 ⓴ 温度
㉑ 結晶 ㉒ 大き
㉓ 結晶 ㉔ 小さ
㉕ 溶媒 ㉖ 結晶
㉗ 100 ㉘ 60
㉙ 40 ㉚ 31
㉛ 31 ㉜ 69
㉝ 小さ ㉞ 1.013×10^5
㉟ 標準状態 ㊱ 小さ
㊲ 圧力 ㊳ ヘンリー
㊴ 一定 ㊵ 分圧
㊶ $\dfrac{1}{5}$ ㊷ 32

ミニテスト

(解き方)❶ ホウ酸15 gを水100 gに溶かした溶液は飽和水溶液で,その質量は115 gである。100 gのホウ酸飽和水溶液中のホウ酸の質量をx〔g〕とおくと,

$115 : 15 = 100 : x$
$x \fallingdotseq 13.0$ g

❷ 気体の溶解度〔mol〕は,その圧力に比例するから,溶解した窒素の物質量は,

$$\dfrac{22 \times 10^{-3}}{22.4} \times \dfrac{5.0 \times 10^5}{1.0 \times 10^5} \times 10$$
$\fallingdotseq 0.049$ mol

$N_2 = 28$ g/molより,質量は,
$0.049 \times 28 \fallingdotseq 1.4$ g

答 ❶ 13.0 g ❷ 1.4 g

⟨p.26~27⟩
2 溶液の濃度
❶ 溶質　　❷ 溶質
❸ 溶液　　❹ 120
❺ 17　　　❻ 1L
❼ mol/L　❽ 溶質
❾ 溶液　　❿ 1.0
⓫ メスフラスコ
⓬ 溶媒　　⓭ 溶質
⓮ 溶媒　　⓯ 0.050
⓰ 0.050　⓱ 0.20
⓲ 0.25　　⓳ 溶液
⓴ モル濃度　㉑ 0.10
㉒ 0.10　　㉓ 4.0
㉔ 1.2　　㉕ 1200
㉖ 1200　　㉗ 240
㉘ 240　　㉙ 6.0
㉚ 6.0

ミニテスト

(解き方) ❶ グルコースの物質量は，
$\frac{3.6}{180} = 0.020\,\text{mol}$

モル濃度；
$\frac{0.020\,\text{mol}}{0.20\,\text{L}} = 0.10\,\text{mol/L}$

❷ 硫酸の物質量は，
$\frac{49}{98} = 0.50\,\text{mol}$

(1) モル濃度；
$\frac{0.50\,\text{mol}}{0.20\,\text{L}} = 2.5\,\text{mol/L}$

(2) 希硫酸の質量は，
$200\,\text{mL} \times 1.2\,\text{g/mL} = 240\,\text{g}$
(溶媒の質量) = (溶液の質量) −
(溶質の質量)より，
溶媒の質量；$240 - 49 = 191\,\text{g}$
質量モル濃度；
$\frac{0.50\,\text{mol}}{0.19\,\text{kg}} ≒ 2.6\,\text{mol/kg}$

答 ❶ 0.10 mol/L
❷(1) 2.5 mol/L
(2) 2.6 mol/kg

⟨p.28~30⟩
3 希薄溶液の性質
❶ 溶媒　　❷ 蒸気圧降下
❸ 低　　　❹ 高
❺ 沸点上昇　❻ 凝固点降下
❼ 凝固点降下度
❽ 溶媒　　❾ 比例
❿ 2　　　⓫ 2
⓬ 2　　　⓭ 水
⓮ 水　　　⓯ 尿素水溶液
⓰ 1.3　　⓱ 沸点上昇度
⓲ 9.0　　⓳ 3.0
⓴ 60　　　㉑ 溶媒
㉒ 半透　　㉓ 溶媒
㉔ 浸透　　㉕ 液面差
㉖ モル濃度　㉗ 純水

ミニテスト

(解き方) ❶ ア～ウの沸点上昇度，凝固点降下度を調べる。
ア～ウのうち，塩化ナトリウムは電解質($NaCl \longrightarrow Na^+ + Cl^-$)であり，他の物質は非電解質なので，それぞれの質量モル濃度は，
ア：$\frac{10}{180}$　　イ：$\frac{10}{60}$
ウ：$\frac{10}{58.5} \times 2$

沸点上昇度，凝固点降下度は，溶液の質量モル濃度に比例するから，質量モル濃度の大きいものほど，沸点は高くなり，凝固点は低くなる。

❷ 温度一定のとき，浸透圧は溶液のモル濃度に比例する。
ア：$\frac{36}{180} = 0.20\,\text{mol/L}$
ウ：NaOHは電解質で，次のように電離し，イオン全体のモル濃度は，溶質の濃度の2倍の0.20 mol/Lとなる。
$NaOH \longrightarrow Na^+ + OH^-$

答 ❶ 沸点の最も高いもの；ウ
凝固点の最も低いもの；ウ
❷ アとウ

⟨p.31~33⟩
4 コロイド溶液
❶, ❷ 10^{-9}, 10^{-7}(順不同)
❸ コロイド溶液
❹ ゾル　　❺ ゲル
❻ 水酸化鉄(Ⅲ)　❼ 大き
❽ 散乱　　❾ チンダル現象
❿ 半透　　⓫ できる
⓬ できない　⓭ 透析
⓮ 精製　　⓯ ブラウン運動
⓰ 熱運動　⓱ 帯電
⓲ 電気泳動　⓳ 疎水コロイド
⓴ 反発　　㉑ 凝析
㉒ 大き　　㉓ 親水コロイド
㉔ 水和水　㉕ 塩析
㉖ 疎水　　㉗ 凝析
㉘ 保護コロイド　㉙ 疎水
㉚ 親水

ミニテスト

(解き方) ❶(1), (2) 無機物のコロイドには疎水コロイドが多く，有機物のコロイドには親水コロイドが多い。
(3) 食塩，硫酸銅(Ⅱ)は，真の溶液となり，チンダル現象を示さない。
❷ ア：疎水コロイドを沈殿させる操作は凝析という。
エ；粘土は疎水コロイドである。

答 ❶(1) ア，エ，カ
(2) ウ，オ　(3) イ，キ
❷ ア，エ

第1編4章
固体の構造

⟨p.36~37⟩
1 結晶と非結晶
❶ 結晶　　❷ 非晶質
❸ 軟化　　❹ 分子間力
❺ イオン結合　❻ 金属結合
❼ 原子　　❽ 低
❾ きわめて高い　❿ なし
⓫ あり
⓬ 溶けやすいものが多い
⓭ 非金属元素

ミニテスト

(解き方) 化学式を書き，金属元素と非金属元素を区別すればよい。
ア；C　イ；Na　ウ；KCl
エ；$C_{10}H_8$　オ；Al　カ；CaO
キ；CO_2　ク；SiO_2

答 (1) ウ，カ　(2) イ，オ
(3) エ，キ　(4) ア，ク

〈p.38~40〉
2 結晶の構造
❶ 結晶格子　❷ 単位格子
❸ 金属結晶　❹ 面心立方格子
❺ 最密構造　❻ 配位数
❼ 充填率　❽ 12
❾ 8　❿ 面心立方格子
⓫ 体心立方格子　⓬ 六方最密構造
⓭ $\sqrt{2}a$　⓮ $\sqrt{3}a$
⓯ 0.143　⓰ 4
⓱ 2.7　⓲ イオン結晶
⓳ 配位数
⓴ 塩化ナトリウム
㉑ 塩化セシウム　㉒ 硫化亜鉛
㉓ 6　㉔ 8
㉕ 4　㉖ 6
㉗ 4　㉘ 8
㉙ 6　㉚ $2a+2b$
㉛ 共有結合の結晶
㉜ 4　㉝ 正四面体
㉞ 3　㉟ 分子間力
㊱ Si−O　㊲ 分子間力
㊳ 分子結晶　㊴ 低
㊵ すき間

ミニテスト
答 (1) 体心立方格子
(2) 面心立方格子
(3) 六方最密構造
(4) 体心立方格子

第2編1章
化学反応と熱

〈p.45~47〉
1 反応熱と熱化学方程式
❶ 反応熱　❷ 発熱反応
❸ 吸熱反応　❹ 化学
❺ 発熱反応　❻ 吸熱反応
❼ kJ/mol　❽ 燃焼
❾ 発熱　❿ 単体
⓫ 1 mol　⓬ 1 mol
⓭ 反応熱　⓮ 1
⓯ 発熱　⓰ 吸熱
⓱ +　⓲ (液)
⓳ 28　⓴ 283
㉑ 283　㉒ −
㉓ 吸収
㉔ ジュール毎グラム毎ケルビン
㉕ 30.0　㉖ 2100
㉗ 2.1

ミニテスト
答 (1) メタンの燃焼熱
(2) 水酸化ナトリウムの溶解熱
(3) 水素の燃焼熱，または，水（液体）の生成熱
(4) 臭素の蒸発熱

〈p.48~49〉
2 ヘスの法則
❶ 状態　❷ ヘスの法則
❸ Q_2+Q_3　❹ $Q_4+Q_5+Q_6$
❺ 液　❻ 286
❼ 蒸発　❽ 242
❾ 符号　❿ 熱化学方程式
⓫ CO_2(気)　⓬ 111
⓭ 右　⓮ 111
⓯ 111　⓰ 100

ミニテスト
(解き方) 不要なH_2O(気)を消去するため，②式−①式を計算する。
$$H_2(気) + \frac{1}{2}O_2(気) = H_2O(液) + 286 \text{ kJ}$$
答 286 kJ/mol

〈p.50~51〉
3 結合エネルギー
❶ 結合エネルギー
❷ kJ/mol　❸ 432
❹ −　❺ 4
❻ 411　❼ 吸収（吸熱）
❽ 放出（発熱）　❾ 185
❿ 1112　⓫ 3
⓬ 1158　⓭ 46

ミニテスト
(解き方) H_2O分子には，O−H結合が2本あることに注意する。
(反応熱)＝(生成物の結合エネルギーの和)−(反応物の結合エネルギーの和)より，
$$Q = (459 \times 2) - \left(432 + 494 \times \frac{1}{2}\right)$$
$$= 239 \text{ kJ/mol}$$
答 239 kJ/mol

第2編2章
電池と電気分解
⟨p.54~57⟩
1 電池
❶ 酸化還元　❷ 電解
❸ 負　❹ 正
❺ 酸化　❻ 還元
❼ 負極　❽ 正極
❾ 起電力　❿ 負極活物質
⓫ 正極活物質　⓬ 放電
⓭ 銅　⓮ Zn^{2+}
⓯ Cu　⓰ 一次電池
⓱ 二次電池　⓲ 亜鉛
⓳ 酸化マンガン(IV)
⓴ 1.5
㉑ 水酸化カリウム
㉒ 酸化鉛(IV)　㉓ 希硫酸
㉔ 2.0　㉕ $PbSO_4$
㉖ Pb　㉗ PbO_2
㉘ 燃料電池　㉙ $4H^+$
㉚ $4H^+$　㉛ 小さい
㉜ リチウム　㉝ リチウム
㉞ 大き　㉟ 小さ

ミニテスト
(解き方) ❶ 電池の負極になるのは，イオン化傾向が大きいほうの金属である。
(1) Zn＞Ag　(2) Zn＞Fe
(3) Fe＞Ag
❷ 鉛蓄電池の放電時の反応式から考える。
$Pb + PbO_2 + 2H_2SO_4 \longrightarrow 2PbSO_4 + 2H_2O$

(答) ❶(1) Zn　(2) Zn　(3) Fe
❷ 硫酸の濃度は減り，両極の質量は増える。

⟨p.58~61⟩
2 電気分解
❶ 酸化還元　❷ 陰極
❸ 陽極　❹ 陽
❺ 電子　❻ 還元
❼ Cu　❽ 電子
❾ 水素　❿ 陰
⓫ 酸化　⓬ Cl_2
⓭ 電子　⓮ 酸素
⓯ $2e^-$　⓰ H_2
⓱ $2e^-$　⓲ Cu
⓳ $2Cl^-$　⓴ Cu^{2+}
㉑ Ag^+　㉒ 銅(II)
㉓ 青　㉔ 銅
㉕ 青紫　㉖ ヨウ素
㉗ 塩素　㉘ 1クーロン
㉙ 電気量　㉚ 2
㉛ 価数　㉜ $\frac{1}{2}$(0.5)
㉝ C　㉞ 9.65×10^4
㉟ 0.0400　㊱ 0.0200
㊲ 1.28　㊳ 0.0100
㊴ 0.224　㊵ 陽
㊶ 陰　㊷ Cu^{2+}
㊸ Cu　㊹ 陽
㊺ 陰　㊻ 小さ
㊼ 陽極泥　㊽ 大き
㊾ しない　㊿ 陽
㉛ 陰　㉜ $2Cl^-$
㊼ OH^-(水酸化物イオン)
㊾ 水酸化ナトリウム
㊿ イオン交換膜法

ミニテスト
(解き方) ❷(1) 陰極の反応は，
$Cu^{2+} + 2e^- \longrightarrow Cu$
流れた電子の物質量は，析出したCuの物質量の2倍である。
$\frac{3.2}{64} \times 2 = 0.10$ mol
(2) ファラデー定数より，電気量は9650C。通電時間をx[min]とすると，
$10 \times x \times 60 = 9650$
$x ≒ 16.1$ min

(答) ❶(1) ⊖H_2　⊕Cl_2
(2) ⊖Cu　⊕O_2
❷(1) 0.10 mol　(2) 16.1 分

第3編1章
反応の速さと反応のしくみ
⟨p.67~69⟩
1 反応の速さと反応条件
❶ 温度　❷ 増加
❸ 反応速度　❹ 1:1:2
❺ 係数　❻ 比例
❼ 濃度　❽ 反応速度式
❾ 反応速度　❿ 種類
⓫ 0.325　⓬ 0.325
⓭ しない　⓮ 大き
⓯ 衝突　⓰ 大き
⓱ 2~4　⓲ 触媒
⓳ 大き　⓴ 濃度

ミニテスト
(解き方) ❶ 公式に数値を代入する。
$v_{H_2O_2} = -\frac{(0.10-0.13) \text{mol/L}}{60\text{s}}$
$= 5.0 \times 10^{-4}$ mol/(L・s)
係数比より，
$v_{H_2O_2} : v_{O_2} = 2 : 1$
$v_{O_2} = 5.0 \times 10^{-4} \times \frac{1}{2}$
$= 2.5 \times 10^{-4}$ mol/(L・s)
❷ $3 \times 3 \times 3 = 27$ 倍
❸ $v = k[HI]^2$ で，HIの濃度が $\frac{1}{2}$ になると，kは一定だから，vは$\frac{1}{4}$になる。

(答) ❶ H_2O_2；5.0×10^{-4} mol/(L・s)
O_2；2.5×10^{-4} mol/(L・s)
❷ 27倍　❸ $\frac{1}{4}$倍

空らん・ミニテストの解答〈本冊p.70～79〉 7

⟨p.70~71⟩
2 反応の速さと活性化エネルギー
❶ 衝突　❷ エネルギー
❸ 活性化
❹ 活性化エネルギー
❺ 大き　❻ 小さ
❼ 活性化　❽ 反応熱
❾ 小さ　❿ 小さ
⓫ 活性化　⓬ 触媒
⓭ 小さ　⓮ 反応
⓯ 均一　⓰ 不均一

ミニテスト

(解き方) (1)反応するとき，越えなければならないエネルギーの山が活性化エネルギーである。
(2)反応物と生成物のエネルギーの差が反応熱となる。
(3) $174 + 9 = 183\,kJ$

答　(1)右向きの反応の活性化エネルギー
(2) $9\,kJ/mol$
(3) $183\,kJ/mol$

第3編2章
化学平衡

⟨p.73~76⟩
1 化学平衡と平衡定数
❶ ヨウ化水素　❷ 可逆
❸ 逆　❹ 正
❺ 逆　❻ 不可逆
❼ 沈殿　❽ 正
❾ 逆　❿ $v_1 = v_2$
⓫ 化学平衡　⓬ 一定
⓭ 同じ　⓮ 平衡
⓯ $v_1 = v_2$　⓰ 平衡定数
⓱ 化学平衡　⓲ 36
⓳ 4.0　⓴ 一定
㉑ モル濃度　㉒ 圧平衡定数
㉓ 濃度平衡定数　㉔ 状態方程式
㉕ モル濃度　㉖ $K_c(RT)^{-2}$

ミニテスト

(解き方) ❶ 化学平衡とは，反応が完全に停止している状態ではない。

❸(1) $2HI \rightleftarrows H_2 + I_2$
H_2, I_2 が $0.40\,mol$ ずつ生じたことから，HI は $0.80\,mol$ 反応し，平衡時には $2.0 - 0.80 = 1.2\,mol$ となっていることがわかる。したがって，モル濃度は，
$\dfrac{1.2\,mol}{2.0\,L} = 0.60\,mol/L$

(2) $K = \dfrac{[H_2][I_2]}{[HI]^2} = \dfrac{\left(\dfrac{0.40}{2.0}\,mol/L\right)^2}{\left(\dfrac{1.2}{2.0}\,mol/L\right)^2}$
$\fallingdotseq 0.11$

答　❶ エ，オ
❷(1) $K = \dfrac{[SO_3]^2}{[SO_2]^2[O_2]}$
(2) $K = \dfrac{[NO_2]^2}{[N_2O_4]}$
(3) $K = \dfrac{[CO][H_2]}{[H_2O]}$
❸(1) $0.60\,mol/L$　(2) 0.11

⟨p.77~79⟩
2 化学平衡の移動
❶ 打ち消す(緩和する)
❷ ルシャトリエ　❸ HI
❹ 右　❺ 減少
❻ 増加　❼ しない
❽ 吸熱　❾ 発熱
❿ 小さ
⓫ ハーバー・ボッシュ
⓬ 減少　⓭ 低・高
⓮ 反応速度　⓯ 反応装置
⓰ 触媒

ミニテスト

(解き方) ❶ ルシャトリエの原理を使って考えるとよい。
(1) N_2 が減少する右方向に平衡が移動する。
(2)両辺の係数の和が等しいので，平衡は移動しない。
(3)触媒は反応速度を大きくするが，平衡は移動させない。
(4)発熱反応の左方向に平衡が移動する。
❷ 正反応が進むと，気体の分子数が減少し，発熱することから考える。触媒は，平衡の移動には影響を与えない。

答　❶(1)右　(2)移動しない
(3)移動しない　(4)左
❷ ウ，オ

第3編3章 電解質水溶液の平衡

〈p.82~83〉

1 電離平衡と電離定数

❶ 強電解質　❷ 弱電解質
❸ 平衡　❹ 電離平衡
❺ 電離度　❻ 電離平衡
❼ 化学平衡(質量作用)
❽ 電離定数　❾ $c\alpha$
❿ $c\alpha^2$　⓫ 大き
⓬ 電離平衡　⓭ 一定
⓮ 電離定数

ミニテスト

(解き方)(1)平衡はOH⁻の濃度が減少する左向きに平衡が移動する。
(2) Na⁺, Cl⁻は, 平衡には影響を与えない。
(3)加熱すると, NH₃の水への溶解度が減少する。これは, 左向きに平衡が移動したことを示している。

答　(1)左　(2)移動しない　(3)左

〈p.84~85〉

2 水のイオン積とpH

❶ 電離平衡
❷ 水のイオン積
❸ 反比例　❹ 酸
❺ 中　❻ 塩基
❼ 水素イオン濃度
❽ pH　❾ 常用対数
❿ 0.050　⓫ 12.7
⓬ 2.0×10^{-5}

ミニテスト

(解き方)(1) HClは強酸なので, 電離度は1である。

$$[H^+] = 5.0 \times 10^{-2} \, \text{mol/L}$$
$$= \frac{1}{2} \times 10^{-1} \, \text{mol/L}$$
$$\text{pH} = -\log(2^{-1} \times 10^{-1})$$
$$= 1 + \log 2 = 1.3$$

(2) $[H^+] = 0.10 \times 0.016$
$$= 1.6 \times 10^{-3}$$
$$= 16 \times 10^{-4} \, \text{mol/L}$$
$$\text{pH} = -\log(2^4 \times 10^{-4})$$
$$= 4 - 4\log 2 = 2.8$$

答　(1) 1.3　(2) 2.8

〈p.86~88〉

3 塩類の溶解平衡

❶ 緩衝溶液　❷ 弱塩基
❸ 電離平衡　❹ 電離
❺ CH₃COO⁻　❻ CH₃COOH
❼ 電離定数　❽ モル濃度
❾ 中　❿ 塩の加水分解
⓫ 水素　⓬ 塩基
⓭ アンモニア　⓮ 酸
⓯ 加水分解　⓰ 加水分解定数
⓱ 大き　⓲ 飽和
⓳ 溶解平衡　⓴ 溶解度積
㉑ 塩化物イオン
㉒ 共通イオン効果
㉓ 右　㉔ 左
㉕ 左　㉖ 右

ミニテスト

答　⑦ 酢酸イオン　⑦ 酢酸分子

第4編1章 非金属元素の性質

〈p.94~95〉

1 周期表と元素の性質

❶ 原子番号　❷ 周期的
❸ 族　❹ 周期
❺ 同族元素　❻ 典型元素
❼ 価電子　❽ 遷移元素
❾ 周期　❿ 2
⓫ 一定　⓬ 無色
⓭ 有色　⓮ 金属元素
⓯ 非金属元素　⓰ 固体
⓱ にく　⓲ 陽イオン
⓳ 陰イオン　⓴ 非金属
㉑ 金属　㉒ 陽(金属)
㉓ 陰(非金属)

ミニテスト

(解き方)❷ ア 遷移元素はすべて金属元素である。
ウ 典型元素の特徴である。
エ 非金属元素の特徴であり, 遷移元素の性質には該当しない。

答　❶ ①Na　②Al　③P　④O
　　⑤Cl　⑥He
❷ イ

〈p.96〉

2 水素と希ガス

❶ ZnSO₄　❷ 陰
❸ 軽　❹ 還元
❺ 水素化合物　❻ 酸
❼ 18　❽ アルゴン
❾ 8　❿ 0
⓫ 単原子　⓬ 低

ミニテスト

(解き方)❶ H₂よりイオン化傾向が小さい銅に濃硫酸を加えても, 水素は発生しない。
❷ 希ガスの沸点・融点は, 原子量(分子量)が大きくなるにつれて高くなる。

答　❶ ア
❷ He, Ne, Ar, Kr, Xe

⟨p.97~99⟩
3 ハロゲンとその化合物
❶ 17 ❷ 7
❸ 陰 ❹ フッ素
❺ 塩素 ❻ 臭素
❼ 気体 ❽ 液体
❾ 固体 ❿ 淡黄色
⓫ 赤褐色 ⓬ 大き(強)
⓭ 小さ(弱) ⓮ 臭素
⓯ ヨウ素 ⓰ O_2
⓱ 濃塩酸
⓲ $MnCl_2 + Cl_2 + 2H_2O$
⓳ さらし粉 ⓴ 刺激
㉑ 塩素水 ㉒ HClO
㉓ 塩化水素 ㉔ 水蒸気
㉕ 下方 ㉖ 昇華
㉗ ヨウ素デンプン
㉘ ハロゲン化水素
㉙ 刺激 ㉚ フッ化水素
㉛ フッ化水素酸
㉜ ホタル石 ㉝ 2HF
㉞ ガラス ㉟ H_2SiF_6
㊱ 塩化ナトリウム
㊲ $NaHSO_4$ ㊳ 無
㊴ 塩酸
㊵ 塩化アンモニウム
㊶ 2HCl ㊷ Cl_2
㊸ 次亜塩素酸 ㊹ 酸化(漂白)
㊺ $CuCl_2$ ㊻ 臭素
㊼ ヨウ素 ㊽ ヨウ素
㊾ $Cl_2 > Br_2 > I_2$

ミニテスト
(解き方) ❶(2) 最も強い還元作用を示すものとは,最も弱い酸化作用を示すものである。
答 ❶ ①ア ②エ
❷(1) 臭素 (2) ヨウ素
(3) フッ素

⟨p.100~101⟩
4 酸素・硫黄とその化合物
❶ 触媒 ❷ 液体空気
❸ 無 ❹ 無
❺ 酸化物 ❻ 紫外
❼ 淡青 ❽ 酸化
❾ 斜方硫黄 ❿ 単斜硫黄
⓫ ゴム状硫黄 ⓬ 濃硫酸
⓭ $CuSO_4$ ⓮ SO_2
⓯ 無 ⓰ 刺激
⓱ 酸 ⓲ 還元
⓳ 酸化
⓴ 酸化バナジウム(V)
㉑ $2SO_3$ ㉒ 発煙硫酸
㉓ 接触法 ㉔ 不揮発
㉕ 吸湿 ㉖ 脱水
㉗ あり ㉘ 二酸化硫黄
㉙ 水素
㉚ $FeSO_4 + H_2S$
㉛ 無 ㉜ 腐卵
㉝ 酸 ㉞ 還元
㉟ 硫化

ミニテスト
(解き方) ❶ H_2よりイオン化傾向の大きい亜鉛に希硫酸を加えると水素が発生する。
❷ イオン化傾向の小さい銅に希硫酸を加えても水素は発生しない。加熱した濃硫酸は熱濃硫酸とよばれ,イオン化傾向が小さいCuやAgを溶かすことができる。
答 ❶(1) 水素,
  $Zn + H_2SO_4$
    $\longrightarrow ZnSO_4 + H_2$
(2) 酸としての性質
❷(1) 二酸化硫黄,
  $Cu + 2H_2SO_4$
    $\longrightarrow CuSO_4 + SO_2 + 2H_2O$
(2) 酸化剤としての性質

⟨p.102~104⟩
5 窒素・リンとその化合物
❶ 液体空気 ❷ 窒素酸化
❸ 淡黄 ❹ 赤褐
❺ 自然発火 ❻ 水中
❼ 溶ける ❽ 猛毒
❾ 四酸化三鉄
❿ ハーバー・ボッシュ
⓫ $2NH_3$ ⓬ 刺激
⓭ 塩基 ⓮ NH_4^+
⓯ 青
⓰ 塩化アンモニウム
⓱ 希硝酸 ⓲ 水上
⓳ $2NO$ ⓴ 無
㉑ 無 ㉒ 濃硝酸
㉓ 下方 ㉔ $2NO_2$
㉕ 赤褐 ㉖ 酸
㉗ オストワルト ㉘ 白金
㉙ $4NO$ ㉚ $2HNO_3$
㉛ 酸 ㉜ 酸化
㉝ 不動態 ㉞ 吸湿
㉟ $4H_3PO_4$ ㊱ 酸
㊲ $Ca(OH)_2$ ㊳ $2NH_3$
㊴ 水
㊵ 塩化アンモニウム
㊶ NH_4Cl ㊷ 上方
㊸ 青色 ㊹ 塩基
㊺ OH^-

ミニテスト
(解き方) ❷ 空気中で放置すると,自然発火するのは黄リンである。
❸ 光によって分解しやすいのは濃硝酸である。
答 ❶(1) 赤リン (2) アンモニア
(3) ハーバー・ボッシュ法
❷ イ ❸ ウ

〈p.105~107〉
6 炭素・ケイ素とその化合物
❶ 同素体　　　　❷ ダイヤモンド
❸ 黒鉛　　　　　❹ フラーレン
❺ 網目　　　　　❻ 層状
❼ カーボンナノチューブ
❽ 無定形炭素　　❾ Si
❿ 共有結合　　　⓫ 半導
⓬ 濃硫酸　　　　⓭ CO+H₂
⓮ 無　　　　　　⓯ 無
⓰ 強　　　　　　⓱ 還元
⓲ 希塩酸　　　　⓳ CO₂
⓴ キップの装置　㉑ B
㉒ 大き(高)　　　㉓ 無
㉔ 無　　　　　　㉕ 酸
㉖ 炭酸カルシウム
㉗ ドライアイス　㉘ 有毒
㉙ 無毒　　　　　㉚ あり
㉛ なし　　　　　㉜ 白濁する
㉝ 共有結合　　　㉞ 高
㉟ 光ファイバー
㊱ ケイ酸ナトリウム
㊲ 水ガラス　　　㊳ ケイ酸
㊴ シリカゲル　　㊵ 乾燥
㊶ ケイ酸ナトリウム
㊷ ケイ酸　　　　㊸ シリカゲル

ミニテスト
(解き方) ❷ 大理石は石灰石と同様にCaCO₃(炭酸カルシウム)を主成分とする。石灰水は水酸化カルシウム(消石灰)の水溶液で，化学式はCa(OH)₂である。
答 ❶(1)黒鉛　(2)ダイヤモンド
(3)フラーレン
❷(1) CaCO₃ + 2HCl
　　　⟶ CaCl₂ + CO₂ + H₂O
(2) CO₂ + Ca(OH)₂
　　　⟶ CaCO₃ + H₂O
(3) 2C + O₂ ⟶ 2CO
(4) Fe₂O₃ + 3CO ⟶ 2Fe + 3CO₂

〈p.108~109〉
7 気体の製法と性質
❶ 希硫酸　　　　❷ 水上置換
❸ 濃塩酸
❹ 塩化ナトリウム
❺ 下方置換　　　❻ 2HF
❼ 過酸化水素　　❽ 3O₂
❾ 水上置換　　　❿ FeS
⓫ 銅　　　　　　⓬ 2H₂O
⓭ 水上置換　　　⓮ 2NH₄Cl
⓯ 上方置換　　　⓰ 希硝酸
⓱ 水上置換　　　⓲ 濃硝酸
⓳ 下方置換　　　⓴ CO
㉑ CaCO₃　　　　㉒ 無色
㉓ 黄緑色　　　　㉔ 刺激臭
㉕ 刺激臭　　　　㉖ 酸性
㉗ 淡青色　　　　㉘ 無色
㉙ 腐卵臭　　　　㉚ 刺激臭
㉛ 酸性　　　　　㉜ 刺激臭
㉝ 塩基性　　　　㉞ 無色
㉟ 赤褐色　　　　㊱ 特異臭
㊲ 無臭　　　　　㊳ 酸性
㊴ 水上　　　　　㊵ 下方
㊶ 上方

ミニテスト
(解き方) ❷ 4つの気体のうち有色であるのは塩素のみで，水に溶けやすいのは塩素と硫化水素で，窒素より重いのは水素を除く3つの気体である。
答 ❶(1)水素　(2)二酸化窒素
(3)一酸化窒素　(4)二酸化硫黄
(5)硫化水素
❷ 酸素

第4編2章
金属元素の性質

〈p.112~113〉
1 アルカリ金属とその化合物
❶ Na　　　　　　❷ 銀白
❸ 大き　　　　　❹ 陽
❺ 水素　　　　　❻ 石油
❼ 塩基　　　　　❽ 黄
❾ 塩化ナトリウム
❿ 陰　　　　　　⓫ 塩基
⓬ 潮解
⓭ 炭酸ナトリウム
⓮ 強　　　　　　⓯ 弱
⓰ しない　　　　⓱ する
⓲ 風解
⓳ 炭酸ナトリウム
⓴ アンモニア
㉑ 炭酸水素ナトリウム
㉒ 炭酸ナトリウム
㉓ 石灰石
㉔ 水酸化カルシウム
㉕ 酸素　　　　　㉖ 水素
㉗ 塩基　　　　　㉘ 黄
㉙ ナトリウム

ミニテスト
(解き方) ❶ ナトリウムNaを水中に入れると水酸化物を生じ，それに二酸化炭素を通じると炭酸塩を生成する。
❷ 水酸化ナトリウムNaOHは潮解し，炭酸ナトリウム十水和物Na₂CO₃·10H₂Oは風解する。
答 ❶ 2Na + 2H₂O
　　　⟶ 2NaOH + H₂
2NaOH + CO₂
　　　⟶ Na₂CO₃ + H₂O
❷ 水酸化ナトリウムは，空気中の水蒸気を吸収し，しだいに溶ける。また，炭酸ナトリウム十水和物は水和水を失い，しだいに結晶がくずれて白色の粉末になる。

⟨p.114~115⟩
2 2族元素とその化合物
❶ Ca
❷ アルカリ土類金属
❸ 2　　❹ 陽
❺ やす　　❻ にく
❼ 熱水　　❽ 橙赤
❾ 黄緑　　❿ $CaCO_3$
⓫ 白
⓬ 水酸化カルシウム
⓭ 酸化カルシウム
⓮ 白　　⓯ (強)塩基
⓰ 石灰水
⓱ 炭酸カルシウム
⓲ 石灰岩
⓳ 炭酸水素カルシウム
⓴ $CaCO_3$　　㉑ $Ca(HCO_3)_2$
㉒ 二酸化炭素　　㉓ $CaCl_2$
㉔ セッコウ　　㉕ 白
㉖ 焼きセッコウ　　㉗ セッコウ
㉘ $Ca(OH)_2$　　㉙ $Ca(HCO_3)_2$
㉚ $CaSO_4$　　㉛ 白
㉜ 造影剤

ミニテスト
(解き方) ❷ 石灰水$Ca(OH)_2$に二酸化炭素CO_2を通じると，炭酸カルシウム$CaCO_3$が生成する。さらにCO_2を通じると，炭酸水素カルシウム$Ca(HCO_3)_2$を生じ，白色沈殿が溶解する。

答　❶(1) $Ca + 2H_2O \longrightarrow Ca(OH)_2 + H_2$
(2) $CaCO_3 \longrightarrow CaO + CO_2$
(3) $CaO + H_2O \longrightarrow Ca(OH)_2$
❷ $Ca(OH)_2 + CO_2 \longrightarrow CaCO_3 + H_2O$
$CaCO_3 + CO_2 + H_2O \longrightarrow Ca(HCO_3)_2$

⟨p.116~119⟩
3 両性元素とその化合物
❶ 両性元素　　❷ Zn
❸ ボーキサイト　　❹ 融解塩電解
❺ 不動態　　❻ 水素
❼ $2AlCl_3$
❽ $2Na[Al(OH)_4]$
❾ $2Al_2O_3$　　❿ 白
⓫ $AlCl_3$
⓬ $Na[Al(OH)_4]$　　⓭ 複塩
⓮ 水素　　⓯ 両性
⓰ $Al(OH)_3$
⓱ $Na[Al(OH)_4]$
⓲ $Al(OH)_3$　　⓳ $AlCl_3$
⓴ トタン　　㉑ 水素
㉒ $ZnCl_2$
㉓ $Na_2[Zn(OH)_4]$
㉔ 白　　㉕ 白
㉖ $ZnCl_2$
㉗ $Na_2[Zn(OH)_4]$
㉘ $[Zn(NH_3)_4]^{2+}$
㉙ 低　　㉚ ブリキ
㉛ 水素　　㉜ 塩化スズ(Ⅱ)
㉝ 大き　　㉞ 塩酸
㉟ 酸化　　㊱ $(CH_3COO)_2Pb$
㊲ 黄　　㊳ 有毒
㊴ 配位結合　　㊵ 錯イオン
㊶ 配位子　　㊷ 配位数
㊸ 錯塩　　㊹ アンミン
㊺ シアニド　　㊻ 電荷

ミニテスト
(解き方) ❶ ア：アルミニウムはイオン化傾向が大きいので，水素では還元できない。
❸ 亜鉛イオンはアンモニアとは錯イオンをつくって溶けるが，アルミニウムイオンは水酸化アルミニウムの沈殿をつくる。

答　❶ ア
❷ $ZnSO_4 + 2NaOH \longrightarrow Zn(OH)_2 + Na_2SO_4$
$Zn(OH)_2 + 2NaOH \longrightarrow Na_2[Zn(OH)_4]$
❸(1) $Zn^{2+} + 4NH_3 \longrightarrow [Zn(NH_3)_4]^{2+}$
(2) $Al^{3+} + 3OH^- \longrightarrow Al(OH)_3$

第4編3章
遷移元素の性質

⟨p.122⟩
1 遷移元素の特徴
❶ 同族元素　　❷ 2
❸ 同周期元素　　❹ 高
❺ 酸化　　❻ 有
❼ 触媒　　❽ 錯イオン

ミニテスト
答　(1) B　(2) A　(3) B
(4) A　(5) B

⟨p.123~125⟩
2 銅・銀とその化合物
❶ 粗銅　　❷ 硫酸銅(Ⅱ)
❸ 電解精錬　　❹ 電気
❺ 酸化　　❻ SO_2
❼ $2NO$　　❽ $2NO_2$
❾ 緑青　　❿ 酸化銅(Ⅱ)
⓫ 酸化銅(Ⅰ)　　⓬ 青
⓭ 白　　⓮ 青白
⓯ 酸化銅(Ⅱ)　　⓰ 深青
⓱ $[Cu(NH_3)_4]^{2+}$
⓲ 大き
⓳ 酸化　　⓴ $AgNO_3$
㉑ 無　　㉒ 光
㉓ フッ化銀　　㉔ 白
㉕ 淡黄　　㉖ 黄
㉗ 黒　　㉘ 褐
㉙ Ag_2O　　㉚ 無
㉛ $2[Ag(NH_3)_2]^+$　　㉜ 硫化銀
㉝ Ag_2S　　㉞ $Al(OH)_3$
㉟ $Zn(OH)_2$　　㊱ $Cu(OH)_2$
㊲ Ag_2O　　㊳ $[Al(OH)_4]^-$
㊴ $[Zn(OH)_4]^{2-}$　　㊵ $Al(OH)_3$
㊶ $Zn(OH)_2$　　㊷ $Cu(OH)_2$
㊸ Ag_2O　　㊹ $[Zn(NH_3)_4]^{2+}$
㊺ $[Cu(NH_3)_4]^{2+}$
㊻ $[Ag(NH_3)_2]^+$

ミニテスト
答　❶(1) $CuSO_4 \cdot 5H_2O \longrightarrow CuSO_4 + 5H_2O$
青色から白色に変化する。
(2) $Cu^{2+} + 4NH_3 \longrightarrow [Cu(NH_3)_4]^{2+}$
青色から深青色に変化する。
❷ ㋐ 黒
　㋑ $2AgCl \longrightarrow 2Ag + Cl_2$

⟨p.126~127⟩
3 鉄・クロムとその化合物
1. 還元
2. 3CO
3. 銑鉄
4. 鋼
5. 水素
6. FeSO₄
7. 不動態
8. 酸化鉄(Ⅲ)
9. 四酸化三鉄
10. 淡緑
11. 黄
12. 黄褐
13. 暗赤
14. 緑白
15. Fe(OH)₂
16. 赤褐
17. Fe(OH)₃
18. ヘキサシアニド鉄(Ⅲ)酸カリウム
19. 濃青
20. ヘキサシアニド鉄(Ⅱ)酸カリウム
21. 濃青
22. 血赤
23. 黄
24. 黄
25. 赤褐
26. 黄
27. 黄
28. 赤橙
29. 赤橙
30. 赤橙
31. 酸化

ミニテスト
答 (1) 鉄鉱石, コークス, 石灰石
(2) 銑鉄
(3) 鋼

⟨p.128~129⟩
4 金属イオンの検出と分離
1. $Ba^{2+} + CO_3^{2-} \longrightarrow BaCO_3$
2. H_2SO_4
3. 黄
4. 白
5. 黄
6. 青白
7. HCl
8. 赤褐
9. 褐
10. 緑白
11. $K_3[Fe(CN)_6]$
12. 赤褐
13. 黄
14. 橙赤
15. 青緑
16. , 17. 中性, 塩基性(順不同)
18. HCl
19. H_2S

ミニテスト
(解き方) (1) のろ液は酸性溶液になっており, H_2Sで沈殿するのはCd^{2+}である。(3) ではFe^{3+}, Al^{3+}がともに水酸化物で沈殿してくる。
答 (1) AgCl (2) CdS
(3) $Fe(OH)_3$, $Al(OH)_3$
(4) $BaCO_3$

⟨p.130~132⟩
5 無機物質と人間生活
1. 金属
2. 展, 延(順不同)
3. 軽金属
4. 重金属
5. 貴金属
6. 鉄
7. アルミニウム
8. 銅
9. 金
10. 白金
11. チタン
12. タングステン
13. 酸素
14. トタン
15. ブリキ
16. アルマイト
17. 合金
18. 黄銅
19. 青銅
20. 白銅
21. ステンレス鋼
22. ジュラルミン
23. ニクロム
24. 無鉛はんだ
25. マグネシウム合金
26. 水素吸蔵合金
27. 形状記憶合金
28. アモルファス合金
29. 超伝導合金
30. セラミックス
31. 陶磁器
32. 土器
33. 陶器
34. 磁器
35. 大
36. なし
37. 焼結
38. 融点
39. 軟化
40. ソーダ石灰
41. 鉛
42. ホウケイ酸
43. 石英
44. ファインセラミックス

ミニテスト
答 (1) ㋐延性 ㋑金属光沢 ㋒電気 ㋓合金
(2) ㋐セラミックス ㋑ガラス ㋒陶磁器

第5編1章
有機化合物の特徴

⟨p.137~139⟩
1 有機化合物の特徴と分類
1. 炭素
2. N
3. 共有
4. 低
5. 水
6. 有機溶媒
7. 炭化水素
8. 炭素
9. 単
10. 不飽和
11. 単
12. 二重
13. ベンゼン
14. 官能基
15. アルコール
16. アルデヒド
17. カルボン酸
18. エーテル
19. アミン
20. 性質
21. 構造
22. 二重
23. シス
24. トランス
25. 不斉炭素
26. 鏡像(光学)

ミニテスト
答 ❶ (下線をつける語→訂正の順に) (1) 溶けにくく→溶けやすく, 溶けやすい→溶けにくい
(2) 硫黄→炭素
(3) 多い→少ない

空らん・ミニテストの解答〈本冊p.140~145〉

⟨p.140~141⟩
2 有機化合物の分析
❶ CO_2 ❷ H_2O
❸ NH_3 ❹ 青緑
❺ 黒 ❻ 組成
❼ 分子 ❽ 構造
❾ 割合(質量) ❿ 二酸化炭素
⓫ 水 ⓬ 44
⓭ C(炭素) ⓮ 18
⓯ H(水素)
⓰ 塩化カルシウム
⓱ ソーダ石灰 ⓲ 原子量
⓳ 原子数 ⓴ 12
㉑ 1.0 ㉒ 16
㉓ 分子量 ㉔ 整数倍
㉕ 44 ㉖ 6.0
㉗ 1.0 ㉘ 8.0
㉙ CH_2O ㉚ $C_2H_4O_2$

ミニテスト
(解き方) ❶
$C ; 8.8 \times \dfrac{12}{44} = 2.4 \text{ mg}$

$H ; 5.4 \times \dfrac{2.0}{18} = 0.6 \text{ mg}$

$O ; 4.6 - (2.4 + 0.6) = 1.6 \text{ mg}$

$C : H : O = \dfrac{2.4}{12} : \dfrac{0.6}{1.0} : \dfrac{1.6}{16}$
$= 0.2 : 0.6 : 0.1$
$= 2 : 6 : 1$

組成式はC_2H_6O

❷ $C : H = \dfrac{80}{12} : \dfrac{20}{1.0}$
$= 6.67 : 20$
$≒ 1 : 3$

したがって,組成式はCH_3で,組成式量は15となる。
また,分子量が30だから,
$15 \times n = 30$ $n = 2$
分子式はC_2H_6

答 ❶ C_2H_6O
❷ 組成式…CH_3,分子式…C_2H_6

⟨p.142~143⟩
3 アルカン・シクロアルカン
❶ 単 ❷ アルカン
❸ C_nH_{2n+2} ❹ CH_4
❺ エタン ❻ プロパン
❼ ブタン ❽ C_5H_{12}
❾ ヘキサン ❿ C_7H_{16}
⓫ オクタン ⓬ C_9H_{20}
⓭ 気体 ⓮ 液体
⓯ 正四面体 ⓰ アルキル
⓱ アルキル ⓲ 構造
⓳ ブタン
⓴ 2-メチルプロパン(イソブタン)
㉑ 液体 ㉒ 有機
㉓ 高 ㉔ クロロメタン
㉕ 置換 ㉖ 置換体
㉗ シクロアルカン
㉘ C_nH_{2n} ㉙ アルカン
㉚ 構造異性体
㉛ シクロペンタン
㉜ シクロヘキサン

ミニテスト
(解き方) ❶ 炭素骨格のみを示す。
C-C-C-C C-C-C
            |
            C

❷ 次の図のように,C_5H_{12}の異性体のH原子(○印で表す)について考えてみるとよい。
この場合,それぞれについて,1つのグループ内のどのH原子がClで置換されても,同じ物質になる。

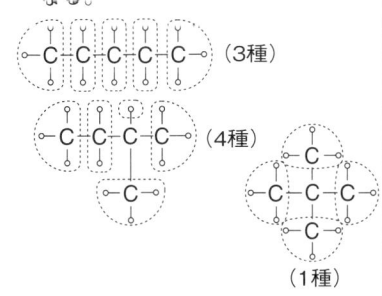

(3種)
(4種)
(1種)

❸ 鎖式の飽和炭化水素とは,アルカンであり,一般式C_nH_{2n+2}に該当するものを選ぶ。

答 ❶ 2種類 ❷ 8種類
❸ ア,オ

⟨p.144~145⟩
4 アルケン・アルキン
❶ 二重 ❷ アルケン
❸ C_nH_{2n} ❹ エチレン
❺ プロペン ❻ 平面
❼ できない ❽ 濃硫酸
❾ 二重 ❿ 単
⓫ H_2 ⓬ Cl_2
⓭ 二重 ⓮ 付加
⓯ 三重 ⓰ アルキン
⓱ C_nH_{2n-2} ⓲ C_2H_2
⓳ 直線 ⓴ 短
㉑ C_2H_2 ㉒ 水
㉓ $2CO_2$ ㉔ 付加
㉕ 付加 ㉖ CH_3-CH_3
㉗ $CHBr=CHBr$
㉘ 塩化ビニル

ミニテスト
(解き方)(1)不飽和結合(二重結合や三重結合)をもつ化合物で起こる。
(2) $C : H = 1 : 2$(原子数の比)である化合物が該当する。
ア;C_2H_4 イ;C_2H_6
ウ;C_3H_8 エ;C_5H_{10}
オ;C_2H_2 カ;CH_4

答 (1) ア,オ (2) ア,エ

第5編2章 酸素を含む有機化合物

〈p.147~149〉

1 アルコールとエーテル

❶ ヒドロキシ ❷ R-OH
❸ 1 ❹ 2
❺ 3 ❻ エタノール
❼ エチレングリコール
❽ C₃H₅(OH)₃ ❾ 1
❿ 2 ⓫ 3
⓬ 高級アルコール
⓭ 低級アルコール
⓮ CH₃OH ⓯ C₂H₅OH
⓰ 液
⓱ ナトリウムアルコキシド
⓲ ヒドロキシ ⓳ CH₂=CH₂
⓴ 縮合 ㉑ 脱離
㉒ アルデヒド ㉓ カルボン酸
㉔ ケトン ㉕ されにくい
㉖ 2 ㉗ 1
㉘ 炭化水素 ㉙ エーテル結合
㉚ 液 ㉛ 構造異性体
㉜ 低 ㉝ アルコール
㉞ 炭素 ㉟ ヒドロキシ
㊱ 4

ミニテスト

答 ❶(1)1価 (2)2価 (3)3価
(4)1価 (5)1価

❷ CH₃-CH₂-CH₂-OH

CH₃-CH-CH₃
  |
  OH

CH₃-O-CH₂-CH₃

酸化によってアルデヒドが生成するのは，第一級アルコールの1-プロパノールである。
  CH₃-CH₂-CH₂-OH

〈p.150~151〉

2 アルデヒドとケトン

❶ アルデヒド(ホルミル)
❷ アルデヒド ❸ 酸化
❹ メタノール ❺ 気
❻ ホルマリン ❼ エタノール
❽ 液 ❾ しない
❿ 還元 ⓫ 硝酸銀
⓬ 銀 ⓭ 赤
⓮ カルボン酸 ⓯ ケトン
⓰ ケトン ⓱ CH₃COCH₃
⓲ 2-プロパノール
⓳ CH₃COCH₃ ⓴ 有機
㉑ 構造異性体 ㉒ 還元
㉓ ヨウ素 ㉔ 黄
㉕ ヨードホルム
㉖ アセトアルデヒド
㉗ エタノール

ミニテスト

答 ❶ ㋐還元 ㋑酸化銅(I)
❷(1) CH₃CH₂CHO
 プロピオンアルデヒド
(2) CH₃COCH₃
 アセトン

〈p.152~155〉

3 カルボン酸とエステル

❶ カルボキシ ❷ 酸
❸ 1価(モノ)カルボン酸
❹ 2価(ジ)カルボン酸
❺ 脂肪酸 ❻ 低級脂肪酸
❼ 高級脂肪酸 ❽ 酸化
❾ 液 ❿ カルボキシ
⓫ アルデヒド(ホルミル)
⓬ 濃硫酸 ⓭ H₂O
⓮ アセトアルデヒド
⓯ CH₃COOH ⓰ 氷酢酸
⓱ 無水酢酸 ⓲ 酸無水物
⓳ マレイン酸 ⓴ フマル酸
㉑ 無水マレイン酸
㉒ 塩 ㉓ R-COONa
㉔ 二酸化炭素 ㉕ CO₂
㉖ 水 ㉗ エステル
㉘ エステル ㉙ HCOOCH₃
㉚ CH₃COOC₂H₅
㉛ 水 ㉜ 構造異性体
㉝ 低 ㉞ 芳香
㉟ 加水分解 ㊱ CH₃COOH
㊲ カルボン酸 ㊳ けん化
㊴ C₂H₅OH ㊵ 酢酸エチル
㊶ C₂H₅OH
㊷ CH₃COOC₂H₅
㊸ にく ㊹ 小さ
㊺ 酢酸ナトリウム
㊻ けん化
㊼ CH₃COOC₂H₅
㊽ CH₃COONa

ミニテスト

(解き方) ❸ エタノールの酸化で得られるカルボン酸は，酢酸CH₃COOHである。

答 ❶ カルボン酸；CH₃COOH
エステル；HCOOCH₃
❷(1) CH₃COOCH₃
(2) CH₃COONa
(3) (CH₃CO)₂O
(4) C₂H₅COOCH₃
❸ CH₃COOC₂H₅，酢酸エチル

⟨p.156~157⟩
4 油脂とセッケン
❶ エステル　❷ 脂肪
❸ 脂肪油　❹ 乾性油
❺ 不乾性油　❻ 硬化油
❼ 加水分解　❽ けん化
❾ 塩析　❿ セッケン
⓫ 炭化水素　⓬ 親水
⓭ 界面活性剤　⓮ 疎水
⓯ 親水　⓰ ミセル
⓱ 塩基　⓲ 乳化
⓳ 中

ミニテスト

(解き方) ❶ $C_{17}H_{31}COOH$を油脂の一般式$(RCOO)_3C_3H_5$に代入する。$C_nH_{2n+1}-$が飽和のアルキル基であるから，$C_{17}H_{35}-$で飽和である。したがって，$C_{17}H_{31}-$では，2個のC=C結合を含んでいることになり，$(C_{17}H_{31}COO)_3C_3H_5$ 1分子中に含まれる二重結合は，$2 \times 3 = 6$個

答 ❶ $(C_{17}H_{31}COO)_3C_3H_5$, 6個

❷ セッケンは，高級脂肪酸のナトリウム塩である。弱酸と強塩基からなる塩であるから，加水分解して塩基性を示す。一方，合成洗剤は，強酸と強塩基からなる塩であるから，加水分解せず中性を示す。

第5編3章
芳香族化合物

⟨p.160~161⟩
1 芳香族炭化水素
❶ 正六角　❷ 平面
❸ 中間　❹ ベンゼン環
❺ 無　❻ 液
❼ すす　❽ 構造異性体
❾ o-ジクロロベンゼン
❿ m-ジクロロベンゼン
⓫ p-ジクロロベンゼン
⓬ トルエン　⓭ キシレン
⓮ 3　⓯ ナフタレン
⓰ 2　⓱ 置換
⓲ ハロゲン　⓳ ニトロ
⓴ スルホン　㉑ 付加
㉒ シクロヘキサン
㉓ ヘキサクロロシクロヘキサン

ミニテスト

(解き方) ❶ C_8H_{10}の異性体には，o-キシレン，m-キシレン，p-キシレンのほかに，一置換体のエチルベンゼンがある。

❷ トルエンの$-CH_3$基に対してo-位，m-位，p-位のH原子それぞれをニトロ基$-NO_2$で置換した化合物を考える。

答 ❶

(構造式: o-キシレン, m-キシレン, p-キシレン, エチルベンゼン)

❷

(構造式: o-ニトロトルエン, m-ニトロトルエン, p-ニトロトルエン)

⟨p.162~165⟩
2 フェノール類・芳香族カルボン酸
❶ ヒドロキシ　❷ フェノール
❸ o-クレゾール
❹ 1-ナフトール
❺ 酸
❻ フェノキシドイオン
❼ ナトリウムフェノキシド
❽ フェノール　❾ 塩化鉄(Ⅲ)
❿ 水素　⓫ エステル
⓬ 固　⓭ 混酸
⓮ ピクリン酸
⓯ 2,4,6-トリブロモフェノール
⓰ 水酸化ナトリウム
⓱ クメン　⓲ アセトン
⓳ クメン法　⓴ 酸化
㉑ 酸化　㉒ 脱水
㉓ 無水フタル酸　㉔ カルボン
㉕ フェノール　㉖ 二酸化炭素
㉗ 酸　㉘ 無
㉙ メタノール　㉚ エステル
㉛ ヒドロキシ
㉜ アセチルサリチル酸
㉝ 赤紫　㉞ ヒドロキシ
㉟ カルボキシ　㊱ ヒドロキシ
㊲ サリチル酸メチル
㊳ 二酸化炭素　㊴ 重

ミニテスト

(解き方) ❶ フェノールは非常に弱い酸であるが，水溶液中では次のようにわずかに電離する。
$$C_6H_5OH \rightleftharpoons C_6H_5O^- + H^+$$

答 ❶ $C_6H_5OH + NaOH \longrightarrow C_6H_5ONa + H_2O$

❷ (ア) 赤紫　(イ) アセチルサリチル酸
(ウ) o-$C_6H_4(OH)COOCH_3$
(エ) サリチル酸メチル

⟨p.166~167⟩
③ 芳香族アミン
❶ 芳香族アミン　❷ 塩基
❸ ニトロベンゼン
❹ 還元　　　　❺ アニリン
❻ 無
❼ アニリン塩酸塩
❽ 赤紫
❾ アニリンブラック
❿ アセトアニリド
⓫ アミド
⓬ 塩化ベンゼンジアゾニウム
⓭ ジアゾ化
⓮ 塩化ベンゼンジアゾニウム
⓯ 赤橙　　　⓰ カップリング
⓱ 還元　　　⓲ アニリン
⓳ 赤紫

ミニテスト
(解き方) ❶ ア；$C_6H_5NH_2$
イ；$C_6H_5NHCOCH_3$
ウ；$C_6H_5NO_2$
エ；C_6H_5OH
❷ このときの変化を反応式で表すと，
　$C_6H_5NH_2 + HCl$
　　　　$\longrightarrow C_6H_5NH_3Cl$
答　❶ イ
❷ アニリン塩酸塩，$C_6H_5NH_3Cl$

⟨p.168⟩
④ 芳香族化合物の分離
❶ 水　　　　　❷ エーテル
❸ 水
❹ アニリン塩酸塩
❺ ナトリウムフェノキシド
❻ 安息香酸　　❼ フェノール

ミニテスト
(解き方) ❶ NaOH水溶液と反応して塩をつくって溶けるのは，酸性物質の**ウ**だけである。
❷ HCl水溶液と反応して塩をつくって溶けるのは，塩基性物質の**イ**だけである。
答　❶ ウ　❷ イ

⟨p.169~171⟩
⑤ 有機化合物と人間生活
❶ 治療　　　　❷ 生薬
❸ 抽出　　　　❹ 合成
❺ アセチルサリチル酸
❻ サリチル酸メチル
❼ サルファ剤　❽ ペニシリン
❾ ストレプトマイシン
❿ 変性　　　　⓫ 酸化
⓬ 耐性菌　　　⓭ 薬理作用
⓮ 副作用　　　⓯ 赤紫
⓰ 染料　　　　⓱ 染着
⓲ インジゴ　　⓳ アリザリン
⓴ アゾ染料　　㉑ 直接
㉒ 酸性　　　　㉓ 建染め
㉔ 媒染　　　　㉕ けん化
㉖ 炭化水素　　㉗ 塩基
㉘ 界面活性剤　㉙ 中
㉚ 陽イオン　　㉛ 非イオン
㉜ 両性　　　　㉝ ゼオライト

ミニテスト
(解き方) (3) セッケン$RCOONa$は弱酸の塩なので，強酸を加えると弱酸$RCOOH$が遊離する。
合成洗剤RSO_3Naは強酸の塩なので，強酸を加えても変化しない。
答　(1) B　(2) B　(3) A　(4) C

第6編1章
天然高分子化合物

⟨p.177~178⟩
① 高分子化合物の特徴
❶ 有機　　　　❷ 無機
❸ 天然　　　　❹ 合成
❺ 単量体　　　❻ 重合体
❼ 重合　　　　❽ 付加重合
❾ 付加重合体　❿ 重合度
⓫ 縮合重合　　⓬ 縮合重合体
⓭ 共重合　　　⓮ 開環重合
⓯ コロイド　　⓰ 分子
⓱ 一定　　　　⓲ ではない
⓳ 平均分子量　⓴ 一定
㉑ 結晶　　　　㉒ 非結晶
㉓ 融点　　　　㉔ 28
㉕ 2.0×10^3

ミニテスト
答　❶ 付加重合　❷ 縮合重合

⟨p.179~183⟩
2 糖類(炭水化物)

- ❶ 糖類
- ❷ 単糖類
- ❸ 二糖類
- ❹ 多糖類
- ❺ グルコース
- ❻ フルクトース
- ❼ マルトース
- ❽ スクロース
- ❾ ラクトース
- ❿ デンプン
- ⓫ セルロース
- ⓬ 二糖類
- ⓭ アミラーゼ
- ⓮ マルターゼ
- ⓯ セルラーゼ
- ⓰ α
- ⓱ β
- ⓲ 平衡
- ⓳ アルデヒド(ホルミル)
- ⓴ 銀鏡
- ㉑ フェーリング
- ㉒ 強
- ㉓ 平衡
- ㉔ 還元
- ㉕ アミラーゼ
- ㉖ α-グルコース
- ㉗ 還元
- ㉘ β-フルクトース
- ㉙ さない
- ㉚ インベルターゼ(スクラーゼ)
- ㉛ ガラクトース
- ㉜ ラクターゼ
- ㉝ α-グルコース
- ㉞ らせん
- ㉟ ヨウ素デンプン反応
- ㊱ アミロース
- ㊲ アミロペクチン
- ㊳ 多
- ㊴ β-グルコース
- ㊵ 直線
- ㊶ さない
- ㊷ 3
- ㊸ $[C_6H_7O_2(OH)_3]_n$
- ㊹ トリニトロセルロース
- ㊺ 再生繊維
- ㊻ レーヨン
- ㊼ シュワイツァー
- ㊽ 銅アンモニアレーヨン
- ㊾ ビスコースレーヨン
- ㊿ 半合成繊維
- 51 トリアセチルセルロース
- 52 アセテート繊維

ミニテスト

解き方 単糖類はすべて還元性を示すが,二糖類のうち,スクロース(ショ糖)は還元性を示さない。

答 イ,オ,カ

⟨p.184~187⟩
3 アミノ酸とタンパク質

- ❶ α-アミノ酸
- ❷ 20
- ❸ グリシン
- ❹ 鏡像異性体(光学異性体)
- ❺ グリシン
- ❻ アラニン
- ❼ フェニルアラニン
- ❽ チロシン
- ❾ システイン
- ❿ グルタミン酸
- ⓫ リシン
- ⓬ 両性
- ⓭ 双性
- ⓮ 双性イオン
- ⓯ 等電点
- ⓰ 電気泳動
- ⓱ ニンヒドリン
- ⓲ ペプチド
- ⓳ トリペプチド
- ⓴ ポリペプチド
- ㉑ 水素
- ㉒ α-ヘリックス
- ㉓ β-シート
- ㉔ ジスルフィド
- ㉕ 球状
- ㉖ やす
- ㉗ 繊維状
- ㉘ にく
- ㉙ 単純
- ㉚ 複合
- ㉛ 熱
- ㉜ 立体
- ㉝ 2
- ㉞ 濃硝酸
- ㉟ 硫化鉛(Ⅱ)
- ㊱ 変性
- ㊲ 赤紫
- ㊳ ビウレット
- ㊴ 黄
- ㊵ 橙黄
- ㊶ キサントプロテイン
- ㊷ 黒
- ㊸ 硫黄

ミニテスト

解き方 グリシンのような中性アミノ酸は,結晶および中性付近の水溶液では双性イオン,酸性の水溶液では陽イオン,塩基性の水溶液では陰イオンとして存在する。

答 ❶ $CH_2(NH_3^+)COO^-$

❷ 酸性;$CH_2(NH_3^+)COOH$
塩基性;$CH_2(NH_2)COO^-$

⟨p.188~189⟩
4 酵素のはたらき

- ❶ 酵素
- ❷ タンパク質
- ❸ 基質
- ❹ 基質特異性
- ❺ 最適温度
- ❻ 変性
- ❼ 最適pH
- ❽ 補酵素
- ❾ アミラーゼ
- ❿ マルターゼ
- ⓫ インベルターゼ(スクラーゼ)
- ⓬ 油脂
- ⓭ タンパク質
- ⓮ ペプチド
- ⓯ アミノ酸
- ⓰ 過酸化水素
- ⓱ エタノール
- ⓲ カタラーゼ
- ⓳ 酸素
- ⓴ 変性
- ㉑ 対照

ミニテスト

答 ❶ 基質特異性

❷ 無機触媒は高温になるほど反応速度が大きくなるが,酵素は特定の温度付近でのみ反応速度が大きくなる。

⟨p.190~191⟩
5 核 酸

- ❶ 遺伝
- ❷ ヌクレオチド
- ❸ ポリヌクレオチド
- ❹ リボ
- ❺ デオキシリボ
- ❻ 遺伝子
- ❼ タンパク質
- ❽ 水素
- ❾ らせん
- ❿ 水素
- ⓫ 二重らせん
- ⓬ ワトソン,クリック
- ⓭ 遺伝
- ⓮ 複製
- ⓯ 伝令
- ⓰ 運搬
- ⓱ リボソーム
- ⓲ ペプチド
- ⓳ 伝令RNA
- ⓴ 運搬RNA

ミニテスト

答 ❶ DNA ❷ チミン

第6編2章 合成高分子化合物

⟨p.194~196⟩
1 合成繊維
❶ 繊維　　　　❷ 植物
❸ 動物　　　　❹ 化学
❺ 合成　　　　❻ 縮合
❼ アジピン酸　❽ ナイロン66
❾ 開環　　　　❿ ナイロン6
⓫ アラミド繊維　⓬ 縮合
⓭ ポリエチレンテレフタラート
⓮ 付加　　　　⓯ アクリル
⓰ けん　　　　⓱ アセタール
⓲ $H_2N-(CH_2)_6-NH_2$
⓳ HCl　　　　⓴ 塩化水素
㉑ セルロース　㉒ セルロース
㉓ タンパク質　㉔ タンパク質
㉕ キューティクル

ミニテスト
答　(1) ウ　(2) イ　(3) エ　(4) オ
(5) ウ　(6) ア

⟨p.197~199⟩
2 合成樹脂（プラスチック）
❶ 熱可塑性　　❷ 付加
❸ 熱硬化性　　❹ 付加
❺ 鎖状　　　　❻ 立体網目
❼ ビニル　　　❽ ポリエチレン
❾ ポリプロピレン
❿ ポリ塩化ビニル
⓫ ポリスチレン
⓬ ポリ酢酸ビニル
⓭ ポリメタクリル酸メチル
⓮ 多　　　　　⓯ 強
⓰ 少な　　　　⓱ 弱
⓲ 付加縮合
⓳ ホルムアルデヒド
⓴ フェノール樹脂
㉑ 尿素樹脂（ユリア樹脂）
㉒ メラミン樹脂　㉓ スルホン
㉔ 水素　　　　㉕ 水酸化物
㉖ 塩基　　　　㉗ 再生
㉘ 2：1　　　　㉙ 6.5×10^{-2}

ミニテスト
(解き方) ❶ $-CH_2-CHCl-$の式量は，62.5なので，
$62.5n = 2.0 \times 10^5$　　$n = 3.2 \times 10^3$
❷ 付加重合体は，すべて熱可塑性樹脂。ポリエステルは，テレフタル酸とエチレングリコールのような2官能性モノマーによる縮合重合体なので，熱可塑性樹脂。一方，3官能性以上のモノマーによる付加縮合体（フェノール樹脂や尿素樹脂など）は熱硬化性樹脂。

答　❶ 3.2×10^3
❷ (1) 熱可塑性樹脂
　(2) 熱硬化性樹脂
　(3) 熱可塑性樹脂
　(4) 熱可塑性樹脂
　(5) 熱硬化性樹脂
　(6) 熱可塑性樹脂

⟨p.200~201⟩
3 ゴ　ム
❶ 生ゴム　　　❷ 付加
❸ シス　　　　❹ ゴム弾性
❺ 加硫　　　　❻ 弾性
❼ 架橋　　　　❽ エボナイト
❾ 生ゴム　　　❿ 弾性ゴム
⓫ 付加　　　　⓬ 合成
⓭ ブタジエンゴム
⓮ クロロプレンゴム
⓯ 1,3-ブタジエン
⓰ スチレン
⓱ アクリロニトリル

ミニテスト
答　(1) シス形　(2) 加硫
(3) エボナイト
(4) スチレン-ブタジエンゴム

⟨p.202⟩
4 高分子化合物と人間生活
❶ 高吸水性　　❷ 生分解性
❸ 導電性　　　❹ 感光性
❺ マテリアル　❻ ケミカル
❼ サーマル

ミニテスト
答　(1) 導電性高分子
(2) 感光性高分子
(3) 生分解性高分子
(4) 高吸水性高分子

練習問題・定期テスト対策問題の解答

第1編 物質の状態と変化

― 練習問題 ―

1章 物質の状態変化 ⟨p.12~13⟩

1 (1) a;0℃, b;100℃ (2) AB;融解, CD;沸騰 (3) AB;固体と液体, CD;液体と気体
 (4) 40 kJ/mol (5) 4.4 J

2 (1) 34℃ (2) 68℃ (3) C (4) A

3 (1) 760 mm (2) 728 mm (3) 742 mm

4 (1) × (2) × (3) ○ (4) ○ (5) × (6) ×

5 ① 凝縮 ② 気液平衡 ③ 飽和蒸気圧(蒸気圧) ④ 大き ⑤ 蒸発 ⑥ 沸騰 ⑦ 沸点 ⑧ 蒸気圧 ⑨ 低

6 (1) $2×10^4$ Pa (2) $2×10^4$ Pa (3) $7×10^4$ Pa

7 (1) Ⅰ;固体, Ⅱ;液体, Ⅲ;気体 (2) OA;蒸気圧曲線, OB;融解曲線, OC;昇華圧曲線
 (3) 融点;低くなる, 沸点;高くなる

解き方

1 (1)~(3) 固体を加熱すると温度が上昇し、A点で融解が始まる。AB間は温度が一定で、固体と液体が共存した状態にある。B点ですべて液体となり、再び温度が上昇する。C点で沸騰が始まると、再び温度が一定となり、CD間では液体と気体が共存した状態にある。
　AB間、CD間で加えた熱は、分子の運動エネルギーの増加のためではなく、それぞれの**状態変化のために使われるので、温度は一定となる**。
(4) 2.0 kJ/min $× (30-10)$ min $= 40$ kJ
(5) 水1gの温度を1℃上昇させるのに必要な熱量(比熱)をx[J/(g・℃)]とおくと、$H_2O = 18$ g/molより
$x × 18 × 100 = 2.0 × 10^3 × (10-6)$
$x ≒ 4.4$ J/(g・℃)

2 (1) Aの蒸気圧が、大気圧($1.0×10^5$ Pa)になる温度は、約34℃である。
(2) Bの蒸気圧が、大気圧($6.0×10^4$ Pa)になる温度は、約68℃である。
(3) 分子間力の大きい物質ほど、同温で比較したとき、蒸気圧は小さくなる。
(4) 分子間力の小さい物質ほど、沸点が低く、蒸発熱は小さい。

3 (1) $1.0×10^5$ Pa、すなわち**1 atm**は、**760 mm**の水銀柱のおよぼす圧力と等しい。

(2) 30℃での水の蒸気圧は32 mmHgだから、水銀面での力のつり合いより、
$760 = 32 + x$
$x = 728$ mm
(3) 20℃での水の蒸気圧は18 mmHgだから、
$760 = 18 + x$
$x = 742$ mm

4 (1) 固体は定位置を中心として振動している。
(2) 液体には粒子間に引力がはたらいている。
(3) 多くの物質では、固体、液体、気体の順に密度が小さくなる。ただし、水は例外で、固体よりも液体のほうが密度が大きい。
(5) 温度が高くなるほど平均の速さは大きくなる。
(6) 物質は圧力変化によっても状態が変化する。

5 液体を密閉容器に入れて放置すると気液平衡となる。開放容器に入れて放置すると、絶え間なく蒸発が続き、気液平衡にはならない。

6 (2) 蒸気圧は温度だけで決まり、容器の体積によらず一定値をとる。

7 (1) 点O(三重点)より圧力が高いとき、圧力一定にして温度を上昇させると、固体→液体→気体と変化する。
(3) OAは沸点の変化、OBは融点の変化を表している。**OAは右上がりなので圧力が高いほど沸点が高くなり、OBは右下がりなので圧力が高いほど融点が低くなる。**

2章 気体の性質 〈p.21〜22〉

❶ 5.0 L　❷ (1) 91 mL　(2) 2.0 g/L　(3) 46　❸ 159　❹ 0.41 g
❺ 体積；4.2 L　CO_2；$3.0×10^4$ Pa　H_2；$9.0×10^4$ Pa　N_2；$1.2×10^5$ Pa
❻ (1) CH_4；$4.0×10^4$ Pa　O_2；$9.0×10^4$ Pa　(2) 27　(3) $5.4×10^4$ Pa
❼ (1) $2.0×10^4$ Pa　(2) $1.8×10^5$ Pa　❽ イ，ウ，オ

[解き方]

❶ 求める体積を V [L] とすると，ボイル・シャルルの法則より，
$$\frac{1.0×10^5 × 6.0}{300} = \frac{2.0×10^5 × V}{500} \quad V = 5.0 \text{ L}$$

❷ (1) 求める体積を V [mL] とすると，ボイル・シャルルの法則より，
$$\frac{8.0×10^4 × 125}{300} = \frac{1.0×10^5 × V}{273} \quad V = 91 \text{ mL}$$

(2) 標準状態で，0.091 L の気体の質量が 0.184 g だから，
$$密度 = \frac{質量}{体積} = \frac{0.184 \text{ g}}{0.091 \text{ L}} ≒ 2.0 \text{ g/L}$$

(3) 温度 T，圧力 P，体積 V と質量 w が与えられているので，この気体の分子量を M として，状態方程式を適用すると，
$$8.0×10^4 × 0.125 = \frac{0.184}{M} × 8.3×10^3 × 300$$
$$M ≒ 46$$

❸ 100 ℃ でフラスコ内を満たしていた蒸気の質量が 1.80 g だから，その蒸気について状態方程式を適用すると，
$$1.00×10^5 × 0.350 = \frac{1.80}{M} × 8.31×10^3 × 373$$
$$M ≒ 159$$

❹ 水上捕集した場合，次の関係が成り立つ。
捕集した気体の圧力＋飽和水蒸気圧＝大気圧
CO の分圧；$1.0×10^5 - 4.0×10^3 = 9.6×10^4$ Pa
CO の質量を w [g] とおいて状態方程式を適用すると，分子量は CO = 28 より，
$$9.6×10^4 × 0.38 = \frac{w}{28} × 8.3×10^3 × 300$$
$$w ≒ 0.41 \text{ g}$$

❺ 各気体の物質量を求めると，分子量は CO_2 = 44，H_2 = 2.0，N_2 = 28 より，
CO_2；$\frac{2.2}{44} = 0.050$ mol　H_2；$\frac{0.30}{2.0} = 0.15$ mol
N_2；$\frac{5.6}{28} = 0.20$ mol
容器の体積を V [L] として，状態方程式に代入すると，
$$n = 0.050 + 0.15 + 0.20 = 0.40 \text{ mol}$$

したがって，
$$2.4×10^5 × V = 0.40 × 8.3×10^3 × 300$$
$$V ≒ 4.2 \text{ L}$$
分圧＝全圧×モル分率より，
CO_2；$2.4×10^5 × \frac{0.050}{0.40} = 3.0×10^4$ Pa
H_2；$2.4×10^5 × \frac{0.15}{0.40} = 9.0×10^4$ Pa
N_2；$2.4×10^5 × \frac{0.20}{0.40} = 1.2×10^5$ Pa

❻ (1) 混合後の CH_4，O_2 の分圧をそれぞれ P_{CH_4}，P_{O_2} とすると，ボイルの法則より，
$1.0×10^5 × 2.0 = P_{CH_4} × 5.0$
$P_{CH_4} = 4.0×10^4$ Pa
$1.5×10^5 × 3.0 = P_{O_2} × 5.0$
$P_{O_2} = 9.0×10^4$ Pa

(2) 分圧の比は物質量の比と等しいから，メタンと酸素の物質量の比は，4：9 である。よって，混合気体の平均分子量は，CH_4 = 16，O_2 = 32 より，
$$16 × \frac{4}{9+4} + 32 × \frac{9}{9+4} ≒ 27$$

(3) 　　　　　　CH_4 ＋ $2O_2$ ⟶ CO_2 ＋ $2H_2O$
反応前 [Pa] $4.0×10^4$　$9.0×10^4$　　0　　　　0
反応後 [Pa] 　0　　　$1.0×10^4$　$4.0×10^4$　$8.0×10^4$

反応後の水蒸気の分圧 $8.0×10^4$ Pa は，27 ℃ の飽和水蒸気圧 $4.0×10^3$ Pa より大きいので，液体の水が存在する。
よって，真の水蒸気の分圧は $4.0×10^3$ Pa である。全圧は，
$$1.0×10^4 + 4.0×10^4 + 4.0×10^3 = 5.4×10^4 \text{ Pa}$$

❼ (1) 混合気体では分圧の比は物質量の比と等しい。
水蒸気の分圧；$1.0×10^5 × \frac{1}{4+1} = 2.0×10^4$ Pa
60 ℃ で水蒸気が凝縮しはじめているので，水蒸気の分圧はちょうど飽和水蒸気圧に達している。

(2) 温度が一定の状態で体積を半分にすれば，ボイルの法則より，圧力は 2 倍になる。体積変化前の N_2 の分圧は，
$$1.0×10^5 × \frac{4}{4+1} = 8.0×10^4 \text{ Pa}$$
よって，体積変化後の N_2 の分圧は $1.6×10^5$ Pa になる。

水蒸気の分圧は60℃で液体が存在する限り，$2.0×10^4$Pa以上にはならないから，全圧は，
$1.6×10^5 + 2.0×10^4 = 1.8×10^5$Pa

8 ア：実在気体では分子間力がはたらくので，低温・高圧下では，凝縮や凝固が起こることがある。

エ：CO_2はH_2より分子量が大きいので，はたらく分子間力も大きい。よって，分子間力が0であると仮定した理想気体からのずれが大きくなるのは，H_2よりもCO_2のほうである。

3章 溶液の性質 〈p.34〜35〉

1 (1)ⓒ (2)Ⓐ (3)Ⓑ (4)Ⓐ (5)Ⓑ (6)ⓒ (7)Ⓐ Ⓐ；電解質 Ⓑ；非電解質

2 (1)104 g (2)56 g (3)83 g

3 64 g

4 O_2；0.98 L，1.4 g N_2；1.8 L，2.3 g

5 (1)6.7 %，0.40 mol/kg (2)$4.0×10^{-2}$ mol/L，0.64 %

6 (1)㋐水 ㋑グルコース水溶液 ㋒塩化ナトリウム水溶液 (2)100 ℃ (3)100.1 ℃
(4)高い；水 低い；塩化ナトリウム水溶液

7 0.37 g

8 ①赤褐 ②チンダル ③透析 ④電気泳動 ⑤正 ⑥疎水 ⑦凝析 ⑧保護コロイド

解き方

1 ヨウ素(I_2)，ナフタレン($C_{10}H_8$)は無極性分子で，水(極性分子)には溶けない。一方，スクロース，塩化水素，エタノールは極性分子で水によく溶ける。塩化ナトリウム，硫酸銅(Ⅱ)はイオン結晶で，水中で電離する。また，塩化水素も水中で電離する(**電解質**)。一方，スクロース，エタノールは水中で電離しない(**非電解質**)。

2 (1) 60℃では水100 gに硝酸カリウムが109 g溶けるから，飽和水溶液は$100+109=209$gとなる。飽和水溶液200 g中の溶質をx〔g〕とすると，
$\dfrac{溶質}{溶液} = \dfrac{109}{209} = \dfrac{x}{200}$ $x ≒ 104$ g

(2) 10℃では水100 gに硝酸カリウムが22 g溶ける。水が200 gのとき溶ける量をx〔g〕とすると，
$\dfrac{溶質}{溶媒} = \dfrac{22}{100} = \dfrac{x}{200}$ $x = 44$ g
60℃では100 g溶けていたのだから，析出量は，
$100 - 44 = 56$ g

(3) 60℃で水100 gに硝酸カリウムが109 g溶けるから，飽和水溶液の質量は209 gとなる。この水溶液を10℃に冷却すると，$109-22=87$gの結晶が析出する。飽和水溶液の温度を下げたときに析出する結晶の質量は，飽和水溶液の質量に比例するから，析出する結晶の質量をx〔g〕とすると，
$\dfrac{析出量}{溶液量} = \dfrac{87}{209} = \dfrac{x}{200}$ $x ≒ 83$ g

3 80℃で溶ける$CuSO_4・5H_2O$の質量をx〔g〕とすると，$CuSO_4$は100 gの水に56 g溶けるから，飽和水溶液の質量を分母に，溶質の質量を分子にして次式が成立する。式量は$CuSO_4・5H_2O=250$，$CuSO_4=160$より，x〔g〕のうち硫酸銅(Ⅱ)は$\dfrac{160}{250}x$〔g〕であるから，

$\dfrac{56}{100+56} = \dfrac{\dfrac{160}{250}x}{50+x}$ $x ≒ 64$ g

4 0℃，$1.0×10^5$Paで，10 Lの水に溶けるO_2，N_2の体積はそれぞれ，
O_2；$0.049×10 = 0.49$ L
N_2；$0.023×10 = 0.23$ L
0℃，$1.0×10^6$Paの空気中でのO_2，N_2の分圧は
$P_{O_2} = 1.0×10^6 × \dfrac{1}{1+4} = 2.0×10^5$ Pa
$P_{N_2} = 1.0×10^6 × \dfrac{4}{1+4} = 8.0×10^5$ Pa

ヘンリーの法則は，「気体の溶解度(体積)は，その圧力(分圧)下で測定すれば，圧力に関係なく一定である。」と表現される。

よって，O_2は$2.0×10^5$Paで，0.49 L溶けているから，標準状態に換算した体積をx〔L〕とすると，
$2.0×10^5 × 0.49 = 1.0×10^5 × x$ $x = 0.98$ L
N_2は$8.0×10^5$Paで0.23 L溶けているから，標準状態に換算した体積をx〔L〕とすると，

$8.0 \times 10^5 \times 0.23 = 1.0 \times 10^5 \times x$

$x = 1.84 ≒ 1.8$ L

気体1 molの標準状態での体積は22.4 Lで，分子量は$O_2 = 32$，$N_2 = 28$なので，

O_2の質量；$\dfrac{0.98}{22.4} \times 32 = 1.4$ g

N_2の質量；$\dfrac{1.84}{22.4} \times 28 = 2.3$ g

❺ (1) 質量パーセント濃度は次式で求められる。

$\dfrac{36}{500+36} \times 100 ≒ 6.7\%$

質量モル濃度は水1 kgあたりの溶質の物質量だから，

$\dfrac{36}{180} \times \dfrac{1000}{500} = 0.40$ mol/kg

(2) $CuSO_4 \cdot 5H_2O$の式量は，$160 + 18 \times 5 = 250$より，$CuSO_4 \cdot 5H_2O$ 2.5 gの物質量は，

$\dfrac{2.5}{250} = 1.0 \times 10^{-2}$ mol

$CuSO_4 \cdot 5H_2O$が1.0×10^{-2} molあれば，その中に含まれる$CuSO_4$も1.0×10^{-2} molである。水溶液は250 mLだから1 Lあたりに換算すると，

$1.0 \times 10^{-2} \times \dfrac{1000}{250} = 4.0 \times 10^{-2}$ mol/L

2.5 gの$CuSO_4 \cdot 5H_2O$に含まれる$CuSO_4$の質量は，

$2.5 \times \dfrac{160}{250} = 1.6$ g

水溶液の体積は250 mL = 250 cm^3，密度が1.0 g/cm^3であるから，この水溶液の質量は，

$250 \times 1.0 = 250$ g

したがって，質量パーセント濃度は，

$\dfrac{1.6}{250} \times 100 = 0.64$ %

❻ (1) 水溶液の濃度が大きいほど，同温度ではその**蒸気圧は小さくなり**，逆に**沸点**(蒸気圧が1.0×10^5 Paになる温度)**は高くなる**。グルコースは非電解質だから，その濃度は0.1 mol/kgであるが，NaClは$NaCl \longrightarrow Na^+ + Cl^-$のように電離するから，イオンの総濃度は溶質の濃度の2倍の0.2 mol/kgである。

(2) t_1は水の沸点である。

(3) t_1とt_2の差が0.1 mol/kgの濃度に対する沸点上昇度である。t_1とt_3の差は0.2 mol/kgの濃度に対する沸点上昇度である。沸点上昇度は濃度に比例するから，t_1とt_3の差は次式で求まる。

$0.05 \times \dfrac{0.2}{0.1} = 0.1$ K

t_1は100 ℃だから，t_3は$100 + 0.1 = 100.1$ ℃

(4) **濃度が大きいほど凝固点降下度は大きく，凝固点は低くなる**。水は最も凝固点が高い。

❼ 溶質粒子の総濃度が等しければ，等しい大きさの浸透圧を示す。塩化カルシウム水溶液の濃度をx [mol/L]とすると，$CaCl_2 \longrightarrow Ca^{2+} + 2Cl^-$より，電離後はイオンの総濃度が溶質の濃度の3倍になっている。尿素は非電解質なので，0.10 mol/Lの濃度のままであるから，次式が成立する。

$3x = 0.10$　　$x = \dfrac{0.10}{3}$ mol/L

この塩化カルシウム水溶液100 mL中の塩化カルシウムの質量は，$CaCl_2$のモル質量が111 g/molであることから，

$\dfrac{0.10}{3} \times \dfrac{100}{1000} \times 111 = 0.37$ g

❽ $FeCl_3 + 3H_2O \longrightarrow Fe(OH)_3 + 3HCl$の反応で赤褐色の水酸化鉄(Ⅲ)のコロイドが生成する。デンプンやセッケン，タンパク質などの有機物のコロイドが水との親和力が大きい**親水コロイド**であるのに対して，水酸化鉄(Ⅲ)などの無機物のコロイドは水との親和力が小さい**疎水コロイド**である。水酸化鉄(Ⅲ)のコロイド粒子は正に帯電しているので，価数の大きな陰イオンによって有効に**凝析**される。またコロイド粒子はろ紙を通過するが，半透膜は通過しないので，セロハン膜などで**透析**することができる。

4章 固体の構造 〈p.41〉

1 ①自由電子 ②金属結晶 ③イオン結合 ④イオン結晶 ⑤分子間力 ⑥分子結晶 ⑦共有結合の結晶

2 (1)(a)面心立方格子 (b)体心立方格子
(2)(a)4個 (b)2個
(3)(a)$\dfrac{\sqrt{2}}{4}a$ (b)$\dfrac{\sqrt{3}}{4}a$

3 (1)エ,b (2)ウ,a (3)ア,c (4)イ,d

4 (1)8.5×10^{-23}g (2)$6.3\,\text{g/cm}^3$ (3)1.3×10^{-8}cm

解き方

1 (1) 金属原子が集まると,金属結合をつくる。
(2) 金属原子と非金属原子が集まると,イオン結合をつくる。
(3) 非金属原子が集まると共有結合によって分子をつくる。ただし,C,Siどうしは分子をつくらず,共有結合だけで結晶をつくる。

2 (2) 単位格子の各頂点にある原子は$\dfrac{1}{8}$個分,各面の中心にある原子は$\dfrac{1}{2}$個分,単位格子の中心にある原子は1個分が,それぞれ単位格子に含まれる。
(a) $\dfrac{1}{8}\times8+\dfrac{1}{2}\times6=4$個
(b) $\dfrac{1}{8}\times8+1=2$個

(3) 単位格子の一辺の長さをa,原子半径をrとすると,
(a)面心立方格子では,面の対角線上で原子が接触しているから,$\sqrt{2}a=4r$が成り立つ。
(b)体心立方格子では,立方体の対角線上で原子が接触しているから,$\sqrt{3}a=4r$が成り立つ。

3 それぞれの結晶における構成粒子と結合力との関係は,下表のとおりである。

結晶	構成粒子	結合力
イオン結晶	陽,陰イオン	イオン結合
共有結合の結晶	原子	共有結合
分子結晶	分子	分子間力
金属結晶	原子	金属結合

4 (1) 原子1mol(6.0×10^{23}個)の質量は,原子量に〔g〕をつけた質量51gに等しいから,原子1個の質量は,
$$\dfrac{51\text{g}}{6.0\times10^{23}}=8.5\times10^{-23}\text{g}$$

(2) 単位格子の中に含まれる原子の数は,
$$\dfrac{1}{8}(頂点)\times8+1(中心)=2$$
$$密度=\dfrac{単位格子の質量}{単位格子の体積}=\dfrac{8.5\times10^{-23}\times2}{(3.0\times10^{-8})^3}$$
$$\fallingdotseq 6.3\,\text{g/cm}^3$$

(3) この金属原子の半径をr〔cm〕とすると,右図のように,立方体の対角線(長さ$\sqrt{3}l$)の方向で原子が接し,立方体の対角線中に原子の半径が4個分含まれる。
$\sqrt{3}l=4r$より
$$r=\dfrac{\sqrt{3}\times3.0\times10^{-8}}{4}\fallingdotseq 1.3\times10^{-8}\text{cm}$$

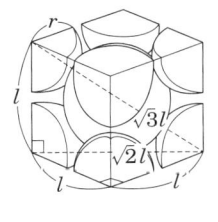

定期テスト対策問題

⟨p.42~44⟩

1
①	分子量	②	分子間力	③	正四面体	④	もたない
⑤	折れ線	⑥	もつ	⑦	水素結合		

2
問1	t_1	0℃	t_2	100℃	問2	I	固体	II	液体	III	気体
問3	(1)	a→b	ア	a→c	オ	(2)	a→b	融解	a→c	昇華	

3
46

4
問1	$6.5×10^4$ Pa	問2	$5.3×10^4$ Pa

5
問1	0℃	理由	気体は低温ほど溶解度が大きいから。	問2	$1.9×10^{-2}$ g	問3	2:1

6
問1	1.0	問2	A	CO_2	B	O_2	C	H_2	問3	ア, ウ, エ, カ

7
問1	Na^+	4個	Cl^-	4個	問2	2.2 g/cm³

8
問1	過冷却	問2	寒剤による吸熱量と凝固による発熱量がつり合うから。	問3	c
問4	溶媒のみが凝固し, 溶液の濃度が大きくなり, 凝固点が下がるから。	問5	b	問6	61	

9
問1	$FeCl_3 + 3H_2O \longrightarrow Fe(OH)_3 + 3HCl$	問2	透析
問3	H^+ と Cl^-	問4	イ	理由	価数の大きい陰イオンを含む電解質だから。

解き方

1 一般に, 水素化合物の融点・沸点は分子量が大きいほど高くなる。これは, 分子量が大きいほど, 分子間力(ファンデルワールス力)が強くはたらくためである。しかし, H_2O, HF, NH_3 などは他の同族の水素化合物に比べて異常に高い沸点を示す。これは, 電気陰性度が大きく, 負電荷を帯びた原子(F, O, N)が隣接する他の分子の正電荷を帯びた水素原子を静電気力で引きつけるためである。このような結合を**水素結合**といい, 通常, H-F…H-F のように…で示される。

2 問1 t_1 は, 圧力 $1.0×10^5$ Pa(1 atm) のもとで水が融解する温度, t_2 は水が沸騰する温度である。

問2 水を $1.0×10^5$ Pa(1 atm) のもとで加熱していくと, 固体→液体→気体と状態変化が起こる。よって, I が固体, II が液体, III が気体である。

問3 a→b; 加圧すると, 水は固体から液体へと変化する。水の体積は固体より液体のほうが約10%小さい。また, 液体・固体では, 圧力変化による体積変化はほとんどない。よって, **ア**。

a→c; 減圧すると, 水は固体から気体へと変化する。水の体積は, 固体, 液体に比べて気体のほうがはるかに大きい。また, 気体では, 体積は圧力に反比例する。よって, **オ**。

3 ボンベから押し出された気体は, メスシリンダー内に捕集される。

捕集された気体の質量; 67.40 − 66.50 = 0.90 g
(捕集された気体の分圧)
= (大気圧) − (水蒸気圧)
= $1.02×10^5 - 4.0×10^3 = 9.8×10^4$ Pa
気体の分子量を M として, 気体の状態方程式 $PV = \frac{w}{M}RT$ に代入する。

$9.8×10^4 × 0.50 = \frac{0.90}{M} × 8.3×10^3 × 300$

$M = 45.7 ≒ 46$

4 問1 40℃ではグラフは直線なので, ベンゼンはすべて気体として存在している。

混合気体に状態方程式を適用して,
$P × 2.0 = (0.010 + 0.040) × 8.3×10^3 × 313$
$P ≒ 6.5×10^4$ Pa

問2 10℃ではグラフは曲線なので, ベンゼンの一部は凝縮して液体が存在している。

よって, ベンゼンの分圧はベンゼンの飽和蒸気圧と等しく, $6.0×10^3$ Pa である。

窒素の分圧を P_{N_2} とすると, 状態方程式より,
$P_{N_2} × 2.0 = 0.040 × 8.3×10^3 × 283$
$P_{N_2} ≒ 4.7×10^4$ Pa
全圧; $6.0×10^3 + 4.7×10^4 = 5.3×10^4$ Pa

5 問1 気体の溶解度は低温ほど大きい。

問2 ヘンリーの法則より, 気体の溶解度(質量・物質量)は, その気体の圧力に比例する。

題意の条件で溶けた H_2 の物質量は,

$$\frac{0.021}{22.4} \times \frac{5.0 \times 10^5}{1.0 \times 10^5} \times \frac{2.0}{1.0} ≒ 0.0094 \text{ mol}$$

モル質量は$H_2 = 2.0$ g/molより，溶けたH_2の質量は，

$$0.0094 \times 2.0 ≒ 1.9 \times 10^{-2} \text{ g}$$

問3 N_2の分圧；$1.0 \times 10^5 \times \dfrac{4}{4+1} = 8.0 \times 10^4$ Pa

O_2の分圧；$1.0 \times 10^5 \times \dfrac{1}{4+1} = 2.0 \times 10^4$ Pa

20℃の水1Lに溶けるN_2とO_2の体積（標準状態に換算した値）で比較すると，

N_2；$0.015 \times \dfrac{8.0 \times 10^4}{1.0 \times 10^5} = 0.012$ L

O_2；$0.030 \times \dfrac{2.0 \times 10^4}{1.0 \times 10^5} = 0.006$ L

よって，$N_2 : O_2 = 2 : 1$

6 **問1** $Z = \dfrac{PV}{RT} = \dfrac{1.01 \times 10^5 \times 22.4}{8.3 \times 10^3 \times 273} ≒ 1.0$

問2 3種の気体のうち，無極性で分子量が最小のH_2が最も理想気体に近い。CO_2は分子全体としては無極性だが，部分的には極性をもち，最も分子量が大きいので，理想気体からのずれが大きい。

問3 ア；低圧では，分子の体積，分子間力の影響がともに小さくなる。

イ；温度が低いほど分子の熱運動が穏やかになり，分子間力の影響を受けやすい。

ウ；実在気体では，$\dfrac{PV}{RT}$の値は1からずれる。

エ；分子間力の大きいものほど，理想気体からのずれは大きい。よって，分子間の相互作用の大きさは，**A>B>C**となる。

カ；実在気体は，高温ほど理想気体に近づく。よって，100℃では，0℃のグラフより下方にずれる。

7 **問1** 単位格子中のNa^+とCl^-は，いずれも面心立方格子の配列をしている。

Na^+；$\dfrac{1}{4}$（辺上）$\times 12 + 1$（中心）$= 4$個

Cl^-；$\dfrac{1}{8}$（頂点）$\times 8 + \dfrac{1}{2}$（面心）$\times 6 = 4$個

問2 単位格子中には，NaClの単位粒子4個を含む。NaClの単位粒子1個の質量は，NaCl 1 molの質量が58.5 gだから，$\dfrac{58.5}{6.0 \times 10^{23}}$ gである。

$$密度 = \dfrac{単位格子の質量}{単位格子の体積} = \dfrac{\dfrac{58.5}{6.0 \times 10^{23}} \times 4}{(5.6 \times 10^{-8})^3}$$

$$≒ 2.2 \text{ g/cm}^3$$

8 **問1** 凝固点より低温でありながら液体状態を保っている不安定な状態を**過冷却**という。何かのきっかけがあれば急激に凝固が進行する。

問5 過冷却がなかったとしたとき，理想的に溶液が凝固しはじめる温度は，直線**de**の延長線がもとの冷却曲線と交わった点**b**である。

問6 凝固点降下度Δtは，溶液の質量モル濃度に比例するから，

$$\Delta t = k \times \dfrac{w \times 1000}{M \times W}$$

$$0.20 = 1.85 \times \dfrac{0.33 \times 1000}{M \times 50}$$

$M ≒ 61$

9 **問2** 実験でつくったコロイド溶液には，$Fe(OH)_3$のコロイド粒子とH^+とCl^-が含まれる。これを半透膜に入れ純水に浸すと，H^+とCl^-だけが純水中へ出ていき，袋の中には$Fe(OH)_3$のコロイド粒子だけが残り，コロイド溶液が精製できる。この操作を**透析**という。

問3 青色リトマス紙を赤色に変えたのはH^+，硝酸銀水溶液を白濁させたのはCl^-である。

問4 正の電荷をもつ$Fe(OH)_3$のコロイドを凝析させるには，負の電荷をもち**価数の大きなイオンほど有効**（より少量で凝析することが可能）である。

よって，$Cl^- ≒ NO_3^- < SO_4^{2-}$

ただし，ゼラチンは$Fe(OH)_3$の疎水コロイドを取り巻き，**保護**コロイドとしてはたらくので，凝析は起こりにくくなっていることに留意する。

第2編 化学反応とエネルギー

練習問題

1章 化学反応と熱 〈p.52~53〉

❶ (1) 中和熱 (2) 蒸発熱 (3) 生成熱 (4) 燃焼熱 (5) 溶解熱

❷ (1) $H_2O(固) = H_2O(液) - 6.0\,kJ$

(2) $C_4H_{10}(気) + \dfrac{13}{2}O_2(気) = 4CO_2(気) + 5H_2O(液) + 2880\,kJ$

(3) $NaCl(固) + aq = NaClaq - 3.9\,kJ$ (4) $H_2(気) + \dfrac{1}{2}O_2(気) = H_2O(液) + 286\,kJ$

(5) $6C(黒鉛) + 3H_2(気) = C_6H_6(液) - 49\,kJ$

❸ (1) $N_2 + 3H_2 \longrightarrow 2NH_3$ (2) $\dfrac{1}{2}N_2(気) + \dfrac{3}{2}H_2(気) = NH_3(気) + 46\,kJ$ (3) $184\,kJ$

❹ (1) 水素；20 mol メタン；12 mol 二酸化炭素；8.0 mol (2) $1.64 \times 10^4\,kJ$

❺ (1) $46\,kJ/mol$ (2) $386\,kJ/mol$ (3) $928\,kJ/mol$ **❻** $86\,kJ/mol$

❼ (1) $242\,kJ/mol$ (2) $292\,kJ/mol$ **❽** (1) $30\,℃$ (2) $2.1\,kJ$ (3) $42\,kJ/mol$

【解き方】

❷ (2) C_4H_{10} の分子量は58より，C_4H_{10} 1 mol が燃焼するときの熱量は，

$$288 \times \dfrac{58}{5.8} = 2880\,kJ$$

物質の燃焼では，25℃，1.0×10^5 Pa において，生成する水は液体と考える。

(4) 水素1 mol が燃焼するときの熱量は，

$$143 \times \dfrac{22.4}{11.2} = 286\,kJ$$

(5) 反応物の炭素Cの単体は，黒鉛を用いる。

❸ (3) 完全に反応が進行すると，窒素2 mol と水素6 mol からアンモニアが4 mol 生成する。
発熱量は，$46 \times 4 = 184\,kJ$

❹ (1) それぞれの物質量は，

H_2；$896 \times \dfrac{50}{100} \times \dfrac{1}{22.4} = 20\,mol$

CH_4；$896 \times \dfrac{30}{100} \times \dfrac{1}{22.4} = 12\,mol$

CO_2；$896 \times \dfrac{20}{100} \times \dfrac{1}{22.4} = 8.0\,mol$

(2) 水素1 mol が燃焼すると 286 kJ，メタン1 mol が燃焼すると 891 kJ が発生するので，

$20 \times 286 + 12 \times 891 ≒ 1.64 \times 10^4\,kJ$

❺ (1) $N_2 + 3H_2 = 2NH_3 + 92\,kJ$ より

$\dfrac{1}{2}N_2 + \dfrac{3}{2}H_2 = NH_3 + 46\,kJ$

(2) N-H の結合エネルギーを x [kJ/mol] とおく。エネルギー図より，

$6x = 2224 + 92$ $x = 386\,kJ/mol$

(3) $N_2 + 3H_2 = 2NH_3 + 92\,kJ$ において，

（反応熱）＝（生成物の結合エネルギーの和）
　　　　－（反応物の結合エネルギーの和）

N≡N の結合エネルギーを y [kJ/mol] とおくと，

$92 = (386 \times 6) - (y + 432 \times 3)$

$y = 928\,kJ/mol$

❻ 与えられた熱化学方程式を上から順に①，②，③式とする。エタンの生成熱を Q [kJ/mol] とすると，エタンの生成を表す熱化学方程式は，

$3H_2(気) + 2C(黒鉛) = C_2H_6(気) + Q\,kJ$

よって，①式×3＋②式×2－③式とすると，

$3H_2(気) + 2C(黒鉛) = C_2H_6(気) + 86\,kJ$

となり，エタンの生成熱が求められる。

❼ (1) ①式＋③式より，H_2O(液) を消去すると，

$H_2(気) + \dfrac{1}{2}O_2(気) = H_2O(気) + 242\,kJ$

(2) ①式－②式より，H_2O(液) を消去すると，

$H_2(気) + \dfrac{1}{2}O_2(気) = H_2O(固) + 292\,kJ$

❽ (1) 水酸化ナトリウム NaOH が溶解し終えると温度上昇は止まり，熱が一定の割合で外部へ逃げていくため，温度はゆるやかに下降する。したがって，混合の瞬間に溶解が終わって熱が全く逃げなかったとしたときの温度は，冷却曲線の直線部分を混合した瞬間まで延長して求められる。この実験では，図中の30℃に相当する。

(2) 熱量＝質量×比熱×温度変化より，

$(48 + 2.0) \times 4.2 \times (30 - 20) = 2100\,J = 2.1\,kJ$

したがって，2.1 kJ となる。

(3) 式量は NaOH＝40より，1 mol あたりでは，

$2.1 \times \dfrac{40}{2.0} = 42\,kJ/mol$

2章 電池と電気分解 〈p.62~63〉

1 (1) 亜鉛板　(2) 負極；$Zn \longrightarrow Zn^{2+} + 2e^-$　正極；$Cu^{2+} + 2e^- \longrightarrow Cu$　(3) SO_4^{2-}　(4) 小さくなる

2 ⓐ 活物質　ⓑ Zn^{2+}　ⓒ MnO_2　ⓓ 1.5　ⓔ 一次電池

3 (1) ⓐ Pb　ⓑ PbO_2　ⓒ $PbSO_4$　(2) $Pb + 2H_2SO_4 + PbO_2 \longrightarrow 2PbSO_4 + 2H_2O$
(3) 1.93×10^4 C　(4) 0.200 mol　(5) 9.60 gの増加

4 (1) ア，イ，エ　(2) イ，ウ，エ　(3) ア

5 (1) $Cu^{2+} + 2e^- \longrightarrow Cu$　(2) 0.635 g　(3) 0.112 L

6 (1) $2H_2O \longrightarrow O_2 + 4H^+ + 4e^-$　(2) $Ag^+ + e^- \longrightarrow Ag$　(3) 0.040 mol　(4) 0.45 L

(解き方)

1 (1) イオン化傾向が大きい亜鉛板が負極である。
(2) **イオン化傾向の大きいZnが溶け出し，電極に電子を残す。** このとき生じた電子は，導線を通ってZn→Cuと移動し，Cu板で液中のCu^{2+}が受け取る。
(3) 素焼き板は，両方の液が混じるのを防ぐが，細孔からイオンを通すことはできる。放電すると，硫酸亜鉛水溶液中には陽イオンZn^{2+}が多く，硫酸銅(Ⅱ)水溶液中には陽イオンCu^{2+}が少なくなる。したがって，**電気的に中性を保つように，Zn^{2+}が硫酸銅(Ⅱ)水溶液へ，SO_4^{2-}が硫酸亜鉛水溶液の方へ移動する。**
(4) (Zn-Cu)を(Ni-Cu)に変えると，**イオン化傾向の差が小さくなり，起電力は低下する。**

2 マンガン乾電池において，亜鉛は電子を放出する還元剤としてはたらくので**負極活物質**，酸化マンガン(Ⅳ)は電子を受け取る酸化剤としてはたらくので**正極活物質**とよばれる。

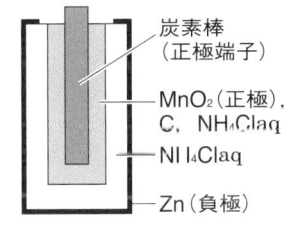

3 負極；$Pb + SO_4^{2-} \longrightarrow PbSO_4 + 2e^-$
正極；$PbO_2 + 4H^+ + SO_4^{2-} + 2e^- \longrightarrow PbSO_4 + 2H_2O$
両式を組み合わせて，e^-を消去すると，
$Pb + 2H_2SO_4 + PbO_2 \longrightarrow 2PbSO_4 + 2H_2O$
(3) ⓐは鉛であるので，鉛20.7gの物質量は，
$\dfrac{20.7}{207} = 0.100$ mol
負極の反応式から，流れた電子の物質量は0.200 molなので，その電気量は，
$0.200 \times 96500 = 1.93 \times 10^4$ C
(4) (3)のとき負極・正極それぞれの反応式より，両極ともに0.100 molずつの硫酸イオンが反応していることがわかる。
(5) 負極ではPb 0.100 molが$PbSO_4$ 0.100 molに変化している。Pb = 207，$PbSO_4$ = 303 より，
$(303 - 207) \times 0.100 = 9.60$ g

4 ア；(−)　$2H^+ + 2e^- \longrightarrow H_2$
　　(+)　$2Cl^- \longrightarrow Cl_2 + 2e^-$
イ；(−)　$2H_2O + 2e^- \longrightarrow H_2 + 2OH^-$
　　(+)　$4OH^- \longrightarrow 2H_2O + O_2 + 4e^-$
ウ；(−)　$Ag^+ + e^- \longrightarrow Ag$
　　(+)　$2H_2O \longrightarrow O_2 + 4H^+ + 4e^-$
エ；(−)　$2H_2O + 2e^- \longrightarrow H_2 + 2OH^-$
　　(+)　$2H_2O \longrightarrow O_2 + 4H^+ + 4e^-$
オ；(−)　$Cu^{2+} + 2e^- \longrightarrow Cu$
　　(+)　$2Cl^- \longrightarrow Cl_2 + 2e^-$

5 (1) (−)　$Cu^{2+} + 2e^- \longrightarrow Cu$
　　(+)　$2H_2O \longrightarrow O_2 + 4H^+ + 4e^-$
(2) 流れた電子の物質量は，
$\dfrac{0.200 \times 9650}{96500} = 0.0200$ mol
陰極での反応式より，銅は0.0100 molすなわち，0.635 g生成する。
(3) 陽極での反応式より，酸素は0.00500 mol発生する。
$0.00500 \times 22.4 = 0.112$ L

6 (1), (2) 電極A(+)；$2H_2O \longrightarrow O_2 + 4H^+ + 4e^-$
　　電極B(−)；$Cu^{2+} + 2e^- \longrightarrow Cu$
　　電極C(+)；$2H_2O \longrightarrow O_2 + 4H^+ + 4e^-$
　　電極D(−)；$Ag^+ + e^- \longrightarrow Ag$
(3) 流れた電子の物質量は，
$\dfrac{2.6 \times 2970}{96500} \fallingdotseq 0.0800$ mol
Bの反応式より，析出する銅の物質量は，
$\dfrac{1}{2} \times 0.0800 = 0.0400$ mol
(4) Cの反応式より，発生する酸素の体積は，
$\dfrac{1}{4} \times 0.0800 \times 22.4 = 0.448$ L $\fallingdotseq 0.45$ L

定期テスト対策問題

⟨p.64~66⟩

1

問1	$\frac{1}{2}N_2(気)+\frac{3}{2}H_2(気)=NH_3(気)+46kJ$	問2	193秒	問3	エ
問4	$Zn \longrightarrow Zn^{2+} + 2e^-$		問5 陽極	O_2	陰極 Cu

2

問1	68 kJ	問2	279 kJ/mol

3

問1	①	酸化アルミニウム	②	融解塩電解(溶融塩電解)
	③	アルミニウム	④	一酸化炭素(二酸化炭素)
問2		自身は電気分解されずに,酸化アルミニウムの融点を下げるはたらき。		
問3		3.35×10^6 C		

4

問1	42.0 kJ	問2	54.6	問3	96.6

5

問1	酸化還元反応										
問2	①	+4→0	②	変化なし	③	+4→+2	④	変化なし	⑤	0→+2	⑥	変化なし
問3	①	H_2S	②	なし	③	HCl	④	なし	⑤	Cu	⑥	なし

6

問1	$Pb + 2H_2SO_4 + PbO_2 \longrightarrow 2PbSO_4 + 2H_2O$	問2	ウ	問3	80 g

7

問1	$2KMnO_4 + 5H_2O_2 + 3H_2SO_4 \longrightarrow 2MnSO_4 + K_2SO_4 + 5O_2 + 8H_2O$	問2	0.16 mol/L

8

問1	3.86×10^3 C	問2	4.32 g	問3	0.224 L

(解き方)

1 問1 生成熱は,化合物1molがその成分元素の単体から生成されるときに,発生あるいは吸収される熱量。

問2 陰極におけるイオン反応式は
$Ag^+ + e^- \longrightarrow Ag$
また,銀0.540gの物質量は,Ag=108より,
$\frac{0.540}{108} = 5.00 \times 10^{-3}$ mol
よって,通じた電気量は,$F=9.65 \times 10^4$ C/molより,
$5.00 \times 10^{-3} \times 9.65 \times 10^4 = 482.5$ C
これより,要した時間をt〔s〕とすると,
$2.50 \times t = 482.5$ $t = 193$ s

問3 各原子の酸化数は,次の通り。
ア;0 イ;+6 ウ;+6 エ;+7 オ;+5
酸化数は,1原子あたりの値で表す。

問4 負極;$Zn \longrightarrow Zn^{2+} + 2e^-$
正極;$2H^+ + 2e^- \longrightarrow H_2$

問5 陰極;$Cu^{2+} + 2e^- \longrightarrow Cu$
陽極;$2H_2O \longrightarrow 4H^+ + O_2 + 4e^-$

2 $C(黒鉛)+O_2(気)=CO_2(気)+394kJ$ ………①
$H_2(気)+\frac{1}{2}O_2(気)=H_2O(液)+286kJ$ ………②
$C_2H_5OH(液)+3O_2(気)$
$=2CO_2(気)+3H_2O(液)+1367kJ$ …③

問1 C_2H_5OH 1molが燃焼すると,1367kJの熱が発生する。分子量は$C_2H_5OH=46$より,2.3gが燃焼したとき,発生する熱量は,
$1367 \times \frac{2.3}{46} \fallingdotseq 68$ kJ

問2 エタノールの生成熱を表す熱化学方程式は,
$2C(黒鉛)+3H_2(気)+\frac{1}{2}O_2(気)$
$\qquad\qquad = C_2H_5OH(液)+QkJ$
①式×2+②式×3−③式より,
$Q = 279$ kJ

3 問1,問2 ボーキサイト($Al_2O_3 \cdot nH_2O$)は,不純物としてFe_2O_3やSiO_2を含むが,Al_2O_3は両性酸化物なのでNaOH水溶液に溶け,他の不純物と分離できる。こうして純粋なAl_2O_3を取り出す。Al_2O_3は非常に融点が高い(2054℃)ので,氷晶石Na_3AlF_6(融点1010℃)の融解液に少しずつ加える方法で融点を下げ,約960℃で**融解塩電解**を行う。この方法をホール・エルー法という。陽極では,発生したO_2が高温のために電極の炭素と反応して,COやCO_2が発生し,陰極では融解したAlが得られる。

(+) $C + O^{2-} \longrightarrow CO + 2e^-$
$C + 2O^{2-} \longrightarrow CO_2 + 4e^-$
(−) $Al^{3+} + 3e^- \longrightarrow Al$

問3 Al 1mol(=27g)の生成には,電子3molが

必要である。

x〔C〕の電気量が必要とすると,

$$\frac{250\,\text{g}}{27\,\text{g/mol}} \times 3 = \frac{x\,〔\text{C}〕}{9.65 \times 10^4\,\text{C/mol}} \times 0.80 \quad \text{(電流効率)}$$

$x ≒ 3.35 \times 10^6\,\text{C}$

4 問1 水酸化ナトリウム1.0 molを溶解したときに発生する熱量は,

熱量＝質量×比熱×温度変化より

$(500 \times 1.0) \times 4.2 \times (35 - 15) = 4.20 \times 10^4\,\text{J}$
$= 42.0\,\text{kJ}$

問2 塩酸を加えたときに補正した溶液の最高温度は**43℃**であり,中和反応で発生した熱量は,

$(500 + 500) \times 1.0 \times 4.2 \times (43 - 30) = 5.46 \times 10^4\,\text{J}$
$= 54.6\,\text{kJ}$

問3 問1より,

NaOH(固) + aq = NaOHaq + 42.0 kJ ………①

問2より,

HClaq + NaOHaq
　　　　　　= NaClaq + H$_2$O + 54.6 kJ …②

①+②より,NaOHaqを消去すると,

HClaq + NaOH(固) = NaClaq + H$_2$O + 96.6 kJ

5 ① $\underline{S}$O$_2$; +4 → 0　酸化剤
② K$_2$$\underline{Cr}O_4$; +6 → +6
③ $\underline{Mn}$O$_2$; +4 → +2　酸化剤
④ $\underline{Na}$$_2$O ; +1 → +1
⑤ $\underline{Cu}$; 0 → +2　還元剤
⑥ $\underline{S}$O$_2$; +4 → +4

問3 還元剤とは相手を還元する物質であり,言いかえると**自身が酸化されやすい**物質である。

6 正極：PbO$_2$ + 4H$^+$ + SO$_4^{2-}$ + 2e$^-$
　　　　　　　　 → PbSO$_4$ + 2H$_2$O ……①
負極：Pb + SO$_4^{2-}$ → PbSO$_4$ + 2e$^-$ ……②

問1 ①+②より,電子e$^-$を消去すると,

Pb + 2H$_2$SO$_4$ + PbO$_2$
　　　　　　　　 → 2PbSO$_4$ + 2H$_2$O ……③

問2 ア；電解液の密度は小さくなる。
　　イ；負極では,放電時には酸化反応が起こり,充電時には還元反応が起こる。
　　ウ；正しい。

問3 ①〜③より,電子1 molを取り出すと,PbとPbO$_2$それぞれ0.5 molがPbSO$_4$になる。Pb(式量207) →PbSO$_4$(式量303),PbO$_2$(式量239) →PbSO$_4$(式量303)より,両極の質量の増加は,

$\left(\dfrac{303}{2} - \dfrac{207}{2}\right) + \left(\dfrac{303}{2} - \dfrac{239}{2}\right) = 80\,\text{g}$

7 問1　H$_2$O$_2$ → 2H$^+$ + O$_2$ + 2e$^-$ …………①
MnO$_4^-$ + 8H$^+$ + 5e$^-$ → Mn^{2+} + 4H$_2$O ………②

①式×5+②式×2より,e$^-$を消去すると,

2MnO$_4^-$ + 5H$_2$O$_2$ + 6H$^+$ → 2Mn^{2+} + 5O$_2$ + 8H$_2$O

このイオン反応式の両辺に2K$^+$,3SO$_4^{2-}$を加えると,2KMnO$_4$ + 5H$_2$O$_2$ + 3H$_2$SO$_4$
　　　　　→ 2MnSO$_4$ + K$_2$SO$_4$ + 5O$_2$ + 8H$_2$O

問2 物質量比は,KMnO$_4$：H$_2$O$_2$ = 2：5 で反応するので,過酸化水素水の濃度をx〔mol/L〕とすると,

$2 : 5 = 0.040 \times \dfrac{40}{1000} : x \times \dfrac{25}{1000}$

$x = 0.16\,\text{mol/L}$

8 A極；2Cl$^-$ → Cl$_2$ + 2e$^-$
B極；Cu^{2+} + 2e$^-$ → Cu
C極；2H$_2$O → O$_2$ + 4H$^+$ + 4e$^-$
D極；Ag$^+$ + e$^-$ → Ag

問1 生成した銅の物質量は,

$\dfrac{1.27}{63.5} = 0.0200\,\text{mol}$

また,B極の反応より,流れた電子の物質量をx〔mol〕とすると,

Cu：e$^-$ = 1：2 = 0.0200：x

$x = 0.0400\,\text{mol}$

したがって,流れた電気量は

$0.0400 \times 96500 = 3.86 \times 10^3\,\text{C}$

問2 電解槽が直列に接続されているので,硝酸銀水溶液にも0.0400 molの電子が流れる。

したがって,D極の反応より,析出したAgの物質量をy〔mol〕とすると,

Ag：e$^-$ = 1：1 = y：0.0400

$y = 0.0400\,\text{mol}$

したがって,析出した銀の質量は,

$108 \times 0.0400 = 4.32\,\text{g}$

問3 C極の反応より,発生したO$_2$の物質量をz〔mol〕とすると,

O$_2$：e$^-$ = 1：4 = z：0.0400

$z = 0.0100\,\text{mol}$

したがって,発生した気体の体積(標準状態)は

$22.4 \times 0.0100 = 0.224\,\text{L}$

第3編 化学反応の速さと化学平衡

― 練習問題 ―

1章 反応の速さと反応のしくみ 〈p.72〉

1 ①衝突 ②濃度 ③活性化状態 ④活性化エネルギー ⑤小さく ⑥高く ⑦小さ ⑧触媒

2 (1) c (2) e (3) a (4) f

3 (1) エ (2) $8.3 \times 10^{-2} \text{L}^2/(\text{mol}^2 \cdot \text{s})$

解き方

1 反応が起こるためには，反応物の粒子が一定以上のエネルギーで衝突する必要がある。なお，反応の途中で，原子間の結合の組み換えが起こるエネルギーの高い状態を**活性化状態**という。気体どうしの反応では，圧力を高くすると，反応物の濃度が大きくなり，分子どうしの衝突回数が増加し，反応速度は大きくなる。

触媒を用いると，活性化エネルギーの小さい反応経路で反応が進むようになるため，反応速度は大きくなる。

2 反応物（$2SO_2 + O_2$）よりも生成物（$2SO_3$）のほうがエネルギーが低いので，この反応は発熱反応である。活性化エネルギーは，反応物と活性化状態のエネルギーの差である。

逆反応では，反応物が$2SO_3$であると考えればよい。

3 (1) 実験1と2から，[A]を一定にして[B]を2倍にすると，vが4倍になることがわかる。よって，vは[B]の2乗に比例する。

また，実験2と3から，[B]を一定にして[A]を2倍にすると，vが2倍になることがわかる。よって，vは[A]に比例する。

よって，$v = k[A][B]^2$となる。

(2) 実験1，2，3のどのデータを使ってもよい。
$0.036 \, \text{mol}/(\text{L} \cdot \text{s})$
$= k \times 0.30 \, \text{mol/L} \times 1.20^2 \, (\text{mol/L})^2$
$k \fallingdotseq 8.3 \times 10^{-2} \, \text{L}^2/(\text{mol}^2 \cdot \text{s})$

2章 化学平衡 〈p.80〜81〉

1 ①, ②正反応, 逆反応（順不同） ③停止 ④減少量 ⑤平衡の移動 ⑥温度 ⑦濃度 ⑧圧力 ⑨吸 ⑩分子

2 (1) イ (2) ア (3) エ (4) ウ (5) ウ (6) イ

3 (1) d (2) c (3) b (4) e (5) a

4 (1) ア (2) エ (3) キ

5 ①発熱 ②下げる ③減少 ④低 ⑤高 ⑥反応速度 ⑦触媒 ⑧10

6 (1) 4.0 (2) 0.42 mol (3) 右

解き方

1 $A + B \rightleftarrows 2C$ の可逆反応が平衡状態にあるとき，Cの生成速度をv_1，Cの分解速度をv_2とすると，$v_1 = v_2$が成り立つ。

また，単位時間あたりのCの生成（増加）量と，Cの分解（減少）量が等しいので，Cの物質量は一定となり，A，Bの物質量も一定となる。

ある可逆反応が平衡状態にあるとき，温度・濃度・圧力などの条件を変化させると，その影響を打ち消す方向へ平衡が移動する。これを，**ルシャトリエの原理**（平衡移動の原理）という。

2 (1) 吸熱反応の方向（右）へ移動。

(2) 気体分子の総数の減少する方向（左）へ移動。

(3) (1)より右向き，(2)より左向きとなるが，問題文からは温度と圧力のどちらの影響が大きいかは読みとれないので，平衡移動の向きは判断できない。

(4) 触媒は反応速度を大きくするが，平衡の移動

には関係しない。

(5) Arを加えても体積が一定なので，平衡に関係する気体の分圧は一定。平衡は移動しない。
(6) 圧力一定でArを加えると，体積が増加する。すると平衡に関係する気体の分圧は減少し，平衡は気体分子の総数が増加する方向(右)へ移動。

❸ 反応速度の変化はグラフの傾き，平衡の右方向への移動はグラフの水平部の高さによって表されている。

	反応速度	平衡の移動
(1)	大	左
(2)	小	右
(3)	大	右
(4)	小	左
(5)	大	移動なし

❹ (1) 高圧；気体の分子数の減少方向(右)へ平衡が移動し，NH_3の生成量は増加。ただし，無限には増加しないので，グラフは直線にならない。
高温；吸熱の方向(左)へ平衡が移動し，NH_3の生成量は減少。
(2) 高圧；左へ平衡移動し，NO_2の生成量は減少。
高温；右へ平衡移動し，NO_2の生成量は増加。
(3) 高圧；両辺の係数の和が等しく，平衡は移動しない。よって，HIの生成量は一定。
高温；左へ平衡移動し，HIの生成量は減少。

❺ ルシャトリエの原理によれば，NH_3の生成には，低温・高圧が有利である。400℃では反応速度が小さく，なかなか平衡に達しない。一方，600℃では短時間で平衡に達するが，NH_3の生成量は少ない。そこで，平衡に不利にならない500℃前後の温度に設定し，反応速度の低下を補うため，Fe_3O_4などの触媒を利用して，NH_3を製造する(ハーバー・ボッシュ法)。
①N_2 1 mol，H_2 3 molから反応を始めた場合，

$$\begin{array}{ccccc} & N_2 & + & 3H_2 & \rightleftarrows & 2NH_3 \\ 平衡時[mol] & 1-x & & 3-3x & & 2x \\ & & 合計 & 4-2x [mol] & & \end{array}$$

グラフより，平衡時のNH_3の割合は60%だから，

$$\frac{2x}{4-2x} \times 100 = 60 \qquad x = 0.75 \text{ mol}$$

N_2 ; $\frac{1-0.75}{4-2\times 0.75} \times 100 = 10\%$

❻ (1) 反応した酢酸は$1-\frac{1}{3}=\frac{2}{3}$ molなので，生成した酢酸エチルと水は，ともに$\frac{2}{3}$ molである。

$$CH_3COOH + C_2H_5OH \rightleftarrows CH_3COOC_2H_5 + H_2O$$
平衡時[mol]　$\frac{1}{3}$　　　$\frac{1}{3}$　　　$\frac{2}{3}$　　　$\frac{2}{3}$

反応溶液の体積をV[L]とすると

$$K = \frac{[CH_3COOC_2H_5][H_2O]}{[CH_3COOH][C_2H_5OH]} = \frac{\left(\frac{2}{3V} \text{mol/L}\right)^2}{\left(\frac{1}{3V} \text{mol/L}\right)^2} = 4.0$$

(2) 酢酸エチルがx[mol]生成して平衡になったとすると，

$$K = \frac{\left(\frac{x}{V} \text{mol/L}\right)^2}{\left(\frac{0.50-x}{V} \text{mol/L}\right)\left(\frac{1.0-x}{V} \text{mol/L}\right)} = 4.0$$

$3x^2 - 6x + 2 = 0$

$$x = \frac{6 \pm 2\sqrt{3}}{6} = \frac{3 \pm \sqrt{3}}{3}$$

$0 < x < 0.50$より，$x ≒ 0.42$ mol

(3) 平衡定数の式に各数値を代入する。

$$\frac{[CH_3COOC_2H_5][H_2O]}{[CH_3COOH][C_2H_5OH]} = \frac{\frac{1.5}{V}\text{mol/L} \times \frac{1.0}{V}\text{mol/L}}{\frac{1.0}{V}\text{mol/L} \times \frac{2.0}{V}\text{mol/L}} = 0.75$$

この計算値は，真の平衡定数4.0よりも小さいので平衡は右向きに移動する。

3章 電解質水溶液の平衡 〈p.89〜90〉

❶ ①電離平衡　②$\frac{[CH_3COO^-][H^+]}{[CH_3COOH]}$　③電離定数　④$6.0 \times 10^{-3}$　⑤$1.8 \times 10^{-5}$　⑥2.7

❷ (1)右　(2)左　(3)左　(4)左　(5)右　(6)移動しない　　❸ ア，ウ，オ

❹ (1)2.9　(2)11.1　(3)0.5

❺ ①電離平衡　②強電解質(塩)　③大き　④大き　⑤酢酸イオン(CH_3COO^-)　⑥左　⑦中和　⑧右　⑨緩衝溶液

❻ (1)4.4　(2)4.7　　　　❼ ①小さ　②溶解度積　③大き　④大き

解き方

❶ ④ $[H^+] = c\alpha$ より
$$\alpha = \frac{[H^+]}{c} = \frac{3.0 \times 10^{-3}}{0.50} = 6.0 \times 10^{-3}$$
⑤ $K_a = \frac{[CH_3COO^-][H^+]}{[CH_3COOH]} = \frac{c\alpha \times c\alpha}{c(1-\alpha)} = \frac{c\alpha^2}{1-\alpha}$

$1 - \alpha ≒ 1$ と近似できるから,
$K_a ≒ c\alpha^2 = 0.50 \times (6.0 \times 10^{-3})^2$
$= 1.8 \times 10^{-5}\,\text{mol/L}$

⑥ $[H^+] = \sqrt{cK_a} = \sqrt{0.20 \times 1.8 \times 10^{-5}}$
$= \sqrt{36 \times 10^{-7}} = 6 \times 10^{-\frac{7}{2}}\,\text{mol/L}$
$\text{pH} = -\log[H^+] = -\log(3 \times 2 \times 10^{-\frac{7}{2}})$
$= 3.5 - \log 3 - \log 2 = 2.72 ≒ 2.7$

❷ (1) OH^- が減少し,OH^- の増加方向(右)へ。
(2) OH^- が増加し,OH^- の減少方向(左)へ。
(3) NH_3 の水への溶解度が減る。つまり,NH_3 の増加方向(左)へ。
(4) NH_4^+ が増加し,NH_4^+ の減少方向(左)へ。
(5) H_2O が増加し,H_2O の減少方向(右)へ。
(6) Na^+,Cl^- は共通イオンではないから,平衡は移動しない。

❸ ア:弱酸の電離度は,濃度が小さいほど大きくなる。
$$\alpha = \sqrt{\frac{K_a}{c}}$$
ウ:$[H^+] = c\alpha = c \times \sqrt{\frac{K_a}{c}} = \sqrt{cK_a}$

水素イオン濃度は,モル濃度と電離定数の積の平方根に等しい。

オ:2価の弱酸では,第一段の電離度 α_1 のほうが,第二段の電離度 α_2 よりもかなり大きい。

❹ (1) $[H^+] = c\alpha = 0.10 \times 0.013 = 1.3 \times 10^{-3}\,\text{mol/L}$
$\text{pH} = -\log(1.3 \times 10^{-3}) = 3 - \log 1.3 ≒ 2.9$

(2) $[OH^-] = c\alpha = 0.060 \times 0.020$
$= 1.2 \times 10^{-3} = 12 \times 10^{-4}\,\text{mol/L}$
$[H^+] = \frac{1.0 \times 10^{-14}}{12 \times 10^{-4}} = \frac{1}{12} \times 10^{-10}\,\text{mol/L}$
$\text{pH} = -\log\left(\frac{1}{12} \times 10^{-10}\right)$
$= 10 - \log\frac{1}{12}$
$= 10 + \log 12$
$= 10 + 2\log 2 + \log 3$
$≒ 11.1$

(3) 混合溶液は酸性なので,$[H^+]$ を求める。
$[H^+] = \left(1.0 \times \frac{100}{1000} - 1.0 \times \frac{50}{1000}\right) \times \frac{1000}{150}$
$= \frac{1}{3}\,\text{mol/L}$
$\text{pH} = -\log(3^{-1}) = \log 3 = 0.48$

❺ ④ 酢酸水溶液に酢酸ナトリウムを加えると,酢酸ナトリウムの電離で生じたCH_3COO^-の**共通イオン効果**により,酢酸の電離平衡が左に移動して,水溶液中の$[H^+]$が減少する。つまり,溶液のpHは混合前に比べて大きくなる。

❻ (1) $K_a = \frac{[CH_3COO^-][H^+]}{[CH_3COOH]}$ より,
$$[H^+] = K_a \times \frac{[CH_3COOH]}{[CH_3COO^-]}$$
混合後の
$[CH_3COOH] = \frac{0.40}{2} = 0.20\,\text{mol/L}$
$[CH_3COO^-] = \frac{0.20}{2} = 0.10\,\text{mol/L}$
$[H^+] = 1.8 \times 10^{-5} \times \frac{0.20}{0.10} = 3.6 \times 10^{-5}\,\text{mol/L}$
$\text{pH} = -\log(2^2 \times 3^2 \times 10^{-6}) = 6 - 2\log 2 - 2\log 3$
$= 4.44 ≒ 4.4$

(2) $CH_3COOH + OH^- \longrightarrow CH_3COO^- + H_2O$ の中和反応が起こる。中和後において,
$[CH_3COOH] = (0.40 \times 1 - 0.10) \times \frac{1}{2} = 0.15\,\text{mol/L}$
$[CH_3COO^-] = (0.20 \times 1 + 0.10) \times \frac{1}{2} = 0.15\,\text{mol/L}$
$[H^+] = 1.8 \times 10^{-5} \times \frac{0.15}{0.15} = 1.8 \times 10^{-5}\,\text{mol/L}$
$\text{pH} = -\log(2 \times 3^2 \times 10^{-6}) = 6 - \log 2 - 2\log 3$
$= 4.74 ≒ 4.7$

❼ 硫化水素の電離平衡は,次式で表される。
$$H_2S \rightleftharpoons 2H^+ + S^{2-} \cdots\cdots ①$$
酸性が強くなると,①式の平衡は左へ移動して$[S^{2-}]$は小さくなる。
塩基性が強くなると,①式の平衡は右へ移動して$[S^{2-}]$は大きくなる。
CuSの溶解度積は,FeSの溶解度積に比べてかなり小さい。したがって,$[S^{2-}]$の小さい酸性溶液中でも$[Cu^{2+}][S^{2-}]$の値がCuSのK_{sp}より大きくなり,CuSの沈殿を生じる。しかし,$[Fe^{2+}][S^{2-}]$の値はFeSのK_{sp}に達せず,FeSは沈殿しない。溶液のpHを大きくしていくと$[S^{2-}]$がしだいに大きくなる。すると,$[Fe^{2+}][S^{2-}]$の値がFeSのK_{sp}より大きくなり,FeSの沈殿を生じるようになる。

定期テスト対策問題

⟨p.91~93⟩

1

①	減少	②	生成物	③	濃度	④	衝突回数
⑤	温度	⑥	熱運動	⑦	活性化エネルギー	⑧	圧力
⑨	表面積	⑩	小さく				

2

問1	c	問2	0.33倍	問3	c	問4	c	問5	イ

3

①	オ	②	カ	③	エ	④	ア	⑤	ウ

4

①	イ	②	ア	③	イ	④	ウ	⑤	ア	⑥	ウ

5

問1	0.20 mol	問2	1.6×10^{-2} mol/L	問3	64	問4	右

6

問1	発熱反応	理由	低温ほどCの生成量が増加するので、右向きへの反応が発熱反応となる。
問2	ア	理由	高圧ほどCの生成量が増加するので、右向きへの反応で気体の分子数が減少する。

7

10.6

8

①	白	②	1.0×10^{-8}	③	赤褐	④	1.0×10^{-4}	⑤	1.0×10^{-6}

解き方

1 気体どうしの反応では、圧力を高くすると反応物の濃度が大きくなるので、分子どうしの衝突回数が増加し、反応速度は大きくなる。
固体の関与する反応では、粉末にするとその表面積が大きくなり、反応物どうしの衝突回数が増加して反応速度は大きくなる。
触媒を使うと、活性化エネルギーの小さい別の経路で反応が進むようになり、反応速度が増加する。
触媒には、反応熱や平衡定数(平衡状態)を変える作用はない。

2 問1 反応速度は、各曲線上にとった2点の傾きで表される。たとえば、反応開始から1分間を考えた場合、2点の傾きが最も大きいのはcである。

問2 はじめの濃度1.0 mol/Lが$\frac{1}{2}$になる時間を比較すると、aは3分、cは1分なので、分解速度は$\frac{1}{3}$≒0.33倍となる。

問3 dのはじめの濃度はa~cの$\frac{1}{2}$であるが、dの濃度が$\frac{1}{2}$になる時間は1分後であるから、cと同一温度となる。

問4 a~cはすべて初濃度が1.0 mol/Lなので、高温ほど分解速度は大きい。

問5 高温になるほど、反応物の粒子のエネルギー分布曲線が高エネルギー方向にずれ、活性化エネルギーを上回るエネルギーをもった分子の割合が増加するため、反応速度が大きくなる。

3 ① 特別な光化学反応では、光エネルギーを吸収すると活性化状態となり、反応が進行する。

② MnO_2のほか、Fe^{3+}もH_2O_2の分解反応の触媒となる。

③ 亜鉛(固体)の表面積が大きいほど、反応物の粒子の衝突回数が多く、反応速度は増大する。

⑤ 同濃度の塩酸(強酸)と、酢酸(弱酸)とを比較すると、塩酸のほうがH^+の濃度が大きく、Znとの反応速度も大きい。

4 ① 気体分子の総数の減少する方向(右)へ。

② 吸熱反応の方向(左)へ。

③ SO_3を生成する方向(右)へ。

④ 触媒は、平衡を移動させない。

⑤ 全圧を一定に保ちながら、平衡には無関係なN_2ガスを加えていくと、気体の体積はしだいに増加する。平衡に関係する各気体の分圧は減少し、気体分子の総数の増加する方向(左)へ。

⑥ 体積一定で、平衡に無関係なN_2ガスを加えても、平衡に関係する各気体の分圧は一定である。よって、平衡は移動しない。

5 問1 $H_2 + I_2 \rightleftharpoons 2HI$
グラフより、平衡状態におけるH_2は0.20 molであり、反応式のH_2とI_2の係数は等しいので、I_2も0.20 molである。

問2 反応式の係数比より、HIの生成量は、H_2の減少量の2倍である。平衡状態におけるHIの物質量は、$(1.0 - 0.20) \times 2 = 1.6$ mol
よって、HIのモル濃度は、

$$[HI] = \frac{1.6}{100} = 1.6 \times 10^{-2} \text{ mol/L}$$

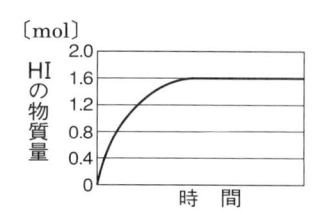

問3 平衡状態における各物質のモル濃度を求め，平衡定数の式に代入すると，
$$K = \frac{[HI]^2}{[H_2][I_2]} = \frac{\left(\frac{1.6}{100} \text{mol/L}\right)^2}{\left(\frac{0.20}{100} \text{mol/L}\right)^2} = 64$$

問4 H_2 と HI を加えたことにより，H_2 は 0.40 mol，I_2 は 0.20 mol，HI は 2.0 mol となる。これらを平衡定数の式へ代入すると，
$$\frac{\left(\frac{2.0}{100} \text{mol/L}\right)^2}{\left(\frac{0.40}{100} \text{mol/L}\right) \times \left(\frac{0.20}{100} \text{mol/L}\right)} = \frac{2.0^2}{0.40 \times 0.20} = 50$$

真の平衡定数は問3で求めた64なので，反応はさらに右向きに進み，新たな平衡状態となる。

6 問1 温度が高いほど，Cの体積百分率は小さくなっている。発熱反応では，低温ほど右向きの反応が進み，Cの生成量が大きくなる。

問2 圧力が大きいほど，Cの体積百分率は大きくなっている。反応の前後で気体分子の総数が変わる場合，圧力が高くなると，気体分子の総数が減少する方向へ平衡が移動する。

7 溶解したアンモニアの物質量を n [mol] とすると，気体の状態方程式より，
$1.0 \times 10^5 \times 0.248 = n \times 8.3 \times 10^3 \times 298$
$n ≒ 1.0 \times 10^{-2}$ mol

これが 1 L の水に溶解しているので，
$[NH_3] = 1.0 \times 10^{-2}$ mol/L

電離平衡に達したときの水酸化物イオンの濃度を x [mol/L] とすると，
$[NH_3] = (1.0 \times 10^{-2} - x)$ mol/L
$[NH_4^+] = x$ mol/L
$[OH^-] = x$ mol/L

これをアンモニアの電離定数の式に代入すると，
$$\frac{x^2}{1.0 \times 10^{-2} - x} = 1.6 \times 10^{-5}$$

アンモニアは弱塩基なので，
$1.0 \times 10^{-2} - x ≒ 1.0 \times 10^{-2}$
とみなせるから，
$x^2 = 16 \times 10^{-8}$
よって，$x = 4 \times 10^{-4}$

$[H^+][OH^-] = 1.0 \times 10^{-14}$ より，
$[H^+] = \frac{1}{4} \times 10^{-10} = 2^{-2} \times 10^{-10}$ mol/L

pH $= -\log(2^{-2} \times 10^{-10}) = 10 + 2\log 2 = 10.6$

8 水溶液中に存在する陽イオンと陰イオンの濃度の積が，溶解度積 K_{sp} をこえると，その沈殿が生成する。

AgCl が沈殿しはじめるとき，
$[Ag^+][Cl^-] = 1.0 \times 10^{-10}$ mol^2/L^2 の関係式に
$[Cl^-] = 1.0 \times 10^{-2}$ mol/L を代入すると，
$[Ag^+] = 1.0 \times 10^{-8}$ mol/L となる。

Ag_2CrO_4 が沈殿しはじめるとき，
$[Ag^+]^2[CrO_4^{2-}] = 3.0 \times 10^{-12}$ mol^3/L^3 の関係式に
$[CrO_4^{2-}] = 3.0 \times 10^{-4}$ mol/L を代入すると，
$[Ag^+]^2 = \frac{3.0 \times 10^{-12}}{3.0 \times 10^{-4}} = 1.0 \times 10^{-8}$ mol^2/L^2
$[Ag^+] = 1.0 \times 10^{-4}$ mol/L

よって，先に沈殿するのは AgCl，後に沈殿するのは Ag_2CrO_4 である。

⑤ Ag_2CrO_4 が沈殿しはじめたとき，溶液中には AgCl の沈殿が存在するから，
AgCl (固) $\rightleftarrows$ Ag^+ + Cl^-
の溶解平衡が成立し，
$[Ag^+][Cl^-] = 1.0 \times 10^{-10}$ mol^2/L^2
の関係式が成立する。

ここへ，$[Ag^+] = 1.0 \times 10^{-4}$ mol/L を代入すると，
$[Cl^-] = \frac{1.0 \times 10^{-10}}{1.0 \times 10^{-4}} = 1.0 \times 10^{-6}$ mol/L

（$AgNO_3$ を加える前に比べて，$[Cl^-]$ は 1.0×10^{-4} 倍になっており，AgCl はほぼ沈殿し終わったとみなすことができる。）

第4編 無機物質

練習問題

1章 非金属元素の性質 〈p.110〜111〉

1 (1) a, b, d (2) c (3) e, f, g (4) f (5) g

2 (1) $MnO_2 + 4HCl \longrightarrow MnCl_2 + 2H_2O + Cl_2$

(2) ①塩化水素 ②濃硫酸 ③下方

3 ①サ ②イ ③カ ④コ ⑤ク ⑥キ ⑦ア ⑧ウ

(1) $S + O_2 \longrightarrow SO_2$ (2) $Cu + 2H_2SO_4 \longrightarrow CuSO_4 + 2H_2O + SO_2$

(3) $FeS + H_2SO_4 \longrightarrow FeSO_4 + H_2S$

4 イ

5 ウ, オ

6 (1) エ, (a) (2) イ, (d) (3) オ, (f) (4) ア, (a)

解き方

1 典型元素；H, a, b, d, e, f, g
遷移元素；c
金属元素；a, b, c, d
非金属元素；H, e, f, g

aはアルカリ金属で，1価の陽イオンになりやすい。
fはハロゲンで，1価の陰イオンになりやすい。
gは希ガスで，安定な単原子分子の気体であり，陽イオンにも陰イオンにもなりにくい。

(1) 典型金属元素は，金属元素から遷移元素を除いたものである。

2 (1) 酸化マンガン(Ⅳ)は酸化剤としてはたらき，自身は還元されて塩化マンガン(Ⅱ)となる。一方，塩化水素は酸化されて塩素が発生する。

(2) 濃塩酸を加熱しているので，塩素とともに塩化水素も発生する。まず，水に通して水に溶けやすい塩化水素を吸収させて除く。次に，乾燥剤としてはたらく濃硫酸に通して水分を除く。
塩素は水に溶けやすく，空気より重い気体なので下方置換で捕集する。

3 二酸化硫黄SO_2は無色・刺激臭のある有毒な気体で，硫黄を燃焼させるか，銅に熱濃硫酸(酸化剤)を作用させると発生する。
濃硫酸には，水分を吸収する**吸湿性**や，有機化合物から水素原子と酸素原子を水の形で奪う**脱水作用**がある。スクロース(ショ糖)に濃硫酸を滴下すると脱水が起こり，黒色の炭素が遊離する。
硫化水素(H_2S)は無色・腐卵臭のある有毒な気体で，硫化鉄(Ⅱ)に希硫酸や希塩酸を加えてつくる。

4 ア：Alと不動態を形成するのは濃硝酸である。
ウ：塩酸には酸化作用はない。
エ：光で分解しやすいのは濃硝酸である。
オ：濃硫酸のみ不揮発性の酸である。

5 イ：ケイ素は半導体としての性質があり，ダイヤモンドよりいくぶん電気を通す。
ウ：炭素には，ダイヤモンド，黒鉛のほかに，フラーレン，カーボンナノチューブ，グラフェンなどの同素体が発見されている。
オ：二酸化炭素は酸性酸化物であるため，水酸化ナトリウムと反応するが，一酸化炭素は酸性酸化物ではなく，水酸化ナトリウムとは反応しない。

6 気体の発生方法については，加熱するかどうかと試薬が固体か液体かで判断する。捕集方法は，発生した気体が水に溶けるかどうか，空気より重いか軽いかによって判断する。

(1) $NaCl + H_2SO_4 \longrightarrow NaHSO_4 + HCl$
(2) $Zn + H_2SO_4 \longrightarrow ZnSO_4 + H_2$
(3) $2NH_4Cl + Ca(OH)_2 \longrightarrow CaCl_2 + 2NH_3 + 2H_2O$
(4) $Cu + 2H_2SO_4 \longrightarrow CuSO_4 + SO_2 + 2H_2O$

加熱の必要な反応は，固体どうしを加熱する(3)，濃硫酸を使う(1)，(4)である。このほか，
$MnO_2 + 4HCl \longrightarrow MnCl_2 + 2H_2O + Cl_2$
のように，酸化マンガン(Ⅳ)を触媒ではなく，酸化剤として使用するときも加熱が必要となる。

(1)塩化水素…加熱が必要，下方置換
(2)水素…水に溶けない，水上置換
(3)アンモニア…加熱が必要，上方置換
(4)二酸化硫黄…加熱が必要，下方置換

2章 金属元素の性質 〈p.120~121〉

❶ (1) K, Na, Li　(2) Li, Na, K　(3) Li…赤, Na…黄, K…赤紫　(4) 融解塩電解
(5) 空気中の水分や酸素と反応するのを防ぐため。

❷ ① エ　② ク　③ ソ　④ ウ　⑤ ス　⑥ サ　⑦ オ

❸ (1) Ⓐ $2Al + 2NaOH + 6H_2O \longrightarrow 2Na[Al(OH)_4] + 3H_2$
Ⓑ $Al^{3+} + 3OH^- \longrightarrow Al(OH)_3$
Ⓒ $Al(OH)_3 + OH^- \longrightarrow [Al(OH)_4]^-$
Ⓓ $Al(OH)_3 + 3H^+ \longrightarrow Al^{3+} + 3H_2O$
(2) 濃硝酸に浸すと、アルミニウムが不動態になるから。
(3) ① 両性水酸化物　② $Zn(OH)_2$, $Pb(OH)_2$, $Sn(OH)_2$ などから1つ

❹ (1) CaO, ア　(2) $Ca(OH)_2$, オ　(3) $CaCO_3$, ウ　(4) $CaCl_2$, エ

❺ ① エ　② ア　③ オ　④ イ　⑤ ウ

[解き方]

❶ (1) アルカリ金属の単体の融点は、原子番号が大きいものほど低くなる。これは原子番号が大きいほど、価電子がより外側の電子殻に存在し、原子半径が大きくなることにより、金属結合が弱くなるためである。したがって、
K(64℃) < Na(98℃) < Li(181℃)
(2) アルカリ金属のイオン化エネルギーは、原子番号が大きくなるほど小さくなり、単体の反応性も大きくなる。したがって、
K > Na > Li
(5) アルカリ金属の単体は、直ちに空気中の水分や酸素と反応して、それぞれの水酸化物と酸化物に変化する。

❷ A : $NaCl + NH_3 + CO_2 + H_2O \longrightarrow NaHCO_3 + NH_4Cl$
生成物のNH_4Clと$NaHCO_3$の水への溶解度は、$NaHCO_3$の方が小さい。
B : $2NaHCO_3 \longrightarrow Na_2CO_3 + CO_2 + H_2O$
C : $CaCO_3 \longrightarrow CaO + CO_2$
B, Cの反応の生成物のうち、再利用される①はCO_2である。
D : $CaO + H_2O \longrightarrow Ca(OH)_2$
$2NH_4Cl + Ca(OH)_2 \longrightarrow CaCl_2 + 2NH_3 + 2H_2O$
NH_4Cl(弱塩基の塩)に$Ca(OH)_2$(強塩基)を加えて加熱すると、NH_3(弱塩基)が追い出されて、$CaCl_2$(強塩基の塩)が生成する。

❸ Al(両性元素)、Al_2O_3(両性酸化物)、$Al(OH)_3$(両性水酸化物)は、酸の水溶液にも水酸化ナトリウム水溶液にも溶ける。亜鉛も同様である。
アルミニウムの単体、酸化物、水酸化物はいずれも酸(塩酸、硫酸など)、強塩基(NaOH水溶液など)と反応して溶ける。このとき、いずれの場合にも、$AlCl_3$, $Al_2(SO_4)_3$, $Na[Al(OH)_4]$という塩が生成することを押さえておくと反応式がつくりやすい。
(2) Al, Fe, Niなどの金属は、濃硝酸中では表面に緻密な酸化被膜を生じ、内部を保護するため反応しない。このような状態を**不動態**という。

❹ (1) $CaO + H_2O = Ca(OH)_2 + 63 kJ$
のように生石灰(酸化カルシウム)は水分を吸収すると多量の熱を発生しながら、水酸化カルシウムに変化する。
(2) 消石灰(水酸化カルシウム)は白色の粉末で、水に少し溶けて強い塩基性を示す。
(3) $CaCO_3 + H_2O + CO_2 \rightleftarrows Ca(HCO_3)_2$
のように、石灰石(炭酸カルシウム)は二酸化炭素を含んだ水に可溶性の炭酸水素カルシウムになって溶ける。
(4) 塩化カルシウムは水に溶けやすく、潮解性のある白色の固体で、乾燥剤に用いられる。

❺ ① NaCl水溶液を電気分解すると、陽極にCl_2、陰極にH_2とNaOHが生成する。
② NaOH水溶液にCO_2を通じると中和反応が起こる。
$2NaOH + CO_2 \longrightarrow Na_2CO_3 + H_2O$
③ **アンモニアソーダ法(ソルベー法)の主反応。**
$NaCl + NH_3 + CO_2 + H_2O \longrightarrow NaHCO_3 + NH_4Cl$
④ $NaHCO_3$とHClとの中和反応である。
⑤ $NaHCO_3$を加熱すると容易に熱分解する。
$2NaHCO_3 \longrightarrow Na_2CO_3 + CO_2 + H_2O$
(ただし、Na_2CO_3は容易に熱分解はしない。)

3章 遷移元素の性質 〈p.133〉

1 ①Na ②Al ③Fe ④Au ⑤Cu

2 (1)①赤鉄鉱 ②空気 ③一酸化炭素 ④銑鉄 ⑤鋼 ⑥二酸化ケイ素 ⑦スラグ

(2) $Fe_2O_3 + 3CO \longrightarrow 2Fe + 3CO_2$

3 沈殿A：白色・AgCl　沈殿B：黒色・CuS　沈殿F：赤褐色・$Fe(OH)_3$

ろ液D：$[Zn(NH_3)_4]^{2+}$　ろ液E：$[Al(OH)_4]^-$

解き方

1 ① アルカリ金属のNaが該当する。

② NaOH水溶液に溶けることから，両性元素。そのうち，濃硝酸と不動態をつくるのはAl。

③ 希塩酸に溶けることから，イオン化傾向が水素H_2よりも大きい金属。そのうち，濃硝酸と不動態をつくるから，Fe。

④ 酸化力をもつ硝酸にも溶けず，王水にしか溶けないので，イオン化傾向の小さいAu。

⑤ 希塩酸や希硫酸に溶けないことから，イオン化傾向が水素H_2よりも小さい金属。そのうち，酸化力のある酸に溶けることから，Cu。

2 コークスの主成分Cが燃焼してCO_2になる。CO_2が高温のCに触れると，COが生成する。このCOによって，$Fe_2O_3 \rightarrow Fe_3O_4 \rightarrow FeO$と段階的に還元され，最終的にFeとなる。

石灰石$CaCO_3$は熱分解してCaOとなり，鉄鉱石中の不純物SiO_2と反応してスラグとなり，銑鉄の上に浮かび，銑鉄の酸化を防ぐ。

$CaO + SiO_2 \longrightarrow CaSiO_3$

3 塩酸で沈殿するのは，Ag^+（AgCl）。次に，酸性で硫化水素を通しているので，Cu^{2+}（CuS）が沈殿B。Fe^{3+}はH_2Sにより還元されFe^{2+}になっているので，HNO_3（酸化剤）を加えてもとのFe^{3+}に戻している。続いて，過剰にアンモニア水を加えると，Zn^{2+}は$[Zn(NH_3)_4]^{2+}$となって溶け，ろ液Dとなるが，Al^{3+}とFe^{3+}はそれぞれ水酸化物の$Al(OH)_3$，$Fe(OH)_3$として沈殿する。ここへ過剰の水酸化ナトリウム水溶液を加えると，$Fe(OH)_3$の沈殿Fと$[Al(OH)_4]^-$のろ液Eに分かれる。

$Al(OH)_3 + OH^- \longrightarrow [Al(OH)_4]^-$

定期テスト対策問題

⟨p.134~136⟩

1

(1)	$MnO_2 + 4HCl \longrightarrow MnCl_2 + 2H_2O + Cl_2$			(2)	イ
(3)	A	ウ	B	イ	
(4)	塩素は水に溶け，空気より重いため。				

2

①	エ	②	ウ	③	エ	④	イ	⑤	ア

3

(1)	①	NO	②	赤褐	③	NO_2	④	オストワルト法
(2)	Ⓐ	白金	Ⓑ	$2NO + O_2 \longrightarrow 2NO_2$	Ⓒ	$3NO_2 + H_2O \longrightarrow 2HNO_3 + NO$		

4

(1)	塩化ナトリウム	炭酸カルシウム	(2)	A	$NaHCO_3$	B	Na_2CO_3
(3)	1	$NaCl + NH_3 + H_2O + CO_2 \longrightarrow NaHCO_3 + NH_4Cl$					
	3	$2NH_4Cl + Ca(OH)_2 \longrightarrow CaCl_2 + 2H_2O + 2NH_3$					

5

(1)	①	ベリリウム	②	マグネシウム	③	アルカリ土類金属
	④	二酸化炭素	⑤	炭酸カルシウム	⑥	炭酸水素カルシウム
(2)	$CaCO_3 + CO_2 + H_2O \longrightarrow Ca(HCO_3)_2$		※(1)の①，②は順不同			

6

(1)	記号	ウ	反応式	$Cu(OH)_2 + 4NH_3 \longrightarrow [Cu(NH_3)_4]^{2+} + 2OH^-$
(2)	記号	オ	反応式	$BaCl_2 + Na_2SO_4 \longrightarrow BaSO_4 + 2NaCl$
(3)	記号	ア	反応式	$AgNO_3 + HCl \longrightarrow AgCl + HNO_3$
(4)	記号	イ	反応式	$ZnSO_4 + 2NaOH \longrightarrow Na_2SO_4 + Zn(OH)_2$

7

①	分子式	CO_2	性質	イ	②	分子式	NO_2	性質	エ
③	分子式	NO	性質	ウ	④	分子式	NH_3	性質	ア
⑤	分子式	H_2	性質	カ	⑥	分子式	HCl	性質	オ

8

(1)	b	化学式	$BaSO_4$	色	白色	c	化学式	CuS	色	黒色
	d	化学式	$Fe(OH)_3$	色	赤褐色					
(2)	A	イオン式	$[Ag(NH_3)_2]^+$	色	無色	B	イオン式	$[Cu(NH_3)_4]^{2+}$	色	深青色
(3)	K^+		C			Al^{3+}			C	

解き方

1 丸底フラスコ中では，生成する塩素のほかに塩化水素，水蒸気が発生すると考えられる。したがって，洗気びんAに水を入れて塩化水素を除き，洗気びんBに濃硫酸を入れて水蒸気を除く。

2 ①希硫酸の強酸としての性質。
②熱濃硫酸の酸化作用により，銅を酸化して溶かす。
③弱酸の塩に強酸を作用させると，強酸の塩が生成し，弱酸が遊離する。
④スクロース(ショ糖)から水素原子と酸素原子を2：1，つまり水の形で奪っている。これを脱水作用という。
⑤揮発性の酸の塩に不揮発性の硫酸を作用させ，揮発性の塩化水素を発生させている。

3 硝酸の工業的製法は，**オストワルト法**とよばれ，以下のようなものである。
アンモニアを白金触媒を用いて空気で酸化し，一酸化窒素とする。
$$4NH_3 + 5O_2 \xrightarrow{(Pt)} 4NO + 6H_2O$$
一酸化窒素を空気中の酸素で酸化して二酸化窒素とする。
$$2NO + O_2 \longrightarrow 2NO_2$$
二酸化窒素を水と反応させて硝酸をつくる。
(このとき副生する一酸化窒素は1つ前の反応を繰り返して，すべて硝酸にする。)
$$3NO_2 + H_2O \longrightarrow 2HNO_3 + NO$$
これらの式をまとめると，
$$NH_3 + 2O_2 \longrightarrow HNO_3 + H_2O$$

4 ①…$NaCl + NH_3 + CO_2 + H_2O \longrightarrow NaHCO_3 + NH_4Cl$

②…$2NaHCO_3 \longrightarrow Na_2CO_3 + H_2O + CO_2$

③…$2NH_4Cl + Ca(OH)_2 \longrightarrow CaCl_2 + 2H_2O + 2NH_3$

④…$CaO + H_2O \longrightarrow Ca(OH)_2$

⑤…$CaCO_3 \longrightarrow CaO + CO_2$

これら5つの式を①×2+②+③+④+⑤としてまとめると，

$2NaCl + CaCO_3 \longrightarrow Na_2CO_3 + CaCl_2$

という反応式が得られる。

この式から，原料はNaCl(塩化ナトリウム)とCaCO₃(炭酸カルシウム)，製品はNa₂CO₃(炭酸ナトリウム)とCaCl₂(塩化カルシウム)であることが分かる。

その他のH₂O，NH₃，CO₂などは循環されることから，原料とはみなされない。

5 周期表の2族元素のうち，Be，Mgを除く4元素をアルカリ土類金属という。

下線部の反応により，石灰岩層に空洞(鍾乳洞)ができる。また，この反応には逆反応が存在し，その反応によって，鍾乳石や石筍ができる。

石灰水に二酸化炭素を吹き込むと，まず，炭酸カルシウムの白色沈殿を生じるが，さらに二酸化炭素を通すと，下線部の反応が起こり，無色透明な溶液になる。

$Ca(OH)_2 + CO_2 \longrightarrow CaCO_3 + H_2O$

$CaCO_3 + CO_2 + H_2O \rightleftarrows Ca(HCO_3)_2$

6 (1) 青色系の沈殿や溶液なのでCu²⁺である。

$Cu^{2+} \xrightarrow{NH_3水} Cu(OH)_2 (青白色)$

$Cu(OH)_2 \xrightarrow{NH_3水} [Cu(NH_3)_4]^{2+} (深青色)$

(2) 黄緑色の炎色反応よりBa²⁺。下線部の反応で生じるBaSO₄は，水にも酸にも溶けないので，X線撮影の造影剤として用いられる。

(3) $Ag^+ \xrightarrow{NH_3水} Ag_2O (褐色)$

$Ag_2O \xrightarrow{NH_3水} [Ag(NH_3)_2]^+ (無色)$

Fe³⁺もアンモニア水で赤褐色の沈殿Fe(OH)₃を生じるが，塩化物は沈殿しない。

(4) Zn²⁺にアンモニア水を加えると水酸化亜鉛の白色沈殿を生じる。これに，さらに過剰のアンモニアを加えると沈殿は溶ける。

$Zn^{2+} + 2OH^- \longrightarrow Zn(OH)_2$

$Zn(OH)_2 + 4NH_3 \longrightarrow [Zn(NH_3)_4]^{2+} + 2OH^-$

また，Zn²⁺は中・塩基性条件で硫化水素を加えると，硫化亜鉛の白色沈殿を生じる。

$Zn^{2+} + H_2S \longrightarrow ZnS + 2H^+$

7 ① $CaCO_3 + 2HCl \longrightarrow CaCl_2 + H_2O + CO_2\uparrow$

CO₂は地球温暖化の原因となる物質。

② $Cu + 4HNO_3 \longrightarrow Cu(NO_3)_2 + 2H_2O + 2NO_2\uparrow$

NO₂は赤褐色の気体で，水に溶けて硝酸となる。

③ $3Cu + 8HNO_3 \longrightarrow 3Cu(NO_3)_2 + 4H_2O + 2NO\uparrow$

無色の気体で，赤褐色のNO₂に変化しやすい。

④ $2NH_4Cl + Ca(OH)_2 \longrightarrow CaCl_2 + 2H_2O + 2NH_3\uparrow$

NH₃は塩基性を示す唯一の気体。

⑤ $Zn + H_2SO_4 \longrightarrow ZnSO_4 + H_2\uparrow$

無色の気体で，密度が最も小さい。

⑥ $NaCl + H_2SO_4 \longrightarrow NaHSO_4 + HCl\uparrow$

無色・刺激臭の気体で，水溶液は塩酸(強酸)。

8 操作1；$Ag^+ + Cl^- \longrightarrow AgCl\downarrow$(白色)

操作2；$AgCl + 2NH_3 \longrightarrow [Ag(NH_3)_2]^+ (無色) + Cl^-$

操作3；$Ba^{2+} + SO_4^{2-} \longrightarrow BaSO_4\downarrow$(白色)

操作4；$Cu^{2+} + S^{2-} \longrightarrow CuS\downarrow$(黒色)

操作5；CuSを酸化力のある酸でCu²⁺とし，

$Cu^{2+} + 4NH_3 \longrightarrow [Cu(NH_3)_4]^{2+}$(深青色)

操作6；Fe³⁺は操作4でH₂Sを通じた際に還元されてFe²⁺になっている。これに硝酸を加えて酸化して，もとのFe³⁺に戻している。

$Fe^{3+} + 3OH^- \longrightarrow Fe(OH)_3\downarrow$(赤褐色)

Zn²⁺にNaOH水溶液を少量加えると，Zn(OH)₂の白色沈殿を生じるが，過剰にNaOH水溶液を加えると溶解する。

$Zn^{2+} + 4OH^- \longrightarrow [Zn(OH)_4]^{2-}$(無色)

同様に，Al³⁺も過剰のNaOH水溶液には白色沈殿をつくらずに溶解する。

$Al^{3+} + 4OH^- \longrightarrow [Al(OH)_4]^-$(無色)

第5編 有機化合物

練習問題

1章 有機化合物の特徴 〈p.146〉

1 CH$_3$–CH$_2$–CH$_2$–CH$_2$–CH$_3$ CH$_3$–CH–CH$_2$–CH$_3$ CH$_3$–C(CH$_3$)$_2$–CH$_3$
                                                              |
                                                             CH$_3$

2 ① CH$_3$–CH$_2$Cl   ② CH$_2$Cl–CH$_2$Cl   ③ CH$_2$=CHCl   ④ ╋CH$_2$–CH$_2$╋$_n$

3 ① CaC$_2$+2H$_2$O ⟶ Ca(OH)$_2$+C$_2$H$_2$ ② CH$_2$=CH$_2$ ③ CH$_3$–CH$_3$
   ④ CH$_2$=CH–OH   ⑤ CH$_3$–CHO   ⑥ CH$_2$=CHCl   ⑦ CHBr=CHBr   ⑧ CHBr$_2$–CHBr$_2$

4 (1) イ (2) エ

解き方

1 炭素骨格のうち、最も長い部分を**主鎖**、短い炭素鎖で枝にあたる部分を**側鎖**という。異性体を考えるときは、主鎖の炭素数が多いものから書く。
C$_5$の場合、主鎖は炭素数3～5が考えられる。
(i) まず、直鎖状のものをかく。
　　C–C–C–C–C
(ii) 主鎖の炭素数を4とし、側鎖1つを両端以外の炭素につける。
　　C–C–C–C   C–C–C–C は、(i)と同じ。
　　　| |
　　　C   C
(iii) 主鎖の炭素数を3とし、側鎖2つを両端以外の炭素につける。
　　　　C
　　　　|
　　C–C–C
　　　　|
　　　　C

2 エチレンの二重結合は、結合力の強い結合とやや弱い結合からなる。エチレンに反応性が高い物質を作用させると、弱い方の結合が切れて単結合になる。このとき、各炭素原子に他の原子・原子団が新たに結合する。この反応を**付加反応**という。
① CH$_2$=CH$_2$ + HCl ⟶ CH$_3$–CH$_2$Cl
　　　　　　　　　　　　　　クロロエタン
② CH$_2$=CH$_2$ + Cl$_2$ ⟶ CH$_2$Cl–CH$_2$Cl
　　　　　　　　　　　　　　1,2-ジクロロエタン
③ CH$_2$Cl–CH$_2$Cl $\xrightarrow[\text{NaOHaq}]{\text{加熱}}$ CH$_2$=CHCl + HCl
　　1,2-ジクロロエタン　　　　　塩化ビニル
④ エチレン分子どうしが、付加を繰り返しながらつながり合う反応を**付加重合**といい、高分子のポリエチレンが生成する。

3 アセチレンには、三重結合が存在する。アセチレンもエチレンとほぼ同様に付加反応が起こるが、二段階の付加が特徴である。
アセチレンはHCl、CH$_3$COOHなどと付加反応してビニル化合物をつくる。
アセチレンに硫酸水銀(Ⅱ)を触媒として水を付加して生じたビニルアルコールは不安定で、H原子の分子内移動により、ただちにアセトアルデヒドに変わる。
CH≡CH + H-OH $\xrightarrow{\text{(HgSO}_4\text{)}}$ [CH$_2$=CHOH] ⟶ CH$_3$CHO
アセチレンに塩化水素が付加すると塩化ビニルを生じる。
CH≡CH + H-Cl ⟶ CH$_2$=CHCl
アセチレンに臭素(ハロゲン)は触媒なしで付加する。
CH≡CH + Br-Br ⟶ CHBr=CHBr
　　　　　　　　　　1,2-ジブロモエチレン
CHBr=CHBr + Br-Br ⟶ CHBr$_2$–CHBr$_2$
　　　　　　　　　　　　1,1,2,2-テトラブロモエタン

4 (1) 炭素原子と水素原子の数の比は、
$$C:H = \frac{85.7}{12} : \frac{14.3}{1.0} ≒ 1:2$$
よって、組成式はCH$_2$である。
(2) **A**は組成式および、臭素の赤褐色を脱色することから、**アルケン**である。アルケン1分子には臭素1分子が付加するから、
C$_n$H$_{2n}$ + Br$_2$ ⟶ C$_n$H$_{2n}$Br$_2$ より、
$$\frac{14n + 160}{14n} = 4.81$$
$n ≒ 3$
よって、**B**の分子式はC$_3$H$_6$Br$_2$である。

2章 酸素を含む有機化合物 〈p.158~159〉

① (1)ウ　(2)カ　(3)イ

② (1)ア, ウ, キ　(2)イ, オ　(3)ウ, オ, カ

③ A：C_2H_5COOH，プロピオン酸　　B：CH_3COOCH_3，酢酸メチル　　C：CH_3COOH，酢酸
　　D：CH_3OH，メタノール　　E：HCHO，ホルムアルデヒド　　F：HCOOH，ギ酸

④ (1)キ, ク　(2)ケ, コ　(3)ア, イ　(4)ウ

⑤ (1)①3価　②けん化　③セッケン　④疎水　⑤親水　⑥ミセル　⑦塩基
　　(2)ステアリン酸；$C_{17}H_{35}COOH$　オレイン酸；$C_{17}H_{33}COOH$

⑥ (1) A：$CH_3-CH_2-CH_2-CH_2-OH$　　B：$CH_3-CH-CH_2-OH$
　　　　　　　　　　　　　　　　　　　　　　　　　　　　　　　$|$
　　　　　　　　　　　　　　　　　　　　　　　　　　　　　　CH_3

　　C：$CH_3-CH-CH_2-CH_3$　　D：$CH_3-C(CH_3)(OH)-CH_3$　　E：$CH_3-CH(CH_3)-O-CH_3$
　　　　　　　$|$
　　　　　　OH

　　F：$CH_3-CH_2-CH_2-O-CH_3$　　G：$CH_3-CH_2-O-CH_2-CH_3$

　(2)水素　(3)アルデヒド　(4)鏡像異性体(光学異性体)

　(5) $CH_3CH_2CH_2CH_2OH + CH_3COOH \longrightarrow CH_3COOCH_2CH_2CH_2CH_3 + H_2O$　(6)エタノール

解き方

① (1) 1分子中に-OHを2個もつのは，ウのエチレングリコールである。
(2) -OHが結合したC原子に3個の炭化水素基が結合しているのは，カの2-メチル-2-プロパノールである。
(3) 酸化剤を用いて酸化するとアセトアルデヒドを生じるのは，イのエタノールである。

② (1) アルデヒド基-CHOをもつ化合物を選ぶ。
(2) ヒドロキシ基-OHをもつ化合物を選ぶ。
(3) $CH_3-\overset{O}{\underset{\|}{C}}-R$，$CH_3-\overset{OH}{\underset{|}{CH}}-R$の構造をもつ化合物を選ぶ。

③ Aは水に溶けて酸性を示すことからカルボン酸であり，プロピオン酸C_2H_5COOHである。Bはけん化されるということから，エステル(CH_3COOCH_3か$HCOOC_2H_5$のどちらか)である。また，銀鏡反応を示すカルボン酸Fはギ酸であることから，Dはメタノール，Eはホルムアルデヒドである。
また，BをNaOH水溶液で加水分解(けん化)すると，Cの塩とDを生じたことから，Cはカルボン酸の酢酸である。
よって，Bは酢酸とメタノールのエステル，すなわち，酢酸メチル(CH_3COOCH_3)である。

④ (1) 臭素の赤褐色を脱色するのは，炭素間に不飽和結合(C=C，C≡C結合)のあるものである。
(2) カルボキシ基-COOHをもつカルボン酸である。
(3) 酸化するとアルデヒドを生じるのは，第一級アルコールである。
(4) 酸化するとケトンを生じるのは，第二級アルコールである。

⑤ (1) セッケンRCOONaは，高級脂肪酸をNaOH水溶液で中和するか，油脂$(RCOO)_3C_3H_5$をNaOH水溶液でけん化すると得られる。
セッケン水は一定以上の濃度になると，数十〜百個程度の分子がミセルとよばれる集合体をつくる。
(2) 飽和脂肪酸の一般式は，$C_nH_{2n+1}COOH$で，ステアリン酸の炭素数は18であるから，$n=17$で示性式は$C_{17}H_{35}COOH$である。
オレイン酸は二重結合を1個含むので，飽和脂肪酸より水素原子が2個少ない$C_{17}H_{33}COOH$である。

⑥ (1) 酸化のようすから，A，Bは第一級アルコール，Cは第二級アルコール，Dは第三級アルコールである。また，E，F，Gは金属Naと反応しないので，エーテルである。
(3) A，Bは第一級アルコールなので，酸化されるとアルデヒドになる。
(4) 2-ブタノール$CH_3CH_2C^*H(OH)CH_3$には，不斉炭素原子C*が存在し，1対の鏡像異性体が存在する。
(5) アルコールとカルボン酸からエステルが生成する反応である。
(6) Gがジエチルエーテルであることから考える。
$2C_2H_5OH \xrightarrow{(H_2SO_4)} C_2H_5OC_2H_5 + H_2O$

3章 芳香族化合物 〈p.172~173〉

❶ イ

❷ (構造式：メトキシベンゼン、o-クレゾール、m-クレゾール、p-クレゾール)

❸ ①ウ ②カ ③エ ④オ ⑤イ ⑥ア

❹ (ア) C₆H₅–NH₂ (イ) C₆H₅–NO₂ (ウ) C₆H₅–N=N–C₆H₄–OH (エ) o-C₆H₄(COOCH₃)(OH)

❺ (1) 無水酢酸と水が反応して酢酸となり，アセチルサリチル酸の収量が減少するのを防ぐため。

(2) 過剰の無水酢酸を加水分解することにより，アセチルサリチル酸の結晶化を促すため。

(3) (サリチル酸) + (CH₃CO)₂O ⟶ (アセチルサリチル酸) + CH₃COOH

(4) 73%

❻ (1) (2,6-ジメチルフェノール、3,5-ジメチルフェノール、2,4-ジメチルフェノール) (2) エチルベンゼン (C₆H₅–CH₂CH₃)

❼ A：アニリン   B：安息香酸   C：フェノール   D：トルエン

〔解き方〕

❶ イのベンジルアルコールは，ベンゼン環に直接 –OH が結合しておらず，フェノール類ではない。

❷ ベンゼンの一置換体のエーテルと，二置換体のオルト，メタ，パラの 3 つの異性体がある。

❸ ①ベンゼンのスルホン化で，濃硫酸と加熱。
②ベンゼンスルホン酸のアルカリ融解で，NaOH の固体と融解状態（高温）で反応させる。
③ナトリウムフェノキシドの水溶液に二酸化炭素を通じると，フェノールが遊離する。
④ベンゼンとプロペンを付加させクメンにする。
⑤クメンを空気酸化して，クメンヒドロペルオキシドをつくる。
⑥これを希硫酸で分解すると，フェノールとアセトンが生成する。

❹ (1) ニトロ基 –NO₂ がアミノ基 –NH₂ へと還元。
(2) この反応では，濃硫酸は触媒として作用している。反応の主薬は濃硝酸で，反応名はニトロ化。
(3) アニリンのジアゾ化と，フェノールとのカップリングにより，赤橙色の p-ヒドロキシアゾベンゼンが得られる。
(4) エステル化により，サリチル酸メチルになる。

❺ (4) サリチル酸（分子量 138）1.0 g から生成するアセチルサリチル酸（分子量 180）を x 〔g〕とすると，

$$\frac{1.0}{138} = \frac{x}{180} \quad x ≒ 1.30\ \text{g}$$

したがって，収率は，$\dfrac{0.95}{1.30} \times 100 ≒ 73\ \%$

❻ 分子式 C₈H₁₀ の芳香族化合物には，次の①~④の構造異性体が存在する。

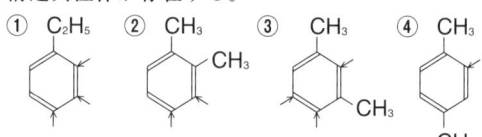

① エチルベンゼン ② o-キシレン ③ m-キシレン ④ p-キシレン

(1) ①~④のベンゼン環の H を –OH で置換した化合物の異性体数は，①は 3 種類，②は 2 種類，③は 3 種類，④は 1 種類（← –OH の置換位置を示す）。よって，A は④の p-キシレン。
A, B を酸化すると，同じ分子式の化合物になるので，B はベンゼンの二置換体である。
よって，B は③の m-キシレン。

(2) 残る C は，①か②のいずれかである。
C の酸化生成物である F のベンゼン環の H を –OH で置換した化合物の異性体数が 3 種類なので，F は安息香酸。よって，C は①のエチルベンゼン。

❼ ①の操作で**塩基性のアニリンが塩となって水層に移る**。この水層に②の操作を行うと，アニリンが遊離する。③の操作で**酸性物質であるフェノールと安息香酸が水層に移り**，エーテル層 D には中性物質であるトルエンが残る。また，④の操作により**炭酸よりも弱い酸であるフェノールがエーテル層 C に遊離し**，安息香酸は水層に残る。この水層に⑤の操作を行うと，安息香酸が遊離する。

定期テスト対策問題 〈p.174~176〉

1

①	CH_3-CH_2-OH	②	CH_2Br-CH_2Br	③	$CH_2=CH$ $\;\;\;\;\;\;\;\;\;$ $|$ $\;\;\;\;\;\;\;\;\;$ $OCOCH_3$	④	CH_3-C-H $\;\;\;\;\;\;\;\;\;$ $\|$ $\;\;\;\;\;\;\;\;\;$ O
(a)	脱水(離)反応	(b)	付加重合	(c)	付加反応	(d)	付加重合

2

| ① | 第一級 | ② | 第二級 | ③ | 第一級 | ④ | 第三級 | ⑤ | 第三級 |

3

問1	$2CH_3OH + 2Na \longrightarrow 2CH_3ONa + H_2$	問2	46
問3	C_2H_5OH	問4	$2C_2H_5OH + 2Na \longrightarrow 2C_2H_5ONa + H_2$

4

| 問1 | 6種類 | 問2 | 5種類 |

5

問1	アルコール	問2	Cu_2O
問3	A: $CH_3-CH-CH_2-CH_3$ $\;\;\;\;\;\;|$ $\;\;\;\;\;\;OH$	B: $CH_3-CH-CH_2-OH$ $\;\;\;\;\;\;|$ $\;\;\;\;\;\;CH_3$	C: CH_3 $\;\;\;\;\;\;|$ CH_3-C-CH_3 $\;\;\;\;\;\;|$ $\;\;\;\;\;\;OH$ D: $CH_3-CH_2-CH_2$ $\;|$ $\;OH$ E: $CH_3-C-CH_2CH_3$ $\;\;\;\;\;\;\;\;\;\;\;\|$ $\;\;\;\;\;\;\;\;\;\;\;O$

6

問1	② C₆H₅-CH=CH₂	⑥ C₆H₅-NHCOCH₃	⑬ C₆H₄(COOH)(OCOCH₃)	問2	C₆H₅-N=N-C₆H₄-OH
問3	(A) ウ	(B) ク	(C) イ	(D) ケ	(E) オ	問4	1.7g

7

| 問1 | A: C₆H₅-CH₂CH₂OH | B: C₆H₅-CH(OH)-CH₃ | C: C₆H₄(CH₂OH)(CH₃) | 問2 | ポリスチレン | 問3 | B |

8

| 問1 | 14.4mg | 問2 | CH_2O | 問3 | $C_2H_4O_2$ | 問4 | CH_3COOH |

9

| 問1 | ア | 問2 | a: C₆H₅-NH₃Cl | c: C₆H₅-COONa | B: C₆H₆ | C: C₆H₅-OH |

(解き方)

1
(a) $C_2H_5OH \longrightarrow CH_2=CH_2 + H_2O$
(b) $nCH_2=CH_2 \longrightarrow \{CH_2-CH_2\}_n$
(c) $CH\equiv CH + H_2 \longrightarrow CH_2=CH_2$
(d) $nCH_2=CH$ $\longrightarrow$ $\{CH_2-CH\}_n$
$\;\;\;\;\;\;|$ $\;|$
$\;\;\;OCOCH_3$ $\;\;\;\;\;\;\;\;\;\;\;\;\;\;OCOCH_3$

多数の小さな分子が結合して，分子量の大きな分子を生じる反応を**重合**という。(b)と(d)はどちらも付加反応による重合で，**付加重合**という。

2 ヒドロキシ基が結合している炭素に結合している炭化水素基が0個または1個のアルコールを**第一級アルコール**，2個のアルコールを**第二級アルコール**，3個のアルコールを**第三級アルコール**という。

① $CH_3-CH_2-CH_2-OH$ （炭化水素基1個）
② $CH_3-CH-CH_3$ （炭化水素基2個）
$\;\;\;\;\;\;\;\;\;\;|$
$\;\;\;\;\;\;\;\;OH$
③ CH_3-CH_2-OH（炭化水素基1個）

④ CH_3-C-CH_3
$\;\;\;\;\;\;|$
$\;\;\;\;\;CH_3$
$\;\;\;\;\;\;|$
$\;\;\;\;\;OH$
（炭化水素基3個）

⑤ CH_3
$\;\;|$
$CH_3-C-CH_2-CH_3$
$\;\;|$
$\;\;OH$
（炭化水素基3個）

3
問1 メタノールに金属ナトリウムを加えると，水素を発生し，ナトリウムメトキシドを生じる。
$2CH_3OH + 2Na \longrightarrow 2CH_3ONa + H_2$

問2 飽和アルコールの一般式は$C_nH_{2n+1}OH$である。よって，問1の反応式よりアルコールと発生した水素の物質量の比は2:1より，
$$\frac{2.3}{M} : \frac{0.56}{22.4} = 2:1 \;\;\;\; M=46$$

問3 一般式$C_nH_{2n+1}OH$より，
$14n+18=46 \;\;\;\; n=2$
よって，C_2H_5OH

問4 1価の飽和アルコールはエタノールである。エタノールに金属ナトリウムを加えると，水素が発生し，ナトリウムエトキシドを生じる。

4 問1 C_4H_8は一般式でC_nH_{2n}と表されるので，シクロアルカンかアルケンである。シクロアルカンには，次の2つの構造異性体がある。

H₂C−CH₂   CH₂
| | / \
H₂C−CH₂   H₂C−CH−CH₃

アルケンについては，二重結合の位置と炭素骨格の違いによって3種類の**構造異性体**が存在する。そのうち，$CH_2-CH=CH-CH_3$には，**シス-トランス異性体**が存在する。これを区別すると，アルケンとしては，次の4種類である。

$CH_2=CH-CH_2-CH_3$

H   H   H₃C   H
 \ /   \   /
  C=C   C=C
 / \   /   \
H₃C CH₃   H   CH₃

$CH_2=C-CH_3$
      |
      CH₃

問2 ベンゼンの一置換体のアルコールとエーテル。

CH₂OH (ベンジルアルコール)   OCH₃ (メチルフェニルエーテル)

o-，m-，p-の3種のベンゼンの二置換体。

o-クレゾール m-クレゾール p-クレゾール

5 問1 A, B, C, Dは金属Naと反応するので，アルコールである。

問3 Aは第二級アルコール，B, Dは第一級アルコール，Cは第三級アルコールである。

6 ① CH₂CH₃ ③ NO₂ ④ NH₃Cl ⑤ NH₂ ⑦ N₂Cl ⑧ SO₃H ⑨ SO₃Na ⑩ ONa ⑪ OH ⑫ COOH/OH ⑬ COOH/OCOCH₃ ⑭ CH₃

問4

COOH   COOH
| |
OH   + (CH₃CO)₂O → OCOCH₃   + CH₃COOH

この反応式の係数より，化合物⑫(サリチル酸)と化合物⑬(アセチルサリチル酸)および，無水酢酸の物質量が等しいとわかるので，必要な無水酢酸の質量をx[g]とすると

$$\frac{x}{102} = \frac{3.0}{180} \quad x = 1.7 \text{ g}$$

7 問1 ⅠよりA～Cはエーテルやフェノールではなく，アルコールである。アルコールとして考えられるのは，次の5種類である。

① CH₂CH₂OH
② CH(OH)−CH₃
③ CH₂−OH / CH₃
④ CH₂−OH / CH₃
⑤ CH₃−〇−CH₂−OH

ⅡとⅢより，AとCは第一級アルコールで，Bは第二級アルコールである。したがって，Bは②である。また，ⅣよりAとBは脱水して同じ化合物Gになるので，Aはベンゼンの一置換体の①であることがわかる。

Cは，③～⑤のどれかであるが，Ⅴより，酸化生成物を加熱すると**分子内脱水**をするので，オルト位に置換基をもつ③である。

8 問1 $CO_2 (= 44)$，$H_2O (= 18)$より

Cの質量 $= 52.8 \times \frac{12.0}{44} = 14.4$ mg

Hの質量 $= 21.6 \times \frac{2 \times 1.0}{18} = 2.4$ mg

Oの質量 $= 36.0 - (14.4 + 2.4) = 19.2$ mg

問2 C, H, Oの原子数の比は，

$C : H : O = \frac{14.4}{12} : \frac{2.4}{1.0} : \frac{19.2}{16} = 1 : 2 : 1$

よって，組成式はCH_2O

問3 組成式の式量$CH_2O = 30$を整数倍したものが分子量に等しいので，

$30n = 60 \quad n = 2$

よって，分子式は$C_2H_4O_2$

問4 カルボキシ基を含むので，CH_3COOH

9 問1 操作②では，エーテル層Aに水酸化ナトリウム水溶液を加えて，**酸性物質であるフェノールと安息香酸を塩として水層に移す**。エーテル層Bには，中性物質であるベンゼンが残る。

問2 操作①では，塩酸を加えて，**塩基性物質であるアニリンをアニリン塩酸塩として水層aに移す**。操作③では，水層bに二酸化炭素を十分に吹き込んでから，エーテルを振り混ぜることにより，**炭酸より弱い酸であるフェノールを遊離させ**，エーテル層Cに移す。安息香酸は，安息香酸ナトリウムとして，そのまま水層cに残る。

第6編 高分子化合物

━━━━━━━━━━━━━━━━ 練習問題 ━━━━━━━━━━━━━━━━

1章 天然高分子化合物 〈p.192~193〉

❶ (1)エ, オ, キ (2)ウ, ク (3)ア, イ, カ (4)ウ (5)ア, イ, エ, オ, カ (6)ク (7)ウ, エ, ク

❷ ①デンプン ②α-グルコース ③らせん ④ヨウ素デンプン反応 ⑤アミロペクチン ⑥アミロース ⑦マルトース ⑧セルロース ⑨β-グルコース ⑩直線 ⑪セルラーゼ ⑫グリコーゲン ⑬α-グルコース ⑭赤褐

❸ (1) 6.0×10^{-4} mol (2) 5.3%

❹ (1)①カルボキシ ②20 ③グリシン ④アラニン ⑤システイン ⑥等電点 ⑦ニンヒドリン ⑧ペプチド ⑨タンパク質 (2)分子中に不斉炭素原子が存在するから。
(3)(i) $CH_2(NH_3^+)COOH$ (ii) $CH_2(NH_2)COO^-$ (iii) $CH_2(NH_3^+)COO^-$

❺ (1)反応名;ビウレット反応 A群;ウ B群;ケ (2)反応名;キサントプロテイン反応 A群;オ B群;シ (3)反応名;変性 A群;エ B群;× (4)反応名;ニンヒドリン反応 A群;ウ B群;コ (5)反応名;硫黄反応 A群;ア B群;ク

❻ (1)a:デオキシリボース b:リン酸 c:塩基 d:ヌクレオチド
(2)①シトシン ②チミン ③アデニン ④グアニン (3)二重らせん構造 (4)ワトソン, クリック

解き方

❶ (1) 二糖類 $C_{12}H_{22}O_{11}$ が該当する。
(2) 多糖類 $(C_6H_{10}O_5)_n$ が該当する。
(3) 単糖類 $C_6H_{12}O_6$ が該当する。
(4) 多糖類のうち,デンプンは熱水に可溶だが,セルロースは熱水にも不溶。
(5) 還元性を示す糖類は,すべての単糖類と,ほとんどの二糖類(スクロースなどを除く)が該当する。
(7) 二糖類のマルトースと多糖類を加水分解すると,グルコースのみが生成する。

❷ デンプンの成分のうち,直鎖状のものはアミロースといい,熱水に可溶。枝分かれ構造のものはアミロペクチンといい,熱水にも不溶。いずれもらせん構造をもち,ヨウ素デンプン反応を示す。

❸ (1) 発生した NH_3 を x[mol]とおくと,
$$x + 0.050 \times \frac{28}{1000} = 0.050 \times \frac{20}{1000} \times 2$$
$x = 6.0 \times 10^{-4}$ mol
(2) NH_3 1mol 中にはN原子が1mol含まれる。NH_3 6.0×10^{-4} mol 中に含まれるN原子の質量は,
$6.0 \times 10^{-4} \times 14 = 8.4 \times 10^{-3}$ g
食品中のタンパク質の割合を x[%]とすると,
$1.0 \times \frac{x}{100} \times \frac{16}{100} = 8.4 \times 10^{-3}$ $x ≒ 5.3\%$

❹ (3) アミノ酸は,**分子中に塩基性の−NH_2と酸性の−COOHをもつ**ので,両性化合物である。結晶中や中性付近の水溶液中では,−COOHから−NH_2へH^+が移った**双性イオン**として存在する。酸性水溶液中では−COO^-がH^+を受け取り,−NH_3^+はそのままなので陽イオンとなる。塩基性水溶液中では,−NH_3^+からH^+が放出され,COO^-はそのままなので陰イオンとなる。

❺ (1) ビウレット反応は,2個以上のペプチド結合がCu^{2+}と錯体をつくって呈色する。
(2) 芳香族アミノ酸のベンゼン環へのニトロ化。
(3) タンパク質の変性による。
(4) タンパク質中の−NH_2が遊離して,ニンヒドリン分子と複雑な縮合反応を起こして呈色する。
(5) 硫黄元素の検出法である。

❻ 核酸は,糖(五炭糖),塩基,リン酸の各1分子が結合した化合物(ヌクレオチド)が脱水縮合してできたポリヌクレオチドである。
糖の種類は,DNAではデオキシリボースで,RNAではリボースである。
塩基どうしは,A(アデニン)とT(チミン),G(グアニン)とC(シトシン)というように,水素結合で対をつくる相手が決まっている。

2章 合成高分子化合物 〈p.203~204〉

❶ ①アジピン酸 ②縮合 ③開環 ④エステル ⑤エチレングリコール ⑥付加 ⑦共

(1) a；$\{CO-(CH_2)_4-CO-NH-(CH_2)_6-NH\}_n$　b；$\{CO-(CH_2)_5-NH\}_n$

c；$\{CO-C_6H_4-COO-(CH_2)_2-O\}_n$

(2) 隣り合った分子鎖のアミド結合間に水素結合が形成されるから。　(3) $1.8×10^3$個

❷ (1) ①付加反応　②付加重合　③けん化　④アセタール化

(2) A；ポリ酢酸ビニル　B；ポリビニルアルコール　C；ホルムアルデヒド

(3) 分子中に親水性のヒドロキシ基がかなり残っているから。

❸ ①二重　②付加重合　③鎖状　④熱可塑性樹脂　⑤付加縮合　⑥立体網目　⑦熱硬化性樹脂

❹ (1) 名称；ヘキサメチレンジアミン　示性式；$H_2N(CH_2)_6NH_2$

(2) $nClCO(CH_2)_4COCl + nH_2N(CH_2)_6NH_2 \longrightarrow \{CO(CH_2)_4CO-NH(CH_2)_6NH\}_n + 2nHCl$

(3) 溶液Aは溶液Bより密度が小さいため。

(4) 縮合反応で生成する塩化水素を中和して、反応速度を大きくするため。

❺ ①スルホ　②水素　③アルキルアンモニウム　④水酸化物

(問) 陽イオン交換樹脂には強酸の水溶液を流し、陰イオン交換樹脂には強塩基の水溶液を流す。いずれも、加えた酸・塩基が流出しなくなるまで、純水でよく洗浄しておく。

❻ (1) ①イソプレン　②シス　③硫黄　④架橋　⑤加硫　⑥$CH_2=CH-CH=CH_2$

⑦$CH_2=CCl-CH=CH_2$　⑧付加　⑨共　⑩スチレン-ブタジエンゴム　(2) $2.5×10^3$

解き方

❶ ナイロン66はヘキサメチレンジアミンとアジピン酸の縮合重合で、ナイロン6は環状アミドのε-カプロラクタムの開環重合でつくられる。ポリエステル系の合成繊維のポリエチレンテレフタラート(PET)は、テレフタル酸とエチレングリコールの縮合重合でつくられる。また、アクリロニトリルとアクリル酸メチルなどとの共重合で得られる繊維をアクリル系繊維という。

(3) ナイロン66の分子量は$226n$だから、
$226n = 2.0×10^5$　$n ≒ 885$
ナイロン66の繰り返し単位には2個のアミド結合を含むから、アミド結合の総数は
$2n = 885×2 ≒ 1.8×10^3$個

❷ ポリ酢酸ビニルをNaOHaqでけん化すると、ポリビニルアルコール(PVA)になる。PVAは水に溶けやすいので、その-OHの30~40%をホルムアルデヒドで処理して、疎水性の-O-CH_2-O-の構造に変え、水に難溶の繊維ビニロンをつくる。

❸ 付加重合で得られる高分子すべてと、ナイロンやポリエステルのような2官能性モノマーの縮合重合で得られる高分子は、**鎖状構造をもち熱可塑性樹脂となる**。

フェノール樹脂や尿素樹脂のように、3官能性以上のモノマーが関与した**付加縮合**で得られる高分子は、**立体網目構造をもち、熱硬化性樹脂となる**。

❹ (1) ヘキサメチレンジアミンは水に溶けやすく、アジピン酸ジクロリドは有機溶媒に溶けやすい。

(3) 溶液B(密度約$1.3\,g/cm^3$)の上に水溶液A(密度約$1.0\,g/cm^3$)を静かにのせるように加えるのは、ナイロンの薄膜をできるだけ乱さないため。

❺ スチレンとp-ジビニルベンゼンの共重合体のような立体網目構造の合成樹脂に、スルホ基のような強酸性の官能基をつけると、陽イオン交換樹脂となる。一方、トリメチルアンモニウム基のような強塩基性の官能基をつけると、陰イオン交換樹脂となる。

❻ (1) 天然ゴムは、イソプレンが付加重合してできたシス形のポリイソプレンで、その構造は、
$\{CH_2-CH=C(CH_3)-CH_2\}_n$で表される。
ゴムに数%の硫黄を加えて加熱すると、ゴム分子中のC=C結合にS原子が付加して-S-S-のような**架橋構造**ができる。このため、鎖状のポリイソプレンが網目状につながり、弾性が強くなると同時に、化学的にも安定なゴムになる。

(2) $(C_5H_8)_n$より、$68n = 1.7×10^5$　$n = 2.5×10^3$

定期テスト対策問題

⟨p.205~207⟩

1

問1	a	CH₂=CHCl	b	CH₂=CHCH₃	c	CH₂=CHC₆H₅
問2	d	ε-カプロラクタム	e	テレフタル酸, エチレングリコール		
問3		e	問4	1.9×10^3		

2

①	A	②	B	③	B	④	A	⑤	B
⑥	D	⑦	B	⑧	A	⑨	C	⑩	C

3

①	ラテックス	②	イソプレン	③	二重	問	$\begin{bmatrix} H & CH_3 \\ C=C \\ -CH_2 & CH_2- \end{bmatrix}_n$
④	シス	⑤	架橋	⑥	加硫		
⑦	合成ゴム	⑧	ブタジエンゴム	⑨	共重合		

4

①	ホルムアルデヒド	②	付加縮合	③	ベークライト	④	電気絶縁
⑤	尿素	⑥	付加縮合	⑦	ホルムアルデヒド	⑧	メラミン樹脂
a	ウ	b	ア	c	イ		

5

問1	A	CH₂(NH₃⁺)COOH	B	CH₂(NH₃⁺)COO⁻	C	CH₂(NH₂)COO⁻
問2		6.0				

6

①	ウ	②	イ	③	エ	④	ク	⑤	ケ	⑥	ア

7

①	触媒	②	タンパク質	③	補酵素	④	基質特異性
問1	最適温度	問2	酵素をつくるタンパク質が変性してしまうから。				
問3	A	ウ	B	ア	C	イ	

8

問1	①	平衡状態	②	還元性	③	アルデヒド(ホルミル)	④	銀鏡	⑤	フェーリング
問2	A	α-グルコース	B	β-グルコース	問3	a	OH	b	CHO	

9

①	ビスコース	②	ビスコースレーヨン	③	セロハン
④	シュワイツァー	⑤	銅アンモニアレーヨン	⑥	トリアセチルセルロース
⑦	ジアセチルセルロース	⑧	アセテート繊維		

解き方

1 問3 a, b, cはいずれもビニル基CH₂=CH−をもつ単量体が付加重合することによって生成する。

$$n\text{CH}_2=\underset{X}{\text{CH}} \xrightarrow{\text{付加重合}} \left[\text{CH}_2-\underset{X}{\text{CH}}\right]_n$$

dは開環重合により生成する。

$$n\text{CH}\begin{matrix}-\text{CH}_2-\text{CH}_2-\text{N}-\text{H} \\ -\text{CH}_2-\text{CH}_2-\text{C}=\text{O}\end{matrix} \rightarrow \left[\begin{matrix}\text{H} & \text{O} \\ | & \| \\ \text{N}-(\text{CH}_2)_5-\text{C}\end{matrix}\right]_n$$

問4 ポリスチレン(C₈H₈)ₙの重合度をnとすると,
$104n = 2.0 \times 10^5$　$n ≒ 1.9 \times 10^3$

2 ①, ② DNAは核のみに存在するが, RNAは核と細胞質に存在しタンパク質合成の手助けをする。

③, ④ DNAがもつ塩基はA, G, C, T, RNAがもつ塩基はA, G, C, Uである。

⑤ リボソームは, タンパク質とRNA(リボソームRNA)からできている。

⑥, ⑨ タンパク質と核酸は, C, H, O, Nの4元素を共通に含む。しかし, タンパク質はSを含むがPを含まず, 核酸はPを含むがSは含まない。

⑦ RNAを構成する糖はリボースC₅H₁₀O₅であるが, DNAを構成する糖はデオキシリボースC₅H₁₀O₄である。

⑧ DNAは二重らせん構造, RNAは通常, 一本鎖構造である。

3 天然ゴムを熱分解すると, イソプレンC₅H₈が得られるので, 天然ゴムはイソプレンの付加重合体である。天然ゴム中にはC=C結合が含まれているが, その立体配置のほとんどはシス形である。

このため，天然ゴムは結晶化しにくくゴム弾性を示す。
　また，天然ゴムに**加硫**を行うと，鎖状のゴム分子の間に硫黄原子による架橋構造がつくられ，立体網目状の構造になる。そのため，弾性が強くなるとともに，機械的強度，耐久性などが向上する。

4 アは，尿素とホルムアルデヒドの付加縮合で得られた**尿素樹脂**(ユリア樹脂)。
　イは，メラミンとホルムアルデヒドの付加縮合で得られた**メラミン樹脂**。
　ウは，フェノールとホルムアルデヒドの付加縮合で得られた**フェノール樹脂**(ベークライト)。
　エは，$(CH_3)_2SiCl_2$の加水分解により生じた$(CH_3)_2Si(OH)_2$を縮合重合して得られた**シリコーンゴム**である。
　エを除いて，その構造は立体網目状であり，熱硬化性樹脂である。

5 問2　Bは双性イオンなので，分子中の正電荷と負電荷は等しい。
　よって，陽イオンAと陰イオンCが[A]＝[C]となると，溶液中に存在するアミノ酸全体としての電荷がちょうど0となる。
$$K_1 \cdot K_2 = \frac{[B][H^+]}{[A]} \cdot \frac{[C][H^+]}{[B]} = \frac{[C][H^+]^2}{[A]}$$
　[A]＝[C]を代入すると，
　　$[H^+]^2 = K_1 \cdot K_2 = 1.0 \times 10^{-12}$ $(mol/L)^2$
　　$[H^+] = 1.0 \times 10^{-6}$ mol/L
　よって，pHは6.0

6 ①　マルトースを加水分解する酵素はマルターゼである。
　②　スクロースを加水分解する酵素はスクラーゼ，またはインベルターゼともいう。
　③　セルロースを加水分解する酵素はセルラーゼといい，セロビアーゼはセロビオース(二糖類)を加水分解する酵素である。
　④　タンパク質を加水分解する酵素には，ペプシン(胃液中)とトリプシン(すい液中)がある。
　⑤　油脂を加水分解する酵素はリパーゼである。
　⑥　デンプンを加水分解する酵素はアミラーゼである。

7 酵素は，生物体内の化学反応を促進する触媒としてはたらく。酵素の主成分はタンパク質で，それ以外に補酵素とよばれる比較的低分子の有機物や金属原子が補助成分となる場合がある。
　酵素が作用する物質を**基質**といい，酵素と基質が結合する部分を**活性部位**という。酵素はこの部分にうまく合致する基質でないとはたらくことはできない。酵素と基質のこのような関係を**基質特異性**という。
　問1　酵素が最もはたらきやすい温度を**最適温度**といい，ふつうは35〜40℃である。60℃以上になると，酵素をつくるタンパク質の立体構造が変化し(**変性**という)，酵素はその活性を失う(**失活**という)。
　問3　酵素の活性は，水溶液のpHによっても変化し，酵素が最もよくはたらくpHを**最適pH**という。アミラーゼ(だ液)は中性，ペプシン(胃液)は強酸性，トリプシン，リパーゼ(すい液)は弱塩基性の状態でよくはたらく。
　なお，カタラーゼの最適pHは7(中性)であるが，消化酵素には該当せず，酸化還元酵素である。よって，**B**はアミラーゼである。

8 問1　グルコースは水溶液中で図の**A**(α型)，図の**B**(β型)，鎖状構造のものが1：2：微量の割合で平衡状態となっている。鎖状構造のグルコースにはアルデヒド基が存在するため，グルコースの水溶液は還元性を示し，銀鏡反応を示したり，フェーリング液を還元して酸化銅(Ⅰ)の赤色沈殿を生じたりする。
　問2　グルコースが環状構造をとったとき，新たに不斉炭素となった1位の炭素に結合するOH基が，環の下側にあるものをα型，環の上側にあるものをβ型という。
　問3　1位のアルデヒド基に5位の−OHが付加することによって，環状構造ができる。したがって，この逆を考えればよい。

9 ビスコースレーヨンは吸湿性があることから，服や下着に用いられる。また，丈夫なため，自動車のタイヤコード(レーヨン・ポリエステルなどを織った布をはりあわせたタイヤの補強部分)などにも用いられる。
　銅アンモニアレーヨンは，非常に細い繊維であり，柔らかい感触と絹に似た風合いがある。光沢があって滑らかな布になるため，舞台用のドレスや服の裏地などに用いられる。
　アセテート繊維は外観が絹に似ているが，吸水性は小さい。またトリアセチルセルロースは燃えにくいので，写真のフィルムや塗料としても用いられる。